高等职业教育"十三五"教研成果系列规划教材·酒店管理专业

烹饪知识

主　编　丁建军　张虹薇　李　想
副主编　佟安娜　汪海涛

北京理工大学出版社
BEIJING INSTITUTE OF TECHNOLOGY PRESS

版权专有　侵权必究

图书在版编目（CIP）数据

烹饪知识 / 丁建军，张虹薇，李想主编 . —北京：北京理工大学出版社，2018.1（2018.2 重印）

ISBN 978–7–5682–5118–1

Ⅰ . ①烹… Ⅱ . ①丁… ②张… ③李… Ⅲ . ①烹饪 – 技术 – 高等学校 – 教材 Ⅳ . ① TS972.1

中国版本图书馆 CIP 数据核字（2018）第 000267 号

出版发行 / 北京理工大学出版社有限责任公司
社　　址 / 北京市海淀区中关村南大街 5 号
邮　　编 / 100081
电　　话 /（010）68914775（总编室）
　　　　　（010）82562903（教材售后服务热线）
　　　　　（010）68948351（其他图书服务热线）
网　　址 / http: // www.bitpress.com.cn
经　　销 / 全国各地新华书店
印　　刷 / 三河市天利华印刷装订有限公司
开　　本 / 787 毫米 ×1092 毫米　1/16
印　　张 / 21.25　　　　　　　　　　　　　　　责任编辑 / 梁铜华
字　　数 / 505 千字　　　　　　　　　　　　　　文案编辑 / 袁　慧
版　　次 / 2018 年 1 月第 1 版　2018 年 2 月第 2 次印刷　责任校对 / 周瑞红
定　　价 / 49.80 元　　　　　　　　　　　　　　责任印制 / 李　洋

图书出现印装质量问题，请拨打售后服务热线，本社负责调换

前 言

随着社会经济的发展，我国餐饮业国际化、大众化、规模化、精细化的步伐逐渐加快，餐饮市场大浪淘沙、优胜劣汰。餐饮企业、酒店餐饮部门要想在激烈的餐饮市场竞争中立于不败之地，就必须提高厨房管理能力和运作水平。餐饮企业或酒店餐饮部门的管理者不但要兼顾就餐环境、服务质量，更要关注厨房出品质量，与厨房人员团结协作，充分发挥厨房的最高水平，建立厨房出品质量全程监控体系，潜心钻研，扬长避短，打造新品、名品，展现餐饮企业技术实力，给消费者带来美好的享受。

作为有志于成为餐饮业管理人员的酒店管理专业在校学生，很有必要了解厨房出品技术及厨房管理要素。近年来，相关院校酒店管理专业相继开设了厨房出品及厨房管理相关课程，但配套教材始终没有落实，仍然沿用烹饪专业的基础课程教材，造成授课教师对课程内容的深度和广度把握不准确，也给学生的学习带来了困惑。"烹饪知识"作为酒店管理专业的技能拓展课程，坚持以就业为导向，以培养、构建酒店管理专业群学生所需的基本能力和素养为核心，以职业能力和素养的养成规律为主线，以够用、实用为原则，来设计教材的整体内容结构。本教材根据学生的认知特点，按工作任务流程的结构来展示教学内容，通过理论教学帮助学生了解烹饪技术的特征，通过实践训练帮助学生掌握烹饪的基本操作技能，通过教学内容的层层展示加深学生对烹调方法的理解、对操作流程和技术关键的掌握，重点引导学生将理论与实际联系起来，理解烹饪原材料、烹饪方法、操作人员、工具设备之间的协调配合关系，力争通过有限的篇幅，为酒店管理专业群的学生提供全面的厨房出品及厨房管理相关知识和技能，为今后从事餐饮管理工作打下良好的基础。

全书分为十一个项目。项目一为烹饪概述，介绍烹饪的概念、基本特点、性质和发展简史；项目二介绍烹饪原料知识；项目三介绍原料基本加工；项目四介绍烹饪原料制熟处理；项目五介绍冷菜制作工艺；项目六介绍菜肴组配及造型美化工艺；项目七介绍菜肴和大众化膳食；项目八介绍地方菜系；项目九介绍面点制作工艺；项目十介绍烹饪原料在成菜过程中的变化和菜品质量评价体系；项目十一介绍菜点选择与开发创新。

本教材由辽宁现代服务职业技术学院丁建军、张虹薇，四川旅游学院李想担任主编；辽宁现代服务职业技术学院佟安娜、汪海涛担任副主编。具体编写分工如下：

丁建军　项目一、项目六，大纲、前言、全书统稿定稿工作

张虹薇　项目二

李　想　项目八、项目十一

佟安娜　项目四、项目十

汪海涛　项目九

另外，参加编写的还有：辽宁现代服务职业技术学院高大伟，辽宁林业职业技术学院张

溢轩，四川旅游学院刘思奇、童光森、冯明会、黄韬睿，四川省商业学校李海涛、梁雪梅，浙江旅游职业学院严厉强等。高大伟负责项目九的编写；张溢轩、黄韬睿负责项目三和项目七的编写；刘思奇负责项目二的编写；童光森负责项目四的编写；冯明会负责项目十的编写；李海涛负责项目八、项目十一的编写；梁雪梅、严厉强负责项目五的编写。

　　本教材集合了不同院校人员的智慧，编写内容繁简恰当、深度适中，适合餐饮类高职高专学生使用，也可作为餐饮人员学习的参考书。

　　本书在编写过程中参阅和借鉴了国内外有关的书籍和资料，在此对这些书籍和资料的作者一并表示感谢！

　　由于成书时间紧促，加之作者水平有限，书中或有疏漏和错误，希望专家、同行以及读者对本书提出宝贵意见和建议，以期进一步修改和完善。

丁建军

2017 年 7 月

目 录

项目一 烹饪概述 …………………………………………………………………… (1)
　认知一　烹饪和烹饪学的概念 ………………………………………………… (1)
　　一、烹饪 ……………………………………………………………………… (2)
　　二、烹饪学 …………………………………………………………………… (3)
　认知二　中国烹饪的基本特点 ………………………………………………… (4)
　　一、优选原料，物尽其用 …………………………………………………… (5)
　　二、加工精细，搭配合理 …………………………………………………… (5)
　　三、讲究火候，突出风味 …………………………………………………… (5)
　　四、以熟为主，追求造型 …………………………………………………… (6)
　认知三　中国烹饪的性质 ……………………………………………………… (6)
　　一、中国烹饪是文化 ………………………………………………………… (7)
　　二、中国烹饪是科学 ………………………………………………………… (7)
　　三、中国烹饪是艺术 ………………………………………………………… (8)
　认知四　中国烹饪发展简史 …………………………………………………… (8)
　　一、火燔熟食阶段 …………………………………………………………… (8)
　　二、陶器烹饪阶段 …………………………………………………………… (10)
　　三、青铜器烹饪阶段 ………………………………………………………… (11)
　　四、铁器烹饪阶段 …………………………………………………………… (14)
　　五、近现代烹饪阶段 ………………………………………………………… (19)
　　六、古代文献典籍见证烹饪发展历程 ……………………………………… (23)
项目二 烹饪原料知识 ……………………………………………………………… (24)
　认知一　烹饪原料的概念和分类 ……………………………………………… (25)
　　一、烹饪原料的概念 ………………………………………………………… (25)
　　二、烹饪原料的分类 ………………………………………………………… (27)

认知二　畜禽类原料 (29)
　　一、畜类原料 (29)
　　二、禽类原料 (32)
认知三　水产品原料 (34)
　　一、鱼类 (35)
　　二、其他水产品 (37)
认知四　蔬菜原料 (39)
　　一、种子植物蔬菜 (40)
　　二、孢子植物蔬菜 (42)
　　三、蔬菜制品 (43)
认知五　干货原料 (44)
　　一、动物性干货原料 (45)
　　二、植物性干货原料 (47)
认知六　调味品原料 (49)
　　一、咸味调味品 (49)
　　二、甜味调味品 (50)
　　三、酸味调味品 (51)
　　四、鲜味调味品 (51)
　　五、香辛味调味品 (52)
认知七　烹饪原料选择 (53)
　　一、烹饪原料的选择 (53)
　　二、烹饪原料品质鉴别 (54)
认知八　烹饪原料保藏 (55)
　　一、烹饪原料腐败变质的原因 (55)
　　二、常用的保藏方法 (58)

项目三　原料基本加工 (60)
认知一　鲜活原料的初加工和分档取料 (60)
　　一、鲜活原料初加工的意义 (62)
　　二、鲜活原料初加工的原则 (62)
　　三、植物原料的初加工 (63)
　　四、畜类原料的初加工和分档取料 (65)
　　五、禽类原料的初加工和分档取料 (70)
　　六、水产品的初加工 (73)
认知二　干货原料涨发加工 (75)
　　一、干货原料的涨发与涨发要求 (75)
　　二、干货原料的涨发的方法 (76)

三、常见干货原料的涨发 …………………………………………………… (79)

　认知三　烹饪原料精细加工 ………………………………………………… (84)

　　一、刀工的作用与基本要求 ………………………………………………… (84)

　　二、刀具的种类与菜墩 ……………………………………………………… (86)

　　三、基本刀法与操作 ………………………………………………………… (87)

　　四、原料的成型与规格 ……………………………………………………… (94)

项目四　烹饪原料制熟处理 …………………………………………………… (100)

　认知一　烹饪原料制熟处理基本原理 ……………………………………… (101)

　　一、制熟处理的目的和意义 ……………………………………………… (101)

　　二、初步熟处理加工的基本要素 ………………………………………… (102)

　　三、火候的应用 …………………………………………………………… (103)

　认知二　原料的初步熟处理 ………………………………………………… (104)

　　一、水加热预熟法 ………………………………………………………… (104)

　　二、油加热预熟法 ………………………………………………………… (105)

　　三、蒸汽加热预熟法 ……………………………………………………… (106)

　　四、走红 …………………………………………………………………… (107)

　认知三　制汤技法 …………………………………………………………… (107)

　　一、制汤定义 ……………………………………………………………… (108)

　　二、制汤的原料选择 ……………………………………………………… (108)

　　三、制汤的基本原理 ……………………………………………………… (108)

　　四、制汤的五大关键 ……………………………………………………… (109)

　认知四　糊、浆、勾芡 ……………………………………………………… (110)

　　一、浆糊工艺的定义及作用 ……………………………………………… (111)

　　二、浆糊在烹饪中的变化 ………………………………………………… (112)

　　三、挂糊的类型 …………………………………………………………… (113)

　　四、挂糊的操作要领 ……………………………………………………… (113)

　　五、上浆工艺 ……………………………………………………………… (114)

　　六、勾芡工艺 ……………………………………………………………… (115)

　认知五　调味技法 …………………………………………………………… (118)

　　一、味觉的心理现象 ……………………………………………………… (118)

　　二、调味的作用 …………………………………………………………… (119)

　　三、调味的原理 …………………………………………………………… (120)

　　四、常见凉菜味型调制 …………………………………………………… (121)

　　五、常见热菜味型调制 …………………………………………………… (123)

　　六、调味应注意的问题 …………………………………………………… (124)

项目五　冷菜制作工艺 (126)

认知一　冷菜工艺概述 (127)
一、中国冷菜工艺的形成与发展 (127)
二、冷菜的作用 (128)
三、中国冷菜的特点 (128)

认知二　冷菜制作 (130)
一、非热调味技法 (130)
二、热烹调技法 (132)

认知三　冷菜拼摆装盘 (135)
一、冷菜拼摆装盘的步骤和基本方法 (136)
二、实用冷菜单盘的制作 (137)
三、实用冷菜拼盘的制作 (138)
四、水果拼盘的制作 (139)

认知四　花色冷拼造型工艺 (141)
一、花色冷拼的造型类别 (141)
二、花色冷拼的制作程序 (142)
三、冷菜拼摆装盘的原则与要求 (144)

认知五　食品雕刻工艺 (146)
一、各类雕刻形式的简介 (146)
二、果蔬雕刻的制作 (148)
三、果蔬雕刻的应用 (151)

项目六　菜肴组配及造型美化工艺 (153)

认知一　菜肴组配工艺 (154)
一、单一菜肴组配 (154)
二、套菜组配 (160)
三、菜肴营养组配及其对人员的要求 (168)

认知二　装盘工艺原理 (171)
一、装盘技艺主要特点 (171)
二、装盘的构成学原理 (172)

认知三　菜肴盛装造型工艺 (176)
一、菜肴的造型 (176)
二、菜肴的盛装方法 (177)
三、菜肴盛装的注意事项 (179)

认知四　菜肴装饰美化工艺 (180)
一、菜肴的美化形式 (181)

二、菜肴的美化方法 ………………………………………………… (183)
　　三、菜肴美化要遵循的原则 ………………………………………… (184)
　认知五　菜肴命名的规律原则 ………………………………………… (186)
　　一、菜肴名称的重要性 ……………………………………………… (187)
　　二、中国菜肴命名规律的探讨 ……………………………………… (187)
　　三、中国菜肴命名方法的分类 ……………………………………… (189)
　　四、中国菜肴命名存在的问题 ……………………………………… (189)
　　五、中国菜肴命名的注意事项 ……………………………………… (190)

项目七　菜肴和大众化膳食 ………………………………………… (193)
　认知一　家庭饮食需求 ………………………………………………… (193)
　　一、家庭饮食的主要特点 …………………………………………… (194)
　认知二　快餐产品的创新开发 ………………………………………… (203)
　　一、快餐产品设计的特点 …………………………………………… (203)
　　二、快餐产品设计的关键因素 ……………………………………… (206)
　　三、快餐产品创新 …………………………………………………… (208)
　认知三　餐饮产品标准化 ……………………………………………… (210)
　　一、中国餐饮业发展现状及特点 …………………………………… (211)
　　二、餐饮产品实施标准化管理的主要方式 ………………………… (214)
　　三、如何实现产品标准化 …………………………………………… (216)

项目八　地方菜系 …………………………………………………… (218)
　认知一　山东菜系 ……………………………………………………… (218)
　　一、山东菜系的形成与发展 ………………………………………… (219)
　　二、山东菜系的主要特点 …………………………………………… (220)
　　三、山东菜系的组成及代表品种 …………………………………… (221)
　认知二　四川菜系 ……………………………………………………… (222)
　　一、四川菜系的形成与发展 ………………………………………… (223)
　　二、四川菜系的主要特点 …………………………………………… (224)
　　三、四川菜系的组成及代表品种 …………………………………… (225)
　认知三　江苏菜系 ……………………………………………………… (226)
　　一、江苏菜系的形成和发展 ………………………………………… (227)
　　二、江苏菜系的主要特点 …………………………………………… (228)
　　三、江苏菜系的组成及代表品种 …………………………………… (228)
　认知四　广东菜系 ……………………………………………………… (229)
　　一、广东菜系的形成与发展 ………………………………………… (231)
　　二、广东菜系的主要特点 …………………………………………… (231)

三、广东菜系的组成及代表品种 ……………………………………………… (232)

项目九　面点制作工艺 …………………………………………………………… (234)

认知一　面点工艺概述 ……………………………………………………………… (234)
　　一、面点的概念 ……………………………………………………………… (235)
　　二、面点的流派 ……………………………………………………………… (235)
　　三、西式面点 ………………………………………………………………… (235)

认知二　面点常用设备和工具 ……………………………………………………… (236)
　　一、面点常用设备 …………………………………………………………… (236)
　　二、面点常用工具 …………………………………………………………… (237)

认知三　面点常用原料 ……………………………………………………………… (238)
　　一、面粉 ……………………………………………………………………… (238)
　　二、油脂 ……………………………………………………………………… (239)
　　三、糖 ………………………………………………………………………… (240)
　　四、蛋 ………………………………………………………………………… (241)
　　五、乳品 ……………………………………………………………………… (241)
　　六、可可粉和巧克力 ………………………………………………………… (242)
　　七、水果和果仁 ……………………………………………………………… (242)
　　八、食品添加剂 ……………………………………………………………… (242)

认知四　中式面点面团调制工艺 …………………………………………………… (245)
　　一、面团概述 ………………………………………………………………… (245)
　　二、水调面团工艺 …………………………………………………………… (246)
　　三、膨松面团工艺 …………………………………………………………… (247)
　　四、油酥面团工艺 …………………………………………………………… (248)
　　五、米粉面团工艺 …………………………………………………………… (249)

认知五　中式面点制作实例 ………………………………………………………… (250)

认知六　西式面点制作工艺 ………………………………………………………… (252)
　　一、西式面点分类 …………………………………………………………… (252)
　　二、西式面点特点 …………………………………………………………… (256)
　　三、西式面点在西方饮食中的地位 ………………………………………… (256)

认知七　西式面点制作实例 ………………………………………………………… (257)

项目十　烹饪原料在成菜过程中的变化和菜品质量评价体系 ……………… (261)

认知一　烹饪原料在成菜过程中的变化 …………………………………………… (261)
　　一、肉类原料在烹调过程中的变化 ………………………………………… (262)
　　二、鱼贝类水产原料在烹调过程中的变化 ………………………………… (264)
　　三、乳类和蛋类原料在烹调过程中的变化 ………………………………… (266)

四、粮豆和蔬果类植物性原料在烹调过程中的变化 ……………………………… (268)

认知二　菜肴成品的质量控制 ……………………………………………………… (269)
　　一、树立坚定的生态平衡观念，餐饮行业绝对不应该成为破坏地球生态的罪魁祸首 … (270)
　　二、菜肴的安全卫生是第一质量指标 …………………………………………… (270)
　　三、营养平衡是衡量菜肴质量的基石 …………………………………………… (271)
　　四、掌握火候是保证菜肴质量的关键 …………………………………………… (271)
　　五、优良的风味效果是菜肴质量的灵魂 ………………………………………… (273)
　　六、菜肴的价格和成本是菜肴的生命 …………………………………………… (274)

认知三　菜肴质量的评价方法 ……………………………………………………… (274)
　　一、菜肴感官检测的环境条件 …………………………………………………… (275)
　　二、检测人员的选择 ……………………………………………………………… (275)
　　三、菜肴感官检测数据的处理方法 ……………………………………………… (276)

项目十一　菜点选择与开发创新 …………………………………………………… (278)

认知一　顾客需求分析 ……………………………………………………………… (279)
　　一、案例：中远集团老板来了——个性化的，才是超值的！ ………………… (279)
　　二、餐饮消费者类型 ……………………………………………………………… (280)
　　三、餐饮消费者需求分析 ………………………………………………………… (281)

认知二　菜点选择与结构平衡 ……………………………………………………… (283)
　　一、案例：盐水鸭1年为酒店进账500万 ……………………………………… (283)
　　二、四类菜点结构平衡 …………………………………………………………… (284)
　　三、菜点选择组合要素 …………………………………………………………… (284)

认知三　制定菜单 …………………………………………………………………… (286)
　　一、案例：金马大酒店举办"德国美食节"活动计划 ………………………… (286)
　　二、菜单制定考虑的因素 ………………………………………………………… (287)
　　三、制定零点菜单 ………………………………………………………………… (288)
　　四、制定套餐、宴会菜单 ………………………………………………………… (290)
　　五、制定团队与会议菜单 ………………………………………………………… (294)
　　六、制定自助菜单 ………………………………………………………………… (295)
　　七、制定客房送餐菜单 …………………………………………………………… (297)

认知四　菜点定价 …………………………………………………………………… (297)
　　一、案例：山东名酒店俱乐部采供委员会赴大连采购海参 …………………… (298)
　　二、菜点的价格构成 ……………………………………………………………… (298)
　　三、菜点定价原则与程序 ………………………………………………………… (299)
　　四、菜点定价方法 ………………………………………………………………… (301)

认知五　菜点组合评估 ……………………………………………………………… (305)
　　一、案例：寓意非凡的工作餐 …………………………………………………… (305)

二、零点菜点组合评估 …………………………………………………………… (306)
　　三、宴会菜点组合评估 …………………………………………………………… (308)
　认知六　菜点创新的精神与策略 ……………………………………………………… (309)
　　一、案例：全员参与，创新很简单 ……………………………………………… (310)
　　二、创新精神 ……………………………………………………………………… (311)
　　三、创新策略 ……………………………………………………………………… (311)
　　四、创新菜点认定 ………………………………………………………………… (314)
　认知七　菜点创新的原则、方法和程序 ……………………………………………… (315)
　　一、菜品创新的原则 ……………………………………………………………… (315)
　　二、菜点创新的方法 ……………………………………………………………… (318)
　　三、菜点创新的程序 ……………………………………………………………… (320)
　认知八　创新菜点的后续管理 ………………………………………………………… (322)
　　一、创新菜点后续管理的意义 …………………………………………………… (322)
　　二、创新菜点质量管理 …………………………………………………………… (323)
　　三、创新菜点销售管理 …………………………………………………………… (323)
　认知九　厨房与相关部门的沟通联系 ………………………………………………… (324)
　　一、与餐厅部门的沟通联系 ……………………………………………………… (325)
　　二、与宴会部门的沟通联系 ……………………………………………………… (325)
　　三、与采购部门的沟通联系 ……………………………………………………… (325)
　　四、与管事部门的沟通联系 ……………………………………………………… (325)

参考文献 ………………………………………………………………………………… (326)

项目一

烹饪概述

项目分析

"烹饪"的概念可以很窄,但涉及的相关知识十分广泛。烹饪概述从大体上介绍烹饪的相关知识,学生能感受到烹饪的概貌,为进一步具体认知烹饪奠定基础。本项目主要介绍:烹饪和烹饪学的概念、中国烹饪的基本特点、中国烹饪的性质、中国烹饪发展简史等。

学习目标

※知识目标

1. 了解烹饪和烹饪学的概念。
2. 了解烹饪学涉及的相关科学。
3. 熟悉中国烹饪的基本特点。
4. 了解中国烹饪的性质。
5. 了解中国烹饪发展简况。

※能力目标

1. 能叙述烹饪的概念。
2. 能用烹饪相关科学知识理解烹饪现象。
3. 能用中国烹饪的基本特点理解烹饪的相关知识。
4. 能用中国烹饪的性质进一步诠释烹饪。
5. 能以故事的方式叙述中国烹饪的发展。

认知一 烹饪和烹饪学的概念

任务介绍

烹饪和烹饪学的概念是学习本门课程首先需要弄清楚的概念,这两个概念贯穿本门课程始终。正确理解烹饪和烹饪学的概念,有助于对涉及的相关内容和知识产生初步认识,从而在将来的学习中，进一步融会贯通、举一反三。本任务主要介绍烹饪和烹饪学的概念，以及涉及的相关知识体系。

任务目标

1. 掌握烹饪的概念。
2. 了解烹饪的变化因素。
3. 了解烹饪学的概念。
4. 了解烹饪学科体系。

相关知识

一、烹饪

什么是烹饪？

在中国，"烹饪"一词最早出现于战国至秦汉年间成书的《易传》，其对"鼎"卦的解释为："以木巽火，亨饪也。""木"指燃料，如柴草之类；"巽"的原意是风，此意是指顺风点火；"亨"在先秦时期与"烹"通用，指加热；"饪"指制熟，是古代熟食的通称。"以木巽火，亨饪也"，大意是在鼎下架起木柴顺风点火，煮熟食物。

在古代早期的文献中，也曾用"庖厨之事""调和之事"概括烹饪。约在唐代出现"料理"一词，后又出现"烹调"一词，二词词义与烹饪基本一样。此后，"料理"一词被弃置，"烹饪""烹调"二词并存混用。近半个世纪以来，随着烹饪事业的发展，"烹调"一词在实际应用中逐步分化出来，成为专指制作各类食品的技术与工艺的专用名词。现代人认为，烹饪是指对食物原料进行合理选择和加工，使之成为色、香、味、形、质、养兼备的，无害的，利于吸收的，有益于身体健康的饮食菜点。

这一系列的内容变化与社会经济文化的发展有着紧密的联系，烹饪涵盖的内容也在不断增加。由此可见，在不同的历史阶段，烹饪的内容、性质也有一定的变化，其变化主要反映在以下几个方面：

（一）烹饪活动的基本要素发生了变化

1. 烹饪原料的变化

由依靠采集、渔猎的"有啥吃啥"状况发展到依靠种植、养殖以及人工合成的状况，丰富了烹饪原料资源，进一步促进了烹饪成品的多样化。

2. 烹饪器具和能源的变化

由古代的以石器具、骨器、陶器和草木为主要烹饪器具和能源，发展到以玻璃器、不锈钢器具和煤气、电气为主要烹饪器具和能源，使烹饪器具更加美观大方，并在新能源的作用下缩短了菜肴熟化时间。

3. 烹饪技术的变化

由烤、煮、炖、蒸等少数几种方法，发展到炒、熘、炸、烹、爆、煎、贴等几十类烹调方法。通过不同的制作方法，将百余种原料做成千姿百态的菜肴。烹饪成品数量上的增多、质感上的各异、花样上的翻新和质量上的提高，使中国烹饪走向了一个新的历史阶段。

（二）人们对饮食的营养、卫生和审美的要求日益提高

1. 现代科学理论知识改变了过去只靠直觉或经验择食的状况

现代科学理论知识，特别是养生、食疗理论和现代营养学、食品卫生学的知识改变了人们的择食观念，更加注重原料搭配或杂食理念。

2. 生活达到温饱水平后，逐步改革了旧的饮食习惯和习俗

现代人更加自觉地注重饮食的营养效果和卫生要求，防止了细菌的滋生与疾病的传染，如"非典"之后，餐饮行业积极推广分食制，预防就餐传染疾病等。

3. 人们对饮食"美"的要求，不再局限于烹饪成品的质美和感觉美

也就是说，饮食美不仅指美食，而且是一个综合的反映，即越来越多地反映各社会人群的心理因素和社会文化的特点。

（三）烹饪的社会性日益提高

1. 社会的分工越来越细

烹饪原本是一个部门单独工作，现逐渐形成众多的独立生产部门。

2. 饮食是人类自我饱腹的一种生活现象

饮食现已成为一种家庭与社会必需的生活现象和生活内容。

3. 从普通的生活现象上升和发展到祭祀、礼仪活动的重要组成部分

先秦时期，人们把最贵重、最美好的东西——食物奉献给众神和祖先之灵享用，同族人载歌载舞分享祭品。如今，分享食物已成为人类的接待礼仪。

经过 2 000 多年的不断发展与变化，烹饪概念也逐步明确。我们可以这样理解：人类为了满足生理需要和心理需要，把可食原料加工为直接食用成品的活动，称为烹饪。至于把可食原料加工为直接食用成品的活动过程，各民族、各地区都以一定的经济水平和文化积淀为背景，在传统工艺的基础上继承、发扬、创新，使成品更加符合本民族、本地区的饮食需要或饮食特点。

二、烹饪学

所有学科都有已系统化了的静态知识体系，也有正在探索中的动态知识体系。对所有学科的认识和探索，都只能由表及里、由浅入深地研究，永远不会达到完善的地步，永远不会出现休止符。中国烹饪学的认识与研究也是如此。先人曾不断地对中国烹饪学涉及的知识领域进行探索，但未形成系统、完整、专门化的学问；连"烹饪学"这个词语也没有出现过。但这并不等于烹饪学不存在。实际上，从有烹饪开始，烹饪学就随着烹饪实践而存在了。人们对待烹饪，就像对待其他客观上早已发生并不断发展着的事物一样，经过一段很长时间的实践、认识和研究，才能逐步由浅入深地去认识它。烹饪学便是人们对烹饪这一社会性活动，经过长期实践、累积和研究后整理出来的专门化、系统化的知识体系。

中国烹饪学是一门综合性科学，主要研究烹饪文化以及烹饪工艺的理论科学，揭示饮食文明发展规律的知识体系和社会活动，包括中国烹饪的形成与发展过程、烹饪原理、烹饪与其他科学之间的关系等基本理论，以及食物加工过程中及其前后涉及的基本技术和基本知识。

(一) 烹饪学科体系

中国烹饪的形成、发展、演变都沿着一定轨迹进行,会涉及多类学科,一方面会受到历史、民族、民俗、宗教、文学、艺术、地理等诸多因素的制约和影响;另一方面,还会逐步形成筵席设计、烹饪史学、烹饪民族学、饮食美学、饮食心理学、餐饮管理等内容。再者,各种制约影响因素和所形成的内容还涉及社会科学类的许多学科,如史学、考古学、民俗学、心理学、美学、文学等。

(二) 烹饪工艺知识

烹饪工艺包括原料选择、加工切配、风味调制、加热成熟方式、火候控制、造型与装盘等方面的原理和技术,以及营养、卫生方面的要求。这就必然牵扯烹饪工艺学、烹饪原料学、烹饪调味学、饮食营养学、食品卫生学、烹饪微生物学、食物养生学、烹饪器具与设备、食品化学、食品雕饰等内容。而要运用这些理论来阐释烹饪现象,又涉及自然科学的许多学科,如生物学、化学、物理学、医学、农学等学科的基础理论等。

(三) 烹饪与养生知识

随着社会经济的快速发展,居民的膳食结构及生活方式发生了重要变化,这促使人们重新审视烹饪与养生的关系。要养生,就要科学烹饪,既要在烹饪时了解原料的特点,又要考虑就餐对象的身体状况,对原料进行合理搭配,从而有针对性地选择烹饪方法和口味特点,使膳食在具有维持人体生存功能的同时,又能预防和治疗疾病,达到延年益寿的功效。如何对我国古代的饮食结构进行去粗取精,实现"养生",又必然需要融合现代烹饪学、营养学、食品学、保健学等学科知识。

认知二 中国烹饪的基本特点

任务介绍

深入了解一门科学的最好办法,是抓住这门科学的几个关键点。中国烹饪的基本特点就是这门科学的关键点。本任务主要介绍中国烹饪的优选原料、物尽其用、加工精细、搭配合理、讲究火候、突出风味、以熟为主、追求造型等基本特点。

任务目标

1. 了解中国烹饪的选料和用料特点。
2. 了解中国烹饪的原料加工和搭配特点。
3. 了解中国烹饪的火候和风味特点。
4. 了解中国烹饪的加工和装盘特点。

相关知识

中国烹饪在以味为核心、以养为目的的基础上,提倡优选原料、物尽其用、加工精细、搭配合理、讲究火候、突出风味、以熟为主、追求造型,围绕色、香、味、形、质、养的目标，相辅相成，融为一体，使人们得到视觉、嗅觉、触觉、味觉上的综合饮食享受。

一、优选原料，物尽其用

中国烹饪所应用的原料总数达万种以上，常用的约 3 000 种。这些既是中国杂食思想指导下的博采众长、兼收并蓄，又经过了漫长历史的实践、优选。选择原料的标准在于既足够美味，又可养生。在原料的选用中，有直接使用和加工使用两种：

（一）直接使用

将一种生物充分分解利用。如猪、牛、羊，在中国烹饪中，除毛、齿、角、蹄甲不用外，其他或按部位，或按器官，均可分解后作为原料单独使用。它们的脏器，在中国厨师手下经过加工，都可制成美味佳肴，而且按以脏补脏的观念，都可获得养生效果。如一头羊，通过分解和加工，充分利用各部位和器脏，可用者尽用，使食者尽食，烹制不同形状、不同口味的十余种菜肴。

（二）加工使用

将生物原料经过加工制成加工性原料。加工技法包括干制、腌制、渍制、酵制等，其作用主要在于增强食用美感和增强养生效用。火腿、鲍鱼、鱿鱼、淡菜、虾米、干贝、香菇、口蘑、冬菜、榨菜、腐乳、玉兰片、魔芋豆腐、梅干菜等都是经过加工的，美化了原有风味，消除了不利于人体健康的成分，提高了营养价值，利于贮藏、远销，这类加工原料成为中国特有的干货原料系列。另外，豆制品也是加工性原料的一种类型，黄豆被制成豆腐后，既能增加蛋白质的吸收利用率，又能扩大烹调适用面、增强食用效果、消除所含皂素等。其他如豆豉、黄豆酱、酱油、豆芽、粉丝、面筋等，都属于加工性原料。整个加工性原料约占中国烹饪常用原料的 50% 以上。

二、加工精细，搭配合理

中国烹饪工艺流程中有初加工和细加工两道工序。其中，细加工的刀工、配菜尤其重要。中国在 3 000 多年前便已使用筷子，那时已将餐案上的切割之劳转移到厨房中。钢刀出现以后，刀工越来越精细，经过长期积累，产生了数十种运刀技法，能将原料切制出上百种形状。特别是中国独创的剞刀技法，能切出麦穗花刀、荔枝花刀、蓑衣花刀、菊花花刀等众多美丽的形状，充满视觉艺术感。不过这些美丽表象不仅是为了美的享受，也不只是为了便于夹取，更是为了利于热传递而使之成熟均匀，使有味者出味、无味者入味，使味在加热中析出、渗透、融合，构成新的美味，同时利于咀嚼、消化与吸收，从而利于养生。

与刀工紧密联系的配菜也很有讲究。配菜多有其独具的规律，不仅包括色、香、形、质相配，更注重味与养相配。其关系集中地反映在荤料、素料、主料、辅料、调料的组合上，这是五味调和的一个方面，也包含原料性味的搭配，即营养互补、酸碱平衡、膳食平衡等原理。同时，对烹饪原料中不利成分的制约与消除，形成了协调互补的关系。

三、讲究火候，突出风味

中国烹调善于用火，从而产生了很多烹调法。它们既适应了风味各殊的食品的需要，也适应了不同养生的要求。特别是创制于 1 000 多年前的炒法，独步世界，很有特色。炒法大都有旺火少油、成菜快速等特点，用于肉料可使菜品柔嫩，用于蔬菜可使菜品爽脆，得到不同于烤、煮、炸等烹调法所产生的质感效果，而且利于不能长时间加热的营养素的保存。

火候可分为很多层次，除常见的旺火、中火、小火、微火四类外，在历史上还根据火力的强弱等因素分出猛火、冲火、飞火、慢火、煻煨火等，因菜品的不同要求而分别使用，变化甚多，而且许多变化甚为微妙，其中奥秘难用文字或语言描述。加热除了赋色、定型、增香以外，还涉及质感、风味和养生三方面。因此，要运用各种火候，配合使用挂糊、上浆、拍粉、勾芡、淋汁等技法，以增强烹调效果。如蛋白质变性、淀粉糊化、多糖裂解、纤维软化等效应，加上油与水的浸润，可使菜品形成酥、脆、柔、嫩、软、烂、滑、糯、挺、韧等不同的质感，产生令人舒适的视觉和触觉效果，从而产生不同风味。正因为如此，火候和风味两者相辅相成，火候足时风味到。

中国烹饪特别讲究味，既重视烹饪原料的本味，又重视调味料的赋味，更着眼于五味调和。菜肴的风味一半是火候烹制赋予的，一半是巧妙地通过调味获得的。中国的调味原料约有500种，占常用原料的1/6，这是中国烹饪又一独特之处。加上烹调过程中变化多端的调味手法以及加热效应，充分调动了味的综合、对比、消杀、相乘、转换等作用，使中国食品，特别是菜肴风味独具特色，成为诱人的核心。中国的五味泛指酸、甜、苦、辣、咸，但实际上包括许多味在内，鲜味是被放在首要位置的，并且成为众味之中主要追求的目标。除充分利用原料自身提升鲜味外，还讲究调制鲜汤（《齐民要术》上已有相关制汤技法的记述）。

四、以熟为主，追求造型

火的出现改变了中华民族的饮食习惯，并形成了以味为基础、以质为格调、趁热而食的熟食风格。在中国烹调技法中，加热方法是主体，趁热而食是中华饮食的一大特色。

中国人的传统以熟食为主，能满足进餐者生理和心理的要求。通过烹、炒、烧、煮减少食物细菌，虽然高温会使蔬菜损失一些维生素C，但熟食蔬菜一餐能吃250～500 g，所以摄取的维生素C的数量并不低。有些经腌制和发酵做成的菜肴，在增加风味的同时，一定程度上破坏了一些营养素，但有时也产生了另一些营养素。例如，发酵食品纤维素降解低聚糖类，产生维生素B_{12}；蛋白质水解为多肽，不仅易于吸收，还能增加活性功能等。

中国人无论是制作菜肴还是点心，都追求造型艺术，讲究原料精、技术高、形态美、意境深。各种动物、蔬菜制成的吉祥图案常常出现在人们的菜桌上，既能增加食欲、提高视觉享受，又能体现中国烹饪的高超技艺。

认知三　中国烹饪的性质

任务介绍

中国烹饪的性质，即中国烹饪的本质属性。正确认识中国烹饪的性质，就是为了从客观角度认识烹饪。本任务主要介绍中国烹饪的文化、科学和艺术三大性质。

任务目标

1. 了解中国烹饪的文化属性。

2. 了解中国烹饪的科学属性。
3. 了解中国烹饪的艺术特性。

相关知识

中国烹饪是文化，是科学，是艺术。它不仅维系着中华民族亿万人的饮食生活，还有着始于50多万年前的深厚积淀，丰富的烹饪文化构成民族文明的一项标志。孙中山先生对此说过："烹调之术本于文明而生，非深孕乎文明之种族，则烹调技术不妙。中国烹调之妙，亦是表明进化之深也。"

中国烹饪，自其诞生那一天起便标志着人类从此与动物划清了界限，摆脱野蛮，进入文明阶段。用火熟食是人类改造客观世界的一项成果，它由简至繁，由粗至精，由低级到高级，是一个文化发展与积累的过程。在此过程中，它既逐步哺育与完善了人类自身，也孕育与生发出了许多其他文化——陶瓷文化、冶炼与铸造文化、茶文化、酒文化等自不待言，农耕文化、畜牧文化、医药文化等，均与烹饪有着深刻的关系。

一、中国烹饪是文化

中国烹饪积淀深厚。早在先秦时期，人们就有"夫礼之初，始诸饮食"的认识，甚至从烹饪的规律中认识到治理国家的道理，只是并未对烹饪本身做过全面的总结。进入封建社会后，限于历史条件与烹饪的社会地位，这项研究与总结被搁置了。虽然有些学士文人做了些探索，但多停留在技术的介绍和艺术的品赏层面。中华人民共和国成立以后，烹饪事业受到重视，尤其是进入20世纪80年代以来，改革开放促进了烹饪事业空前的繁荣与发展，中国烹饪引起了海内外学者广泛的关注与兴趣。对中国烹饪文化的研究，更吸引了许多学者、专家进行了有史以来最系统、最全面、最深入的总结，并提出了烹饪文化论、烹饪艺术论、烹饪技术论、烹饪科学论等观点。有些学者认为，烹饪文化还应包括考古与文物方面所涉及的内容，饮食习俗与礼仪，有关烹饪的人物、著述等。这些认识都各有其道理，也是促进烹饪学科发展的体现。

综观中国烹饪，人们在社会历史的发展过程中，为了生存、发展、享受，形成了观念、制度、习俗、礼仪、规范，以及反映这些方面积淀的饮食文化遗产。它包含烹调技术和运用这一技术所进行的烹调生产活动，烹调生产出的各类食品，运用这些食品所进行的饮食消费活动及其效果。它们包括的全部科学的、艺术的内容，以及由此延伸出的众多精神方面的产品，就是中国烹饪文化。

二、中国烹饪是科学

中国烹饪科学有广义和狭义之分。广义的烹饪科学包含其自然科学部分、工程技术部分、社会科学部分和哲学部分；狭义的烹饪科学仅指其自然科学部分与工程技术部分。关于烹饪科学的研究，有从中国烹饪的历史、考古、文物、民族、民俗、教育、艺术、文化、饮食市场等方面展开研讨的，也有研究哲学（包括美学）、自然科学与工程技术的。

早在2 000多年以前，人们对中国烹饪中的味与养生的有机统一就已经有了相当深刻的认识。一方面，讲究调和五味、追求美食，"五味之美，不可胜极"；另一方面，指出"五味令人口爽"，贪享"厚味""至味"危害健康，主张"饮食有节""不多食"；同时，也指出了五味所合、五味所宜、五味所伤、五味所禁等五味之间的辩证、变化及其与人体健康的关系，从而总结出必须"谨和五味"，才能"骨正筋柔，气血以流，腠理以密，如是则骨气以精。谨道如法，长有天命"。这些便是中华民族的饮食观，既是以前烹调与饮食的经验总结，也是指导我们烹调与饮食的理论基础。

三、中国烹饪是艺术

中国烹饪是一门视觉、嗅觉、触觉、味觉综合的艺术。烹饪工作者是它的创作者。他们运用烹饪工艺，按照人们对饮食美的追求的规律，塑造出色、形、香、味、质俱佳的食品，为人们提供饮食审美的享受，从而使人们得到物质与精神交融的满足。作为综合艺术，它不仅要塑造各种和谐之美，而且要突出"味"这个核心。中华民族善于知味、辨味、用味、造味，因此中国烹饪产生了数不清的味道，中国烹饪的味也处在多变的状态之中。中国的味的艺术经过长期实践，形成了若干流派和各地方风味体系，构成中国烹饪多层次、多方位、多品类的风味艺术风格，无疑使品尝者沉浸在艺术的享受之中。

中国烹饪是中华民族的一份宝贵、丰厚的文化遗产，也是全人类的文化遗产。研究它、开拓它，不仅可以为人类提供美味艺术的享受，而且与人类的生存、发展与素质的提高息息相关，值得为它贡献出我们的智慧与力量，使烹饪的科学、艺术与文化在新的更高层次上完美地结合在一起。

认知四　中国烹饪发展简史

任务介绍

中国烹饪有着悠久的历史和辉煌的艺术成就，为人类文化的进步做出了卓越的贡献。目前，研究中国饮食史和中国烹饪史的人士，考虑到中国历史文化的特点以及中国人的历史文化传统、习惯和心态，借用"历史阶段性"和"朝代对应性"作为中国烹饪发展简史的划分标志，具体将中国烹饪发展简史划分为火燔熟食、陶器烹饪、青铜器烹饪、铁器烹饪和近现代烹饪五个阶段。本任务主要介绍以上五个阶段，以古代文献典籍见证烹饪发展历程。

任务目标

1. 了解中国烹饪的历史。
2. 了解中国烹饪各个阶段的特点。
3. 感受中国烹饪的发展历程。

相关知识

一、火燔熟食阶段

火燔熟食阶段的人类祖先，最初还处于"自然人"的阶段，只有自然的群体（即抵御敌人时由有血统关系的人自然形成的集体），没有社会组织，与其他野生动物没有根本的区别。据《现代汉语词典》注解:"原人指猿人。猿人是最原始的人类。猿人还保留了猿的某些特征,但已能直立行走,并产生了简单的语言,能制造简单的生产工具,知道用火熟食等。"

人类为了生存,与大自然进行了几十万年的艰苦斗争,逐步学会了劳动和制作简单的工具。而且,在森林被烧后,人类无意中发现吃到的被烧死的野兽肉,其滋味远远好于生食。经多次尝试,人类祖先逐步认识到火的熟食功能,并有意识地学习保存火种、利用火种,如用火取暖、驱逐害虫猛兽的攻击和制作熟食等,从而使火的使用和熟食成为经常性。因此,自然人摆脱了原始的生活方式,由自然人变为社会人,并形成一定的社会生产力,逐步由蒙昧阶段走向文明的火燔熟食阶段。

烹饪的诞生,使人类结束了茹毛饮血的生食历史,是饮食史上最伟大的变革。熟食是猿转变成人的重要一步。最重要的还是肉类食物对脑髓的影响,脑髓因此得到了比过去多得多的发展所需的营养。由此,可以将火燔熟食时代的特点总结如下:

(一) 从无意识地吃到熟食,到有意识地保存火种、利用火种

据考古发掘,距今约180万年前的山西芮城西侯度遗址有遗存的灰烬和烧骨。考古界对此仅做出了用火的推断,但未做出制作熟食的结论。在距今50余万年的北京周口店"北京人"遗址处,发掘出四个较大的灰烬层,最厚处达6 m,并在灰烬层中发现了许多烧过的石头、骨头、朴树籽以及木炭。考古学家据此做出了"北京人"已能保存火种、利用火种、管理火种,并且已知道了制作熟食的论断。这证明了"北京人"已懂得用火熟食,并发明了加热制熟的技能。

(二) 开创了原始的烹饪方法

燧人氏"钻木取火",使人类第一次发明了人工取火。人工取火是我们祖先对人类文明的极大贡献。火的使用使人类掌握了巨大的自然力,使人类真正脱离了吃生食的动物界。有了火,人就可以把食物放到火里烧烤,从而开创了原始的烹饪方法。例如:燔,将食物放在火上直接烧烤;炙,将动物去皮毛,切割成较小的形状放到火上烧烤,或悬在近火处炙烤,或埋在火堆、灰烬里煨烤等。这一阶段人类利用火直接将生食加热制熟。

(三) 地灶的出现,改善了烹饪热能供应情况,充实了烹调方法

若干年后,由于地灶的出现,又产生了间接加热方法。例如:石上燔谷法,把谷物放在烧石上焙烤,即"释米加烧石上而食之";包法,用植物叶子包裹原料,外面用湿泥包裹直接放火上烧烤;火煨法,将原料埋放在热灰烬中,利用余热加热制熟;火烘法,将原料放置在地灶的四周,采用聚温措施,逐渐烘熟;烙坑成熟法,在地上掘坑,垫以兽皮,装入水和食物,投入烧石煮制食物,使食物成熟。

(四) 原始畜牧业和农业的初步形成

由于野生畜兽生长周期较长,人类捕猎工具原始,动物食物来源有限,因此为了适应人口增长的需要,先民就从畜牧业和农业上找出路。根据考古资料证实,约在距今11 000年前畜牧业诞生,农业则诞生于距今9 000~10 000年前。由此证明,我国传统中的伏羲氏之后的神农时代,标志着古代社会进入了原始农业时期。

(五) 逐步养成定时饮食的习惯,用更多时间从事其他生产劳动

由于有了畜牧业和农业,先民的食物来源得到了一定程度的保证。因此,先民有更多时

间从事畜牧业生产和农业生产。同时，为了更有利于生产，先民根据季节的不同，养成了定时饮食的习惯。如北方地区春、夏、秋三季天日较长，定为一日三餐；冬季天日较短，定为一日两餐。

火燔熟食阶段属于中国烹饪发展史的原始阶段，有烹无调，没有炊具，烹制方法采用的是干加热方法，十分简陋、原始，故又称为萌芽阶段或不是意义完备的烹饪阶段。这个阶段又分为火烹阶段（烧烤阶段）和石烹阶段。这个阶段的主要成就为火的使用和经常性熟食，以及原始畜牧业和农业的初步形成。

二、陶器烹饪阶段

陶器烹饪阶段是农业社会的初级阶段，食物结构发生了质变，人们利用不完备的烹饪方法制作熟食，有一定的局限性。先民在抹泥包裹坑穴烧烤或兽皮盛水抛入火石的启发下，利用黏土烧制原始的盆、罐等形状的粗陶（距今 11 000 年时，出现陶器，火候达到900 ℃就可以烧成）。随着制陶技术的提高，有了彩陶，有了轮制陶器技术，有了不同用途、不同形状的陶器。陶器的发明是中国为人类烹饪做出的又一个伟大贡献。通过考古发掘看到，作为煮器的陶器有鼎、鬲、釜等；作为蒸器的陶器有甑、甗等；作为储盛器的陶器有盆、钵、罐、瓶、壶等。"黄帝作釜甑""黄帝始蒸谷为饭、烹谷为粥"这些古老的传说，说明这个阶段，将水作为传热介质的烹饪方法已经形成。陶器的出现使烹饪进入"火食之道始备""水火既济"的水烹阶段、汽烹阶段或意义完备的烹饪阶段。用陶器煮、蒸食物，提高了食物熟化的程度，有利于杀菌、消毒和软化食物等，便于人体消化吸收。为此，陶器这个人工创造的炊具，进入先民生活以后，带来了新的传热介质，开创了新的烹饪方法，进一步促进了农业的大力发展。由此可见，陶器烹饪阶段的特点可以总结如下：

（一）陶器的出现开创了新的烹饪方法，使烹饪进入意义完备的烹饪阶段

陶釜、陶鼎、陶鬲、陶甑、陶甗等炊具的发展，将水和蒸汽作为新的传热介质，开创了煮、蒸、炖等烹调方法。现代科学证明，将水和蒸汽作为传热介质加工的食品比将火作为直接传热介质加工的食品，更有利于人体消化吸收。煮、蒸、炖等烹调方法已成为我国传统特色的烹调方法。

（二）社会生产力的形成和发展，开创了通过物品交易的市场

社会生产力的形成和发展，使社会产品有了盈余。先民为了获得自己没有的物品，将剩余和多余的食物拿去交换，便出现了以物易物的原始市场，主要贸易对象是食物和用具。比如草原地区，有条件饲养牛、羊，部落之间常常将家畜作为产品交换。

（三）私有制的出现，产生了原始筵席和职业厨师

社会产品有了进一步盈余，氏族社会和私有制逐步形成，人们集会聚餐活动开始了，出现了原始的筵席。据《周礼》《礼记》等记载，在中国原始社会后期的父系氏族社会时期就有筵席。如虞舜时代，先民尊贤敬祖，把奉养老人的专宴称作"燕礼"；"凡敷席之法，初在地者一重即谓之筵，重在上者即谓之席"，筵席之名始于此。此外，还有专为氏族首领服务的职业厨师（传说中的烹饪之祖——彭铿，善于行气，精于烹调，尝作"雉羹"以飨帝尧）。

（四）人类对动植物食用功能的了解逐步加深，开创了原始的医药领域

据考古证明，早在 7 000 年前，浙江余姚的河姆渡人已种籼稻，其他植物食料还有葫

芦、菱角、薏米、桃、酸枣、橡子等；动物中的狗、猪、水牛、鹿、象、犀，以及鱼、龟、鳖、螺、蚌等已成为食用原料。人们从长期的饮食中逐步认识到动植物原料的食用功能各不相同，从而认识到"五谷为养、五果为助、五畜为益、五菜为充"的道理，并且开创了用植物的根、茎、叶、籽来治疗疾病的原始医药领域。"神农尝百草"的传说，从一定程度上反映了这个阶段的历史状况。

（五）酒的出现使烹饪进入调味阶段

在中国古代文献中，关于酿酒起源的记载——"酒之所兴"是先民"有饭不尽，委之空桑，积郁成味，久蓄气芳，本出于此，不由奇方"（晋代江统《酒诰》）。我国在6 000～7 000年前的仰韶文化时期，就有谷物酿成的酒。到了龙山文化时期（距今4 000余年），酿酒有了新的发展，成为社会经常性的工作，饮酒成为一部分人经常性的饮食生活内容，于是饮酒的习惯和风俗逐渐形成。据最新的考古发现，生活在公元前7 000多年的新石器时代的中国人的祖先，已经开始酿酒。另外，据中美联合考古小组在河南省舞阳县一处著名的新石器时代早期遗址——贾湖遗址挖掘出的陶器中遗留下来的残渣经鉴定分析，认为极有可能是一种发酵饮料，距今已有9 000多年历史。同时，酒具有浓郁的芳香味，可以抑制动物性原料的腥膻味，增加菜肴的香味。所以，酒的出现证明烹饪已进入调味阶段，并能使菜肴达到多滋多味的要求，如民间有"好做酒、坏做醋"的传说。用酒、醋来制作菜肴，滋味当然不一样。

陶器烹饪阶段属于中国烹饪发展史上的产生阶段，烹饪原料以农产品为主，原料加工技法有所发展。此外，因炊具、灶具的大量使用，加上有了一定的调料，开创了有烹有调的格局，构成了将水、蒸汽作为传热介质的烹饪方法。

三、青铜器烹饪阶段

青铜器烹饪阶段（距今约4 000年），时间上相当于夏商周三代奴隶制社会。由于奴隶社会生产技术的发展，水利问题得到初步解决，人们的食物资源和生活水平有了相应的改善和提高。我国民间已普遍饲养六畜六禽和水产品等，调味品的种类已有酸、甜、苦、辣、咸等五味，并用盐、梅及各种肉酱来烹制菜肴，使菜肴滋味多样化（五味调和、百味香）。同时，代表奴隶主身份和等级的青铜器，作为器具在奴隶主贵族中广泛使用。青铜鼎、鬲、簋、尊等逐步改作高级贵族显示其身份、地位或纪念重大事件的礼器。青铜器与陶器相比，具有硬度大、传热快、便于操作、不易破碎等特点，使动物的油脂得到了运用，从而使烹饪进入油烹阶段。据《吕氏春秋》记载："鼎中之变，精妙微纤。"此外，炉灶得到了改良，不但节约了能源，还改善了烟熏火燎的状况，便于操作者靠近炉灶进行操作，使烹制的成品更加符合人们的饮食要求。所以，青铜器烹饪阶段在中国烹饪发展史上占有重要地位，它不仅开创了一种新的传热介质——油，而且产生和形成了若干种新的烹饪方法，为中国菜点的多样化提供了可靠的基础和物质条件。

青铜器的名称和形状，一般以原先的陶器为基础，其主要种类有：

1. 炊具和加工工具

如鼎、鬲、甗、俎、铲、匕（一种为有尖刃的刀，用于匕肉；另一种为匙）。

2. 饮具和贮盛器

如盂、瓿、簋、彝、豆、匜等。

3. 酒器

如罍（酿酒）、壶（贮酒）、尊（贮酒备斟）、卣（盛酒备移送）、盉、罪、爵（温酒）、觚、觯、觥（饮酒）等。

从上述青铜器数量来看，酒器的数量急剧增多，说明先秦时贵族的饮食生活已相当奢侈，正如"酒池肉林"。据《礼记》记载，周代王室中管理饮食的官员，包括负责供应粮食、肉类、鱼鳖、酒、盐、腊脯、醯、醢、菹和冰块的；管理柴火、饲养、打猎、捕捞、宰杀、加工、烹饪的；准备餐具、酒具、中幂（覆盖食品）的；还有食医、兽医，共2 300余人，占宫廷全体官员半数以上。王者进食和举行宴会时，各种青铜食具用多少、里面放什么食品，以及如何放置等都有明确的程序和细节要求，马虎不得。这足以说明周代王室对饮食非常重视，从而促进了菜肴制作技术和饮食服务艺术的发展。周代贵族厨房的烹饪成品有食（饭食）、膳（牛肉、羊肉、猪肉、狗肉的菜肴）、羞（膳以外的菜点）、饮（水、浆、酒和菜汤）等四大类。当时贵族阶层喜爱的菜点有"周代八珍"，即"淳熬""淳母""炮豚""炮""渍""熬""捣珍""肝网油"等。除此之外，那个时代还有"鱼鳖""鲤""熊蹯"等脍炙人口的名菜。后人往往用"八珍"来形容美味佳肴或烹饪的珍贵原料，如上八珍、中八珍、下八珍、海八珍、炒八珍、禽八珍、迤北八珍和水陆八珍等。到了春秋战国时期，楚国贵族宴席菜有"腼鳖""炮羔""鹄酸""煎鸿鸧""煎渍""露鸡""臑鳖""臑雀"等，不仅用料广，而且烹制方法多种多样。由此可见，青铜器烹饪阶段的特点可以总结如下：

(一) 食物资源进一步丰富

据《周礼·天官冢宰》记载，庖人主管供应天子膳食所需的肉食，肉的品种有马、牛、羊、豕、犬、鸡等六种家畜，有麋、鹿、熊、麇（獐）、野猪、兔等六种野味，有雁、鹌鹑、雉、鸠、鸽等六种禽鸟。除此之外，人们所渔猎的有兕（犀牛）、虎、豹、貘、熊、狼、狐、獾、羚羊、鼠、野鸡、鲤、鲂、鱼鳏（鲇）、鳣（鲟鳇类）、鳢、蚌、螺等。这些原料首先要供应给贵族（海鱼已成为进献给夏王的贡品）。另外，《诗经》中涉及的粮食有黍、麦、稻、稷、禾、谷、粱、牟、秫、秬、秠、糜、苢、苽、菽等，蔬菜有水芹、莼菜、韭、葵、荠、芥、笋、蒲笋、荼、苕、蕢（苋）、藕等，鱼类有鲤、鲢、鲂、鲲、鳣、鲔、鲦、鲇、鱼高、鳜、鲔等。由此可见，青铜器阶段食物资源相当丰富，民间吃狗肉比较普及（好饲养、限制较少）。同时，这个阶段非常重视原料的季节性，据《周礼·天官冢宰》记载，"兽人，冬献狼、夏献麋、春秋献兽物""渔人，春献王鲔""鳖人，春献鳖蜃，秋献龟鱼"；非常重视优质原料的地域性，如《诗经》中的"河之鲤""河之鲂"，《吕氏春秋》中的"洞庭鳟鱼""东海鲕鱼子""醴水朱鳖""昆仑萍草""云梦芹"等。

(二) 青铜器的出现丰富了人们的生活

青铜器的出现弥补了陶器的易碎、蓄热量低等不足，使动物性油脂或油脂的高温加热成为可能，出现了"鹄酸""煎鸿鸧""臑雀"等用油加热制作的菜肴。用动物油脂进行煎、炸、烧等操作的烹饪方法，为油烹开辟了一条新的道路。陶器无法达到的容量，青铜器可以达到，如后母戊大方鼎使烹煮一头牛成为现实；陶器传热缓慢的缺憾，青铜器可以弥补，"火候"至此才得到真正应用。同时，青铜器（刀）更加锋利，更加便于改变原料的形状。据《礼记·内则》记载，生肉切丝叫脍，切成片叫轩。还有一种说法，麋、鹿、鱼切薄片，麇要切细，野猪要切块，兔细切，为油烹的开创提供了基础和保障，原料加工技艺到了这个时候才能谈上"刀工"二字。由此可见，青铜器的出现不仅丰富了烹调方法、改变了原料形状，而且使菜肴的质感和形状更加多样化。

(三) 筵席已形成关于礼的形式，饮食市场活跃

据《礼记》记载，"诸侯无故不杀牛，大夫无故不杀羊，士元无故不杀犬豕""天子之豆二十有六，诸公十有六，诸侯十有二，上大夫八，下大夫六"，地方举办筵席"六十者三豆，七十者四豆，八十者五豆，九十者六豆"。《孟子》里说："七十者可以食肉矣。"从上述几句话可以看出，当时的筵席已形成关于礼的形式或规定，并从法律层面确定下来。此外，在先秦的著作中有提到"市脯""沽酒""狗屠""屠牛"等职业，说明此时已有一定的饮食市场，特别是在都市或通都大邑相当兴旺或繁荣。如春秋战国是一个经济有较大发展、商业空前繁荣的时代，在咸阳、洛阳、临淄、邯郸、大梁、邺、郢、宛、涿等通都大邑，城市饮食市场的兴起是理所当然的事。

(四) 宫廷中有专门的食医机构，十分注重原料的选择

早在商周时期就建立了医食同源的食医机构。《黄帝内经·素问》里指出：药物治疗疾病，五谷用来养卫，五果用来辅助，五畜用来补益，五菜用来充养，气味配合调和后吃下去，可以补精益气，饮食要有节制。由此可以看出，这个时期饮食养生或食疗合一的思想已经形成，并在宫廷中得到了实施，如商汤初期五味观已形成。辅助商汤的伊尹，是厨师也是医生，他向商汤论述了味的道理，同时按照制作菜肴"主、配、调、佐"的原理，创制了"君、臣、佐、使"组配的"汤液法"（即中医的复方汤剂），用于治病。此法一直被中医奉为圭臬。五味观，实际上是中国最初的营养观。再如，《周礼·天官冢宰》记载，"食医掌和王之六食、六饮、六膳、百羞、百酱、八珍之齐。凡食齐眂春时，羹齐眂夏时，酱齐眂秋时，饮齐眂冬时。凡和，春多酸，夏多苦，秋多辛，冬多咸，调以滑甘"，为文献所见食疗之始，此书对研究上古王室饮食有极其重要的价值。

此外，商周时期已十分注重原料的选择。如《周礼·天官·内饔》："牛夜鸣则庮（朽木气味）；羊泠（稀少）毛而毳（卷曲），膻；犬赤股而躁（行走急），臊；鸟皫色（失去本色）而沙鸣，郁；豕望眂（视）而交睫，腥；马黑脊而般臂（前腿有斑纹），蝼（蝼蛄臭）。"把动物外部形态、声音、颜色、行为等和肉的气味联系起来，总结出一套规律。注重原料的选择，即是为了保证成品的质量，更加重要的是保证人体健康，避免因食用此类原料而得疾病。

(五) 烹饪逐步出现理论雏形

青铜器烹饪阶段是中国烹饪的发展阶段，不但烹调技法有了较大的发展，烹饪理论也发展到了一定的程度。人们在广泛总结实践经验的基础上，从多方面进行比较，全面地进行归纳概括，形成了初期烹饪理论体系，为以后烹饪理论的进一步发展奠定了基础。伊尹在《吕氏春秋·本味》中留下了一篇关于"说汤以至味"的文章，阐述了"凡味之本，水最为始。五味三材，九沸九变，火为之纪。时疾时徐，灭腥去臊除膻，必以其胜，无失其理。调合之事，必以甘、酸、苦、辛、咸。先后多少，其齐甚微，皆有自起。鼎中之变，精妙微纤，口弗能言，志不能喻。若射御之微，阴阳之化，四时之数"的烹饪原理，被北京大学王利器教授尊为"烹饪之圣"。《论语·乡党》《周礼·天官》和《神农本草经》等，都从不同的角度阐述了有关烹饪的观点。这些观点对中国烹饪的发展起着十分重要的指导作用，

如《吕氏春秋》、"三礼"（《周礼》《仪礼》《礼记》）、《论语》等书，对烹饪原料的种类、产地、质量、原料加工的刀工等归纳总结出了一定的法则。

（六）历史上留名的庖厨人

青铜器烹饪阶段留名的庖厨人较多，主要有尧时的彭铿、夏代少康、商代伊尹、西周吕望、春秋太和公和专诸。其中不少庖厨已被各地誉为厨师之祖，如彭祖姓钱名铿。因尧时受封于大彭，故又名彭铿。相传，铿常食桂芝，善于行气，精于烹调，善作"雉羹"以飨帝尧而出名，被后世推为烹饪祖师，尊称"彭祖"。个别庖厨甚至凭借"治大国若烹小鲜"的政治才华由家奴一跃成为"宰相"。如伊尹（商代大臣，庖厨出身，善烹饪），烹调技艺极高，创制了汤液，夏桀无道，伊尹负鼎俎见成汤，由烹饪之道谈到治国安邦之术，以为"鼎中之变，精妙微纤"，最终见用，汤委以国政，凡事用其议，消灭了夏桀，建立了商朝。

青铜器烹饪阶段属于中国烹饪史上的发展阶段，开创了将油作为传热介质的各种新的烹调方法，所以这个阶段又称油烹阶段。这个阶段的主要成就表现在以下方面：原料的丰富，周王廷饮膳制度的完备，青铜饮食器具的出现，饮食理论的初步总结（本味主张、食疗合一思想、孔子饮食之道的形成和饮食养生思想的萌芽等）。

四、铁器烹饪阶段

铁器烹饪阶段，大约从战国时代中叶到清代中叶，前后2 300多年。在这段时间，由于佃耕制完全取代了井田制，封建社会取代了奴隶制社会，以及牛耕和铁器的大力推广，生产力得到了解放，促进了生产的快速发展。农业生产力提高，盐、铁产量增多，种植业和养殖业稳步发展，中国先后出现了汉、唐、宋、明、清五个长期稳定和经济繁荣的盛世。铁器烹饪阶段一般可分为以下三个时期：

（一）两汉时期

首先，秦灭六国后，统一的多民族国家从此形成，客观上为中国烹饪的大发展创造了条件。特别是铁制烹饪工具（出现于战国时期）在西汉时期得到普及，并不断改良革新，成为中国烹饪工具中的"骨干"和"主力"，为中国烹饪传统工艺的"定型"立下了汗马功劳。其中，铁锅和刀具的作用尤为突出，为烹饪开创新的制作方法提供了可靠保证，也为刀工工艺臻于精绝之境提供了基础条件。其次，西汉立国至汉武帝执政这几十年间，奉行休养生息政策，国力强盛，社会生产力有了很大的发展，中国成为当时世界上文明发达的大国。中外贸易、交通也不断发展，在海路贸易基础上，又开拓了有名的丝绸之路，将大量的中国丝绸、陶器输出到其他国家，并大量输入毛织品、良种马和食物（芝麻、核桃、蚕豆、胡萝卜、大蒜、黄瓜、丁香和豌豆等）。由于食物资源不断增加和域外烹饪经验的进入，从汉代到南北朝时期，烹调技法发展到20多种，而且菜点的地方风味特色也显著起来。如东晋南北朝时期，在上层社会的宴会中，北方人往往以"羊酪樱桃"和饮羊乳为最高饮食标准，南方人则以"鲈鱼莼羹"和饮茶为最高饮食标准。

两汉时期烹饪发展的时代特点：

1. 中外贸易交流开拓了食物来源和豆类制品的广泛利用

据长沙马王堆西汉墓出土的实物和竹简记载，当时的粮食有稻、小米、麦、麻、豆，菜果类有瓜、葫芦、甘蔗、藕、芋、蕹菜、芥菜、冬葵、苋菜、菠菜、白菜、韭菜、芜菁、枣、梨、梅子、李子、柿子、椰子、橄榄、木瓜,肉食有牛、马、羊、狗、猪、鹿、兔、鸡、雁、鸭、鹅、鹤、斑鸠、喜鹊、鹌鹑、雀、蛋、鲫、鲂、鲤等。除此之外,引进了中亚、西亚等地的原料,如芝麻、核桃、蚕豆、胡萝卜、石榴、大蒜、黄瓜等,使烹饪原料更加丰富多彩。西汉的淮南王刘安发明了豆腐和其他豆腐制品,极大地丰富了菜点品种。

2. 域外烹饪技术进入中原和海产品进入宴席

首先,中外贸易交流开拓了食物来源,同时也把域外的烹饪技术和烹饪经验带入中原。当时的长安有许多胡姬酒舍,经营胡饼、胡酒、胡羹等。域外名食,如婆罗门轻高面、胡麻饼、搭纳、鹘突等面点及烹羊肉、浑羊殁忽等十分有名。其次,两汉到南北朝时期曾出现过几次动乱,发生过多次移民浪潮。如西晋末年的永嘉丧乱持续不断,南北朝时塞北人南迁中原,中原人南迁江南、皖南、苏南,从不同程度上促进了烹饪技术的发展。同时,由于海上丝绸之路的开通,海产品中的鱼、鳖、龟、虾和蟹等原料进入了筵席,并成为筵席的重要组成部分。

3. 炊具的改进为烹饪技法的多样化提供了重要保障

据史书记载,我国汉代取火已用"阳燧",而且有了"曲突"的多眼炉灶和铁釜、铁鼎、铁锅。铁锅具有的质地薄、传热快、轻便灵活等特点,使烹饪技法在原有的基础上得到了快速发展。这一时期的烹饪技法由于工具的改进,水平大大提高。南北朝时《齐民要术》所收的"炙"达20多种,用多种烹饪技法加工一种原料,已成为当时的普遍现象。此外,这一时期新出现的烹饪技法很多,如汉代的杂烩、瀹(烫刷),南北朝时的腤、羹臛、菹绿、奥、糟、苞、酿、酱和类似于现代制作罐头的蜜渍等。特别是炒法的出现,是中国烹调技法的又一次飞跃,使菜肴的质感朝着多样化的方向发展,更能满足广大消费者的需求。油炒的烹调技法在两汉以后日益盛行,并成为中国烹饪的又一大特色。

4. 餐具、用料多样化和调味品的丰富多彩

两汉时期的餐具有了较大的发展,如漆器至汉代工艺臻于完善,髹漆、金银饰漆制餐具十分精美,陶器、青铜器仍然是餐具中的主体。除此之外,还出现了所谓"金垒玉钟"的华贵餐具和水晶、玛瑙、珊瑚、错金错银、嵌玉嵌翠的高级餐具。调味品在五味的基础上不断发展,出现了许多新品种,如盐有井盐、海盐、提炼精制的精盐,酱有豆酱、麦酱、虾酱、鱼酱,酒有糯米酒、粟米酒、葡萄酒,醋有粮食醋、果醋。此外,还有用豆制作的酱油、豆豉,以及胡椒、胡荽、胡蒜、姜和麻油等调味品。

5. 美食名食、食经专著和厨膳能手

两汉时期的美食名食较多,如名传千古的美食五侯鲭(鲭是指鱼和肉合烹而成的食物,被认为是当世奇味。后来,遂以五侯鲭指美味佳肴)、胃脯、貊炙、猴羹、蛇羹等。《荆楚岁时记》收录的荆楚地区民间食品达数十种,著名的菜肴有八和齑、蒲鲊、五味脯、胡麻羹、鸭臛、蒸熊、蜜纯煎鱼、勒鸭消、腩炙、奥肉、苞肉等。在汉代,炙羊肉在河西走廊的北方城市中十分盛行,烤羊肉串很多,此风一直经久不衰。在东晋南北朝时,菜点的地方风味特色显著起来——在上层社会的宴席中,北方人往往以"羊酪樱桃"和"羊乳"为最佳美味,南方人则以"鲈鱼莼羹"为最佳美味,甚至带有政治上的派性色彩。

据《隋书·艺文志》记载,西汉至隋的烹饪专著共28部,但《黄帝食禁》《老子食禁经》《淮南王食经》《饮食次第法》等绝大多数烹饪专著已亡佚,剩下不多的几部内容也不完全。从现存的内容看,对当时特定范围内的烹饪原料、工艺、食品等状况,做了比较系统的记录，为研究当时烹饪发展的情况提供了第一手资料。如《齐民要术》（后魏高阳太守贾思勰著）保存了很多以前烹饪典籍中的资料，记录了当时北方少数民族和国外的烹饪资料，菜谱的编写体例为后代所效法，并摘引了已失传的北魏崔浩所著的《食经》和《食次》的部分内容，是研究汉魏六朝烹饪史的必读史料。东汉张仲景的《金匮要略》突出探讨了"所食之味，有与病相宜，有与身为害。若得宜则益体，害则成疾"的道理，列举了许多饮食禁忌的例子。这个时期烹饪高手较多，最出名的有汉代的张氏、浊氏，南北朝的李秀络，崔浩之母卢氏和品味专家符郎等，其中厨膳能手张氏以卖胃脯和浆成为巨富。

两汉时期，食物来源的进一步开拓和域外烹饪技术的传入，使中原地区的饮食行业更加兴旺发达，市场呈现出一派欣欣向荣的景象。如当时的两京三都，所谓"通邑大都，酤一岁千酿，醯酱千瓨，浆千甔，屠牛、羊、豕千皮""熟食遍列，肴旅成市"，真实地反映了汉代饮食市场的概况。两汉时期在中国烹饪史上被称为民族风格奠基期和深化期。

（二）唐、宋时期

这个时期，我国由长期分裂走向统一，再分裂，再统一。社会生产力在和平、统一时期有较大发展。初唐至盛唐（贞观到开元）时期，都市经济空前繁荣，以长安为例，食店鳞栉而立，甚至数百人之酒席可以在肆上咄嗟立办。长安、扬州、杭州等地还有餐饮夜市。宋代汴梁、临安，饮食业更加兴旺发达，有的烧饼店拥有50座炉子，规模很大，并出现了制作精美的花式菜和食品雕刻品种，对当时的邻国产生了较大影响。这个时期在中国烹饪史上被称为高潮期，其特点如下：

1. 都市经济空前繁荣，饮食市场兴旺发达

唐朝建立后，社会经济稳定发展，以长安为中心的各大都市饮食业更加繁荣。全国出现了很多消费城市，如"扬一益二""腰缠十万贯，骑鹤下扬州"等说法就是由此而来的。酒楼遍布京城，著名的有颁证坊的馄饨店、辅兴坊的胡饼店、长乐坊的稠酒店、永昌坊的菜馆等。贵族官僚们的宴会种类繁多，如"烧尾宴"（唐朝时，凡大臣授官，均需向皇帝进献宴席）、"鹿鸣宴"（地方长官每年仲冬为新科举人举行的庆贺宴会）、"曲江宴"（皇帝为新科进士举行的宴会）等。各地酒楼菜点丰富，如唐朝的菜式有"浑羊殁忽（酿烤鹅）""箸头春""乳酿鱼""炙蛤蜊""驼蹄羹""五生盘""仙人脔""汤浴绣球""白龙臛""升平炙"等，点心有"贵妃红""巨胜奴""见风消"等。宋朝的菜式有"决明兜子""蚱蜢签""奶房签""洗手蟹"等，点心有"宽焦""花糕""炙焦"等，有些还成为宫廷菜点。此外，这一时期，商家的经营方式很灵活，甚至从河南开封至陕西岐州"夹路列店肆待客，酒馔丰溢"，也有沿街叫卖的走担、推车和临时摊点；有一般饮食，也有宴会"礼席"。经营出现专业化集团生产的情况，相互之间配合默契，效率很高。酒楼规模越来越大，如北宋汴梁的上户酒楼被称为"酒楼正店"，有樊楼（后改为丰乐楼）、杨楼、潘楼、会仙楼、长庆楼、八仙楼等。像"曲院街，街南遇仙正店，前有楼子，后有台，都人谓之'台上'。此一店最是酒店上户"，这样的酒楼正店，京都竟有72户之多。

2. 出现了新的炉灶和精美的瓷器

两汉时期，由于烹饪的工具改良，配套的炉灶也由地灶变为多火眼曲突式炉灶，到了唐代又由"地台灶"变为可移动的"辕炉"。由于炉灶的变化，燃料也发生了一系列变化，由原来的以柴草为薪，发展到汉代部分地区以煤为薪，再发展到隋代普遍以煤为薪。正因为炉灶和燃料的变化，一些旺火快速制作的烹调方法、需要长时间加热的烹调方法和菜肴大量涌现。此外，瓷器成为唐代主要的餐饮具，当时有河北邢窑的银雪白瓷、定窑的白瓷和葱绿青瓷、浙江龙泉的梅青、粉青瓷、赵窑的冰玉白瓷和湖绿瓷，江西景德镇的影青瓷等产品。黑褐釉上带白点的"鹧斑"或带白色细条的"兔毫"一时被誉为珍品。这些瓷器不仅造型美、色质佳，而且图案生动、种类繁多。如酒器有瓜棱壶、兽流壶、提梁壶、葫式壶、凤头壶，注酒机关自动的"舞仙盏"，注酒温度自升的"自暖杯"，等等；餐具有"夏蝇不近，盛水经月，不腐不耗"的玉精碗等。

3. 花式菜点大量涌现，冷菜制作和雕刻技艺不断提高

唐宋时期的名食琳琅满目，不仅品种多，而且有些菜肴的精美制作令人赞叹。《食经》和《韦巨源食谱》（又称《烧尾食单》）分别收录了皇家、寺院、民间、边远地区和少数民族的名食，分别有53种和58种。著名的菜肴有飞鸾烩、龙须炙、白龙臛、箸头春、遍地锦装鳖、光明虾炙、鱼含肚、五生盘、八仙盘、葱醋鸡、升平炙、汤浴绣球等。宋代流传下来的名食有决明兜子、蜊蛳签、奶房签、假鼋鱼、洗手蟹等。有些名菜传说还是隋炀帝和唐玄宗创制的，如镂金龙凤蟹和热洛河。特别是尼姑梵正以唐代王维辋川别墅二十景为题材创作的大型风景拼盘"辋川图小样"，分合随人，极为精巧，是花色冷拼的代表作。"玲珑牡丹酢"是用酢片拼成牡丹花图案，蒸熟成菜，"微红如初开牡丹"是花式菜的代表作。雕刻技艺也由镂卵发展到食品雕刻，据元周密著的《武林旧事》卷九"高宗幸张府节次略"记载："绍兴廿一年十月，高宗幸清河郡王第，供进御筵节次如后：雕花蜜煎一行、雕花梅球儿、红消花、雕花笋、蜜冬瓜鱼儿……"

4. 饮食保健理论系统基本形成，饮食、原料方面的专著大量问世

在有关饮食保健的著作中，东汉张仲景的《金匮要略》列举了许多饮食禁忌的例子。唐代的药王、百岁名医孙思邈在它的《千金要方》第二十六卷"食治"（被后人称为《千金食治》）中对100多种食物原料进行了食疗作用分析，并根据中国传统医学中的阴阳五行、辨证施治的基本理论，归纳食物味性、时序和与人体健康的联系，探究能否通过饮食达到保健治疗疾病的目的。此后，孟诜的《食疗本草》、昝殷的《食医心鉴》等著作问世，饮食保健理论系统逐步形成。而有关食品方面和市场饮食概况的专著，如林洪的《山家清供》、杨晔的《膳夫录》、陆羽的《茶经》、傅肱的《蟹谱》、陈仁玉的《菌谱》、赞宁的《笋谱》、王灼的《糖霜谱》和孟元老的《东京梦华录》等，对后人制作菜肴和选择原料都有较高的参考价值。

5. 烹饪能手和名厨

唐代社会的进步和经济的发展，推动饮食业达到一个新的高度。这个时期的烹饪能手有唐代的韦巨源、段文昌，他们也是当时一流的"知味者"，即美食家。山东临淄人段文昌精于饮食，又讲究烹调。据《山东通志》记载："段文昌为相，精饮食，庖以榜曰'炼珍堂'，在途曰'行珍馆'。又自编食经五十卷，时称《邹平公食经》。"此外，还有段文昌的婢女膳祖、做五色鱼脍的余眉娘、开封名厨张手美、花色冷拼名厨女尼梵正、钱塘江卖鱼羹的宋五嫂等。

唐宋时期，由于食物种类进一步丰富，饮食业空前兴旺、繁荣，市场呈现出多文化和一元化的饮食特点。饮茶风气的盛行，蒸馏酒的酿造，以及以《饮膳正要》等为代表的大批饮食著作的出现，都表明了中国烹饪发展到繁荣的历史阶段。唐宋时期在中国烹饪史上被称为饮食文化繁荣期。

（三）明、清时期

我国历史上经过多次民族文化交流，逐步形成了以汉族为主体的饮食文化。这个时期，由于封建社会的经济和文化大发展，促进了饮食文化的大发展。同时，受外来食物种类的巨大影响，菜品数量超过了以往任何时期。工艺的日臻精美，民族风格的绚丽多彩，地域性风格的形成，反映了这个时期的中国烹饪已到了鼎盛时期。

1. 兄弟民族间的饮食文化交流和地方风味特点进一步明朗

元代在北京定都后，中国菜谱中又增加了许多北方草原贵族们爱吃的河西肺、烧水扎、鼓儿签子、带花羊头、炙羊心、三下锅、水龙棋子、秃秃麻食等菜点。明、清时期，民族风味发展较快，市场上供应的除了汉族食品，还有回族食品、维吾尔族食品、蒙古族食品等。清代乾隆年间，一些大城市中与官僚美食家有来往的餐饮业商人，在当时"满席""汉席"的基础上挑选一部分南北名菜点，再加上满洲贵族爱吃的菜点，开发出一套商业性、诱惑性极强的"满汉全席"。此席不仅规格高、菜点数量多，而且所用原料来自全国各地，均是当地名菜。因此，豪门富商以能用这种酒席待客为荣。此外，这一时期地方风味特点进一步明朗，如明代的《易牙遗意》以苏菜为主；《宋氏养生部》以北京菜、浙江菜为主，兼有广东菜、四川菜、湖北菜；《闽中海错疏》以福建海产为主。由此可见，鲁、苏、川、粤四大地方风味菜系特点基本明朗，中国菜主要由民间菜、市肆菜、宫廷菜、官府菜、寺院菜和民族菜构成。

2. 饮食市场繁荣、经营方式灵活，刺激了都市经济的发展

基于唐宋时期饮食网点相对集中的特点，明清的茶楼、酒肆进一步向水陆码头、繁华闹市和风景名胜区集中，逐步形成各有特色的食街。如北京的大栅栏，酒商食贩蜂攒蚁聚，茶楼饭庄鳞次栉比；杭州的西湖，"卖酒的青帘高扬，卖茶的红炭满炉，仕女游人，络绎不绝，真不数'三十六家花酒店，七十二座管弦楼'"；苏州的玄妙观，"酒肆半朱楼。迟日芳樽开槛畔，明月灯火照街头，雅座列珍馐"。此外，上海的城隍庙、南京的夫子庙、江口的汉正街、重庆的朝天门、西安的钟鼓楼、天津南市的"三不管"等地段，也都是商业繁盛、风景绮丽、名人汇集的地方。"一客已开十丈筵，客客队列成肆市"足以证明饮食市场生意红火的场面。为了促进经济的发展，这一时期还颁布了一系列新的政策。据《大政记》载："（明太祖）以海内太平，思欲与民偕乐，乃命工部作十楼于江东诸门之外（南京秦淮河一带），令民设酒肆其间，以接四方宾旅。"这些酒楼由官建、老百姓承包，主要用于笼络人才，刺激都市经济发展。据《溅堂前集》载："润州（镇江）郊外，有卖酒者，设女剧待客。时值五月，看场颇宽，列座千人。庖厨器用，亦复不恶，计一日可收钱十万。"由此可见，当时的餐饮业已与娱乐业结合，并通过娱乐业来刺激餐饮业的发展。据《桐桥倚棹录》载："虎丘的山景园、聚景园"每岁清明前始开炉安锅，碧槛红阑，华灯璀璨。过十月朝节，席冷樽寒，围炉乏侣，青望乃收矣。"由此可见，当时的餐饮业已与季节性旅游结合，不仅给旅游者带来了方便，而且一部分厨师得到了大展身手的机会。除此之外，餐船以及一些著名寺庵提供素食，沿海一些城市经营西餐，这些都全方位地促进了餐饮市场和地方经济的发展。

3. 形成了较系统的理论体系

明、清时期，膳补食疗著作大量涌现。特别是元代饮膳太医忽思慧，集毕生精力写成了我国第一步较为系统的饮食营养学专著《饮膳正要》。书中总结了前代养生经验，强调"药补不如食补",重视粗茶淡饭的滋养调配;从平衡膳食的角度提出了健身益寿原则,主张饮食季节化和多样化,重视原料的药用价值,防止食物中毒;倡导"饮食有节,起居有常,不妄作劳""薄滋味,省思虑,节嗜欲,戒喜怒"的养生观,并汇集了众多宫廷食谱,保存了很多民族饮食资料,对研讨元代饮食甚有帮助。除此之外,元代还有邹铉的《寿亲养老新书》、倪瓒的《云林堂饮食制度集》、贾铭的《饮食须知》、无名氏的《居家必用事类全集·饮食类》等。明、清两代具有重大影响的食书著作有《松石养生部》(明代宋诩)、《闲情偶寄·饮馔部》(清代李渔)、《随园食单》(清代袁枚)、《养小录》(清代顾仲)、《调鼎集》(佚名)、《清碑类钞·饮食》(清代徐珂)等。

4. 名厨辈出,名菜繁多

名菜来自名厨巧师的辛勤劳动和艰辛的创造。明代,御厨、官厨、肆厨、俗厨、家厨和僧厨众多,并且常有记述。如《宋氏养生部》的作者宋诩,在母亲的影响和传授下,学到了许多烹饪知识和技能,为后来编写此书打下了基础。由此可见,宋诩之母华亭朱氏不但烹调手艺高明,而且是"炙鸭"名手(书中有"炙鸭"的具体制法)。南通的抗倭英雄曹顶、清代秦淮名妓董小宛,菜谱食经"莫不通晓";被誉为"天厨星"的董桃媚、袁枚为之立传的王小余、慈禧御厨"抓炒王"王玉山等也是一代名厨。

丰富的烹饪原料、调料、器皿和众多的烹调方法,促进了菜肴的多样化。有记载的名菜有元代的肉珑松(肉松)、佛跳墙、柳蒸羊、金山豆豉、生肺、海螺丝(回族风味)、野鸡撒孙(女真族风味)、两熟鱼(素仿荤)、云林鹅、剪花馒头、高丽粟糕,明代的带冰姜醋鱼、盏蒸鹅、油爆猪、糟熊掌、烹河豚、套肠、蟹丸、一捻酥、绿豆粉糕,清代的带壳笋、泼黄雀、煮鱼翅、煨乌鱼蛋、荷叶包鸡、套鸭、罗汉菜、八珍糕和灌汤肉包等。

这个时期,受外来食物的巨大影响,食物原料和菜点成品的丰富程度超过了以往任何时期。

铁器烹饪阶段经历了2 300多年,中国烹饪也有了许多变化,总结起来主要有以下几点:

(1)烹饪原料增多。
(2)烹饪工具进一步改进。
(3)烹饪技法和菜点种类迅速增加。
(4)内外交流促使饮食习惯有所改变。
(5)烹饪著作不断增加。

五、近现代烹饪阶段

清政府被推翻,揭开了中国烹饪近现代阶段的第一页。经过近一个世纪的发展,无论是从实践的角度来看,还是从理论的角度来看,现代烹饪与传统烹饪都有很大的区别。现代烹饪一般包括中华民国和中华人民共和国两个时期,这两个时期虽然短暂,但各有不同的社会背景与表现形式。

(一)中华民国时期

这一时期,中国处在帝国主义、封建主义、官僚资本主义统治下的半封建半殖民地社会,百业凋敝,工农业发展缓慢,人民生活困苦,市场亦不活跃,烹饪方面的成就也很少。但是,由于世界经济危机的影响,日本、美国等国家纷纷在中国抢占市场,加上战事频繁的刺激，局部地区的烹饪也出现了一些新的因素，并产生了深远的影响。

1. 引进新食料

自20世纪以来，帝国主义列强大量向中国倾销商品，牟取暴利，其中就有机械加工生产的新食料，如味精、果酱、鱼露、蚝油、咖喱、芥末、咖啡、啤酒、苏打粉、香精、人工合成色素等。这些食料的引进，改变了中国传统食品工业和餐饮行业的生产习惯、人们的生活习惯和成品固有的风味特点。无论是色泽，还是口味，新食料都更加适合消费者的需求。因此，新食料首先在沿海城市得到广泛应用（餐饮企业和家庭制作菜肴已使用味精来提鲜），并迅速被广大消费者所接受。

2. 食俗受西方文化影响

在广州、上海、青岛、大连、天津、长春、哈尔滨、北京、武汉、南京、成都等城市，由于西方教会、使团、银行、商行的不断涌入，西方科技、教育，甚至食俗也跟着流传进来，西方饮食文化与我国本土固有的传统饮食文化相互融合，英法式、苏俄式、德意式、日韩式菜点在不同场合相继出现。越来越多的人学会用刀叉吃西餐，对于奶油、面包、番茄、咖啡等先是皱眉头，后来也习惯了，甚至喜欢上"西法大虾""铁扒牛肉"。此外，还出现了《造洋饭书》，并且有人用生物、化学知识分析中国食物的成分。当时不仅出现了大量的西餐馆和"东洋料理店"，也有不少中国人利用掌握的一点西餐技艺开设"番菜馆"。"番菜"是通过仿制西餐制作的"中式西餐"或"西式中餐"。无论是"中式西餐"，还是"西式中餐"，都是利用本地原料、进口调料、中西技法来进行制作的，加上番菜是采用西餐的就餐形式，因此别有一番风味。

3. 仿膳菜、官府菜面市

仿膳菜就是仿制的清宫菜，或因时而变的御膳菜，出现在19世纪20年代。辛亥革命后，清宫中数百名御厨被遣散出宫。为了谋生，许多人只能重操旧业，或到权贵之家卖艺，或到餐馆卖艺。其中，十多名留京的御厨于1925年合伙在北海公园挂出"仿膳饭庄"的招牌，通过经营宫廷菜来招揽生意，在北京产生较大影响。仿膳菜虽然来源于清宫菜，但有别于清宫菜，达到"似像不像"的境界。似像是指它的风格、原料和烹调技法基本与清宫菜相似，不像是指它的服务对象、服务程序发生了一定的变化。同时，它在继承清宫菜的前提下，结合市场餐饮的特点并迎合食客的喜好，赋予仿膳菜新的内容和新的特点。如仿膳菜不仅有零点菜，而且有整桌仿古席，既适应中上层文化界人士需求，也能满足市民的好奇心理，开创了宫廷菜为民服务的先河。此外，官府菜也从庭院深处走向社会，如谭家菜。据邢波涛《谭家菜史话》介绍，民国初年北京有"食界无口不夸谭"之说。郭家声的《谭馔歌》将谭家菜与北京名肴及历史名肴进行比较，以"谭馔精"（谐音谭琢青）相夸。

4. 地方菜迅速发展

地方菜因西方教会、使团、银行、商行的不断涌入和各地间的交往增多而有所变化。在抗日战争时期，重庆成为陪都，党政要人、社会名流汇集，各地名厨汇集重庆，使重庆菜的菜式与口味得到了发展。自强不息的川厨"以变应变"，进行了革新，最终开发出具有影响力的新川菜。20世纪20年代末，上海除本地菜馆外，已有安徽、苏州、无锡、宁波、扬州、广东、河南、山东、北京、四川、福建等十几种地方风味的菜馆林立于市。20世纪三四十年代，上海饮食业快速发展，各类菜品众多，名菜云集，如上海的八宝鸭、虾子大乌参、糟钵头，扬州的鸡火干丝、拆烩鱼头、肴肉，北京的烤填鸭、醋椒鱼、烩熊掌，杭州的东坡肉、西湖醋鱼、四川的干烧鲫鱼、樟茶鸭子、麻婆豆腐、福建的佛跳墙、七星鱼圆，湖南的东安子鸡，无锡的青鱼甩水、炒蟹黄油，苏州的松鼠鳜鱼、母油船鸭、黄泥煨鸡等。《市场大观》曾以"吃在上海"为题，介绍了各种风味特色。

19世纪初，广州一度是我国的政治中心，特别是1929—1937年，由于世界金融中心转向香港和国内战事的影响，广东经济有了较大的发展。加上临近东南亚，商贾云集，广东的饮食业进入前所未有的黄金时代，仅广州就有著名的中餐馆、茶室、酒家、包办馆、西餐厅200余家。除了经营广东风味（凤城、东江、潮州等地），还经营京都风味（南京）、姑苏佳肴、扬州珍馔和欧美大菜。为了适应当地人三餐二茶的生活习惯，20世纪二三十年代，广州的陆羽居推出了"星期美点"来招引顾客，得到了消费者的欢迎。变革、创新促进了饮食业的发展，同时各店确立了名品，影响进一步扩大。如贵联升的"满汉全席"、蛇王满的"龙虎烩"、西园的"鼎湖上素"、太平馆的"西汁乳鸽"。此外，广州的名师梁贤代表中国参加了巴拿马国际烹饪赛会，并获得了"世界厨王"称号。

5. 中餐随着华侨的足迹走向世界

鸦片战争以后，帝国主义列强残酷掠夺劳工，使数百万华人背井离乡，流散海外。民国年间，通过外交、贸易、宗教、军事、文化等渠道，出国的人更多。为了谋生，有三分之一的侨胞利用仅有的一点技术，通过经营家庭式餐馆来维持生活，并代代相传，同时也把中国烹饪介绍给各国，使中餐逐步走向世界。为了迎合当地消费者的需求，中餐逐渐形成了三种趋势：一是为华侨、留学生提供正宗的中餐（包括各地风味）；二是为中国侨民和部分外国人提供改良的中餐（迎合消费者需求）；三是根据外国人的饮食特点和个人需求，提供变相的中餐（中名西实）。无论是哪一种中餐，都起到了宣传的作用，扩大了中餐的影响。孙中山先生在《建国方略》和《三民主义》中，多次提及这种盛况："近年华侨所到之地，则中国饮食之风盛传""凡美国城市，几无一无中国菜馆者。美人之嗜中国味者，举国若狂""中国烹饪之术不独遍传于美洲，而欧洲各国之大都会亦渐有中国菜馆矣"。这一时期，中国菜馆在美、法国、荷兰、英国等地随处可见，中国菜成为世界公认的主流菜。

（二）中华人民共和国时期

从1949年10月1日中华人民共和国成立，至今已有60余年。由于人民当家做主，解放了生产力，国民经济得到了快速发展。物质资源的逐步丰富，使人民的生活质量得到了改善和提高。特别是旅游事业的快速发展和国际交流的增多，促进了餐饮企业的飞跃发展、烹饪技艺的不断提高和烹饪理论研究的不断完善。这个时期可以分为三个阶段：

一是复苏阶段，即1949—1956年。由于政局稳定，经济逐步复苏，各方面取得了突破性的发展，餐饮业也不例外。如20世纪50年代中期，广州举办了"名菜名点展览会"，展出菜点有数千种之多。

二是动荡阶段，即1957—1976年。由于政治运动频繁和自然灾害不断，经济不能得到发展，无论是工业品、日常生活用品，还是食物资源，都处于紧张时期（凭票供应），所以餐饮业和烹饪事业的发展受到了严重的影响。

三是发展阶段，即1977年以后。由于党的十一届三中全会的召开和改革开放的不断深入，国民经济得到了飞速发展，物质资源充足，百姓收入增多，促进了旅游业的大发展。而作为旅游业的重要组成部分，餐饮业也得到了相应的发展：从原来简单、便宜的大众餐饮向多层次、多方式的低、中、高档相结合的餐饮方向发展。菜点种类的充实、完善和新品种的开发，成为市场一个新的亮点和经济建设的重要组成部分。

1. 厨师地位提高

中国烹饪文化虽然从旧石器时代开始已有，可是几千年来，厨师一直没有社会地位。中华人民共和国成立后，人民当家做主，厨师也是人民中的一分子，得到了全社会的尊重和认可，称呼也发生了改变，象征着厨师社会地位的不断提高。1963 年，全国有 109 人获得特级厨师称号，1982 年有 800 余人达到获得这一称号的标准。由此可见，厨师这一职业得到了社会的尊重和认可。

2. 建立管理机构

几千年来，中国只有经办御膳的食官，从无管理全国餐饮业的行政机构，厨师如同散兵游勇，无人过问。中华人民共和国成立以后，从中央到地方，逐级成立了饮食服务公司，通过公司的管理来保证餐饮业的健康发展，增加了服务网点，以更好地为顾客服务；开展技术交流，推广创新产品，使就餐者能尝试新产品；检查产品与服务质量，为顾客提供安全、卫生的食品（非常时期尤为重要）；解决职工劳福利待遇问题，增加职工获得继续学习、提高技艺的机会，如派送到学校进修或参观学习等。

3. 重视烹饪教育

几千年来，厨师的培养方式一直是以师傅带徒弟的形式进行。中华人民共和国成立后，由于餐饮业发展较快，企业需要一大批有文化、有技术的厨师。因此，自 1956 年开始，全国若干个大城市相继成立了多所烹饪技校，通过教育方式来培养厨师。为了提高厨师的文化和技术水平，当时的国内贸易部在武汉、烟台、沈阳、重庆、福州、西安等地设立了 10 多个烹饪培训中心。为了与国际接轨，烹饪教育已形成多层次办学形式，如职高、中技、中专、职业技术学院、烹饪专科学校、本科烹饪专业等；担任烹饪教育工作的教师被聘为讲师、副教授、教授或实验师、高级实验师；教材也由经验型总结，逐步在其他学科的影响下趋于理论型，更有利于培养学生的理论知识和操作技术，为 21 世纪中国烹饪的大发展提供了充足的资源和可靠的保证。

4. 重视烹饪文化研究

中华人民共和国成立以后，国家大力抢救烹饪文化遗产，将《调鼎集》《宋氏养生部》《齐民要术》《饮膳正要》等多部古籍相继整理出版。现每年出版的饮食文化类书籍近 500 种，与饮食文化直接相关或间接相关的期刊有 100 多种，大体分为四种类型：一是偏重于理论探讨，二是致力于传授技艺，三是宣传饮食文化，四是着眼于商业营销和信息传播。某些精品书籍甚至作为外事礼品，如《中国名菜谱》《中国小吃》《中国烹调大全》《中国名菜集锦》《中国古典食谱》《中国菜肴大全》《中国筵席宴会大典》《中国烹饪百科全书》和《中国烹饪词典》等。各地还相继成立了饮食文化研究所和烹饪研究所，通过研究、挖掘，开发出了孔府菜、组庵菜、帅府菜、大千菜等名流菜种，还开发出了符合"小"（规模与格局）、"精"（菜点数量与质量）、"全"（营养方面）、"特"（特色浓郁）、"雅"（讲究饮食卫生、注重礼仪、陶冶情操、净化心灵）特点的现代宴席。

5. 加大交流力度

全国各地烹饪协会的成立，有力地推动了行业间的交流，不仅为个别、少数单位提供了相互学习的对口交流机会，而且自 1983 年开始，多次组织烹饪名师比赛、中国烹饪国际大赛和全国青工大赛，组织出国参加世界烹饪奥林匹克大赛和派遣数万名烹调技师，赴 100 多个国家和地区进行交流。其中,仅北京市派往日本、美国、德国、法国、土耳其、荷兰、俄罗斯、加拿大等30多个国家的名厨就有数千名,他们参与了讲学、传艺、表演、工作和经营等多项活动。一些文化名城、烹饪高校和著名餐馆,也与国外的友好城市、对口单位签订技艺交流合同,互派名厨指导、交流,或委托培训学员、交流烹饪书籍,或馈赠名特原料等,彼此关系融洽,为中外饮食文化交流开辟出许多"民间通道"。交流有利于我国烹饪事业早日与世界接轨并走向世界。

六、古代文献典籍见证烹饪发展历程

中国古代烹饪典籍文献是指中华民国以前历代出版的书籍和画册等,这些文献典籍记录了中国历代珍贵的烹饪史料,见证了中国烹饪发展的历程。主要有《诗经》《礼记》和《齐民要术》等描述烹饪的书籍,《食谱》《食经》《闲情偶寄》《食疗本草》《梦粱录》和《调鼎集》等专门记载烹饪的书籍,以及一些有烹饪美食描述的小说传记。它们从不同角度记载了大量的食物、食谱,描述和反映了某一时代的饮食文化情况,为后人留下了一批宝贵财富,对研究当时的历史和烹饪发展有着重要意义。

思考题

1. 简述烹饪和烹饪学的概念。
2. 中国烹饪有什么特点?
3. 中国烹饪有着悠久的历史,其发展过程分为哪几个阶段?

项目二

烹饪原料知识

项目分析

烹饪原料是任何餐饮活动都离不开的重要原料，是烹饪活动的物质基础，是餐饮经营的基础。餐饮行业的操作者和管理人员具备一些烹饪原料的知识，对做好相关的工作具有举足轻重的作用。世界之大，菜系之多，所有这些都与烹饪原料繁多密不可分。烹饪原料同时又是决定烹饪产品好坏的重要因素，烹饪原料的质量、加工方法，直接影响菜品的质量。学好烹饪原料知识是不断挖掘新菜品的基础，是当今合理饮食养身的需要，是餐饮经营管理的需要。本项目主要介绍：烹饪原料的概念和分类、畜禽类原料、水产品原料、蔬菜原料、干货制品原料、调味品原料、烹饪原料选择、烹饪原料保藏。

学习目标

※知识目标

1. 了解烹饪原料的概念。
2. 了解烹饪原料分类的方法。
3. 了解烹饪原料选择的方法。
4. 了解烹饪原料储存的方法。
5. 了解烹饪原料变质的原因。

※能力目标

1. 能合理地选择原料。
2. 能熟悉各类原料的特点。
3. 能掌握原料鉴别的方法。
4. 能合理地保存原料。

认知一 烹饪原料的概念和分类

任务介绍

烹饪原料是烹饪的基础。掌握烹饪原料的基本概念和可食性的含义、烹饪原料的科学分类体系，理解烹饪原料分类的目的及意义，对烹饪工艺的科学化与工业化、创新菜的开发具有重要的指导意义。

任务目标

1. 掌握烹饪原料的概念、可食性含义、分类方法。
2. 了解原料分类的意义。

相关知识

案例： "杂烩"的由来

"杂烩"是一种著名的传统美食，在我国从古至今均有制作。此菜选料"杂"，动、植物均有，既有高档的，又有普通的；既有荤的，又有素的；还有荤素相混的。一菜多样，琳琅满目，质地软、嫩、脆、滑，色、香、味俱全，无论是官场还是民间的筵席饮宴，均是人们喜爱的美味佳肴。

"杂烩"，顾名思义，就是用几种原料混合烹制而成的菜肴，其制作历史悠久，传闻亦颇多。在中国烹饪史上，最早发明"杂烩"的是齐鲁之帮的娄护（字君卿，汉武帝时人），曾做过京兆尹。当时娄护常往来于汉武帝母舅王谭、王根、王立、王商、王逢这五位同时被封侯的"五侯"家中，因而由此创造出了"五侯鲭"佳肴。鲭，就是用鱼和肉及山珍海味烹制的杂烩，即"五侯杂烩"。《西京杂记》卷二载："五侯不相能，宾客不得来往。娄护、丰辩，传食五侯间，各得其心，竞致奇膳，护乃合以为鲭，世称五侯鲭，以为奇味焉。"后用以指佳肴，影响较广。

分析：

原料是烹饪的基础，我国烹饪用料广，自古以来，黍、粟、稻、麦、豆、干鲜果蔬、禽、畜、鸟、兽、鱼、鳖、虾、蟹、蛋、奶、菌、藻，甚至花卉、昆虫，都能用于烹饪。不同的原料有不同的特点。众多的原料需要合理的分类才能更好地运用，只要掌握每种原料的特点，我们就能创造出更多的美味菜肴。

一、烹饪原料的概念

在《现代汉语词典》中，"原料"是指没有经过加工制造的材料。那么烹饪原料是指符合饮食要求、能满足人体的营养需要并通过烹饪手段制作各种食品的可食性食物原材料。烹饪原料主要来源于天然动植物，也有少量来源于矿产和人工合成。

烹饪原料是烹饪活动的物质基础，一切烹饪活动都是围绕烹饪原料的各个加工处理环节来进行的。烹饪原料是各个烹饪环节的核心内容，烹饪效果的表达以及烹饪目标的实现，烹饪原料在其中起着关键性的作用。

(一) 烹饪原料的可食性含义

按照合理营养的原则，对烹饪原料的要求为：

1. 安全性

安全性是指原料自身无害，也未受到各种有害因素，如微生物、寄生虫和化学毒物等的污染。有些原料在未加工状态下可能含有有害成分，但通过一定的烹饪加工破坏有害成分后，亦可作为原料使用，如菜豆、黄花菜、魔芋等。另外一些原料，即便是营养丰富的、味道鲜美的天然动植物，但因其所含的毒素难以清除，所以绝不能作为原料使用，如河豚等。

2. 营养性

除少数的调辅原料外，烹饪原料必须含有一定种类、一定数量和质量的营养物质，这样才能满足人类的营养需求。如粮食具有充足的碳水化合物；果蔬含大量的水分、丰富的矿物质和维生素；而动物性原料以蛋白质、脂肪为主要营养素。因此只要正是由于不同的原料含有不同的营养素，因此只要经过适当的搭配，就能满足合理膳食的要求。

3. 良好的感官性状

烹饪原料多种多样、千姿百态，如和谐美观的颜色、爽脆或绵软的质地、芳香或鲜美的味感等，具有良好的感官性状。感官性状良好的原料制作出来的菜点才能激发人们的食欲，满足人们的生理、心理需求，从而有助于营养素的充分吸收，真正发挥食品对人体的作用。

(二) 烹饪原料的应用历史和发展状况

1. 人类历史上对烹饪原料的应用

"烹饪"的词义为加热并做熟食物。广义上是指人类为了满足生理需求和心理需求，把可食原料用适当方法加工成为可直接食用的成品的活动。而在史前时代，人类过着采集和渔猎的原始生活，在没有发现并利用火之前，一直处于茹毛饮血的生食状态，这时所食用的野果、树籽、根茎、野畜等并不能称为烹饪原料。

在原始人学会利用火之后，人类进入了熟食时代。所以，人类对烹饪原料的应用起源于对火的利用。随着火的应用，人类的食用范围有所扩大。《韩非子·五蠹》中言："……钻燧取火以化腥臊……"许多因有腥臊味而难以生食的动物原料，如河蚌、鱼类、鳖等经过火的炙烤后，变得鲜香可口。

随着原始农业和畜牧业的发展，人类掌握了种植谷物和养殖禽畜的技术。黄河流域及长江中下游一带的农业已相当发达，黍、粟、稻成为主要农作物，并栽培了芥菜、白菜等蔬菜。家畜饲养以猪、狗为主，还需依赖大自然野生的植物和动物。

进入青铜器时代之后，食物原料以种植、养殖为主，品种非常丰富。到周代时已有五谷、五菜、五果、六禽、六畜等概念。此外，由于狩猎和捕捞工具的逐步改进，野生动植物有了进一步的利用价值，如熊、鹿、鱼、虾、藻类等都已普遍被食用。此外，人们还从丰富的食物原料中认知到其中的优质品种。《吕氏春秋·本味篇》中记述了中国各地的优质食物原料，如：肉类佳品有猩猩的嘴唇、大象的鼻子等；鱼中佳品有洞庭湖的鲋鱼、东海的鲕鱼、醴水产的朱鳖……

通过反复的摸索和总结，人们发现食物的味是可以调配和改进的，在当时出现了多种调味原料，如盐、酱、梅、醋、蜂蜜、饴、花椒、姜、葱、蒜、酒等。西周之后，多样的调味料被分成五种类型,这便是"五味"之说的来源。

铁器烹饪阶段是中国烹饪物质文化发展的成熟期,形成了用料广的特点,主要表现在对新原料的开发与引进和对已有原料的巧妙运用方面。新原料的开发,一方面表现为开发利用野生的动植物,如藜、荠菜、马齿苋、巢菜、石耳、地耳、珍珠菜、魔芋等;另一方面表现为培育新品种,如温韭、豆腐等。同时,由于同国外的交流日益增多,又引进了大量的新品种。从汉代至清末,由国外引进的原料有丝瓜、南瓜、西瓜、黄瓜、苜蓿、芸薹、莴苣、菠菜、结球甘蓝、洋葱、辣椒、番茄、苦瓜、马铃薯、胡萝卜、玉米、花生等。而对现有原料的巧妙利用,体现了中国人节俭的传统美德,表现在一物多用、综合利用及废物利用等多方面,并延续至今。

2. 我国对烹饪原料的研究和应用现状及特点

目前,我国对烹饪原料的研究尚处于不断完善的阶段。随着现代科学技术的发展,在广泛吸取其他学科研究成果的基础上,结合科学的方法和手段,烹饪原料研究将力求正确地反映原料的理化特性和自然属性,同时对烹饪原料在烹饪过程中出现的现象和机理做出更加科学的阐述,从而使烹饪工艺更加科学化,促进烹饪技术的不断发展。

综上所述,我国对烹饪原料的应用现状及特点表现在以下几个方面:

(1)用料广,品种繁多。在我国历史悠久的烹饪进程中,所使用的原料数以千计。除了人工栽培、养殖的原料外,各地还有许多的野生烹饪资源。丰富的原料为制作各种各样的菜点提供了保障。

(2)精工再制,特产丰富。出于储藏保鲜烹饪原料、改善原料的质地和口味、便于运输等目的,我国各地的劳动人民制作出了数以百计的动植物性原料制品,从而极大地丰富了烹饪原料资源。如:我国著名的火腿名品就有南腿、北腿、云腿之分;板鸭名品有江苏南京板鸭、福建建瓯板鸭、四川什邡板鸭、重庆白市驿板鸭等;蛋制品有多种制法的鲜蛋、皮蛋和糟蛋;水产干货珍品有鱼翅、鱼肚、干贝、金钩等;粮豆制品有各类面筋、锅巴、粉条、豆腐等;蔬果制品有榨菜、冬菜、梅干菜、玉兰片等;调味制品有豆豉、腐乳、豆瓣酱、蚝油、鱼露等。

(3)原料运用方式多样。烹饪原料的运用方式在我国也是多种多样的,表现在:原料的处理方式多样;原料的刀工处理方式多样;原料的加热方式多样。

(4)综合利用,物尽其用。节俭是中华民族的一大美德,在几千年对烹饪原料的利用中,许多原料的下脚料也被我国人民充分利用。如:"烤凤衣""卤凤爪"分别是用鸡皮、鸡爪制作出的菜肴;"酱肥肠""肥肠粉"是用猪大肠制作的;"夫妻肺片"也是对猪下水的利用。

二、烹饪原料的分类

(一)烹饪原料分类的意义

我国幅员辽阔、地大物博,多样的地理和气候条件为各种动植物原料生长、繁衍提供了良好的环境,加上在漫长的历史长河中我们的先辈创造性地开发了各种干制品、腌渍品,使我国常用的烹饪原料多达上千种。在利用我国原产原料的同时,我们历来重视对外交流、引进新的食物品种。从汉代至今,我们引进了数量众多的优质烹饪原料,如胡葱、蚕豆、南瓜、黄瓜、茄子、辣椒、番茄、洋葱等,新的食物不断为我们所用,促进了我国烹饪的发展。因此，对如此多的烹饪原料进行分类也就有了重要的意义。

1. 有助于全面、系统地认识烹饪原料

每种烹饪原料都有不同的食用特点和营养特点，将不同的烹饪原料用科学的方法进行分类，找到同一类原料的共性与不同类原料的特性，有利于我们了解烹饪原料的内涵，掌握其在运用过程中的内在规律。

2. 有助于科学、合理地利用烹饪原料

通过对烹饪原料进行分类，了解和掌握各类烹饪原料的特点和运用方法，能充分发挥烹饪原料的作用，进而实现最佳烹饪工艺效果；也可通过对烹饪原料的分类，调查各类烹饪原料的使用情况，了解和掌握烹饪原料的使用趋势，去劣存优，最大限度地发挥烹饪原料的作用。

（二）烹饪原料的分类方法

从不同的角度出发，采用不同的分类方法，烹饪原料的分类也不尽相同。常见的分类方法有以下几种：

1. 按原料性质分类

（1）植物性原料：粮食、蔬菜、果品等。

（2）动物性原料：禽、畜、水产品等。

（3）矿物性原料：盐、碱、矾等。

（4）人工合成原料：色素、复合香料等。

2. 按原料加工程度分类

（1）鲜活原料：鲜肉、鲜菜、鲜果、活禽、活鱼等。

（2）干货原料：动物性干货、植物性干货等。

（3）复制品原料：腌腊制品、罐头制品、速冻制品等。

3. 按原料商品学分类

可将原料分为粮食、肉及肉制品、蛋奶、野味、水产品、蔬菜、果品、干货、调味品等。

4. 按原料在烹饪中的作用分类

（1）主料：构成菜肴的主要原料，如京酱肉丝中的猪肉。

（2）辅料：又称配料，在菜肴中居辅助地位，衬托主料，如青笋肉丝中的青笋。

（3）调料：在菜肴中起调味作用，如精盐、酱油、料酒、姜、葱、蒜、泡红辣椒等。

5. 其他分类方法

按食品资源，分为农产食品、畜产食品、水产食品、林产食品、其他食品等。中国疾病预防控制中心营养所编著的《中国食物成分表》对原料及食物进行的分类：谷类及制品、薯类、淀粉及制品、干豆类及制品、蔬菜类及制品、菌藻类、水果类及制品、坚果、种子类、畜肉类及制品、乳类及制品、蛋类及制品、鱼虾蟹贝类、婴幼儿食品、小吃、甜饼、速食食品、饮料类、含酒精饮料、糖、蜜饯类、油脂类、调味品类、药食两用食物及其他，共21种。

按生物学的科学方法分，"双名制"即用两个拉丁文组成一个学名：前一个是属名，表示生物的主要特征，首写字母必须大写；后一个是种名，表示原料的次要特征，首写字母需小写。在拉丁文双名之后，还可附上命名人的姓名缩写及发表的年份。如玉蜀黍，又称为玉米、玉茭、包芦、珍珠米、苞谷、棒子等，别名很多，但其学名只有一个，即 Zea ma ys L.，这样不会造成混乱。

认知二　畜禽类原料

任务介绍

畜禽类原料是动物性烹饪原料之一，也是烹饪中常见的原料。掌握畜禽类原料的特点有助于在烹饪中合理地应用该类原料。

任务目标

1. 掌握畜类原料的特点和了解畜类原料的主要品种。
2. 掌握禽类原料的特点和了解禽类原料的主要品种。

相关知识

案例：　　　　　　　　高贵的"贵妃鸡"

贵妃鸡又名贵妇鸡，原产英国皇室，其头戴凤冠，身披黑白花羽，天生丽质，被英国皇室命名为"贵妃鸡"，专供宫廷玩赏，并禁止民间饲养。其集观赏性、滋补性于一身，野味浓，营养丰富，肉质细嫩，油而不腻，美味可口，富含人体所需的 17 种氨基酸，10 多种微量元素和多种维生素，特别是被称为抗癌之王的硒和锌的含量是普通禽类的 3～5 倍，是当代最理想的食疗珍禽，被誉为"益智肉""美容肉""益寿肉"。各地口服液厂利用它的提取液制成高品质的保健品。

分析：

畜禽类原料是人们膳食的常见原料，为人们提供丰富的蛋白质。畜禽类原料种类繁多，是所有烹饪原料中十分重要的。禽畜类原料中有许多名贵品种值得我们去了解。

一、畜类原料

畜类原料主要是指以猪、牛、羊等畜类动物的肌肉、内脏及其制品为主要食用对象的一类原料，是我们日常食用最多的动物性原料。

畜类原料由于品种的不同，或同一品种的生长环境不同，在营养素含量和组成上存在比较大的差异。

畜肉和部分内脏是人们所需的优质蛋白的良好来源，优质蛋白的含量可以达到 10%～20%，而且质量较高，生物学价值在 80% 左右。但存在于结缔组织中的胶原蛋白和弹性蛋白，由于必需氨基酸的组成不平衡，如色氨酸、酪氨酸、蛋氨酸质量分数很低，蛋白质的利用率低，属于不完全蛋白质。

畜类原料的脂肪含量为 10%～30%，其在动物体内的分布因肥瘦程度、部位的不同而有很大差异，肥肉高达 90%。畜肉类脂肪的组成以饱和脂肪酸为主，熔点较高，主要成分为甘油三酯，还有少量卵磷脂、胆固醇和游离脂肪酸。胆固醇含量在肥肉中为 100 mg/100 g

左右，在瘦肉中为 70 mg/100 g 左右，在内脏中约为 200 mg/100 g，在脑中最高，为 2 000 ~ 3 000 mg/100 g。

畜类原料中的维生素主要集中在肝脏、肾脏等内脏中，B 族维生素、维生素 A、维生素 E 的质量分数最高，水溶性维生素 C 的含量几乎为零。

畜类原料矿物质的质量分数为 0.8%~1.2%，瘦肉与脂肪组织相比含有更多的矿物质。肉是磷、铁的良好来源，在畜禽的肝脏、肾脏、血液、红色肌肉中含有丰富的血色素铁，生物利用率高，是膳食铁的良好来源。钙主要集中在骨骼中，肌肉组织中钙的质量分数较低，仅为 7.9 mg/100 g。畜肉中锌、硒、镁等微量元素比较丰富，其他微量元素的质量分数则与畜类饲料中的质量分数有关。

畜类原料中碳水化合物的质量分数极低，一般以游离或结合的形式广泛地存在于动物组织或组织液中，主要形式为糖原。肌肉和肝脏是糖原的主要储存部位。

此外，畜肉中含有一些含氮浸出物，是肉汤鲜味的主要来源，包括肌凝蛋白原、肌肽、肌酸、肌酐、嘌呤碱、尿素和氨基酸等非蛋白含氮浸出物。

（一）家畜

1. 猪

猪肉的肌肉组织为淡红色，但因年龄、部位、品种的不同，色泽有深浅之别；肌纤维细嫩且柔软；皮下和肌间脂肪沉积较多，为白色或粉红色；腥膻味淡，滋味鲜美。猪肉适用于各种烹饪加工和各种烹调方法。由于不同部位的猪肉，其肉质有一定的差异，在使用时，应按照肉的特点选择相应的烹调方法，以达到理想的成菜效果。在中餐制作中，猪肉可做主料，也可做配料，适用于各种调味，适用于多种加工方式，广泛用于主食、小吃等的制作。

2. 牛

牛肉的肌肉含水量高；呈红至暗红色，结实油润，肌纤维长而较粗糙；皮下有少量脂肪沉积，肌纤维间夹有肌间脂肪，切面呈大理石纹状；结缔组织较发达；香味浓郁，但有一定的膻味。牛肉在烹调中多作为主料，适用于各种刀工处理，适用于多种烹调方法和多种调味，可作为主食、小吃的用料，尤为清真菜系所常用，在烹制时需注意去除膻味。

3. 羊

羊肉肉色红润，肌纤维细嫩柔软；脂肪为白色，质地坚脆；味道鲜美，但膻味较浓。羊肉根据不同的部位进行选料后，适用于多种烹调方法和调味方法，可制作多种菜品，为清真菜的基本原料。

4. 家兔

兔肉色浅，肌纤维细嫩，脂肪含量低，肉质柔软，味道淡，带草腥味。兔肉多用于制作热菜和冷菜，适用于炒、熘、爆、拌等多种烹制方法，很易被调味料或其他鲜美原料着味。加工时应注意去除草腥味，并宜用重油烹调。

5. 驴

驴肉肉质坚实，肌纤维细嫩，肉味鲜美。由于驴肉、马肉、骡肉易传播鼻疽病，因此市场上禁售鲜驴肉，只允许熟制品供市。制作熟制品时适宜用烧、煮、炖、烩等时间较长的加热方法，尤以卤制、酱制最为常见，而不适宜用炒、爆等短时加热方法。

（二）野畜

食用野生动物时必须注意遵守《中华人民共和国陆生野生动物保护实施条例》，对其中所规定的珍稀动物必须加以保护，不得猎取和食用。即使是可以猎杀的野生动物品种，也必须有节有制，不能滥捕滥杀。现在，某些保护动物已在我国饲养，以满足人们的药用、食用等方面的需要，如鹿等。

与家畜相比，通常野畜的胴体中肌肉组织较多，脂肪含量少，肉色较深。由于活动量较大，体内结缔组织多，故肉质较老。野畜肉常有一定的腥膻味或腥臊味，在初加工时，常需在出肉后，用冷水浸泡2~3天，并不断换水，以使肉色变浅并去除异味，从而体现其特殊的风味。此外，活动量小的野畜，则肌肉柔嫩、脂肪含量高、异味小，如刺猬、竹鼠等。

需要注意的是：有的野生动物体内携带有病原菌，食用时一定要加热，确保熟透。

（三）畜类原料副产品

副产品指动物体除胴体外的内脏、头、蹄、尾和血液、乳汁、禽蛋等一切可食部分，俗称"下水""杂碎"。

1. 肝脏

肝脏体积大，颜色常为红褐色或黄褐色，含水量高，有光泽，且质细柔软，富有弹性，并具有微甜味。初加工时需去除附在肝脏上的胆囊。若不小心胆汁污染肝脏，可用酒、小苏打或发酵粉涂抹在被污染的部分，使胆汁溶解，再用冷水冲洗，苦味便可消除。在烹调肝脏时，为使菜肴质地细嫩，往往采用爆炒、氽煮等快速加热方式成菜。

2. 肾脏

俗称"腰子"。新鲜的肾脏表面呈红褐色或棕褐色，质地柔软且富有弹性，表面光滑有光泽。肾实质经纵切后可分为皮质和髓质两部分。肾髓质位于肾脏的中心部位，呈白色，有臊味，加工时应去除。肾皮质呈红褐色，质地脆嫩，是食用的主要部位。烹饪中常选用猪腰子入菜。烹制时常采用快速烹调方法。

3. 心

心肌肉质细嫩柔软，初加工时，须纵向破开，洗去污血。烹饪中常以炒、炝、爆等快速加热方式成菜，也可煮后凉拌、酱卤等。

4. 胃

俗称"肚子"。通常为一室，少数为两室（鼠类）；反刍动物的胃最复杂，可分为四部分。胃的上端接食管，称为"贲门"；胃的下端接十二指肠，称为"幽门"。

从胃壁的横断面来看，由内向外分为黏膜层、黏膜下层、肌层和浆膜层。由于内外两层含有较多的弹性纤维，而且黏膜层富含消化腺，黏液多，腥臭味重，一般都要去除；剩下的中间两层，俗称"肚仁"。

单胃如猪胃，其色呈浅黄或乳白色，胃体呈扁平囊状。幽门部的环形肌层特别厚实发达，质地脆韧，俗称"肚头""肚尖"，常用爆、炒、拌等方法烹制成菜；其他部位质地柔韧且绵软，多用烧、烩、卤等方法烹调，代表菜式有大蒜烧肚条、红油肚丝。

复胃指牛、羊等反刍动物的胃，分为瘤胃、网胃、瓣胃和皱胃四部分。其中，瘤胃是最大的胃，黏膜上具有排列紧密的扁平或圆锥状的乳突，呈棕褐色或棕黄色，撕掉浆膜层后，称为"毛肚"；网胃是最小的胃，呈梨形，其黏膜上形成蜂窝状的突起，故称"蜂窝肚"；瓣胃呈新月形，其黏膜层上具片状突起，每片上都有许多角质化的乳突，称为"百页肚"

"千层肚"；皱胃是第四胃，相当于其他兽类的单室胃，具有胃腺，可分泌消化液。毛肚和蜂窝肚的肌层发达，可涮、烫后拌制成菜，如蒜泥毛肚、夫妻肺片；蜂窝肚经沸水烫后刮净表面的粗膜，适合制作冷、热菜肴，如红油拌百叶、鸡块烧百叶；皱胃适合切丝后炒、拌成菜。此外，牛肚也是烹饪中最常用的火锅原料之一。

5. 肠

肠分为小肠和大肠两部分。优质的鲜肠呈乳白色，润泽，富含黏液，但腥臭味重。由于肠、肚污秽、黏液较多、腥臊、臭味重，初加工时必须用盐、碱、明矾或醋反复搓洗、浸泡、漂清，以除去黏液和异味。

6. 筋

筋，又称为"蹄筋""腱"，指畜类四肢的肌腱和相关联的环韧带。鲜蹄筋可直接入馔，如与鸡、鸭、猪肘等共同烹制，味道鲜美；干蹄筋需油发、盐发后使用。常采用烧、扒、焖等烹调方法成菜。代表菜式有酸辣蹄筋、红烧蹄筋、黄焖牛蹄筋等。

7. 乳汁

乳汁是雌性哺乳类动物产仔后从乳腺中分泌的高营养的天然食物。在烹饪时，可用牛乳代替汤汁，赋予菜肴独特的奶香；可以牛乳代水用于虾茸的搅打，提高虾肉的持水性；还可用于特色甜菜、面点制作。此外，在我国少数民族聚居地，常用牛乳制作风味小吃。

（四）畜类制品

畜类制品是指运用各种物理或化学方法，配以辅料和调味原料，通过对畜类动物及副产品进行不同的加工得到的产品。主要品种有：腌腊制品、烟熏制品、烧煮制品、烤制品、乳制品等。

二、禽类原料

禽类动物即为脊椎动物亚门的鸟纲动物，体均被羽，前翅成翼，偶有退化。

禽肉的脂肪含量相对较少，鸡肉约为 1.3%，鸭肉约为 7.5%，其中所含人体必需脂肪酸较多，含有 20% 的亚油酸，熔点低（33~40℃），易为人体消化吸收。禽肉蛋白质含量约为 20%，其氨基酸组成接近人体需要，含氮浸出物较多。禽肉富含维生素 A、维生素 B_1、维生素 B_2、维生素 E 等，是人体所需维生素的良好来源。禽类原料富含矿物质，尤其是磷、钙含量较多。鸡肉每克含磷约 190 mg，含钙 7~11 mg。

（一）家禽

家禽是指人类为了满足对禽类肉、蛋等的需要，经过长期饲养而驯化的鸟类。如鸡、鸭、鹅、鸽、火鸡等。

1. 鸡

鸡肉结缔组织少，肌纤维细嫩柔软，肌肉中含丰富的谷氨酸，肌间脂肪较多。因此，鸡肉不但肉味鲜美，而且易为人体消化吸收，是制汤的最理想原料之一。鸡是中餐烹饪中应用最为广泛的禽类原料之一，可作主料或配料，适合任何烹调方法，可进行多种调味，可制菜肴、小吃、汤品；适合腌、卤、风干、糟制等多种加工方法，为家常菜和宴席菜常选用的原料。

2. 鸭

鸭肉丰满、细嫩、肥而不腻、皮薄鲜香、略带腥膻味。烹饪中，除毛、嘴外，全身均可入馔，食用方法与鸡类似，以突出其肥嫩、鲜香的特点为主。

3. 鹅

鹅肉的质地比鸡、鸭稍粗，且有腥味；与家畜相比，结缔组织少，肌纤维较细，水溶性氨基酸含量较多，故硬度较低、鲜味较浓。烹饪中，鹅常整只烹制，也可经刀工处理加工成块、条、丁、丝、茸等多种形态，适用于烧、烤、焖、炖、煮、煨、卤、酱、炸等多种烹制方法，适用于多种调味方式。

（二）野禽

野禽的种类很多，大多是制作野味菜肴和药膳的主要原料。野禽的组织结构与家禽相似，但飞翔能力大多较强，因此，野禽的组织结构与家禽有一定的区别，表现在：适于长距离飞行的野禽胸肌发达，红肌含量相对较多，皮肤活动量大，易从肉体剥离；不善飞翔的野禽白肌含量相对较多，肉质细嫩。需要指出的是，除少数种类外，大多数野禽尽管味道鲜美，但因浸出物含量较多，若用以熬制肉汤，则具有辛辣的刺激性味道，故不适合制汤。

（三）禽类副产品

禽类副产品包括禽蛋、禽胃、禽肝、禽肠等，营养丰富，质地多样，是人们喜欢食用的常用原料。

1. 肌胃

肌胃厚实、质地脆嫩。烹饪中常用的是鸡肫和鸭肫。适合制作冷、热菜肴，常采用炸、爆、炒、卤等烹调方法成菜，并可剞花刀。

2. 禽蛋

禽蛋在烹饪中的应用十分广泛，主要表现在以下方面：可整用，也可将蛋黄、蛋清分开用或搅匀用；可生用、熟用，或生、熟混合使用；可作主料单独制作菜肴，也可以与其他各种荤素原料配合使用；适用于各种烹调方法；适用于各种调味方法等；可以用于制作各种小吃、糕点；可以用于各种造型菜；可以作为黏合料、包裹料、配色。

（四）禽类制品的种类及烹饪运用

1. 禽类制品的分类

按照加工方法，可将禽类制品分为腌制类、干制类、烤制类、煮制类、熏制类等；按照加工特点，可将禽类制品分为多种，如盐水鸭、香酥鸭等；按照原料的生熟，可将禽类制品分为熟禽制品和生禽制品。

2. 禽类制品种类

（1）燕窝。燕窝又称为燕菜、燕盏等，为雨燕科金丝燕属的几种燕和棕雨燕属的白腰雨燕分泌出来的唾液，结合海藻、苔藓及自身羽毛筑成的巢。我国海南万宁产的大洲燕窝为东方珍品，泰国等东南亚国家也有产出。燕窝在我国历来被视为具有滋补功效的珍稀烹饪原料，具有养阴润燥、益气补中的功效，古有"香有龙涎，菜有燕窝"之说。

燕窝呈半碗形，一般长约 10 cm，宽约 6 cm，壁厚 0.5 cm，重约 12 g；壁内面粗糙，由丝交织而成；呈白色、淡黄色或红褐色；质地略硬且脆，断面似角质。燕窝附着于岩石的一面称为燕根，较平，外面微隆起。

燕窝按来源的不同，可分为洞燕、厝燕和加工燕三大类。

燕窝为质地柔软、味轻色淡的珍贵原料，烹调时应突出其特点，避免味重、色浓。

（2）板鸭。板鸭是以活麻鸭为原料，经过宰杀、褪毛、去内脏、水浸、擦盐（干腌）、空卤、复卤（湿腌）、再整形、晾挂风干等多道工序制成的腌腊制品，因肉质板实而得名。咸板鸭烹调前，一般先用清水反复浸泡，洗去多余的盐分并使肌肉回软，然后焖煮至熟。

（3）风鸡。风鸡是以活鸡为原料，经过宰杀、去内脏、腌制、风干等多道工序加工而成的制品，为我国特产。带毛风鸡食用前需干拔去毛，温水洗净后烹制。若干制时间太久，应先浸泡脱盐并使肌肉回软。

（4）咸蛋。咸蛋是将蛋放在浓盐水中浸泡或用含盐的泥土包在蛋的表面腌制而成的蛋类制品，可作为随饭小菜，或用于制作冷盘。咸蛋蛋黄经油炒制后具有鲜、细、嫩、松、沙、油等特点，似蟹黄，故烹饪中常以咸蛋代替蟹黄制作"金沙类"菜肴。咸蛋黄还常作为面点的馅心用料。

（5）皮蛋。皮蛋又称为变蛋、松花蛋、彩蛋，为我国著名的特产蛋制品之一。通常以鸭蛋为主料，以食盐、石灰、纯碱、茶叶等为配料制作而成。常作为冷菜用料，也可通过熘、炸、煮等方法制作热菜，并可以用于制作小吃、粥品等。

认知三　水产品原料

任务介绍

水产品种类非常多，一般分为鱼类、两栖爬行类、软体动物、节肢动物等。水产品原料菜品是餐饮部门盈利的重要来源，从业者掌握和了解水产品原料知识是十分重要的。

任务目标

1. 掌握水产品原料的类型。
2. 了解水产品原料的主要品种。

相关知识

案例：　　　　　　　　　　**中外吃鱼的差异**

对中国人来说，经常吃点鱼骨头有好处，鱼骨里含有丰富的钙质和微量元素，经常吃可以防止骨质疏松，对处于生长期的青少年和骨骼开始衰老的中老年人来讲，都非常有益处。而且，经过适当软化处理的鱼骨，营养成分也成了水溶性物质，很容易被人体吸收。所以，多吃鱼骨对身体有益无害。欧美人只吃海鱼，不吃淡水鱼，因此他们的人均水产品消费量肯定没有我们高，因为我国的人均水产品消费把淡水鱼和淡水虾蟹也算进去了。美国人吃鱼不能有半根鱼骨，否则铁定出事。因此，看到中国人可以吃有骨头的鱼，而且能吐出骨头，感到不可思议。

分析：鱼是水产品原料最重要的组成之一，不同的鱼有不同的特点和特色。在烹制过程中，除了要考虑原料自身特点，还要考虑食客的习惯和要求。

水产品营养丰富，含有大量优质蛋白质、矿物质、维生素等，海产品还含有大量易被人体消化吸收的钙、碘等微量元素。水产品蛋白质含量丰富,其中,鱼的蛋白质含量为15%~20%,对虾为20.6%,海蟹为14.0%,贝类为10.8%。鱼肉是由肌纤维较细的单个肌群组成的,肌群间存在很多可溶性胶原蛋白,肉质非常柔软。水产品脂肪含量不高,鱼类脂肪含量为1%~10%,其他水产品脂肪含量为1%~3%,且脂肪组成多为不饱和脂肪酸,营养价值较高。糖类物质含量较少,为1%~5%。矿物质含量较丰富,为1%~2%。维生素A含量较多,有些鱼、虾、贝、蟹含烟酸和维生素B_2较多。

一、鱼类

(一)淡水鱼

淡水鱼滋味鲜美,是制作鱼类菜肴的常用原料。目前,市场上销售的主要是人工养殖的鱼类,其中以四大家鱼(青鱼、草鱼、鳙鱼、鲢鱼)为主。

(1)青鱼,又称黑鲩、乌鲭、螺蛳青等,为我国四大淡水养殖鱼类之一,以9—10月份所产最佳。

(2)草鱼,又称鲩鱼、草青、草棍子等,为我国四大淡水养殖鱼类之一,以9—10月份所产最佳。一般重1~2.5 kg,最重可达35 kg以上。肉厚刺少,味美。宜烧、氽、熘、炸等。

(3)鳙鱼,又称花鲢、胖头鱼、大头鱼等,为我国四大淡水养殖鱼类之一,冬季所产最佳。

(4)鲢鱼,又称白鲢、鳊鱼、苦鲢子等,为我国四大淡水养殖鱼类之一,冬季所产最佳。

(5)鲫鱼,又称鲫瓜子、刀子鱼等,是我国重要的食用鱼类,以2—4月份、8—12月份所产肉质最为肥美。鲫鱼品种很多,常分为银鲫、黑鲫两大品系。肉嫩味鲜,营养丰富,是家常川菜中主要食用鱼之一。烹制时,蒸、煮、烧、炸、熏等均宜。

(6)鲤鱼,又称龙鱼、拐子、毛子等,是重要的养殖鱼类之一,四季均可捕捞,一般以0.5~1 kg重的为好。肉质细嫩肥厚,味道鲜美。宜红烧、干烧、清蒸、熏、炸等。鲤鱼品种较多,有龙门鲤、淮河鲤、禾花鲤、荷包红鲤鱼、文芳鲤等。

(7)鳢鱼,又称乌棒、黑鱼、乌鳢等,我国除西北高原外均有分布,冬季肉质最佳。体长无鳞,稍呈圆筒状,灰黑色,有不规则花斑。肉厚刺少,味道鲜美,营养价值高。宜熘、炒、烧、蒸及制糁等,如爆炒乌鱼片。

(8)黄鳝,又称长鱼、稻田鳗等,我国除西北高原外均有分布,夏季肉质最佳。肉质细嫩,味道鲜美,营养丰富,含铁及维生素A,以及人体必需的多种氨基酸。宜炒、烧、煸、炖等,如干煸鳝丝、五香鳝段等。鳝鱼死后,体内组氨酸会很快转为有毒的组胺,故已死的鳝鱼不能食用。

(9)泥鳅,又称鳗尾泥鳅,我国除青藏高原外,各地淡水中均产,5—6月为最佳食用期。

(10)鲶鱼,又称鲇、鯎、土鲶等,分布于我国各地,是优良的食用鱼类,9—10月份肉质最佳。体长,头部平扁,尾部侧扁,口宽阔,有须两对,眼小,皮肤富黏液腺,体光滑无鳞。鲶鱼体重一般为0.5~1 kg,大的可达3 kg。鱼肉细嫩刺少,味道极其鲜美。以红烧、清蒸为好,如大蒜鲶鱼、清蒸鲶鱼。

(11) 鳜鱼，又称季花鱼、花鲫鱼、淡水老鼠斑等，鱼部侧扁，背部隆起，青黄色，具黑色斑纹，性凶猛。除青藏高原外，全国广有分布，2—3 月份肉质最为肥美。鳞多刺少，肉质细嫩，是名贵淡水鱼类。宜清蒸、红烧、干烧等。

(12) 黄颡鱼，又称黄鳍鱼、黄腊丁、黄骨鱼等，我国各地均产，为常见中小型食用鱼类。

(13) 鲟鱼，又称腊子、着甲等，分布于欧洲、亚洲和北美洲，我国有东北鲟、中华鲟和长江鲟等，现已有人工养殖。供食用的主要为俄罗斯鲟、史氏鲟等。

(14) 团头鲂，又称武昌鱼、团头鳊，原产于湖北梁子湖，现各地均有饲养。

(15) 罗非鱼，又称非洲鲫鱼、南洋鲫鱼、越南鱼等，原产于热带非洲，后传入我国，体形似鲫鱼。

(16) 平鳍鳅，民间也称为石爬鱼、石爬子，是栖息于山涧急流中的小型鱼类。体扁平，一般体长 14~17 cm，头大尾小；口大唇厚，有须四对，口部呈吸盘状；眼小，位于头顶；胸鳍大且阔，呈圆形吸盘状；常以扁平的腹部和口、胸的腹面附贴于石上，用匍匐的方式移动。肉质细嫩软糯，味道鲜美，富含脂肪，大蒜石爬鱼是川菜中著名的菜肴。

(17) 江团，又称长吻鮠、肥沱、鮰鱼、肥王鱼等，主产于我国长江、淮河、珠江流域，为名贵食用鱼，春夏洪水期因水混浊浮上水面觅食而被捕获。一般重 1.5~2.5 kg，最大的重达 10 kg。体长无鳞，背部为灰色，腹部为白色，吻向前显著突出，口位于腹下，唇肥厚，眼小，有须四对，一根独刺，肠粗短，浑圆多肉，脂肪丰满。肉质软糯，宜烧、蒸、熘等，清蒸为佳，如清蒸江团、百花江团。

(18) 青波，学名为中华倒刺鲃，体长稍侧扁，背部呈青黑色，体侧鳞片有明显的黑色边缘，是生长速度缓慢的底栖性鱼类。肉质细嫩鲜美，人们甚为喜食。宜烧、炒、炸等。

(二) 海水鱼类

海水鱼类的肉质特点与淡水鱼有一定的差异，大多肌间刺少，肌肉富有弹性，有的鱼类肌肉呈蒜瓣状，风味浓郁。烹饪中多采用烧、蒸、炸、煎。

(1) 大黄鱼，又称大黄花、大鲜，曾为我国首要经济鱼类，但现渔获量较少。

(2) 小黄鱼，又称黄花鱼、小鲜，为我国首要经济鱼类。体形类似于大黄鱼。

(3) 带鱼，又称刀鱼、裙带鱼、鞭鱼等，是我国主要海产四大经济鱼类之一。体侧扁，呈带形；尾细长，呈鞭状；体长可达 1 m；口大；鳞片退化成为体表的银白色膜。带鱼肉细刺少，营养丰富，供鲜食或加工成冻带鱼及咸干制品。宜烧、炸、煎等，如香酥带鱼。

(4) 鳕鱼，又称大头鳕、石肠鱼、大头鱼等，其渔获量居世界第二位。

(5) 马面鲀，又称绿鳍马面鲀、剥皮鱼、象皮鱼、马面鱼等。马面鲀的皮厚且韧，食用前需剥去。

(6) 真鲷，又称加吉鱼、红加吉、红立，是名贵的上等食用鱼类。

(7) 鲈鱼，又称花鲈、板鲈、真鲈，鱼纲鮨科动物。我国沿海地区均产，为常见的食用鱼类。体表为银灰色，背部和背鳍上有小黑斑。

(8) 石斑鱼，大中型海产鱼，名贵食用鱼。体表色彩变化多，并具条纹和斑点。种类颇多，常见的有赤点石斑鱼（俗称红斑）、青石斑、网纹石斑鱼、宝石石斑鱼等。

(9) 沙丁鱼，世界重要海产经济鱼类之一，是制罐头的优良原料。常见的有金色小沙丁鱼、大西洋沙丁鱼和远东拟沙丁鱼等。

（三）洄游鱼类

洄游指某些鱼类、海兽等水生动物由于环境影响、生理习性的要求等，形成的定期定向的规律性移动。

（1）鲀，又称河豚、龟鱼等，一般体长 15～35 cm，体重 150～350 g；体无鳞或被刺鳞；体表有艳丽花纹。鲀种类很多，主要有暗纹东方鲀、星点东方鲀、条纹东方鲀等。我国的南北部海域及鸭绿江、辽河、长江等各大河流都有产出。肉质肥腴，味道极其鲜美，但其卵巢、肝脏、血液、皮肤等中均含河豚毒素，须经严格去毒处理后方可食用。

我国有关部门规定，未经去毒处理的鲜鲀及其制品严禁在市场上出售；对于混杂在其他鱼货中的鲀，经销者一定要挑拣出来并做适当处理。去毒后的鲀可鲜食，也可加工制成盐干品和罐头食品。

（2）鲑鱼，又称鲑鳟鱼，全世界年渔获量甚大，首要经济鱼类之一，秋季食用最佳。有些生活在淡水中，有些栖于海洋中，在生殖季节溯河产卵，做长距离洄游。在我国，主要种类有大马哈鱼、哲罗鱼和细鳞鱼等。

（3）鲥鱼，又称时鱼、三黎，名贵食用鱼。镇江所产最佳，端午节前后肉质最为肥美。平时生活于海中，生殖期进入河口，溯河而上到支流和湖泊中繁殖。初入江时，丰腴肥硕，含脂量高，鳞片下也富含脂肪，烹制时脂肪溶于肌肉中，增加肉的鲜香。因此，鲥鱼初加工时不去鳞。宜清蒸、清炖和红烧，如清蒸鲥鱼、酒酿蒸鲥鱼。

（4）银鱼，分布于我国、日本和朝鲜。体细长，透明。常见的有大银鱼、太湖新银鱼、间银鱼。

（5）鳗鲡，又称青鳝、白鳝、河鳗等，分布于我国、朝鲜和日本。身体细长，最长可达 1～3 m；鳞片细小，埋没在皮肤下。平时生活于淡水中，产卵时进入深海。

二、其他水产品

（1）墨鱼，学名乌贼。体呈袋形，背腹略扁平，头部发达，眼大，触角八对，其中一对与体同长。肉质嫩脆，味道鲜美，营养价值较高，为我国海产四大经济鱼类之一。供鲜食或制成冻墨鱼、干墨鱼，宜烧、煸、炒、炖、烩等。

（2）鱿鱼，与墨鱼极为相似，宜炒、爆、煸等。

（3）虾类，虾含有丰富的蛋白质、脂肪和各种矿物质，味道鲜美。常见的主要有基围虾、对虾、青虾、龙虾等。

基围虾是基围（堤坝）里养殖的天然麻虾，主产于广东、福建一带。基围虾体长且肉多，肉质爽嫩结实、肥而鲜美，但略有腥味。

对虾产于沿海地区，体大肉肥，味道极其鲜美，近年来已成为宴席、便餐的重要原料，宜蒸、煮、焖、炸等。以对虾为原料的名菜有油焖大虾、软炸虾糕等。

青虾产于河、湖、塘中，个头远比海虾小，多呈青绿色，带有棕色斑纹，所以称为青虾，烹熟后为红色。青虾肉嫩且鲜美，宜炒、爆、炸、熘、煮或作配料。以青虾为主料的菜肴有油爆青虾、干烧虾仁等。

龙虾是虾类中最大的一族，体长 20～40 cm，一般重约 500 g，大者可达 3～5 kg，色鲜艳，常有美丽的斑纹。龙虾体大肉厚，味道鲜美，是名贵的海产品。

牛头虾俗称"龙虾"，是近年来引进鱼塘养殖的品种，红黑色，个大。剥取的虾仁宜蒸、烧、炒、爆。盐煮（可放入少量香料）牛头虾是群众十分喜爱的经济实惠而美味的小吃。

（4）蟹类，分淡水蟹、海蟹两大类，含有丰富的蛋白质、脂肪和矿物质。雌蟹的腹部为圆形，称为"圆脐"；雄蟹的腹部为三角形，称为"尖脐"。海蟹盛产于4—10月份，淡水蟹盛产于9—10月份。繁殖季节，雌蟹的消化腺和发达的卵巢合称为蟹黄，雄蟹发达的生殖腺称为脂膏，二者均为名贵且美味的原料。蟹肉味鲜，蟹黄尤佳。蟹肉内常寄生一种肺吸虫，人食后会寄生于人的肺，影响人体健康，重者致命，所以未熟透的蟹不能吃。螃蟹死后有毒，不能吃死蟹。

中华绒螯蟹，又称河蟹、毛蟹、清水大闸蟹等，江苏常熟阳澄湖所产最著名。螯足强大，密生绒毛。

三疣梭子蟹，又称梭子蟹、海蟹等，是我国海产量最多的蟹类。

锯缘青蟹，又称膏蟹、青蟹，浙江以南沿海地区均有分布，是重要的海产蟹。

（5）鳖，俗称甲鱼、团鱼、足鱼。背部有骨质甲壳，鳖骨较软（不及龟壳坚硬），肉多细嫩，味道鲜美。富含易为人体吸收的高质量蛋白质与胶质，有补血益气的功能。宜红烧、清蒸、清炖等，有红烧团鱼、霸王别姬等菜肴。

（6）龟，俗称乌龟，是玳瑁、金龟、水龟、象龟等的统称，是现存最古老的爬行动物之一。背部有硬甲，头、尾及四肢通常能缩回龟甲内。龟多群居，常栖息于川泽湖池中，全年均可捕捉，秋冬居多。龟肉质地较好、营养丰富，宜烧、蒸、炖，如清蒸龟肉。

（7）鲍鱼，分布于中国、日本、澳洲、新西兰、南非、墨西哥、美国、加拿大和中东等国家和地区。以日本、南非所产的鲍鱼为最佳。鲍鱼的足部肥厚，是主要的食用部分。

按产地可分为澳洲鲍、日本网鲍等。

按商品类别可分为紫鲍、明鲍、灰鲍。紫鲍个大、呈紫色、质好；明鲍个大、呈黄色而透明、质好；灰鲍个小、色灰暗、不透明，表面有白霜，质差。

按大小（如每斤鲍鱼的数量）可分为两头鲍、三头鲍、五头鲍、二十头鲍等。民间有"千金难买两头鲍"之谚。

（8）田螺，分布于华北平原和黄河、长江流域等地。

（9）蛤蜊，我国常见的有文蛤、四角蛤蜊、西施舌等。我国沿海地区均有分布，生活于浅海泥沙中，是常见的经济海产之一。

（10）扇贝，广泛分布于世界各海域，是我国沿海地区主要养殖的贝类之一，属海产双壳类软体动物。壳呈扇形，但蝶铰线直，蝶铰的两端有翼状突出，大小为2.5~15 cm。壳光滑，色由鲜红、紫、橙、黄到白色。扇贝闭壳肌肉色洁白、质细嫩、味道鲜美，营养丰富，与海参、鲍鱼齐名，并列为海味中的三大珍品。闭壳肌干制后就是"干贝"，是八珍之一。世界上出产的扇贝共有60多个品种，我国约占一半。常见的扇贝养殖种类有栉孔扇贝、海湾扇贝和虾夷扇贝。我国山东省石岛稍北的东楮岛和渤海的长山岛出产的扇贝最有名。新鲜扇贝、日月贝和江瑶中取下来的闭壳肌称为"鲜贝"。

（11）青蛏，我国福建、浙江主要养殖贝类，壳呈长形，生长线显著，壳面呈黄绿色，但常因磨损脱落而呈白色。

（12）蚶，我国沿海地区均有分布，主要分布于潮间带或浅海泥沙中。常见的有泥蚶、毛蚶、魁蚶。

(13) 海笋，又称象拔蚌、象鼻子蛤、凿石贝、穿石贝等，主产于北美洲的深海，我国沿海地区均产。外形似象鼻，为大型种类，主要有大沽全海笋、东方海笋等。

(14) 河蚌，为瓣鳃纲蚌科动物的统称。我国各地河流、湖泊、池塘中均有分布。

(15) 牡蛎，又称蚝，在我国产于黄海、渤海至南沙群岛，壳形不规则，大且厚重，无足及足丝。

(16) 海参，在世界各地的海洋中都有分布。有食用价值的只有40多种，其中我国有20多种，南海中较多。分为刺参、光参两大类。

刺参类又有以下四种：

梅花参，又称凤梨参、海花参，为刺参科动物，是我国南海所产的品质最佳的一种食用海参。梅花参是海参中个头最大的一种，每3~11个肉刺的基部相连，呈梅花状。

灰刺参，又称仿刺参、刺参、辽参，产于我国北部沿海地区。灰刺参有4~6行肉刺，体壁厚而软糯，富于胶质，是食用海参中质量最好的品种。

花刺参，又称黄肉参、方参、白刺参，产于我国北部湾、西沙、南沙、海南等。体稍呈方柱状。

绿刺参，又称方刺参、方柱参，产于我国西沙群岛和海南南部。体呈四方柱形。

认知四　蔬菜原料

任务介绍

蔬菜原料是指可作副食品的草本植物的总称，也包括少数可作副食品的木本植物的幼芽、嫩叶和食用菌类及藻类等。蔬菜是我国居民膳食结构中每日平均摄入量最多的食物，提供人体必需的多种营养素，在烹饪过程中常作为主料、辅料、调料和装饰性原料，具有重要的作用。

任务目标

1. 掌握蔬菜原料的特点。
2. 了解蔬菜原料的具体品种。

相关知识

案例：　　　　　　　　　神奇的冰菜

冰菜在不同的餐厅有不同的名字，如南极冰草、水晶冰菜、南非冰菜……冰菜到底是什么样的蔬菜呢？冰菜原产于非洲，在法国作为凉菜盛行，后我国菜农将其引到山东、云南一带种植。实际上，冰菜是一种多在海边生长的番杏科植物。因为土里盐碱多，体表产生许多泡状细胞，用以存储多余的盐分，所以天然就带有一点咸味。这些晶莹剔透的泡状细胞，在光线照射下就像冰晶一样，因此得名冰菜。冰菜最接地气的做法就是凉拌，把蒜末放入碗中，加入生抽、香醋、白糖、盐、适量辣椒油和香油调匀，做成凉拌汁，淋在冰菜之上即可。

分析：

蔬菜原料是餐桌上最常见的原料，色彩丰富，口感多样。现在市场上不断地出现新的引进和改良品种，值得我们认真加以了解。

蔬菜原料在膳食中主要供给人体所需的维生素、矿物质和膳食纤维，其成分中含量最多的是水分。蛋白质、脂肪、碳水化合物的含量与蔬菜种类有很大关系，根菜、茎菜类蔬菜中，如马铃薯、山药、慈姑、莲藕、红薯、豆薯等，碳水化合物含量较高，钙、磷、铁等元素含量也比较高；茎菜、叶菜类蔬菜一般含有多种维生素、矿物质和膳食纤维；花菜、果菜类蔬菜除含有丰富的维生素和矿物质外，还含有较多的生物活性物质，如天然的抗氧化物质、植物化学物质等；低等植物蔬菜中的菌藻类则含有丰富的蛋白质、多糖、铁、锌、硒等，海产菌藻类中碘的含量比较高。从颜色来看，一般深色蔬菜中的胡萝卜素、核黄素和维生素C的含量明显高于浅色的蔬菜。

一、种子植物蔬菜

大多数蔬菜都是由种子植物提供的。按照食用部位，可将种子植物蔬菜分为根菜类、茎菜类、叶菜类、花菜类和果菜类五大类。

（一）根菜类

根菜类是将植物膨大的变态根作为食用部分的蔬菜。按照膨大的变态根发生的部位，可分为肉质直根和肉质块根两类。肉质直根由植物的主根膨大而成，如萝卜、胡萝卜、牛蒡、根甜菜、芜菁、辣根、根用芥菜等；肉质块根由植物的侧根膨大而成，如红薯。

根菜类为植物的贮藏器官，因此含有大量的水分，富含糖类、一定的维生素和矿物质，以及少量的蛋白质。

在烹饪中，根菜类可生食、熟吃、制作馅心，用于腌渍、干制，或作为雕刻的原料。

品种有：萝卜、胡萝卜、牛蒡、根甜菜、芜菁、根用芥菜、豆薯、辣根等。

（二）茎菜类

茎菜类是将植物的嫩茎或变态茎作为食用部分的蔬菜。按照供食部位的生长环境，可分为地上茎类蔬菜和地下茎类蔬菜。

茎菜类蔬菜营养价值高，用途广，含纤维素较少，质地脆嫩。由于茎上具芽，所以茎菜类一般适于短期贮存，并需防止发芽、冒苔等现象。

在烹饪中，茎菜类大都可以生食。另外，地上茎类、根状茎类常适合炒、炝、拌等加热时间较短的烹饪方法，以体现其脆嫩、清香的特点；地下茎中的块茎、球茎、鳞茎等一般含淀粉较多，适合烧、煮、炖等长时间加热的方法，以突出其柔软、香糯的特点。此外，许多茎菜类蔬菜还可作为面点的馅心、臊子用料，或作为调味蔬菜，或用于食品雕刻、做造型，或用于腌渍、干制。

1. 地上茎类蔬菜

地上茎类蔬菜有的是食用植物的嫩茎或幼芽，如茭白、茎用莴苣、芦笋、竹笋；有的是食用植物肥大、肉质化的变态茎，如球茎甘蓝、茎用芥菜。地上茎类蔬菜含水量高，质地脆嫩或柔嫩，有的具有特殊的风味。

品种有：竹笋、茭白、茎用莴苣、芦笋、茎用芥菜、球茎甘蓝、仙人掌。

2. 地下茎类蔬菜

地下茎是植物生长在地下的变态茎的总称。虽然生长于地下，但仍具有茎的特点，即有节与节间之分，节上常有退化的鳞叶，鳞叶的叶腋内有腋芽，所以具有繁殖的作用，以此与根相区别。

地下茎主要有四类，即块茎、鳞茎、球茎和根状茎，在这四类中均有可供食用的蔬菜。

（1）块茎类蔬菜。块茎是指地下茎的末端肥大呈块状，适合贮藏养料和越冬的变态茎。其表面有许多芽眼，一般呈螺旋状排列，芽眼内有芽。块茎类蔬菜常贮藏有大量的水分和淀粉，富含维生素 C 以及一定量的蛋白质、矿物质，营养丰富，如马铃薯、薯蓣等。

（2）鳞茎类蔬菜。鳞茎为着生肉质鳞叶的短缩地下茎，是为适应不良环境而产生的变态的茎与叶。鳞茎短缩呈盘状，特称为"鳞茎盘"，其上着生密集的鳞叶及芽。根据鳞茎外围有无干膜状鳞叶，又分为有皮鳞茎（如洋葱、大蒜）和无皮鳞茎（如百合）。含丰富的碳水化合物、蛋白质、矿物质与多种维生素。除个别种类外，大多数鳞茎类蔬菜还含有白色油脂状挥发性物质——硫化丙烯，从而具特殊辛辣味，并有杀菌消炎的作用。

（3）球茎类蔬菜。球茎为地下茎末端肥大呈球状的部分，是适合贮藏养料和越冬的变态茎。芽多集中于顶端，节与节间明显，节上着生膜质状鳞叶和少数腋芽。球茎富含淀粉，以及蛋白质、维生素和矿物质。具有爽脆或绵糯的口感，有的尚具独特的风味，如芋艿。

（4）根状茎类蔬菜。根状茎又称为根茎，是多年生植物的根状地下茎。有节与节间之分，节上有退化的鳞叶，并具顶芽和腋芽。富含淀粉和水分，质地爽脆、多汁。

（三）叶菜类

植物的叶分为三个组成部分，即叶片、叶柄和托叶。叶片由表皮、叶肉和叶脉组成，为叶菜类主要的食用部分，其叶肉组织尤其发达，且表皮薄、叶脉细嫩；叶柄由表皮、基本组织、维管束组成，其基本组织发达，维管束中机械组织一般缺乏；托叶是保护幼芽的结构，通常早落，食用价值不大。

叶菜类蔬菜是指以植物肥嫩的叶片、叶柄为食用对象的蔬菜。品种繁多，有的形态普通，如小白菜、菠菜、苋菜等；有的形体较大，且心叶抱合，如大白菜、叶用甘蓝等；有的则具特殊的风味，如韭菜、芹菜、葱、茴香等。

叶菜类蔬菜由于常含叶绿素、类胡萝卜素而呈绿色、黄色，为人体无机盐及维生素 B、维生素 C 和维生素 A 原的主要来源。

尽管叶菜类蔬菜水分多，但其持水能力差，若烹制时间过久，不仅质地、颜色会发生变化，营养及风味物质也易损失，所以，应快速烹调或生食、凉拌。选择时以色正、鲜嫩、无黄枯叶、无腐烂者为佳。

常见品种：大白菜、小白菜、塌棵菜、叶用芥菜、冬葵、落葵、豌豆苗、苋菜、蕹菜、叶用莴苣、结球甘蓝、菊苣、抱子甘蓝、芦荟、叶用甜菜、菠菜、茼蒿、芹菜、芫荽（香菜）、茴香、球茎茴香、韭菜、葱、豆瓣菜、蕺菜、香蒲、荠菜、莼菜等。

（四）花菜类

花可分为花柄、花托、花萼、雌蕊群、雄蕊群五部分。

花菜类蔬菜是指将植物的花冠、花柄、花茎等作为食用部分的蔬菜。其质地柔嫩或脆嫩，具有特殊的清香气味。若以花冠供食，则加热时间需短，如菊花、桃花等。

常见品种：花椰菜、茎椰菜、金针菜、朝鲜蓟、菜薹、菊花等。

（五）果菜类

果菜类蔬菜是指将植物的果实或幼嫩的种子作为食用部分的蔬菜。大多原产于热带，为蔬菜中的一大类别。

果实种类较多，与烹饪有关的果实可分为三大类，即豆类蔬菜（荚果类蔬菜）、茄果类蔬菜（浆果类蔬菜）和瓠果类蔬菜（瓜类蔬菜）。

1. 豆类蔬菜

豆类蔬菜是指以豆科植物的嫩豆荚或嫩豆粒为食用对象的蔬菜，富含蛋白质及较多的碳水化合物、脂肪、钙、磷和多种维生素，营养丰富，滋味鲜美。除鲜食外，还可制作罐头和脱水蔬菜，在蔬菜的周年均衡供应中占有重要地位。

常见品种：菜豆、豇豆、刀豆、扁豆、青豆、嫩豌豆、嫩蚕豆等。

2. 茄果类蔬菜

茄果类蔬菜又称浆果类蔬菜，即茄科植物中以浆果为食用对象的蔬菜，此类果实中的果皮或内果皮呈浆状，是食用的主要对象。茄果类蔬菜富含维生素、矿物质、碳水化合物、有机酸及少量蛋白质，营养丰富。可供生吃、熟食、干制及加工制作罐头。产量高，供应期长，在果菜中占有很大比重。

常见品种：茄子、番茄、辣椒等。

3. 瓠果类蔬菜

瓠果类蔬菜又称瓜类蔬菜，指葫芦科植物中以果实为食用对象的蔬菜。该类蔬菜大多起源于亚洲、非洲、南美洲的热带或亚热带地区，果皮肥厚、肉质化，胎座呈肉质，并充满子房。富含糖类、蛋白质、脂肪、维生素与矿物质。可供生吃、熟食及加工、制作罐头，亦是食品雕刻的常用原料之一。

常见品种：黄瓜、西葫芦、笋瓜、丝瓜、苦瓜、瓠瓜、佛手瓜、冬瓜、南瓜、蛇瓜、节瓜等。

二、孢子植物蔬菜

孢子植物是藻类、菌类、地衣、苔藓和蕨类植物的总称。在这些孢子植物中，供食用的有食用藻类、食用菌类、食用地衣类和食用蕨类。

（一）食用藻类

藻类植物的特点：

(1) 藻类植物是一类含有叶绿素和其他辅助色素、能进行光合作用的低等自养植物。

(2) 植物体由单细胞、群体细胞或多细胞组成。

(3) 无根、茎、叶的分化，构造简单。

藻类的营养成分：

(1) 主要为糖类，占35%~60%，大多为具有特殊黏性的多糖类，一般难以消化，但具一定的医疗作用。

(2) 含有蛋白质，褐藻中含量为6%~12%，紫菜中最高，达39%，但营养价值不高。

(3) 含有丰富的胡萝卜素、一定量的B族维生素以及钾、钠、钙、镁、铁等无机盐。海产藻类所含的丰富的碘，是人体摄取碘的重要来源。

食用藻类的品种：海带、紫菜、石花菜、发菜、葛仙米、石莼、浒苔、江蓠、昆布等。

（二）食用菌类

食用菌类是指将肥大子实体作为蔬菜供人类食用的某些真菌。已知的约有2 000种，广泛被食用的约30种。

食用菌类的形态和结构：各种菌菇的形状不尽相同，但均由吸收营养的菌丝体和繁殖后代的子实体两部分组成。供食用的就是子实体。子实体常为伞状，包括菌盖、菌柄两个基本组成部分，有些种类还有菌膜、菌环等。此外，还有耳状、头状、花状等形状的子实体。食用菌类颜色繁多、质地多样，如胶质、革质、肉质、海绵质、软骨质、木栓质等。

食用时需注意：不要误食毒菇，可通过外观鉴别进行判断。毒菇多颜色艳丽，伞盖和伞柄上常有斑点，并常有黏液状物质附着，表皮容易脱落，破损处有乳汁流出，而且很快变色，外形丑陋；可食蘑菇颜色大多为白色或棕黑色，有时为金黄色，肉质厚软，表皮干滑并带有丝光。

主要品种：木耳、银耳、香菇、侧耳、蘑菇、金针菇、草菇、竹荪、猴头菌、口蘑、羊肚菌、鸡土从、牛肝菌、榛蘑、鸡油菌、松茸、冬虫夏草等。

（三）食用地衣（Edible Lichen）

地衣是真菌和藻类共生的结合体。藻类制造有机物，而真菌吸收水分并包被藻体，两者以不同的互利方式相结合。其生长型主要有壳状地衣、叶状地衣、枝状地衣和胶质地衣四大类型。

地衣的适应能力特别强，能生活在各种环境中，特别耐干、耐寒，在裸岩悬壁、树干、土壤以及极地苔原和高山荒漠都有分布，是植物界拓荒的先锋。除对自然环境有重要影响外，还可作为空气污染、探矿的指标植物。少数可供食用，并可作为高山和极地兽类的食料。有些可供药用、工业（染料、香料、试剂）用。

品种：石耳、树花。

（四）食用蕨类（Edible Fern）

蕨类植物属于高等植物中较低级的一个类群。现生存的大多为草本植物，少数为木本植物。与低等植物相比，蕨类植物的主要特征是具有发育良好的孢子体和维管系统，孢子体有根、茎、叶之分；无花，通过孢子繁殖。蕨类植物分为石松纲、水韭纲、松叶蕨纲和真蕨纲。约有12 000种；我国约有2 600种，多分布于长江以南各地。

蕨类植物的经济用途广泛，可药用（如贯众、骨碎补等）、工业用（石松）以及食用（如蕨菜、紫萁等）；有的还可作绿肥饲料（如满江红），或作为土壤的指示剂。

品种：蕨菜、紫萁、荚果蕨、水蕨、猴蹄盖蕨。

三、蔬菜制品

蔬菜制品的概念：以蔬菜为原料经一定的加工处理而得到的制品。

保藏原理及目的：在加工过程中，通过破坏蔬菜自身的酶、消灭或抑制污染蔬菜的微生物，防止外界微生物的侵染，从而保持蔬菜的品质或改善蔬菜的风味，延长蔬菜的食用期，并使其便于携带、运输。因此，蔬菜制品是调节蔬菜淡旺季供应的重要烹饪原料。

蔬菜制品的分类：按照加工方法的不同，可分为酱腌菜、干菜、速冻菜、蔬菜蜜饯、蔬菜罐头以及菜汁（酱、泥）等六大类。

（一）酱腌菜

酱腌菜是以食盐及（或）酱、酱油、糖、醋等调味料腌渍成的蔬菜制品。基本原理是利用食盐产生的高渗透压作用、微生物的发酵作用、蛋白质的水解作用以及其他生化作用，达到长期保藏产品的目的，并同时具备特有的色香味和脆嫩的品质。

按照生产工艺及质量特点，酱腌菜可分为酱菜、咸菜两大类。

酱腌菜除生食佐餐外，也运用于烹饪制作中，或配肉炒食、蒸食，如雪菜山鸡片、咸烧白、酱瓜鸡丝、玫瑰大头菜炒肉丝；或用作汤菜，使汤味鲜香，如榨菜肉丝汤。

（二）干菜

干菜是经人工方法或自然方法脱去水分的蔬菜制品。蔬菜干制的基本原理是用减少蔬菜水分的方法抑制微生物的活动和酶的活性，从而达到长期保藏的目的。此外，蔬菜经干制后，体积缩小，重量减轻，因此便于储藏、携带和运输。

干制的方法一般分为自然干制和人工干制两种。其中，以冷冻、真空、微波等新型人工干制方法制成的干菜复水后，其质地、风味、口感及营养成分的含量等接近新鲜蔬菜。

干菜在食用前均需用清水浸发，用温水可加快浸发速度。烹饪中，干菜可在烧、烩、炖、煮后凉拌及制作汤菜。一般不适合快速烹调方法。

根据加工对象，可将干菜分为一般蔬菜类干菜、笋类干菜、菌类干菜、藻类干菜和蕨类干菜五大类。

（三）速冻菜

速冻菜是指采用制冷机械设备于 -18 ℃ 以下温度迅速冻结的蔬菜。速冻可抑制微生物的活动和酶的活性，从而防止蔬菜品质和风味发生变化以及营养成分损失。

大多数蔬菜都可以制作速冻菜，尤其是含水量低、含淀粉量高的菜速冻效果更好。原料经选别、清洗、修整、热烫和预冷后，即可送入冻结机速冻。含特殊香味物质的蔬菜，如蘑菇、洋葱、韭菜等一般不经热烫直接送入冻结机速冻。

速冻菜在运输和销售过程中，都需保持冷藏的低温条件。食用前一般需先解冻，再进行烹调。解冻过程以快为好，可在电冰箱、冷水或温水中进行，用微波炉快速解冻更好，也可直接投入热锅中煮制。速冻菜一经解冻，不可长时间放置，更不可再次冻结保藏。烹调加热时间以短为好，不宜过分热煮。常见的速冻蔬菜有胡萝卜、荸荠、芋头、嫩玉米、洋葱、四季豆、青豆、嫩蚕豆、冬笋等。

认知五　干货原料

任务介绍

干货原料是指经加工、脱水干制的动植物原料，一般经过风干、晒干、烘干、炝干或盐腌而成。干货原料便于运输和贮存，能增添特殊风味、丰富原料品种。和新鲜原料相比，干货原料具有干、老、硬、韧等特点，因此，绝大多数干货原料需经过涨发加工处理才能制作成菜。

任务目标

1. 掌握干货原料的特点。
2. 了解常见的干货原料品种。

相关知识

案例： **八珍席**

龙凤八珍席：龙肝（多用白马、鳝鱼、娃娃鱼或穿山甲替代）、凤髓（多用锦鸡、乌鸡、孔雀或飞龙替代）、豹胎、鲤尾、炙（烤猫头鹰）、狸唇、熊掌、酥酪蝉（可能是种羊油乳酥薄饼）。本席和以下各种八珍席都是从周代八珍和迤北八珍演变来的。本席又名"天厨八珍"，可能源于元明宫廷，融合了汉蒙饮馔风味。

参翅八珍席：参（海参）、翅（鱼翅）、骨（鲨鱼或鲟鱼头部软骨）、肚（黄鱼或鱼的鳔）、窝（燕窝）、掌（熊掌）、蟆（蛤士蟆）、筋（鹿蹄筋）。本席又名"水陆八珍""海陆八珍"，全是山珍海味。苏轼给徐十二的信中，提到过"陆海八珍"一语。

分析：

我们常说的"高档八珍"中包含较多的干货原料。干货原料便于保藏，延长了使用期，摆脱了季节对原料的限制，丰富了我们日常的菜品种类，值得我们认真发掘。

干货原料根据生物学的分类，可分为动物性干货原料和植物性干货原料。

一、动物性干货原料

1. 鱼翅

鱼翅是一种名贵海味，由大中型鲨鱼的背鳍、胸鳍和尾鳍等干制而成。根据加工的情况，可分为未加工去皮、骨、肉的生翅，已加工去皮、骨、肉的净翅，用净翅加工抽筋丝的翅针，将翅针压成饼状的翅饼，等等。鱼翅的主要食用部位是状若粉丝的翅筋，其中含有80％左右的蛋白质及脂肪、碳水化合物、矿物质等。所含蛋白质属不完全蛋白质，不能完全被人体消化吸收。

鱼翅适用于烧、烩、蒸及制作汤菜，如鸡丝鱼翅、干烧鱼翅。

2. 鱼皮、鱼唇

鱼皮是由鲨鱼等海鱼的皮加工制成的，以雄鱼皮为好，体块厚大，富含胶质和脂肪；鱼唇是由鲨鱼唇部周围软骨组织连皮切下干制而成的，富含胶质。鱼皮、鱼唇适合烧、烩等，如白汁鱼唇、家常鱼唇、红烧鱼皮。

3. 鱼肚

鱼肚是由大黄鱼、鲨鱼等的鱼鳔干制而成的。鱼肚质厚者水发、盐发、油发均可；质薄瘦小者宜油发，不宜水发。鱼肚适合烧、炖、拌及制作汤菜，如白汁鱼肚、清汤鱼肚卷。

4. 鱼脆

鱼脆又名明骨，由鲨鱼的头颈部和鳃裂间的软骨等原料加工干制而成。鱼脆含较多蛋白质、磷、钙和胶质等，质地脆嫩，宜蒸、煮、制羹汤，如玲珑鱼脆、鱼脆果羹等。

5. 鱼信

鱼信是指鲨鱼脊骨髓的干制品，质地较脆嫩，呈白色。一般采用蒸发方法：将原料用清水浸泡 1 小时后,装入容器中,加鲜汤、料酒、姜、葱等,上笼蒸约 30 分钟变柔软即可。多用来制作烩、烧等菜肴。

6. 干海参

海参种类很多,主要是干制品,涨发时要根据原料的品种、质量、成菜要求选择恰当的涨发方法。刺参多采用水发,无刺参可采用水发、盐发、碱发、火燎发等涨发方法。海参一般可烧、烩及制作汤菜等,如白汁辽参、家常海参。

7. 干鲍鱼

干鲍鱼就是鲍鱼的干制品,可采用碱发、水发等涨发方法,宜烧、烩。

8. 干鱿鱼

鱿鱼含蛋白质较多,肉质柔嫩,滋味鲜美。多采用碱发,采用生碱水发的多用来烧、烩及制作汤菜,采用熟碱水发的多用来爆、煸、炒。

9. 干墨鱼和乌鱼蛋

墨鱼与鱿鱼外形和用途都相似,只是墨鱼背部有一块硬骨头。墨鱼腹中的卵腺和胶体干制后就成了乌鱼蛋。乌鱼蛋是名贵的海味佳品,用于烹制高档的羹汤和烩菜。山东产制的乌鱼蛋最好。

10. 干贝

干贝是指扇贝、江瑶柱、日月贝等的闭壳肌干制品,肉味鲜美,属名贵海味。宜烧、烩、炖等。

11. 淡菜

淡菜是由贻贝类的贝肉经煮熟干制而成的,肉味鲜美,营养丰富,是名贵的海产品。宜烧、炖及制作汤菜。

12. 海蜇

海蜇加工后,伞部称蜇皮,口腕部称蜇头。浙江、福建所产最好,质地脆嫩。多用于凉拌菜肴。

13. 裙边

裙边又称鱼裙,即海鳖裙边的干制品,富含蛋白质及胶质,质地柔软细嫩,滋味鲜美。裙边宜红烧。

14. 金钩

金钩又称虾米、海米,是海虾的干制品,呈金黄色,滋味鲜美,富有营养。

15. 燕窝

燕窝又称燕菜,是金丝燕属几种燕类的唾液混绒羽、纤细海藻、柔弱植物纤维凝结于崖洞等处所产的巢窝,印度、马来群岛一带以及我国海南、浙江、福建沿海地区均有出产。燕窝富含蛋白质及磷、钙、铁等。食用燕窝以带血丝的血燕为最佳;洁白、透明、囊厚、涨发性强的白窝亦佳;色带黄灰、囊薄、涨发性不强的毛燕质量最次。燕窝多用于高级宴席,可以制作清汤燕菜、芙蓉燕菜及燕窝粥等。

16. 蹄筋

蹄筋通常由猪蹄筋、牛蹄筋干制而成,后脚抽出的筋长且粗,质量较好。蹄筋主要是由胶原蛋白和弹性蛋白组成的,营养价值并不高,但富含胶质、质地柔软,有助于伤口愈合。蹄筋宜烧、烩等,如酸辣蹄筋、臊子蹄筋。

17. 响皮

响皮是猪皮的干制品,以后腿皮、背皮为优,皮厚且涨发性好。响皮宜烧、烩及制作汤菜。

18. 蛤士蟆油

蛤士蟆又称中国林蛙,分布于我国东北、内蒙古及四川等地的阴湿山林树丛中。蛤士蟆油是雌蛙卵巢及输卵管外附着的脂肪状物质的干制品。常用来制作甜羹。

二、植物性干货原料

1. 海带

海带分淡干和咸干两种。淡干海带是直接晒干的,质量较好,多通过温水浸泡涨发;咸干海带需多浸漂、多换水,以除去原料的咸涩味。海带宜炖、烧、凉拌及制作汤菜。

2. 紫菜

紫菜是生长在浅海岩石上的一种红藻,藻体呈膜状,富含蛋白质和碘、磷、钙等。我国沿海地区已开始养殖,供药用和食用。干制紫菜不需要提前发制,一般都用来做汤,用开水冲沏即可,味道鲜美。

3. 石花菜

石花菜是一种海产红藻,藻体呈羽状分枝,富有弹性,干燥后呈软骨状,富含碘、钙及胶质。石花菜不宜煮、炖,只需用水清洗后再用温水浸泡,沥干水分后作凉菜用。也可提取琼脂,应用于食品和医药工业。

4. 玉兰片

玉兰片又称兰片,是由楠竹(毛竹)刚出土或尚未出土的嫩茎芽经煮制烘干而成的。楠竹(毛竹)的嫩茎芽,因冬季在土中已肥大而采掘者称冬笋;春季芽向上生长,突出地面者称为春笋;夏秋间芽横向生长者称为新鞭,其先端的幼嫩部分称为鞭笋。由此,玉兰片可分为:冬尖,由冬笋尖端干制而成,质地细嫩,为最上品;冬片,冬至前后出土的冬笋对开干制而成,鲜嫩洁净,肉厚,亦为上品;桃片,由春笋制成,肉厚,质紧且嫩,春分前产者质量较好;春片,由春分至清明间采掘的笋干制而成,质较老,纤维多,肉薄且不坚实;挂笋,清明后采掘干制而成,肉质厚,根部有老茎,品质差。

玉兰片多用作各种菜肴的配料,有时也可作菜肴主料。

5. 笋干

笋干由春秋两季采收的鲜笋加工干制而成。加工过程中,用柴火烘干的色黑,称黑笋;用炭火烘干的称明笋或白笋。笋干脆嫩清鲜,是大众化干菜食品,宜烧、烩、拌或作配料。

6. 黄花

黄花又名金针菜,花蕾开前采收,蒸制后晒干即成。香味浓馥,肥壮油润且有光泽,根长且舒展。多用作菜肴配料,也是制作素菜的重要原料。

7. 莲子

莲子又称莲米,是莲藕的种子,营养丰富,味甘而清香。莲子主要产于湖南、福建等省,一般在秋季采摘,常用来制作甜菜。

8. 干百合

干百合是百合花的干制品,供食用和入药,多用来制作甜菜。

9. 干白果

干白果是银杏果仁的干制品，为我国特产。有微毒，不能生吃，做菜用量宜少，加热可破坏毒素。宜炖，如白果炖鸡。

10. 豆筋

将黄豆豆浆煮熟后，取其油皮层卷裹成棒，晒干或烘干后即可制成豆筋。豆筋呈黄白色，营养丰富，宜烧、烩、卤菜。

11. 粉条

粉条是以豌豆、玉米或红薯的淀粉为原料加工制成的，用豌豆加工的质量最好，宜烧、烩、拌及制作汤菜。

12. 木耳

木耳又称黑木耳、耳子，是寄生在朽木上的菌类，采集晾干而成，营养丰富，具有补血、润肺、益气强身的功效，被誉为"素中之荤"。木耳涨发后质地柔软、清脆爽口，富含胶质，可炒、拌、做汤等，如锅巴肉片、鱼香碎滑肉、山椒木耳等。

13. 银耳

银耳寄生在枯木上，是珍贵的食用菌与药用菌，呈乳白色半透明鸡冠状，采摘晾干后呈米黄色。银耳质地柔软润滑，性味甘平，富含多种营养素和胶质，具有滋阴补肾、健脑强身的功效。银耳多用于制作汤菜和甜菜，如蝴蝶牡丹、冰糖银耳、银耳果羹等。

14. 香菇

香菇又称香蕈、冬菇，形状如伞，顶面有菊花样的白色裂纹，朵小质嫩，肉厚柄短，光润且呈黄褐色。有芳香气味、称作芳菇的为上品，肉厚且朵稍大的称厚菇，质量稍次；朵大、顶平、肉薄的称薄菇，质量最差。香菇味鲜且香，有抗癌作用，宜烧、炖、炒等，如香菇炖鸡。

15. 口蘑

口蘑是产于长城各关口外的牧场草地、有独特鲜味的优良食用菌，为名贵原料，张家口一带出产的最有名。口蘑朵小肉厚，体重质干，形如冒顶，柄短而整齐、色泽白黄、气味芳香者为上品，可作各种荤、素菜的配料。

16. 竹荪

竹荪是一种隐花菌类植物，夏季野生于大山区竹林中。竹荪子实体呈笔状，钟形红色菌盖，盖下有白色网状物向下垂，柄为白色，中空，基部较粗，向上渐细。竹荪采摘后须将菌盖上的臭头切去，晒干后有香气，以茎长 12～16 cm、色白、身干（干燥，即不湿）、肉厚、松泡、无泥沙杂质为上品。竹荪质地松脆，味道清香鲜美，不仅含有丰富的蛋白质、矿物质等营养成分，还具有延长菜肴存放时间、保持鲜味不败的功能，多用于制作汤菜，如竹荪鸽蛋、竹荪肝膏汤等。

17. 虫草

虫草又称冬虫夏草，是一种冬季寄生在昆虫幼体内的菌类。冬季菌丝侵入蛰居于土中的磷翅类幼虫的体内，翌年夏季，从虫体头部生长出有柄的棒形子座，露出土外，故称冬虫夏草。虫草顶端略膨大、似圆柱状，外表呈灰褐色或深褐色，主要产于青海、西藏及四川阿坝等地。虫草具有抗生作用，常作为药膳滋补食品，与鸡鸭等一起蒸、炖食用。

18. 猴头菇

猴头菇又叫猴头菌，菌体呈圆形，菌头生棕黄色朝上的茸毛，形似猴头，东北、西南各省区及河南都出产，6~9月份采集的最好。鲜菌体积较大，如要较长时间保存，必须用火烘干。猴头菌不分大小级别，以个大均匀、茸毛完整、色鲜质嫩、无虫蛀和杂质的为上品，宜烧、烩，如姜汁猴头、干烧猴头。

认知六　调味品原料

任务介绍

调味品原料是指能提供和改善菜肴和面点味感的一类物质。调味品原料在烹饪中虽然用量不大，却应用广泛、变化很大。在烹调过程中，调味品原料的呈味成分连同菜点主配料的呈味成分一起，共同形成了菜点的不同风味特色。

任务目标

1. 掌握调味品原料的分类、性质、特点和应用。
2. 了解常见的调味品品种。

相关知识

案例： **改变味觉的神秘果**

在西非热带地区，生长着一种神秘果树。它是一种小乔木，高3~4 m，一年四季结果不断，果实并不大，长约2 cm，直径约8 mm。剥去红皮，露出白瓤，中间只有一颗大种子。当地人常常用这种果实来调节食物的味道，它能使酸面包变得香甜可口，使酸味的棕榈酒和啤酒变甜。吃过酸、辣、苦、咸的食物之后，嚼上几口神秘果，立刻变成甜的味道。奇异的神秘果不愧是一种能改变味觉的果实。

分析：

菜品最终呈现的味道与原料的味道有着直接的关系，但丰富多彩的调味品原料能带来神秘的改变。高明的餐饮从业者能够合理地使用调味品原料，用多样的调味品原料调出多姿多味的菜品和生活。

调味品原料又称调味品，指在菜点制作过程中用量较少、但能提供和改善菜点味感的一类原料。调味品原料按类别可分为单一调味品和复合调味品。在以上两大类调味品中，单一调味品是调味的基础。只有在明确了解其组成成分、风味特点、理化特性等知识的基础上，才能正确运用各类调味品，达到为菜点赋味、矫味和定味以及增进菜点色泽、改善质地、增进人们食欲等方面的目的。

一、咸味调味品

咸味是两种可单独成味的基本味之一。单一或复合咸味调味品中的咸味主要来源于氯化钠。

烹饪中常用的咸味调味品有食盐、酱油、酱类和豆豉等。

(一) 食盐

食盐是以氯化钠为主要成分的咸味调味品。按照加工程度，食盐可分为原盐（粗盐）、洗涤盐、再制盐（精盐）三种。在烹调过程中，食盐是最基本的调味品之一。在菜点中加入食盐，可为菜肴赋予基本的咸味；食盐具有助酸、助甜和提鲜的作用；可帮助蛋白质吸收水分和提高彼此的吸引力；利用食盐可改变原料的质感、助味渗透及防止原料腐败变质；食盐还可作为传热介质。

(二) 酱油

酱油是我国传统的咸味调味品，应用非常广泛。酱油的呈味以咸味为主，亦有鲜味、香味等。在烹调中，具有为菜肴确定咸味、增加鲜味的作用；还可增色、增香、去腥解腻。多用于冷菜调味和烧、烩菜品之中。

(三) 酱类

酱是我国传统的调味品，是以豆类、谷类为主要原料，以米曲霉为主要的发酵菌，经发酵制成的糊状调味品。除具有咸味外，还具有独特的酱香味、鲜甜味和特殊的酱色。在烹调中，酱类可改善原料的色泽和口味，增加菜肴的酱香风味，并具有解腻的作用。在使用酱时，要准确掌握用量，以防酱味掩盖原料本味。调味前若酱过稠，需用少量水或油稀释，并用小火温油炒香。保管时要注意防霉、防高温，必要时可以用植物油隔绝空气。烹调中常用的酱类有豆酱、甜面酱、豆瓣酱三种。

(四) 豆豉

豆豉是以整粒大豆为主要原料，经曲霉发酵后制成的颗粒状咸味调味品，为我国传统的调味品之一。按风味可分为咸豆豉、淡豆豉、甜豆豉、臭豆豉等；按形态可分为干豆豉、湿豆豉、水豆豉等；按制作中是否添加辣椒可分为辣豆豉和无辣豆豉。在烹调中，豆豉具有提鲜增香、除异解腻、配型赋色的作用。适用于多种蒸、炒、烧、拌类菜肴，是"豉汁味"的主要调味品，也可单独炒、蒸后佐餐食用。

二、甜味调味品

甜味是除咸味外可单独成味的基本味之一。呈现甜味的物质有许多，如单糖、双糖、低聚糖、糖醇、某些氨基酸（如甘氨酸）、人工合成的物质（如糖精）等。此外，某些植物中还含有天然的甜味物质，如甘草糖、甜叶菊糖等。在食品工业和烹调中常用的甜味调味品有食糖、糖浆、蜂蜜等。

(一) 食糖

食糖的呈甜物质为蔗糖，是烹饪中最常用的一种甜味调味品。主要从甘蔗、甜菜两种植物中提取。按照加工方法、成品色泽和形态，可分为红糖、红砂糖、白砂糖、绵白糖、冰糖、方糖等不同的形式。食糖在烹调过程中具有重要的作用，是制作菜点、小吃等常用的甜味调味品，并且具有和味的作用；可增加肉制品的保水能力，提高嫩度；利用食糖在不同温度和不同pH值时的变化，可制作挂霜类、拔丝类、琉璃类以及亮浆类菜点；可利用食糖在高温下的焦糖化反应制作糖色；在发酵面团中加入适量食糖可促进发酵。

(二) 糖浆

糖浆是以淀粉为原料，在酸或酶的作用下，经过不完全水解制得的含有多种成分的甜味液体。常用的糖浆有饴糖、淀粉糖浆和葡萄糖浆。各种糖浆均具有良好的持水性（吸湿性）、上色性和不易结晶性。在烹饪中，糖浆除常作为甜味调味品使用外，还可为烧烤类菜肴上色、增加光泽；在糕点制作中具有增色增甜、使制品不易发硬等作用。

（三）蜂蜜

蜂蜜是由蜜蜂采集花蜜酿制而成的天然甜味食品，通常为透明或半透明状的黏性液体，带有独特的芳香气味。在日常生活中作为营养滋补品食用，还用于糕点、蜜汁菜肴等菜点的制作。

三、酸味调味品

酸味是酸性物质离解出的氢离子在口腔中刺激味觉神经后而产生的一种味觉体验。在烹饪过程中，酸味很少单独成味，而是同其他调味原料一起使用调制复合味，如咸酸味、甜酸味、酸辣味、鱼香味、荔枝味等。常用的酸味调味品有食醋、番茄酱、柠檬酸等。

（一）食醋

食醋是液状酸味调味品，品种繁多。按加工方法，一般分为发酵醋和合成醋两类。

发酵醋，即酿造醋，为我国传统的食用醋，是以谷类、麸皮、水果等为原料，以醋酸菌为发酵菌将乙醇氧化成乙酸而制成的酸味调味品；合成醋，即化学醋，是以冰醋酸、水、食盐、食用色素等为原料，按一定比例配制而成的液状酸味调味品，仅具有酸味，无鲜香味，并有一定刺激性。在烹饪中，食醋具有赋酸、增鲜香、去腥膻的作用，是调制多种复合味的重要原料；在原料的初加工中，可防止某些果蔬类原料酶促褐变的发生；可使甜味减弱、咸味减弱、高汤的鲜味增强。

（二）番茄酱

番茄酱是以成熟期的番茄为主要原料，经破碎、打浆、去除皮和籽、浓缩、装罐、杀菌而成的糊状酸味调味品。除直接用于佐餐外，是制作甜酸味浓的"茄汁味"热菜、某些糖粘类和炸制类冷菜必用的调味品。

（三）柠檬酸

柠檬酸广泛分布于多种植物的果实中，尤以柠檬中含量最多。在烹饪中，柠檬酸具有赋酸、护色、保护 VC 的作用，常用于西式菜肴和面点的制作，并且是食品工业中制作糖果、饮料的主要酸味剂。

四、鲜味调味品

鲜味是一种适口、能激发食欲的味觉体验。鲜味可使菜点风味变得柔和、诱人，能促进唾液分泌、增强食欲。在自然界中，鲜味物质广泛存于动植物原料中，主要有氨基酸、核苷酸、酰胺、氧化三甲基胺、有机酸（琥珀酸）、低肽等。因此，在实际应用过程中应突出主配原料的鲜味。在烹饪中经常使用的鲜味调味品有味精、高汤、蚝油、鱼露、虾油、腐乳、菌油等。

（一）味精

味精又称味素，其主要成分为谷氨酸钠，是以面筋蛋白质、大豆蛋白等为原料经水解法或以淀粉为原料经微生物发酵制得的粉末状或结体状鲜味调味品。味精在烹调中主要为味淡的菜肴增鲜，使用时须与食盐配合，酸甜类菜肴一般不用。而且，菜肴中添加味精多在出锅前或装盘后进行，不宜将味精与原料一同加热。

（二）高汤

高汤是指富含鲜味物质的动物或植物等原料通过长时间精心熬制，所含的浸出物充分溶解于水中所形成的汤汁。高汤的鲜味醇厚、回味悠长。根据汤汁的清度，可以将高汤分为奶汤和清汤。

五、香辛味调味品

香辛味调味品简称香辛料，是指烹调中使用的具有特殊香气或刺激性成分的调味物质。在烹饪中，香辛料具有赋香增香、去腥除异、添麻增辣、抑菌杀菌、赋色、防止氧化的功能。

（一）香辛味调味品的分类

根据香辛料的主要作用，可分为麻辣味调味品和香味调味品两大类。麻辣味调味品是以提供麻辣味为主的香辛料，有的还具有增香增色、去腥除异的作用；香味调味品又称香料，是以增香为主的香辛料，根据香型可分为芳香类、苦香类和酒香类三大类。

（二）香辛味调味品的常见种类

1. 麻辣味调味品

（1）花椒。花椒具有特殊的香气和强烈持久的麻味。在烹调中，花椒除颗粒状外，常被加工成花椒面、花椒油等形式，是调制麻辣味、糊辣味、葱椒味、椒麻味、怪味等味型必用的调味品，适用于炒、炝、炖、烧、烩、蒸等多种成菜方法，还可作为面点、小吃的调料，或配制粉末状味碟。

（2）胡椒。胡椒的主要分为黑胡椒和白胡椒。在菜肴制作中，胡椒具有赋辣除异、增香提鲜的作用。适用于咸鲜或清香类菜肴、汤羹、面点、小吃的调味，是热菜"酸辣味"的主要调料。

（3）辣椒。辣椒是在世界范围内广泛应用的一种辣味调味品，品种繁多，运用形式多样，如干辣椒、辣椒面、辣椒油、辣椒酱及泡辣椒等，是调制糊辣味、鱼香味、麻辣味、酸辣味、怪味、家常味等味型必用的调味原料。

（4）芥末。芥末又称芥末面，属于辛辣味调味品。使用时先将芥末粉用温开水、醋调制成糊状，然后静置半个小时，再加入植物油、白糖、味精等搅匀即可。在烹饪中，芥末多用于冷菜、冷面等的调味，成为独特的"芥末味"。

2. 香味调味品

香味调味品是指各种香气浓厚的调味品，具有增加菜点香味、压异矫味的作用。烹饪中运用的香味调味品现已达到120多种，多数用于酱、卤菜中，也可在炒、炸、烧、炸收等菜肴中使用，还可用于调制凉拌菜的味汁或蘸汁；而花香味的芳香调味品多用于甜菜、甜点、小吃等；酒香类调味品除多用于矫味外，还可用于制作糟醉菜肴及其他带酒香的菜肴。

（1）芳香类调味品。芳香类调味品是香味的主要来源，广泛存在于植物的花、果、种子、树皮、叶等部位，气味纯正，芳香浓郁，在烹饪中具有去腥除异、增香的作用。如八角、桂皮、小茴香、丁香、香叶、芝麻及其制品、孜然、蜜玫瑰、姜黄、紫苏、高良姜、食用香精、复合香。

（2）苦香类调味品。苦味是一种基本味。在自然界中，苦香类调味品有很多，如陈皮、白豆蔻、草果、白豆蔻、茶叶等。

（3）酒香类调味品。酒在人类的日常生活中既是饮品，又是烹调中常用的重要调味品。由于低度酒中的呈香成分多，酒精含量低，营养价值较高，所以常作为烹调用酒，如黄酒、葡萄酒、啤酒、醪糟等；高度酒多用于一些特殊菜式的制作，如茅台酒、五粮液、汾酒等。

认知七　烹饪原料选择

任务介绍

烹饪原料种类繁多，不同种类的烹饪原料因其形态结构、化学成分和物理性质不同，在烹饪过程中运用的方法也有所不同。烹饪原料的合理选择对保证烹饪产品的质量和特色具有重要意义。

任务目标

1. 掌握品质鉴别的主要方法。
2. 了解烹饪原料选择的目的和意义。

相关知识

案例： "不一样"的土豆

南北方产的土豆在品质上有很大区别：南方产的比较脆，北方产的淀粉含量比较多、比较沙。如果做土豆泥，一般选用北方产的土豆，蒸熟后一压就成沙状了；而南方产的土豆一压会有黏性，容易变成糕状，吃起来会粘牙。南方土豆如果拿来清炒，焯水时间长一点、炒得久一点也没关系；北方土豆则不能炒得太老，否则容易沙化出自然芡，使菜品的口感不清爽。所以，炒丝、炸土豆松最好选用南方产的土豆，炖土豆、烧土豆最好选用北方产的土豆。

分析：

不同的菜品需要特点不同的原料。原料受产地、产季、品种、部位、收获时间等因素影响，会呈现出不同的特性。在实际的烹饪过程中，我们要学会合理地选择烹饪原料。

烹饪原料的选择：首先，要选择可食性动植物原料作为烹饪原料；其次，要依据菜肴的要求选择烹饪原料；最后，要符合人体健康状况、民俗风情、宗教信仰等人文社会因素，遵循三层次原则选择原料，既要保证烹调的要求和菜品的质量，还要保证人的身体健康。

一、烹饪原料的选择

（一）选择的目的与意义

高质量的烹饪原料是高质量菜品的基础，烹饪原料选择的目的就是通过对原料品种、品质、产地、部位、卫生状况等多方面的挑选，为特定的烹调方法和菜点提供优质的原料。

烹饪原料选择的意义在于：为菜点提供安全保障；为菜点提供营养支持；为菜点提供质量保证。

(二) 烹饪原料选择的基本原则

选择烹饪原料时，必须遵守国家相关法律法规，根据菜点的要求和烹饪的需求，遵循以下几点原则：具有安全性、卫生性；具有营养性；具有风味性；具有实用性。

二、烹饪原料品质鉴别

烹饪原料品质鉴别的方法主要有三种：感官鉴别法、理化鉴别法和生物鉴别法。理化鉴别法和生物鉴别法在食品加工过程中使用较多，烹饪中最常用的是感官鉴别法。

感官鉴别法是指通过人的感觉器官，对烹饪原料的色、香、味、形、质等方面进行综合的判断和评价，进而判断烹饪原料的质量。感官鉴别的具体方法包括视觉鉴别法、嗅觉鉴别法、味觉鉴别法、听觉鉴别法和触觉鉴别法。

1. 视觉鉴别法

视觉鉴别法是指利用人的眼睛对原料的外观、形态、色泽、清洁程度等进行观察，然后判断原料质量的方法。此方法适合所有原料，也是感官鉴别中必须使用的方法。我们可以通过原料的外观、形态、色泽来判断原料的成熟程度、新鲜程度以及原料是否有不良的改变。视觉鉴别法一般要在白天自然光的照射下进行，以免其他光线对鉴别产生影响。

2. 嗅觉鉴别法

嗅觉鉴别法是利用人的嗅觉对原料的气味进行辨别，然后判断原料质量的方法。每种原料都具有自身的味道，如牛羊肉的膻味、鱼肉的腥味、乳制品的香味等。我们可以通过嗅觉来辨别原料的品质。如果原料的质量发生变化，其气味也会随之发生改变，如糖分含量较多的原料变质后会产生酸味，蛋白质含量较多的原料变质后会产生臭味，脂肪含量较多的原料变质后会产生哈喇味，等等。因挥发性物质的浓度会随温度的变化而变化，所以嗅觉鉴别法最好在 15~25 ℃ 的常温下进行。

3. 味觉鉴别法

味觉鉴别法是利用人的味觉对原料的味道进行辨别，然后判断原料质量的方法。可溶性物质作用于味觉器官所产生的感觉称为味觉。不同的原料具有不同的味道，如盐的咸味、糖的甜味和醋的酸味。变质的原料味道会发生相应的变化，如米饭刚变质时会出现微甜的味道，继续变质会产生酸味；肉变质会产生苦味等。对不同烹饪原料进行味觉鉴别时，一般按照味道由弱到强的顺序进行，同时要注意保持恒温。为了防止味觉疲劳，中间应漱口和休息。

4. 听觉鉴别法

听觉鉴别法是利用人的听觉对原料被摇晃、拍打时所发出的声音进行辨别，然后判断原料质量的方法。此种方法仅适用于部分原料，如鸡蛋、西瓜、香瓜等。

5. 触觉鉴别法

触觉鉴别法是利用人的触觉对原料的质地、重量进行辨别，然后判断原料质量的方法。如新鲜动物性原料的弹性、黏性，新鲜植物的脆嫩程度，优质面粉的细腻程度，等等。触觉鉴别法要求原料的温度在 15~25 ℃，因为温度的变化会影响原料的质地。

在实际生活中，往往需要把几种鉴别方法组合在一起，以求对烹饪原料的质量进行公正的评判，选择符合标准的原料。

认知八　烹饪原料保藏

任务介绍

烹饪原料保藏是指在一定条件下，通过一定的手段和方法保存烹饪原料，以保证其品质的过程。合理的保存方法能有效地提高原料的利用率并控制餐饮生产中的原料损耗量。

任务目标

1. 了解烹饪原料保藏过程中的变化。
2. 掌握原料保藏的方法。

相关知识

案例：　　　　　　　　　　生活中的保藏妙招

蘑菇最怕受潮，放在冰箱里的蘑菇很容易受潮变得黏糊糊的。不过将蘑菇保存在硬纸袋中，可以很好地解决蘑菇变质的问题。冰箱中的湿气太大，生菜等绿叶菜放入冰箱久了容易变黄发蔫，失去清脆口感。生菜最好不要直接放进冰箱，应先把生菜表面的水滴风干，再用干净纸巾将生菜包裹好，装进袋子放入冰箱保存；或者在冰箱保鲜盒里铺层纸巾，以吸收潮气，延长果蔬保鲜时间。

分析：
生活中我们时常遇到烹饪原料采买过剩的情况，我们只有采取合适的保存方法，才能避免原料失去固有的良好状态，从而减少原料的浪费。

一、烹饪原料腐败变质的原因

（一）影响烹饪原料品质的生物因素

生物因素包括：酶、微生物。生物因素导致的食品变质对烹饪原料的影响最大。

1. 酶导致的食品变质

1）植物性原料

（1）呼吸作用是生物体中的大分子能量物质在多酶系统的参与下逐步降解为简单的小分子物质并释放能量的过程。果蔬储藏保鲜的技术关键以维持最低强度的呼吸作用为前提，有利于原料抵御外界微生物的侵染，防止生理病害。呼吸产生呼吸热，使果蔬升温，迅速腐烂变质；营养成分逐渐消耗，营养价值下降，滋味淡化；缺氧呼吸产生的代谢中间产物积累至一定浓度将导致细胞中毒，出现生理病害。影响呼吸作用的因素：果蔬的种类、成熟度等内在因素和温度、空气成分、机械损伤和微生物侵染等外在因素。

（2）后熟作用是果实在采摘后继续成熟的过程。有益作用：改善果蔬食用品质。当果蔬后熟完成时，就因处于生理衰老期而失去耐藏性了。延缓后熟的方法：保持适宜且稳定的低温、较高的相对湿度和恰当比例的气体,及时排除刺激性气体。

(3) 失水萎蔫。在保藏过程中,表现为:原料重量减轻,损耗加大,萎蔫,正常的代谢被破坏,果蔬的储藏性降低。影响因素:果蔬品种、成熟度、结构紧密度和化学成分等内在因素和环境温度、空气相对湿度和空气流速等外在因素。

(4) 采后成长。果蔬储藏时常会因采后成长而发生贮藏物质、水分在果蔬中的转化、转移、分解和重新组合的现象。后果:营养物质和水分从食用部位转移至生长点,导致食用部位品质下降。常借助休眠来抑制采后成长。

2)动物性原料

(1) 尸僵作用。屠宰后的肉发生生物化学变化,促使肌肉伸展性消失而呈僵直的状态,称为尸僵作用。僵直期的肌肉组织紧密,弹性差,无鲜肉的自然气味,烹调时不易煮烂,肉的食用品质较差。僵直期的动物肉的 pH 值较低,组织结构也较紧密,不利于微生物繁殖,因此从保藏角度来看,应尽量延长肉类的僵直期。僵直期与动物的种类、肉温有密切关系。躯体较大的动物,如牛、猪、羊的僵直期较长;而鸡、鱼、虾蟹的僵直期较短。温度越低,僵直期越长。

(2) 成熟作用。僵直的动物肉由于组织酶的自身消化,重新变得柔软并且具有特殊的鲜香风味,食用价值大大提高,这一过程称为肉的成熟。特点:肌肉多汁、柔软且富有弹性,表面微干,带有鲜肉自然的气味,味鲜且易烹调,肉的持水性和黏结性明显提高,达到肉的最佳食用期,保藏性下降。肉的成熟与外界温度条件有很大的关系:外界温度低时,成熟过程缓慢;温度升高后,成熟过程就加快了。

(3) 自溶作用。组织蛋白酶继续分解肌肉蛋白质引起组织的自溶分解,大分子物质进一步分解为简单物质,肌肉的性质发生改变。表现为:肌肉松弛,缺乏弹性,无光泽,有一定异味。处于自溶阶段的肉已丧失储藏性能,处于腐败前期。当环境温度高时,肉的自溶速度加快;当温度降至 0 ℃时,可使自溶停止。

(4) 腐败。自溶过程产生的低分子物质为微生物的生长提供了良好的营养条件,当外界条件适宜时,微生物就开始大量繁殖了。表现为:肉的表面呈液化状态,发黏,弹性丧失,产生异味,肉色变为绿色、棕色等,失去食用价值。

2. 环境中微生物的作用

微生物是所有形态微小的单细胞、个体结构较为简单的多细胞,甚至没有细胞结构的低等生物的统称。微生物种类繁多,生长繁殖迅速,分布广泛,在空气、土壤、水中无处不在,代谢能力强,绝大多数为腐生或寄生的,需从其他有生命的或无生命的有机体内获取营养。

微生物一旦污染烹饪原料,就大量地消耗原料中的营养物质,导致原料变质,甚至失去食用价值。

(1) 腐败。腐败是指在微生物作用下原料中有机物的恶性分解,常发生在富含蛋白质的原料中,如肉类、蛋奶类、鱼类、豆制品等。腐败大多由细菌引起,导致食物变色、变臭、变质等,甚至引起食物中毒。

(2) 霉变。霉变是因霉菌污染原料而产生的发霉现象。多发生在高糖、高盐、含酸或干燥的粮食、果品、蔬菜及其加工制品中。霉变的食物常出现霉斑变色、变质、异味、产生毒素等现象。

（3）发酵。发酵是微生物在缺氧情况下对原料中的糖的不完全分解过程，主要产生各种醇、酸、酮、醛等代谢产物。有益发酵产生的乳酸、酒精、醋酸等常被用来制作泡菜、酸菜、酒饮料等食品；异常发酵则导致原料或食品变酸，产生不正常的酒味、酸味，甚至带有令人不快的气味。

（二）影响烹饪原料品质的理化因素

1. 物理因素

物理因素包括光线、温度和压力等。

（1）日照。日光的照射会促进原料中某些成分的水解、氧化，导致变色、变味和营养成分损失。强光直接照射原料或包装容器可造成温度间接升高，产生与高温相类似的品质变化。

（2）温度。温度过高或过低都会影响原料的品质。高温会加速各种化学性或生化性变化，增加挥发性物质和水分的损失，使原料成分、重量、体积和外观发生改变，干枯变质；而温度过低会在组织内产生冰冻，解冻后使原料质地变软、腐烂、崩解。

（3）压力。重物的压挤可使食品变形或破裂，使汁液流失、外观不良。如果为瓶装原料或食品，则会因破损而不能食用。

（4）异味。多孔性原料很容易因吸收外界气味而产生异味。

2. 化学因素

氧化、还原、分解、化合等化学变化都可使原料发生不同程度的变质反应，导致原料出现变色、变味等现象。

烹饪原料与空气接触可能发生氧化作用；金属物与酸性原料或食品接触可能发生还原作用或使金属溶解。其中，与原料保藏关系最密切的有淀粉老化、脂肪氧化、褐变等。

（三）影响烹饪原料品质的环境因素

1. 温度

（1）高温的影响：促进酶的活性；促进微生物的活动；促进化学反应速度。化学因素导致的变质速度与温度呈正相关关系，即温度越高，化学反应进行得越快，由此导致的变质就越快，后果就越严重。

（2）低温的影响：通过控制环境温度，创造不利于酶、微生物和化学反应进行的条件是低温保藏和高温保藏的关键所在。

2. 湿度

当环境湿度过高或原料含水量高时，微生物可旺盛生长，导致食品加速变质；当环境湿度太低时，含水量大的新鲜原料剧烈地蒸腾，造成原料重量下降、外观萎蔫。综合考虑，对大多数原料而言，应尽量降低含水量和环境湿度，尤其是干货制品、调味品等，防止因吸湿受潮而霉变、结块；对新鲜蔬菜水果而言，则可通过地面洒水等方式，适当增加保藏环境的湿度。

3. 气体条件

氧气加速氧化反应：在有氧条件下，需氧微生物引起的变质速度比缺氧时快得多。一些兼性厌氧菌在有氧环境中引起的变质也比在厌氧环境中快得多。在缺氧情况下，只有厌氧性细菌及酵母菌能引起变质。

二氧化碳的影响：高浓度的CO_2（2%~5%），可防止需氧性腐败菌的生长，还可抑制果蔬的呼吸、采后成长和后熟等现象。

适当降低环境中氧气含量、增加 CO_2 含量可有效防止氧化变质和微生物引起的腐败变质。

4. 渗透压

渗透压因通过抑制微生物生长繁殖而有利于原料的保藏。原料保藏过程中大多采用食盐、糖等物质来提高原料渗透压。

5. 酸碱度

大多数微生物要求生长环境的 pH 值接近中性，过酸或过碱性条件常对微生物造成损害，从而使微生物受到抑制或死亡。

二、常用的保藏方法

原料在保藏过程中需要从以下几点出发：减少物理作用和化学作用对原料的影响；消灭微生物（使酶失活或钝化）或创造不适于微生物生长（酶作用）的环境，防止食品与外界环境（水分、空气）接触，杜绝微生物的二次污染，从而尽量延长食品的保质期限。常用的保藏方法有低温保藏、干藏、腌渍保藏、烟熏保藏、高温保藏和辐射保藏等。

（一）低温保藏

低温保藏可分为冷藏和冻藏。低温保藏的原理是通过维持烹饪原料的低温水平或冰冻状态，阻止和延缓其腐败变质的进程，从而达到保藏的目的。冷藏一般适用于新鲜蔬菜、水果、蛋奶、禽畜肉、水产品等，保藏温度应根据原料的特点来选择，通常在 0～10 ℃，保藏时间不宜过长，最长不超过一个星期。冻藏适用于各类动物性原料和一些组织致密的果蔬类原料，也适合一些烹饪加工的半成品。冻藏过程中要尽量做到速冻，这样对原料品质的影响较小。

（二）干藏

干藏的原理是使烹饪原料中的水分含量降低到足以防止腐败变质的程度，并保持低水分，从而进行长期储藏。适合干藏的原料范围很广，如菌类、豆类、部分蔬菜、鱼翅、鱼肚、墨鱼干、干贝等均是采用干藏的方法进行保藏的。干藏常用的方法有干燥、脱水，近年来采用的真空冷冻干燥技术是干藏技术中最先进的。干制后的原料在保藏时要注意保持干燥和通风。

（三）腌渍保藏

腌渍保藏的原理是利用食盐、食糖或醋等渗入烹饪原料组织中，提高渗漏压，降低水分活性，以控制微生物的生长与繁殖，从而防止烹饪原料腐败变质。腌渍常用的方法有糖渍、盐渍、酸渍，适用于各类蔬菜、水果、肉类等原料。我国很早就开始使用这种保藏方法，原料在保藏的过程中还会产生独特的风味，如蜜饯、泡菜、腌肉等。

（四）烟熏保藏

烟熏保藏是指原料在腌渍的基础上，利用木材或其他可燃原料不完全燃烧时产生的烟雾对原料进行加工的方法。其原理是烟雾中含有醛类、酚类等物质，可以起到杀菌的作用，同时熏制过程中的高温和腌渍时的高渗透压也可消灭或抑制部分微生物的生长，从而达到原料保藏的目的。烟熏保藏适用于肉类、笋类等。

（五）高温保藏

高温保藏的原理是利用高温杀灭导致原料腐败变质和导致人生病、中毒的有害微生物，并且使原料中的酶失去活性，从而保证原料安全卫生，延长原料的保藏期。在烹饪中我们常将各类动植物原料卤制、加热制熟等，即属于此方法。除此以外，食品加工中经常用到的巴氏消毒、高温瞬时消毒等均是利用高温延长原料保藏期的方法。

（六）辐射保藏

辐射保藏的原理是利用原子能射线的辐射能量，对烹饪原料进行杀菌、杀虫、酶活性钝化等处理。此种保藏方法具有较高的科技含量和设备要求，常在大批原料食品工业化保藏时使用，如粮食类、薯类、花生等。

除了上述原料保藏的方法以外，我们还经常对家禽、家畜、水产品等采用活养的方式进行保藏，但因烹饪前仍需宰杀才能得到烹饪中的原料，故活养的方法请同学们自己查找资料学习掌握。

思考题

1. 总结各类原料的特点及运用方法。
2. 选择烹饪原料考虑的因素是什么？
3. 烹饪原料保藏过程中的变化有哪些？哪些对烹饪原料有利？

项目三

原料基本加工

项目分析

鲜活原料的整理、宰杀、洗涤等过程就是鲜活原料的初加工,主要包括新鲜蔬菜、水产品、家禽、家畜等,这些原料由于自身的生长特点,一般不宜直接烹调食用,必须经过初加工。干货原料在烹调之前必须先涨发,使其尽可能恢复原有的鲜嫩、松软状态,才能达到烹调与食用要求。但由于干制方法及原料的种类和质地不同,发料时的效果也不同。在原料精细加工的过程中,要按食用和烹调的要求使用不同的刀具,运用不同的刀法,将食用半成品原料切割成各种不同形状,这是每名餐饮从业者都必须了解的基本知识。

学习目标

※知识目标

1. 了解鲜活原料初加工和分档取料的意义、原则和方法重点。
2. 了解干货原料的涨发要求。
3. 掌握烹饪原料精细加工中的刀具种类、基本刀法等。

※能力目标

1. 能合理地分档选择原料。
2. 熟悉各类干货原料涨发的方法。
3. 熟悉各类基本刀法。

认知一 鲜活原料的初加工和分档取料

任务介绍

鲜活原料是指经鉴别选择后未进行任何加工处理的动植物烹饪原料,主要包括植物原料、畜类原料、禽类原料、水产及其他原料。原料的初加工直接影响后续的操作,因此是餐饮从业者务必掌握的一项技能。

任务目标

1. 了解鲜活原料初加工的意义、原则。
2. 熟悉各类鲜活原料初加工的方法。
3. 了解各类原料分档取料的步骤。

相关知识

知识链接： 植物原料的功效

（1）豆类中，如大豆、毛豆、黑豆等所含的类黄酮、异黄酮、蛋白酶抑制剂、肌醇、大豆皂苷、维生素 B，对降低血胆固醇、调节血糖、降低癌症发病率，以及防治心血管病、糖尿病有良好作用。

（2）胡萝卜中含有丰富的类胡萝卜素及大量可溶性纤维素，有益于保护眼睛、提高视力，可降低血胆固醇、癌症与心血管病发病率。另外，胡萝卜中的胡萝卜素，人食后于体内可生成维生素 A，具有稳定上皮细胞、阻止细胞过度增殖引起癌变的作用。因为胡萝卜素为脂溶性物质，生吃不易被吸收，所以宜用油烹调后食用，它所含的 β-胡萝卜素不仅可以抗氧化和美白肌肤，还可以清除肌肤的多余角质，对油腻痘痘肌肤有镇静舒缓的功效。另外，胡萝卜含有丰富的果胶物质，可与汞结合，排除人体里的有害成分，使肌肤看起来更加细腻红润。

（3）辣椒，又叫番椒、海椒、辣子、辣角、秦椒等，是一种茄科辣椒属植物。辣椒为一年或多年生草本植物，果实通常呈圆锥形或长圆形，未成熟时呈绿色，成熟后变成鲜红色、黄色或紫色，以红色最为常见。辣椒的果实因果皮含有辣椒素而有辣味。辣椒能增进食欲。辣椒中的维生素 C 的含量在蔬菜中居第一位。小小一颗辣椒中，包含了维生素 A、B 族维生素、维生素 C、维生素 E、维生素 K、胡萝卜素、叶酸等维生素。此外，辣椒中还含有钙和铁等矿物质以及膳食纤维。

（4）冬瓜是美容佳品，对美白肌肤效果显著。用冬瓜片每日擦抹面部或常用冬瓜瓤清洗面部，均可使面部皮肤细润滑净并减少黄褐斑。这可能与瓜瓤中含有组氨酸、尿酶及多种维生素、微量元素有关。冬瓜历来被视为瘦身上品，有"瘦身瓜"之美誉。现代医学界认为，冬瓜之所以有瘦身作用，主要是因为其中含有丰富的丙醇二酸成分，这种物质可抑制糖类物质转化为脂肪，防止人体内脂肪堆积，从而产生瘦身效果。《神农本草经》中说，冬瓜"令人好颜色，益气不饥，久服轻身耐老"。冬瓜含有葫芦巴碱和丙醇二酸，前者可加速人体新陈代谢，后者可阻止糖类转化成脂肪，从而起到减肥的作用。

（5）土豆含有丰富的 B 族维生素及大量的优质纤维素，还含有微量元素、蛋白质、脂肪和优质淀粉等营养元素。这些成分在抗老防病过程中有着重要的作用，能有效帮助女性身体排毒。土豆中含有的丰富的维生素 C 可使女性恢复美白肌肤。此外，土豆中的粗纤维还可以起到润肠通便的作用。

（6）蘑菇具有低热能、高蛋白、高纤维素的特点。蘑菇所含的纤维素能吸收胆固醇和防止便秘，使体内有害物质能及早排出体外，对预防高胆固醇血症、便秘和癌症有一定效果。蘑菇营养丰富，富含蛋白质和维生素，脂肪低，无胆固醇。食用蘑菇会使女性雌激素分泌更旺盛，能防老抗衰，使肌肤润泽。另外，蘑菇中含有人体难以消化的粗纤维、半粗纤维和木质素，可保持肠内水分平衡，还可吸收余下的胆固醇、糖分，将其排出体外，对预防便秘、肠癌、动脉硬化、糖尿病等都十分有利。

一、鲜活原料初加工的意义

（一）讲究卫生，符合营养需求

各种鲜活原料都含有丰富的营养素，同时也存在许多有害人体健康的元素。因此，要对其进行合理的初加工，使其达到卫生要求。不同的原料所含营养素的种类和数量各不相同，只有经过合理的搭配，才能使菜肴中所含营养素种类齐全、数量充足、比例适当，从而满足人体对各种营养素的需求。要荤素搭配、取长补短，以保证营养丰富。

（二）利于菜肴成熟，便于入味

鲜活原料种类繁多、性质各异，需运用不同的刀法对其进行适当合理的刀工处理，使其大小、形状、老嫩程度达到菜肴要求，再经过烹调，实现成熟度一致，从而达到菜肴的质量要求，同时也便于原料入味。

（三）便于食用，利于消化吸收

鲜活原料一般不能直接烹调，更不宜直接食用。初加工可使原料变干净，达到卫生标准。烹制后，便于食用，能促进人体消化吸收，符合健康饮食的要求。

（四）丰富菜肴品种，美化菜肴形态

不同的鲜活原料经过初加工，运用不同的刀法，可以加工成不同的形状；再运用不同的加热方法，不同的调味和配料方法，不同的盛装工艺，可以制作出形态各异、品种繁多的美味佳肴。

（五）物尽其用，降低成本

不同品质的菜肴对原料的选用有不同的要求，要根据原料的性质、形状、老嫩程度选择原料，物尽其用。运用不同的加工方法和烹调方法，不仅可以保证和提高菜肴的质量，还可以降低菜肴的制作成本。

二、鲜活原料初加工的原则

（一）去劣存优，弃废留精

这是所有原料在初加工过程中都应注意遵循的总原则。无论何种原料，都必须先去除其不能食用或品质较差的部分，再加工成符合各种烹调要求的净菜。不仅要去除污秽和不能食用的部分，还要去除边角废料及留作他用的下脚料，以便合理烹调。

（二）必须注重原料卫生与营养

购进的原料大部分都带有泥土杂物、虫卵、皮毛、内脏等，这些都必须在烹调和食用前清理和洗涤干净才能备用。如蔬菜要去泥、杂物，洗干净；鱼类要去鳞、鳃和内脏等，否则不能食用。在初加工时要注意保证原料的营养不受损失。如鲥鱼、鲖鱼磷的脂肪含量较高，在初加工时只需将鱼鳞表面洗干净，而不用将鱼鳞刮去，否则脂肪损失较大，会直接影响菜肴的鲜香味。

（三）必须适应烹调的需要，合理用料

在初加工时，原料既要干净、可食用并符合烹调要求，又要注意节约、合理利用原料。如笋老根可吊汤；黄鱼鳔晒干可制作鱼肚干料等。只有二者兼顾，才能物尽其用、降低成本、增加收益。

三、植物原料的初加工

（一）植物原料初加工的质量要求

1. 按规格整理加工

各种原料的不同食用部位要采用不同的加工方法，去掉不能食用的部位。如叶菜类蔬菜必须摘掉菜的老根、老叶、黄叶等；根茎类蔬菜要削去或剥去表皮；果菜类蔬菜必须刮削外皮、挖掉果心；鲜豆类蔬菜要择除豆荚上的筋络或剥去豆荚外壳；花菜类蔬菜需要择除外叶、撕去筋络。

2. 洗涤得当，确保卫生

洗涤植物原料时，首先，要注意洗涤干净，去掉泥土、虫卵、农药等，洗涤的方法要得当。有的原料要掰开来洗，不使污秽物质夹杂在菜叶中；有的要先用清水浸泡一段时间，以去掉留在蔬菜上的农药等。其次，洗涤后的蔬菜必须放在加罩的清洁架上，以防染上灰尘杂质和被蚊虫污染，确保卫生。最后，蔬菜必须先洗后切，以防止营养素流失。

3. 合理放置

植物原料洗涤后应放在能沥水的盛器内，排放整齐，以利于切细加工，保持蔬菜长短一致，如韭黄、小白菜等。

（二）植物原料的初加工方法

1. 初加工常用方法

择除整理。多用于叶菜类蔬菜，主要是去除老根、黄叶、杂物等。

削剔处理。大多数根茎类蔬菜、瓜果类蔬菜都应进行削剔处理，去皮后方可食用。如莴笋、竹笋、萝卜、冬瓜、南瓜等。

洗涤方法分为直接冷水洗、高锰酸钾溶液洗、盐水洗和洗洁精溶液清洗四种，要根据不同的原料选择不同的洗涤方法。

2. 初加工实例

植物原料根据可食用部分，可分为根菜类、茎菜类、叶菜类、果实类、花菜类和食用菌类。

1）根菜类蔬菜的初加工

根菜类蔬菜是指将植物的膨大根部作为食用部位的原料。主要品种有白萝卜、胡萝卜、心里美萝卜、根用芥菜、根用甜菜等。根菜类蔬菜的加工方法通常是切头去尾，刮去杂须，削去污斑和皮，洗净即可。

初加工步骤是：切去头尾→削去外皮→清水洗净待用。

2）茎菜类蔬菜的初加工

茎菜类蔬菜是指将植物的嫩茎或变态茎作为主要食用部位的原料。茎菜类蔬菜按其生长的环境可分为地上茎蔬菜和地下茎蔬菜两大类。常见的品种有莴笋、竹笋、龙须菜、茭白、

芋头、马铃薯、山药、洋姜、魔芋、藕、生姜、洋葱、大蒜、百合等。其加工方式基本相同，一般加工方法为削去老皮和老根，除去腐叶和腐茎，用清水洗净后备用。

（1）莴笋的初加工步骤：除去老叶、腐叶→削去老根和外皮→清水洗净→入凉水浸泡待用。

（2）竹笋的初加工步骤：剥壳→削去老根和硬皮→多次焯水→入凉水浸泡待用。

先用刀在笋的外壳上从头至尾划一刀，然后将刀根紧嵌在原料的根部，左手握住原料，用力向左面滚动旋转，便可一次除去全部笋壳。再用刀剁去笋的根部，并修净笋衣，用水冲洗，多次焯水后入凉水浸泡待用。

（3）藕的初加工步骤：削（刮）去外皮→清水洗净→入凉水浸泡待用。

先用刀切去藕的根部，随后刮去藕表面的黑衣。将藕用清水冲洗，如果孔内污泥多且无法洗净，可用筷子或竹针穿入藕孔内，边冲边捅。如果污泥多且厚，无法捅出，可用刀沿着藕孔切开冲洗，浸泡水中备用。此加工步骤也适用于山药和土豆的初加工。

（4）洋葱的初加工步骤：削去老根→剥去外部老皮→入清水洗净待用。

（5）芋头的加工步骤：剥去外皮→清水浸泡→洗净备用。

用刀刮去芋头的外皮，然后浸在水盆中，边冲边洗，直到芋头色白、无污物、无白沫为止。去皮的芋头含有丰富的鞣酸，应浸泡在水盆里。由于芋头表皮含有皂苷物，因此在去皮时，双手会感到奇痒难忍。防止的措施：在去芋头皮之前，要先戴好手套，或者是在芋头上洒些醋（酸碱中和），降低皂苷物对皮肤的刺激。

3）叶菜类蔬菜的初加工

叶菜类蔬菜是指将植物肥嫩的叶片和叶柄作为食用部位的原料。叶菜类蔬菜按其栽培特点分为普通叶菜、结球叶菜和香辛叶菜三种类型。常见的品种有菠菜、大白菜、空心菜、芫荽、韭菜、葱、香菜等。加工方法一般为择剔老叶、老根、杂物，整理、清洗、消毒后方可食用。

（1）小白菜的初加工步骤：择剔老叶、老根、杂物→盐水浸泡→入清水洗净待用。

（2）油菜的初加工步骤：择剔→洗涤。

先用刀切去油菜的老根，然后剥去黄叶和老叶。将剥下的嫩菜叶和菜心一起放入冷水盆里，清洗干净即可。如果是夏、秋季节的油菜，虫卵较多，可用盐水洗涤，具体方法是：在 5 kg 清水内，放入 100 g 食盐，将择剔后的油菜直接放入盐水盆内，先浸泡 5 分钟，待虫卵的吸盘收缩脱落后，再用冷水反复冲洗干净即可。

（3）芹菜的初加工步骤是：切去老根→抽打去叶→洗净待用。

具体加工步骤是：先用刀切去老根，剥去老茎、老叶，然后取方竹筷两根，用方的一端用力抽打芹菜的叶片，直到芹菜叶片脱尽为止。在抽打时用力要均匀，要把芹菜的各个部位都均匀地抽打一遍。将去叶的芹菜放在清水盆里浸泡 5 分钟，然后用水冲洗即可。

（4）蕹菜的初步加工步骤是：择剔→洗涤。

蕹菜又称空心菜。其质地细嫩，择剔时不需要用刀加工，左手握住菜，用右手食指和拇指先择去老根、老叶，留下嫩叶，随后放入清水盆浸泡 5 分钟，再用清水洗涤几次即可。

4）果实类蔬菜的初加工

果实类蔬菜是指以植物的子实为食用部位的原料。果实类蔬菜按其生长成熟特点可分为瓜果类、荚果类和茄果类等。瓜果类蔬菜主要有黄瓜、南瓜、冬瓜、丝瓜、苦瓜等，其加工方法为去皮、根、瓤,清洗干净即可;荚果类蔬菜主要有四季豆、豌豆、青豆等,其加工方法是去其根部及筋膜,用清水洗干净即可;茄果类蔬菜主要有番茄、茄子、甜椒等,其加工方法与瓜果类蔬菜的加工方法相同。

(1) 丝瓜的初加工步骤是:刮去表皮→切去瓜蒂、花托→入清水洗净待用。

具体加工步骤是:质地较老的丝瓜先切去两头,再用刮刀刮去皮,然后放入清水中冲洗干净即可;质地较嫩的丝瓜先切去两头,再用小刀刮去表面绿衣,然后冲洗干净即可,此加工方法也适用于加工瓠瓜。

(2) 冬瓜的初步加工步骤是:削去老皮→切去瓜蒂→刮开去瓜瓤→入清水洗净待用。

此加工方法也适用于加工南瓜、老黄瓜、老瓠瓜等。

(3) 黄瓜的初步加工步骤是:切去瓜蒂、花托→入清水洗净待用。

(4) 苦瓜的初步加工步骤是:切去瓜蒂、花托→刮开去瓜瓤→入清水洗净待用。

(5) 四季豆的初步加工步骤是:择除杂物、被虫蛀了的部位→剔除果蒂及筋膜→入清水洗净待用。

此加工方法也适用于大多数荚果类蔬菜。

四、畜类原料的初加工和分档取料

(一) 畜类原料的初加工

畜肉的修整是为了去除畜肉上能使微生物繁殖的所有损伤、淤血、污秽物等,再用清水冲洗,使外观清爽干净。副产品原料又称下水或杂碎,主要包括头、尾、蹄、内脏、血液、公畜生殖器等。

分割与剔骨整理的原则如下:

必须符合卫生要求。

必须按照原料的部位和质量等级分割与归类。

必须符合所制菜肴的品质要求。

剔骨过程中,必须剔除全部硬骨与软骨,并尽量保持肉的完整性;下刀要准确,并力求做到骨不带肉、肉不带骨。

1) 畜肉的分割与剔骨整理

畜肉的分割与剔骨整理的主要目的:使原料符合后续加工的要求;多方位体现原料的品质特点;扩大原料在烹调加工中的使用范围;调整原料的成熟时间;便于提高菜肴的质量,以利于人的咀嚼与消化,满足不同人群对菜肴的多种需求。

2) 肾脏的初加工

肾脏,即我们常说的腰子。在加工时应注意撕去腰子表面的纤维膜(俗称外皮),再剖开后片去髓质(俗称腰臊),才可用于制作菜肴。

猪腰的初加工步骤:撕去外皮→平放侧切为两片→片去腰臊→清水冲洗待用。

具体加工步骤:首先,用手撕去黏附在猪腰外面的纤维膜和猪油;其次,将猪腰平放在砧墩上,沿着猪腰的空隙处,采用拉刀法(刀身平放,刀背向右,刀刃向左片进原料,将刀由外向里拉,片断原料)将猪腰片成两片;再次,仍采用拉刀法,分别片去附在猪腰内部的白色筋膜(俗称腰臊、腰膻、肾膻);最后,将片去腰臊的猪腰用清水冲洗干净。

猪心、猪肝的加工方法与猪腰的加工方法相同,只要用清水冲洗干净便可用于烹调。

3）猪肠的初加工

猪肠的初加工步骤：剥去外面油脂→翻转洗去污物→加醋反复搓洗→清水洗净→再次翻转揉搓、冲洗。

具体加工步骤：将原料放在盆内，加入少许食盐或醋，用双手反复揉搓，待肠上的黏液凝固脱离，用冷水反复冲洗。然后将手伸入肠内，把口大的一头翻转过来，用手指撑开，灌注清水。肠子受到水的压力后会逐渐翻转，待肠子完全翻转后，用手择去猪肠内壁上附着的污物，若无法择去，也可以用剪刀剪去，再用清水反复冲洗干净。用上述的套肠方法，将猪肠翻回原样。将洗干净的猪肠投入冷水锅，边加热边用手勺翻动，待水烧沸，肠的污秽凝固，倒出，再冲洗干净即可。

4）猪胃（肚）的初加工

猪肚的初加工步骤：洗去表面污物→翻转搓洗→沸水烫泡→刮去白苔→浸泡干净。

具体加工步骤：猪肚的加工方法与猪肠的加工方法类似。将猪肚放入盆内，加入食盐和醋，用双手反复揉搓，使猪肚上的黏液凝固脱离，然后用水洗去黏液。将手伸入猪肚内，用手抓住猪肚的另一端，翻转过来，仍加食盐和醋揉搓，洗去黏液。将猪肚投入沸水锅内刮洗，待猪肚的内壁光滑，再将猪肚翻过来投入冷水锅内，边加热边用手勺翻动，等水烧沸，就可以去掉猪肚的腥膻恶臭味了，然后将猪肚浸泡在冷水内。

5）猪肺的初加工

猪肺的初加工步骤：将肺总管套在水龙头上→用水反复冲洗至肺叶变白→剥去肺外膜→洗净待用。

具体加工步骤：用手抓住肺管，套在水龙头上，将水直接通过肺管灌入肺内，等肺叶充水涨大、血污外溢时，将猪肺取下平放在空盆内，用双手轻轻地拍打肺叶，倒提起肺叶使血污水流出。若血污水流出的速度很慢，可以将双手平放在肺叶上，用力挤压，将肺叶内的血污放出来。依此方法重复三至四次，至猪肺色白、无血污流出时，再用刀划破肺的外膜，用清水反复冲洗干净。

6）猪脑的初加工

猪脑的初加工步骤：挑出血丝→漂洗干净。

具体加工步骤：先用牙签剔去猪脑的血丝，盆内放些清水，左手托住猪脑，右手泼水轻轻漂洗，按此方法重复三至四次，直到水清、猪脑无异物脱落即可取出。由于猪脑的质地极其细嫩，因此洗涤时要十分小心，稍有不慎，就容易使原料破损，切不可用水直接冲洗。

7）猪舌的初加工

猪舌的初加工步骤：冲洗→沸水刮洗→洗涤整理。

具体加工步骤：先将猪舌冲洗干净，然后放入沸水锅中烫泡（应掌握好加热时间，若时间过长，舌苔发硬不易去除；若时间过短，舌苔也无法剥离），待舌苔发白立即取出，用刀刮剥去除白苔，再用清水冲洗干净，并将淋巴去除。

（二）畜类原料的分档取料

畜类原料使用较多的是猪、牛、羊。如今烹调师在对畜类原料进行分档取料时接触的一般不是整个的猪、牛、羊，而是一扇（一片）猪肉（牛肉或羊肉）。

1）猪肉的分档取料

猪肉性味甘咸平，含有丰富的蛋白质及脂肪、碳水化合物、钙、铁、磷等成分。猪肉是日常生活的主要副食品，具有补虚强身、滋阴润燥、丰肌泽肤的作用。凡病后体弱、产后血虚、面黄肌瘦者，皆可将其作为营养滋补品。猪肉是人们餐桌上重要的动物性食品之一。因为猪肉纤维较为细软，结缔组织较少，肌肉组织中含有较多的肌间脂肪，因此，经过烹调加工后肉味特别鲜美。猪肉的分档取料方法如下：

1. 前腿部分

前腿部分包括猪头、上脑、眉毛肉、槽头肉、前夹肉、前肘、前足。

（1）猪头的取料方法是从宰杀刀口至颈椎顶端。猪头包括上下牙颌、耳朵、上下嘴尖、印合、眼眶、核桃肉等。猪头肉皮厚、质老、胶质重、肥而不腻，适合凉拌、腌、酱、扒、烧、卤等烹调方法，可制作"酱猪头""红扒猪头"等菜肴。

（2）上脑位于靠近颈的背部处、扇面骨（肩胛骨）上方，又称"第二刀前槽""鹰嘴""肩颈肉""凤头肉"等。上脑肉质较嫩、瘦中夹肥、微带脆性，适合切成丁、片或制成碎肉等，宜炒、滑、卤、蒸、烧或做汤，可制作"咕咾肉"等菜肴。

（3）眉毛肉是肩胛骨上面的一块重约500 g的瘦肉，肉质与里脊肉相似，只是颜色深一些，用途也与里脊肉相同。

（4）槽头肉又称"颈肉"，其肉质老、肥瘦不分，适合做包子、蒸饺馅或红烧、粉蒸等。

（5）前夹肉又称"前腿肉"，此部位半肥半瘦、肉质较老、色较红、筋多，适合切成丁、片或剁成碎肉等，宜炸、炒拌、卤、烧、腌、酱腊或烹制咸烧白、连锅汤等。

（6）前肘又称"前蹄髈"，其皮厚、瘦肉较多、筋多、胶质重、瘦肉质好、胶原蛋白含量丰富，宜凉拌、制汤、烧炖、煨、蒸等，可制作"红烧肘子""扒肘子""镇江肴肉""酱肘子""锅烧肘子"等名菜。

（7）前足又称"前蹄"，只有皮、筋、骨骼，胶质重，质量较后蹄好，适合烧、炖、卤、煨、酱、制冻等烹调方法。

2. 腹背部分

腹背部分包括里脊肉、正保肋肉、五花肉、奶脯肉。

（1）里脊肉又称"扁担肉"等，其肉质最细嫩，是猪肉中质地最好的肉，只有20 cm左右长，呈扁圆形，内有细筋，用途较广，宜切成丁、片、丝或剁成肉丸等，适合炒、熘、软炸、炸收、卤、腌、酱腊等烹调方法。

（2）正保肋肉，肉皮厚，有肥有瘦，肉质较好，宜蒸、卤、烧、煨、腌等，可烹制"甜烧白""粉蒸肉""红烧肉"等。

（3）五花肉，这一部位肉一层肥一层瘦，共有五层，因此得名。其肉质较嫩、肥瘦相间、皮薄，宜烧、蒸等，可烹制"咸烧白""香糟肉""红烧肉""东坡肉"等。

（4）奶脯肉又称"下五花""拖泥肉"等，位于猪腹部，肉质差，多泡泡肉，带奶腥味，肥多瘦少，宜烧、炖、炸酥肉等用。

3. 后腿部分

后腿部分包括腰柳肉、秤砣肉、臀尖肉、盖板肉、后肘、黄瓜条、后足、门板肉、猪尾。

腰柳肉的肉质极为细嫩，水分较多，有明显的肌纤维，宜切成丁、条或剁成肉丸等，适合爆、熘、炒、炸等烹调方法或做汤菜。

秤砣肉又称"弹子肉",在门板肉上,其肉质细嫩、筋少、肌纤维短,宜切成丝、丁、片或剁成肉丸等,适合炒、熘、爆等烹调方法。

臀尖肉位于臀部的上面,都是瘦肉,肉质鲜嫩,一般可代替里脊肉,适合炸、熘、炒。

盖板肉是连接秤砣肉的一块瘦肉,其肉质与秤砣肉相同,用途也与秤砣肉相同。

后肘又称"后蹄髈",质量较前肘差,用途与前肘相同。

黄瓜条在门板肉的皮下脂肪处,呈长圆形,似黄瓜,质地细嫩,适宜熘、炒等,用途与秤砣肉相同。

后足又称"后蹄",质量较前蹄差,用途与前蹄相同。

门板肉又称"梭板肉""坐臀肉",其肥瘦相连、肉质细嫩、色白、肌纤维长,用途与里脊肉相同,川菜名菜"回锅肉"的原料就是坐臀肉。

猪尾皮多、脂肪少、胶质差,宜烧、卤、凉拌等。

2)牛肉的分档取料

牛肉在我国烹调中应用较广,它以瘦肉多、纤维质细嫩著称,近年来,越来越受到人们的欢迎。川菜中有水煮肉片、火边子牛肉等许多牛肉烹制的名菜。牛肉的分档和用途大致与猪肉相仿,但由于有些部位的肉质与猪肉有所不同,因此,分档名称和用途也与猪肉有所不同。牛肉分档取料的方法如下:

(1)牛头:牛头骨、皮、筋多,肉少,宜酱制、卤制或凉拌。

(2)脖肉:脖肉肉丝呈横竖状,宜制作肉馅。

(3)上脑、短脑:上脑和短脑都是背部肌肉,宽且厚,是一条长方形肌肉。短脑是上脑前部靠近肩胛骨之上的一块较短且稍呈方形的肌肉。有时两块肌肉连在一起统称上脑。上脑肌肉纤维平直细嫩,肉丝里含有微薄而均匀的脂肪,断面呈现出大理石样的花纹,肉质疏松而富有弹力。短脑靠近脖肉(牛在耕地拉车时承受的压力较大),因此肉中含有一些筋膜,食用时应剔除。烹调时宜熘、炒。

(4)前夹:又称"牛肩肉",包裹肩胛骨,筋多,宜酱、卤、焖、炖。前夹上的一块双层方片形肌肉体厚、纤维细、无筋,人们习惯将其称为梅子头,相邻的一块纹细无筋的肉叫梅心,质地较好,适合爆、炒、烫。

(5)胸口:胸口肉在两腿中间,脂肪多,肉丝粗,宜熘、炖、烧。

(6)肋条:肋条肉中有许多筋膜和脂肪,烹调时需要文火久炖,宜炖、烧。

(7)花腱:花腱是牛的四肢小腿肉,筋膜大,烹调时需要文火焖烧,但时间不宜过久。如果与其他部位一起下锅,要掌握火候提前出锅,以免花腱散烂。宜酱、卤、焖、炖、烧。

(8)牛腩:牛腩在腹部内,俗称"弓口""灶口",筋膜相间,韧性较强,宜制馅、清炖。

(9)扁肉:又名"扁担肉"。扁肉是覆盖腰椎的扁长形肌肉,肌肉纤维细长,质地紧密,弹性良好,没有筋膜和脂肪杂生其间,是一块质地细嫩的纯瘦肉。宜熘、炒。

(10)牛柳:又称"牛里脊",是牛肉中最细嫩的肉,用手就可以撕碎,宜汆、爆、炒、熘。

(11)三叉:又称"密龙""尾龙扒",肉质细嫩疏松,宜熘、炒、文火焖烧。食用时会感到油、适口。

(12)黄瓜条:黄瓜条这几块肉都属后腿肉,肌肉纤维紧密,弹性良好,没有脂肪包裹，也没有筋膜间生，是选取瘦肉的主要部位。由于后腿肌肉很多，因此在销售时，应按自然形成的部位顺着间隔的薄膜分割。分割后的后腿肉，虽然肉质相同，但叫法不一样：在内侧紧贴股骨纤维较细的圆形肌肉叫红包肉（和尚头）；腿后外侧的一条长圆形的肌肉叫黄瓜条；紧靠红包肉的一块略呈淡黄色、体厚无筋的肌肉称白包肉（子盖）。这几块肌肉瘦肉多、脂肪少、质地优良，烹调时宜熘、爆、炒、烫。

(13) 牛尾：牛尾肉肥美，宜炖汤。

此外，牛腿的筋常干制为蹄筋，牛肝常卤制，牛肚（毛肚）、牛肚梁、牛腰、牛肝都是川味火锅中的常用原料。

3) 羊肉的分档取料

羊肉占躯体质量55%左右，呈砖色或玫瑰色，脂肪为白色，肉纤维细嫩，有较浓的腥膻味，应加适量的调料来调和。我国主要有以下几种羊：

绵羊：又称"胡羊"，主要产于华北地区、西藏、青海。绵羊毛长而卷，角弯，尾部庞大，肉的脂肪含量丰富，肥腴鲜美，腥膻较少。绵羊肉肉质坚实，颜色暗红，肉纤维细而软，肌肉很少夹杂脂肪（经过育肥的绵羊，肌肉中夹有脂肪，呈纯白色），羊奶可供食用。涮羊肉也以绵羊为佳。

山羊：多分布在华南、西南等地，体形瘦小，毛短而不卷。山羊肉的色泽较绵羊肉浅，呈较淡的暗红色，皮下脂肪稀少，但腹部积贮了较多的脂肪。不论是肌肉还是脂肪，均有山羊特有的膻味，肉质不如绵羊，脂肪亦差，性燥，适宜冬令食用。

另外还有阉羊，即被阉去睾丸的公羊，肉质肥嫩；童羊，即子羊，又名羔羊，一般为1~2岁，体重不超过25 kg，肉极鲜嫩。

1. 头尾部位

头：肉少皮多，宜酱、扒、煮等。

尾：羊尾以绵羊为佳，绵羊尾脂肪丰富、质嫩味鲜，宜爆、炒、氽等；山羊尾基本是皮，一般不用。

2. 前腿部位

前腿：位于颈肉后部，包括前胸和前腱子的上部。羊胸肉嫩，宜烧、扒；其他的肉质性脆、筋较多，宜烧、炖、酱、煮等。

颈肉：肉质较老，夹有细筋。宜红烧、煮、酱、烧、炖以及制馅等。

前腱子：肉质老而脆，纤维很短，肉中夹筋，宜酱、烧、炖、卤等。

3. 腹背部位

脊背：包括里脊肉和外脊肉，俗称扁担肉。外脊肉位于脊骨外面，呈长条形，外面有一层皮带筋，纤维呈斜形，肉质细嫩，是较嫩菜肴的主料，用途较广，宜涮、烤、爆、炒、煎等；里脊肉位于脊骨两边，肉形似竹笋，纤维细长，是全羊身上最鲜嫩的两条瘦肉，外有少许的筋膜，去膜后用途与外脊肉相同。

肋条：俗称方肉，位于肋骨里面，肥瘦互夹而无筋，越肥越嫩，质地松软，宜涮、焖、扒、烧、制馅等。

胸脯：位于前胸，肉质肥多瘦少，肉中无皮筋，性脆，宜烤、爆、炒、烧、焖等。

腰窝：俗称五花，位于肚部肋骨后近腰处，肥瘦互夹，纤维长短纵横不一，肉内夹有三层筋膜，肉质老，质量较差，宜酱、烧、炖等。腰窝中的板油叫腰窝油。

4. 后腿部位

后腿：比前腿肉多且嫩，用途较广。其中，位于羊臀尖的肉称"大三叉"（又名"一头沉"），肉质肥瘦各半，上部有一层夹筋，去筋后都是嫩肉，可代替里脊肉使用；臀尖下面位于两腿裆相磨处的叫"磨裆肉"，形如碗，纤维纵横不一，肉质粗且松，肥多瘦少，边上稍有薄筋，宜烤、炸、爆、炒等；与磨裆肉相连的是"黄瓜肉"，肉色淡红，形如两条相连的黄瓜，一条斜纤维，一条直纤维，肉质细嫩，一头稍有肥肉，其余都是瘦；在腿前端与腰窝肉相近处，有一块凹形的肉，纤维细紧，肉外有三层夹筋，肉质瘦且嫩，叫"元宝肉""后鸡心"。以上部位的肉，均可代替里脊肉使用。

后腱子：肉质和用途与前腱子相同。

5. 其他

脊髓：在脊骨中，有皮膜，青白色，嫩如豆腐，宜烩、烧、汆等。

羊鞭条：即肾鞭，质地坚韧，宜炖、焖等。

羊肾蛋：即雄羊的睾丸，形如鸭蛋，宜爆、酱等。

奶脯：母羊的奶脯，色白，质软而脆，肉中带"沙粒"，并含有白浆，与肥羊肉的口味相似，宜酱、爆等。

五、禽类原料的初加工和分档取料

（一）家禽初加工的质量要求

1. 同时将气管、血管割断，放尽血液

为了节省加工时间，宰杀家禽时可同时割断气管与血管，使其血液迅速流尽，断气而亡。如果气管、血管没有被完全割断，血就不能放净，家禽肉色就会发红，从而影响成品质量。

2. 煺净禽毛

煺净禽毛是初加工的重要一环，技术要求较高，既要煺净禽毛，又要保证禽皮完整、无破损，以免影响菜肴整体的形态。煺净禽毛的关键在于烫泡时的水温和烫泡时间。总的原则是：根据家禽的品种、老嫩程度和加工季节灵活掌握。质老家禽烫泡时的水温相对于质嫩的家禽应高一些，时间也应长一些；夏季烫泡时水温较冬季偏低，时间更短。

3. 洗涤干净

在洗涤家禽时，应对家禽的口腔、颈部刀口处、腹腔、肛门等部位重点冲洗，以确保原料卫生，否则将影响菜肴的质量。禽类的内脏也要反复清洗，以除尽污物。有的还必须用盐搓洗，以便去除黏液和消除异味。

4. 剖口正确

在宰杀时，家禽颈部的宰杀口要小，不能太低。应根据菜品的不同要求选择不同的开膛方法。

5. 物尽其用

家禽体内各部分都有诸多用途，如胗、肝、心、肠等都可用来烹制菜肴，头、爪可用来卤酱、煮汤，内金可供药用等。在加工时应注意提高利用率、降低产品成本。

（二）家禽初加工的方法

1）家禽的初加工步骤

家禽的初加工步骤较为复杂、要求严格，必须按正确的步骤进行。主要体现在宰杀、煺毛、开膛、除去绒毛和洗涤几大环节。

1. 宰杀

禽类原料的宰杀方法主要有放血宰杀和窒息宰杀两种。

放血宰杀要注意：气管、血管要割断，血要放净；宰口大小要掌握好，不能破坏整体造型；血要用盐水搅匀，上笼蒸至结块。

野禽一般用窒息的方法宰杀，对于枪杀的野禽要去除弹药，并切除伤口周围的腐肉。

2. 煺毛

煺毛有湿煺和干煺两种方法。家禽一般用湿煺方法，野禽既可用湿煺方法，也可用干煺方法。

湿煺需注意：根据季节和禽类原料的老嫩程度掌握水的温度，保证禽类的表皮不被损坏；对于一些水生禽类在浸烫时要用木棍搅动，以便于烫透，也可提前用冷水将禽类浸透，再用沸水冲烫。

水温的掌握：70 ℃的水温为最佳水温。对于嫩鸡最低水温应控制在60 ℃，老鸡最低水温应控制在70 ℃。生长期为61天的北京填鸭在60 ℃的水中浸烫10分钟可煺毛，在65 ℃水温中浸烫3分钟即可煺毛。

3. 开膛

开膛的目的是取出内脏，应根据烹调的需要选择切开的部位。一般有开胸、开肋、开背三种方法，均需保持禽类原料的形状。

（1）开胸法：适合一般的菜肴烹调，先从禽颈部与背骨间切开，取出气管和食管，再从肛门与腹部切开约6 cm的口，取出内脏洗净。

（2）开肋法：适合烤鸭的烹调，从翼下切开，使其在烘烤时不至于滴漏油汁。

（3）开背法：切开背部，取出内脏洗净，适合填装东西，适合炖、扒、蒸等烹调方法。

4. 除去绒毛和洗涤

禽类经初加工处理后，最后要除去绒毛和洗涤。

（1）除去绒毛：禽类在宰杀、煺毛、开膛后，其身体上还会残留很多较细小的绒毛，用手很难清理干净，这时可用少许酒精涂抹（或高度酒）后点燃，烧去残留的绒毛。

（2）洗涤：除正常冲洗禽身外，还应将易污染、藏污的部分洗涤干净，如口腔的洗涤、颈处气管及血管的洗涤、甲状腺的洗涤、腹腔的洗涤等。

2）整鸡去骨法

（1）划开颈皮，斩断颈骨。在鸡颈和两肩相交处，沿着颈骨划一条长约6 cm的刀口，从刀口处翻开颈皮，拉出颈骨，用刀在靠近鸡头处，将颈骨斩断，需注意不能碰破颈皮。

（2）去前翅骨。

（3）去躯干骨。

（4）去后腿骨。

（5）翻转鸡肉。

整鸡去骨的目的就是在腹腔内填入馅心，加热成熟后，菜肴十分饱满、美观。整鸡可用砂锅煨烂装盘，也可油炸上色后用笼蒸熟或者蒸烂后再炸至金黄色装盘。

（三）家禽内脏的初加工

禽类的内脏多可食用，加工时应坚持卫生的原则，尽可能保护其营养成分。

1. 肝

加工时，先用手择去附在肝叶上的胆，用刀割去印在肝叶上的胆色，再将肝放在清水盆里，用左手托起，右手轻轻地泼水漂洗，直到水清、胆色淡、肝转白色即可。清洗时切忌用水冲洗；用力要轻，防止肝破裂。

2. 心

加工时，挤尽心基部血管内的淤血，用清水洗净即可。

3. 肫

用剪刀顺着肫上部的贲门和连接肠子的幽门管壁剪开，冲洗肫内的污物，剥取内壁黄皮（俗称内金，可作药用，具有健脾消食的功效），然后将少许食盐涂抹在肫上，轻轻揉搓以除去黏液，再用清水反复冲洗，无黏滑感即可。

4. 肠

首先，将鸡、鸭的肠子理成直条，抽去附在肠上的两条白色胰脏；其次，用剪刀头穿入肠子，顺着将肠子剖开，用水冲洗掉肠内的污物，再将鸡肠、鸭肠放在碗里，加入食盐或米醋，用力揉搓，以去除肠壁上的黏膜；最后，用水冲洗数次，直到无黏滑感、无腥膻气味即可。也可将处理洗净后的鸡肠、鸭肠放入沸水锅略烫一下取出，但要注意时间不可过久，以免质感老，难以咀嚼。

（四）禽类原料的分档取料

由于家禽中的鸡、鸭、鹅、鸽、鹌鹑等机体结构和肌肉部分的分布情况大体相同，因此分档方法也大体相同。下面以鸡为例介绍家禽的分档取料方法。

1. 鸡爪

用刀顺着鸡的腿关节切下鸡爪。鸡爪胶质丰富，皮嫩、脆，有皮无肉。适合制冻、汤或卤、烧、酱、拌、泡等烹调方法。

2. 鸡腿

用刀沿着鸡大腿近身躯骨关节割下，然后用手抓住鸡大腿用力向后扳，用刀割断连接着的筋膜，用力向后撕拉，割下鸡腿。用上述方法将另一只鸡腿也割下，去掉鸡腿骨。再用刀尖紧贴股骨与胫骨将肉划开，取出骨骼。鸡腿肉多、厚实、颜色深、筋多，宜加工成丁、块，适合烧、炸、爆、焖等烹调方法。

3. 鸡翅、鸡胸脯

左手握住鸡翅，右手执刀，沿着翅骨与鸡体骨骼的连接处下刀，割断筋膜，左手将翅用力向后拉，将翅膀与胸脯肉一同拉下，脱离鸡体。用上述方法拆下另一侧的翅与胸脯肉。用刀沿着鸡胸脯与翅膀的连接处切下，即可得到两块鸡脯肉与两只鸡翅。鸡翅的皮与肌肉均细嫩，有良好的口感，一般不易剔骨出肉，适合烧、烩、炖、焖、酱、卤等烹调方法；鸡脯肉筋少肉厚、细嫩，一般可加工成片、丝、丁和制鸡茸等，适合爆、炒、汆、熘等烹调方法。

4. 鸡里脊

先用刀劈开鸡的锁骨，刀刃要贴紧胸骨，将里脊与胸骨划开，左手抓住里脊肉趁势往后拉。用同样的方法拆下另一侧里脊肉。鸡里脊是鸡身上最细嫩的一块肌肉，除有一条暗筋，其余的部位全是肌肉，是制作花式菜肴的好原料，适合爆、炒、烩、汆等烹调方法，如"鸳鸯鸡粥""鸡茸海鲜""芙蓉鸡片""珍珠鸡丸"等菜肴。

5. 背脊肉

用刀根在鸡背脊凹陷处刮一下，即可得到两块背脊肉。背脊肉无筋，肉质不老不嫩，宜爆、炒。

6. 鸡头

用刀沿着头颈的宰杀口劈下鸡头。鸡头骨的肉少，宜白煮、制汤、红烧、酱卤等。

7. 鸡颈

用刀沿着鸡颈与身体的连接处割下即可得到鸡颈。鸡颈皮脆肉嫩、骨多肉少，用途与鸡头相同。

8. 鸡骨架

整只鸡经拆卸后，除去头、颈、爪、翅、胸脯、腿、里脊肉、背脊肉以后，即剩下鸡骨架。一般宜制作菜汤。

六、水产品的初加工

（一）水产品初加工的质量要求

1. 了解原料的组织结构，去除不能食用的部分，除去污物及杂质

水产品中带有较多的血水、黏液、寄生虫等污秽杂物，并有腥臭味，必须除尽，以符合卫生要求、保证菜品质量。

2. 根据烹调成菜的要求进行加工

虽然水产品的品种较多，但要按照用途及品种进行初加工。如一般鱼类必须去鳞，但是鲥鱼就不能去鳞；多数鱼类要剖腹取出内脏，而黄鱼不能剖腹，要从鱼口中将内脏卷拉出来，以使鱼体的形态保持完整。此外，在加工水产品时还要充分利用某些可食部位，避免浪费，如黄鱼鳔、青鱼的肝脏等均可食用。

3. 切勿弄破苦胆

一般淡水鱼类均有苦胆，若将苦胆弄破，则胆汁会使鱼肉的味道变苦，影响菜肴的质量，甚至无法食用。因此，应在剖腹挖肠时加以注意。

（二）水产品初加工的方法

水产品通常是指长期生活在水中的所有生物原料。根据生长的水源，可分为海水产品和淡水产品两大类。

1. 普通常见鱼的初加工

（1）褪鳞加工：特殊鱼的鱼鳞，如新鲜的鲥鱼，鳞片中含有较多脂肪，烹调时可以改善鱼肉的嫩度和滋味，应保留。

（2）去鳃加工：鱼鳃是微生物最多的地方。鱼类有两个鳃，每鳃各有五个鳃裂，其中四个鳃裂上各有两个鳃片，第五个鳃裂上无鳃片，但连接着咽齿，去鳃时应一同去掉。

（3）开膛加工：开膛去内脏的方法如下：

腹出法：从腹部剖开，将内脏取出，适用于制作"红烧鱼""松鼠鱼"等。

脊出法：从鱼背处下刀，沿脊骨剖开取出内脏，适用于制作"荷包鲫鱼"。

鳃出法：用两根筷子从嘴部插入，通过两鳃进入腹腔将内脏搅出（切断肛肠），适用于制作"叉烧鳜鱼""八宝鳜鱼"等。

（4）内脏清理：鱼鳔富含蛋白质，特别是鲖鱼鳔、黄鱼鳔更是上品，加工时应剖开洗净。鱼腹腔壁内附着的一层黑色薄膜腥味重，应刮洗干净。

（5）无鳞鱼的黏液去除加工：常用的去除黏液的方法，有浸烫法和盐醋搓揉法两种。

浸烫法：将表面带有黏液的鱼，如鲴鱼、泥鳅、鲶鱼、鳝鱼、鳗鱼等，用热水冲烫。应根据鱼的品种灵活掌握水温。

一般鳗鱼的水温在 50～100 ℃；黄鳝、泥鳅的水温在 60～80 ℃。在水中加入葱、姜、盐、醋、酒等调料，可使鳝鱼体内和体表黏液中的三甲胺被中和，大大减轻土腥气味，并使鳝鱼表皮发光。

盐醋搓揉法：将宰杀去骨的鳗肉或鳝肉放入盆中，加入盐、醋后反复搓揉，待黏液起沫后用清水冲洗干净。多用于制作"生炒鳗片""炒蝴蝶片"等。

2. 鱼的分割与剔骨加工

（1）鱼的骨骼结构：由头骨、脊椎骨、肋骨、鳍组成。

（2）鱼的肌肉结构：鱼的肌肉主要是横纹肌，即骨骼肌，可分为白肌和红肌。红肌大多分布在经常运动的相关部位，如胸鳍肌、尾鳍和表层肌等，特点是收缩缓慢、持久性强、耐疲劳，鲤鱼的红肌就非常发达；白肌则相反，收缩性强，游动范围小，灵活，如白鱼、黑鱼等。

（3）鱼的分割部位及应用。

鱼头：以胸鳍为界限割下，其骨多肉少、肉质细嫩，皮层含丰富的胶原蛋白，适合红烧、煮汤等。

躯干：去掉头、尾后就是躯干，中段可分为脊背和肚档两部分。脊背的特点是骨粗肉多，肉的质地适中。鱼菜的变化主要来自脊背肉，适合的烹调方法广泛；肚档是鱼中段靠近腹部的部位，肉厚皮薄，脂肪丰富，肉质肥美，适合烧、蒸等。

鱼尾：俗称"划水"，以尾鳍为界限割下。鱼尾皮厚筋多、肉质肥美，尾鳍富含胶原蛋白，适合红烧，也可与鱼头一起做菜。

（4）躯干的去骨加工方法：从背部下刀将鱼剖成两片，带脊椎骨的叫硬片，反之为软片。方法简单。

鳝鱼的去骨加工方法有两种，即生出骨法和熟出骨法。

鳝鱼生出骨法：用刀将鳝鱼从喉部向尾部剖开腹部，去内脏，洗净抹干，再用刀尖沿脊骨剖开一长口，使背部皮不破，然后用刀铲去椎骨即可得到鳝鱼肉。鳝鱼肉可制作"炒蝴蝶片""生爆鳝背""炖鳝酥"等。

鳝鱼熟出骨法：先用锅将清水烧沸，加入盐、醋、葱、姜、黄酒，然后倒入活鳝鱼，迅速加盖，烫 15 分钟，捞出后用清水洗净。将鳝鱼放在墩面，从腹部下刀划开，背部完整的叫"单背划"，背部划成两条的叫"双背划"。

3. 整鱼出骨

整鱼出骨是指将鱼体中的主要骨骼去除，从而保持完整外形的一种出骨技法，如"八宝刀鱼""三鲜脱骨鱼"等。

出骨的刀具：从形状上看，出骨刀呈一字形，刀身长 22 cm、宽 2 cm、厚 0.1 cm，刀身三面有刀刃，其中一面有 1/2 长刀刃，靠柄无刀刃的这一段刀身可以放食指，作横批腹刺时手指抵刀发力之用。

整鱼出骨的步骤：

（1）斩断前端脊骨。用刀根将靠近鱼头的一侧的脊骨斩断至鱼胸骨处。

（2）将鱼头朝内放在案板上，左手按住鱼身，用拇指用力卡住鱼的脊背，使其背部肌肉绷紧，右手用刀尖在脊背尾部紧贴着鱼脊骨横片进去，从鱼尾一直用拉刀片到头骨处，然后左手稍微向下一按，脊背上的刀缝便会张开，右手刀刃紧贴脊骨横片进鱼身，并由脊骨片到刺骨。将鱼翻面，用同样的方法将另一面的鱼肉与脊骨脱离。

（3）使鱼肉与胸骨脱离。顺着刺骨片至胸骨，使鱼肉与胸骨脱离。

（4）斩断尾端脊骨，取出鱼骨。用刀将尾端脊骨斩断，割断鱼肉与鱼骨的相连处，取出鱼骨。

（5）成型。经过以上工序，鱼的整料出骨已完成。

认知二　干货原料涨发加工

任务介绍

干货原料是指鲜活的动植物原料、菌藻类原料经过脱水干制而成的原料，简称干货或干料，如脱水蔬菜、香菇、鱼翅、海参、蹄筋等。干货原料是烹饪原料的一大组成部分，干货原料涨发的好坏直接影响后续菜品加工的品质。

任务目标

1. 了解干货原料涨发的要求。
2. 熟悉干货原料涨发的方法和步骤。

相关知识

一、干货原料的涨发与涨发要求

（一）干货原料的涨发

干货原料涨发时应采用各种不同的加工方法，使干货原料重新吸收水分，最大限度地恢复其原有的鲜嫩、松软、爽脆的状态，同时除去原料中的杂质和异味，使其便于切配、烹调和食用。

（二）干货原料涨发的目的

干货原料经过合理涨发加工，可最大限度地恢复原有的松软质地，提高食用价值，增加良好的口感，从而有利于人体的消化吸收。

干货原料经过涨发加工，可以除去原料中的异味和杂质，便于刀工处理，能够提高菜品的烹饪价值，使菜品更加美观。

（三）干货原料涨发的要求

干货原料的涨发是一个比较复杂的操作过程，也是一项技术性较强的烹饪基本功。干货原料的涨发效果直接关系到后续菜品加工的质量，尤其是高档的原料（如鱼翅、燕窝等），其涨发的质量直接决定菜品的档次。因此，干货原料涨发是一道非常重要的加工工序。在实际操作过程中要做到以下几点：熟悉干货原料的产地、品种和性质；鉴别干货原料的品质、性质；按程序操作。

二、干货原料的涨发方法

干货原料的性质不同,因此干制方法也不相同。在涨发过程中,不可能采取一种涨发方法来完成。

(一) 水发

水发就是将干货原料放在水中浸泡,使其最大限度地吸收水分,去掉异味,使干货原料涨大回软的过程。水发是运用最多的涨发方法,使用范围很广,除部分有黏性、油分、有胶质及表面有皮鳞的干货原料外,一般干货原料都要经过水发的过程。水发是最普通、最基本的涨发方法。

影响水发工艺的因素:干货原料的性质与结构;溶液的温度;涨发时间;干货原料的体积;溶液的pH值。

水发工艺操作关键:依据原料的性质及吸水能力,控制涨发时的水温;干制原料的预发加工不可忽视;所有热水难以发透、肉质不易回软的干货原料,均可采用水发方法;在不同类型的涨发过程中,要对原料进行适时的整理,要勤于观察、换水、分质提取,最后漂水。

不同的干料性质差异很大,有些原料经一次热水涨发就可发透,而有些体质坚硬、老厚带筋、夹沙或腥膻气味较重的原料必须多次涨发才能发透。水发根据水温可分为冷水发和热水发两种。

1. 冷水发

把干货原料放在冷水中浸泡,使水分经干细胞壁进入干货原料内部,水分的渗透扩散使干货原料体积膨胀,基本回软,恢复到松软的原状,以便烹调使用。此法能保持干货原料的韧性和鲜嫩的口感。冷水发又可分为浸发和漂发两种。

(1) 浸发:将干货原料放在冷水中浸泡,使其慢慢吸收水分,涨大回软恢复到原来的形态,同时在浸泡过程中还可以浸出干货原料的异味。涨发的时间应根据干货原料的大小、老嫩和软硬程度而定。

浸发一般适用于形小、质嫩的干货原料,如黄花、木耳、海带等,一般浸泡2~3小时后即可发透。此法还常用于配合辅助其他发料方法涨发干货原料。

(2) 漂发:把干货原料放在冷水中,用手不断挤捏或用工具使其漂动,将附着在干货原料上的泥沙、杂质等漂洗干净。无泥沙、有异味的干货原料可用流水缓缓地冲漂,以除去异味。

冷水发操作简便易行,能基本保持干货原料原有的风味。

2. 热水发

热水发就是将干货原料放在热水或蒸汽中,利用热能的传导作用,使水分子剧烈运动,促使干货原料加速吸收水分,从而使体积不断膨胀并软嫩的加工方法。

绝大部分动物性干货原料及部分植物干货原料,都可以采取热水发方法。在涨发时,应根据干货原料的品种和质地,采用不同的水温和加热形式。热水发包括泡发、煮发、焖发和蒸发四种。

(1) 泡发就是把干货原料直接放入热水中浸泡,分时段更换热水,使干货原料缓慢涨发的方法。操作时要不断地更换热水,以保持水温。

此法适用于体积小、质嫩的干货原料，如银鱼、粉丝、燕窝、腐竹、海带等。使用冷水浸发的干货原料，也可以用热水泡发。

（2）煮发就是把干货原料放入水中，不断加热，使水温持续保持在微沸的状态，促使干货原料快速吸收水分的方法。

此法适用于体积大、质地坚实，且带有浓重腥膻味、不易吸收水分涨发的干货原料，如玉兰笋、海参、鱼皮等。

（3）焖发是和煮发相连并相辅使用的方法，是煮发的后续过程。对于某些干货原料，不能一味地煮发或泡发，否则会使干货原料的外部组织过早发透、外层皮开肉烂，而干货原料的内部组织还没有发透，从而影响干货原料的口感。在煮发到一定程度时，要将干货原料端离火口并加盖焖发，待水温下降后再继续加热，如此循环，促使干货原料内外均匀地吸水膨胀，以达到涨发程度一致。

此法适用于体型较大，质地坚实，腥、膻、臭、异味较重的干货原料，如鱼翅、驼掌、海参以及鲜味充足的鲍鱼等。

（4）蒸发是将干货原料放入蒸笼中隔水蒸，利用蒸汽使干货原料吸水膨胀的方法。

所有不适合煮发、焖发或焖后仍不易发透以及容易碎散的干货原料，都可以采用蒸发的方法。如干贝、鱼唇、鱼骨、金钩、哈士蟆等鲜味强烈，经沸水一煮往往鲜味受损，蒸发则可以保持其原来的形态和风味特色。蒸发时还可以加入调味品或其他配料同蒸，以增添干货原料的滋味。

为了提高涨发质量和缩短涨发时间，在热水发之前，可先用冷水洗涤和浸泡干货原料。

（二）碱发

碱发是将干货原料先用清水浸软，再放进碱性溶液中浸泡，利用碱的脱脂和腐蚀作用，使干货原料涨发回软的一种涨发方法。碱发能缩短涨发时间，使干货原料迅速涨发，但碱发会使原料的营养成分有一定的流失。因此，运用碱发方法时要谨慎，使用范围仅限于一些质地僵硬、单纯用热水发不易发透的干货原料，如墨鱼、鱿鱼等。其他质地较软的干货原料都不宜碱发。碱发又可分为生碱水发和熟碱水发两种。

1. 生碱水发

一般先用清水把干货原料浸泡至柔软，再放入浓度约为5%（即纯碱与水的比例为1:20）的生碱水中泡发。应根据干货原料的质地与水温控制碱水浓度和泡发的时间。涨发时需要在80～90 ℃的恒温溶液中提质，并用开水去净碱味，使干货原料具有柔软、质嫩、口感好的特点。

通过此法涨发的原料适合烧、烩、熘、拌以及做汤等烹调方法。

2. 熟碱水发

熟碱水一般用水、食用纯碱及生石灰，按18:1:0.4配制。配制时先将食用纯碱、生石灰、水充分搅拌均匀静置澄清后，滤取澄清的碱溶液使用。涨发时可不加温。干货原料发透后，捞出用清水浸泡并不断换水，退碱后即可。

通过此法涨发的干货原料不粘滑，具有韧性好及柔软的特点，适合炒、爆等烹调方法。

3. 碱发在运用时应注意的问题

（1）干货原料在放入碱和碱水之前应先用清水浸泡回软，以缓解碱对干货原料的直接腐蚀。

(2) 根据干货原料的质地和季节，适当调整碱溶液的浓度和涨发时间。

(3) 碱发后的干货原料必须用清水漂洗，以清除碱味。

（三）油发

油发就是把干货原料放入多量的油内浸泡并逐步加热，利用油的传热作用使干货原料膨胀疏松的方法。

这种方法利用油的导热性，使干货原料中所含的少量水分受热蒸发，促使其分子颗粒膨胀，从而达到膨胀疏松的目的。

油发适用于富含胶质和结缔组织的干货，如肉皮、蹄筋、鱼肚等。具体操作方法是：将干燥、干净、无杂质/异味的干货原料直接放入有适量的凉油或温油（60 ℃为限）的锅中，将干货原料浸发至回软，待其回软、体积缩小后再升高油温，将干货原料浸泡至体积膨胀。若干货原料体积较大，在油中浸泡回软后，可切成小块状再涨发。此外，要根据用途决定涨发的程度。

在油发过程中，应根据干货原料涨发的程度灵活掌握火候，油温不宜过高。如果加热过程中火力太旺，会导致外焦而里面发不透。油发后的干货原料会有大量的油脂，食用前应先用食用碱溶液浸漂脱脂，并在碱溶液中进一步浸泡涨发，待其质地恢复后再用水浸泡，以除碱味。

（四）火发

火发并不是用火将原料直接发透，而是某些特殊的干货原料在水发前的一种辅助性加工方法。

此法主要是利用火的烧燎除掉干货原料外表的角质、钙质化的硬皮。火发一般都要经过烧、刮、浸、滚、煨等几个工序。需要注意的是，在烧燎过程中，要掌握好烧燎的程度，可采用边烧燎边刮皮的方法，防止烧燎过度损伤干货原料内部的组织成分，降低营养价值和食用价值。

此法适用于驼峰、牛掌、乌参、岩参等原料。

（五）晶体发

晶体发是指把干货原料放入食盐或沙中，在锅内加热，炒、焖相当的时间，使干货原料膨胀疏松的涨发方法。

晶体发的原理与油发类似，采用油发方法的干货原料也可以使用晶体发方法，如肉皮、蹄筋、鱼肚等。通过此法涨发的干货原料松软有力，即使是受潮的干货原料，也可直接发而不必另行烘干，并可节约用油。但通过此法涨发的干货原料色泽不及油发的光洁美观，而且涨发后要用热水再泡发，以清除涨发过程中夹杂的盐分及沙粒等杂质。

1. 盐发

盐发是指将盐作为传热媒介来发制干货原料。操作时应先把盐炒烫，使盐中的水分蒸发、颗粒散开；下料后使用温火缓慢加热，以免外焦里不熟。特别是干货原料开始涨发时，必须用温火多焖勤炒，使干货原料四周、正反面受热均匀，回软卷缩，直至蓬松。

2. 沙发

沙发是指用干净的粗沙粒作为传热媒介来发制干货原料。其操作方法与盐发相同，但因为附着的沙粒不容易清除，故很少采用。

三、常见干货原料的涨发

（一）植物性干货原料涨发

1. 木耳

加工步骤：泡发→去根及杂质→洗净。

涨发方法：将木耳（包括黑木耳、银耳）放在盛器内，加冷水浸泡2~3小时，使其缓慢吸收水分，待其体积膨大后，用手掐去其根部及残留的木质，然后用水反复冲洗，双手不断挤捏，直到无泥沙时即可。

质量要求：吸水充分，体型完整，无杂质，色泽黑亮；涨发率达950%~1 200%。

2. 香菇

加工步骤：浸发→剪去根蒂→洗净。

涨发方法：将香菇放在容器内，倒入70 ℃以上的热水，加盖焖2小时左右，然后用手顺一个方向搅动，使菌摺中的泥沙落下，片刻后，将香菇轻轻捞出，原浸汁水滤去，沉渣留用。

质量要求：吸水充分，体型完整，无杂质，整体回软，无硬茬；香菇的涨发率达250%~300%。

3. 莲子

加工步骤：去皮→去心→蒸制。

涨发方法：将莲子倒入碱开水溶液中，用硬竹刷在水中搓搅冲刷，待水变红时再换水，刷3~4遍，莲子皮脱落、呈乳白色时捞出，用清水洗净，滤干水分后，削去莲脐，用竹签捅去莲心，洗净后加清水上笼，用慢火蒸15~20分钟，换清水备用。

质量要求：注意蒸发的时间，做到酥而不烂，保持原料外形完整；莲子的涨发率达200%~300%。

4. 白果

加工步骤：破壳取仁→去皮、去心→蒸透。

涨发方法：先将白果入锅用中小火炒至外壳变硬变脆后，敲破去掉外壳，剥出果仁，放入开水中煮约20分钟，搓去皮膜，除净后将果仁加水上笼蒸15分钟取出，再用开水氽一下，捞入盆内，用细竹签顶出白果果仁的心芽，倒入开水浸泡，即可备用。

质量要求：果仁皮、果心去净，无残缺，以蒸发透彻为佳；白果的涨发率为200%。

5. 竹荪

加工步骤：泡发→去杂质→洗净。

涨发方法：用热水浸泡3~5分钟，捞出竹荪放温水中，加少许碱浸泡，去净杂质，漂洗干净，即可备用。

质量要求：色泽洁白，形状完整；涨发率为200%。

6. 虫草

加工步骤：洗涤→去杂质→蒸发。

涨发方法：先将虫草放在盛器内，用冷水抓洗两遍，洗去灰沙，然后去除杂草，放在小碗里，加入葱、姜、料酒、清汤或水，上笼蒸约10分钟，等到虫草体软饱满，即可取出待用。

质量要求：无杂质，无残缺，形态完整，涨发彻底；虫草的涨发率为300%。

7. 海带

加工步骤：泡发→去根及杂质→洗净。

涨发方法：首先，将海带放在盛器内，先用冷水浸发30分钟，然后平放在水池内，边冲洗、边用细毛软刷把海带正、反两面刷洗一遍，刷掉白色的沙粒和盐；其次，将海带放在盛器内，用热水泡发10分钟（最好加盖焖一会儿），然后将已发透的海带取出，倒入少许米醋，双手不停捏擦，使海带表面的黏液浮起；最后，用清水反复冲洗干净即可。

质量要求：注意避免涨发过度，引起海带爆皮破碎；海带的涨发率达700%~800%。

8. 玉兰片

加工步骤：泡发→煮发→浸发→洗净。

涨发方法：先用煮开的米汤浸泡十几个小时，然后将玉兰片捞出，漂去黄色，放冷水锅内用微火慢煮，小火焖30分钟，另换开水浸泡10小时，随时将发透的玉兰片挑出使用，未发透的重复煮泡，等全部涨发后放在凉水中浸泡待用。夏季要注意勤换水。

质量要求：色泽洁白，质地脆嫩，注意避免涨发过度、颜色变黑；玉兰片的涨发率达700%~800%。

（二）动物性干货原料涨发

1. 海蜇皮

加工步骤：浸发→去黑衣→漂洗。

涨发方法：将海蜇皮放入盛器内，先用冷水浸发2天，待海蜇皮回软、里衣皱起时捞出，用手或用小刀刮去海蜇皮的黑衣，剥净后放入木盆内，边冲边洗，双手不停地捏擦，直到沙质去净。然后根据菜肴的要求，将海蜇皮加工成丝或小的片形，放在篮内并浸泡在盛器内，可以经常用手搅拌、换水，也可以用水漂洗数遍，以彻底去除海蜇皮内的沙质。

质量要求：涨发至脆嫩状态即可。

2. 鱿鱼

加工步骤：浸发→碱水发→漂发。

涨发方法：涨发鱿鱼有生碱水发和熟碱水发两种方法。

（1）生碱水发：先将鱿鱼用温水浸泡2小时（夏天用凉水），待泡软后，去掉头，撕去明骨和血膜。然后将鱿鱼放入浓度为50%的生碱水溶液中泡发至柔软，完全涨发透后反复用清水漂去碱水味即可。

（2）熟碱水发：先将鱿鱼用清水泡约5小时回软，再将鱿鱼放进熟碱水中泡约24小时，待其完全回软，刮去里皮，顺长切成两片，连碱水一同倒入锅内，在旺火上烧至微开后，将锅端离火口焖一会，水温下降后继续加热烧开，连续两次，待发至透亮时，将鱿鱼捞入开水盆内，不等水凉就换开水，连续换水三次，至完全涨发透，这一过程称为提质。使用时，去净碱味即可。

质量要求：平滑柔软，呈白黄色，鲜润透亮，有弹性（发好的鱿鱼如果使用不完，可用开水加少许碱保存，但再次使用时必须先去碱味）；鱿鱼的涨发率达500%~600%。

3. 鱼翅

加工步骤：泡发→煮发（褪沙）→焖发。

沸水煮焖：先将鱼翅剪去翅边，再放入煮沸的水中，加盖煮一段时间后熄火，不揭盖，让鱼翅在沸水中浸泡数小时。

褪沙：由于鱼翅经煮、焖后皮层松软，因此用餐刀轻轻把沙刮出时，附在鱼翅上的沙会连薄翅膜一起脱下，落入温水中。此时，鱼翅仍被膜包裹，翅骨亦显出，但不能马上剔骨。

冷水浸发后去翅骨：将褪沙后的鱼翅放入冷水中浸 10 小时以上，目的是让翅骨和翅分离。

鱼翅去骨后，用流动清水浸泡，就成了半成品，保持 0～5 ℃ 待用。

涨发鱼翅的注意事项：浸发鱼翅时，要视鱼翅的厚度、老嫩程度、耐火程度控制煮焖的时间。鱼翅边缘薄嫩，又有极细的沙粒，发制时易糜烂并将细砂卷进翅肉内部，所以发制前要剪去翅边。煮焖鱼翅时不能使用铁锅和铜锅，因为鱼翅中含硫的蛋白质遇铁、铜会发生化学反应，使鱼翅表面出现黑色、黄色斑点，影响成品的质量。发制鱼翅时最好选用陶瓷、不锈钢等器皿。浸泡时，要勤换水，以免鱼翅因水臭而变质。

4. 海参

加工步骤：浸发→煮发→剖腹洗涤→煮（焖）发。

海参的品种较多，目前采用的涨发方法主要有两种，即先炙皮后水发和直接连皮发。

先炙皮后水发：适用于皮坚肉厚的海参，如大乌参等，应少煮多焖。首先，用中火将海参外皮炙到焦黑发脆（用火钳夹住烧烤或放漏勺上用明火烧灼），用刀刮去焦皮，直到见到深褐色的肉质为止；其次，用冷水将海参浸软，然后用文火焖 2 小时，开肚去肠，不要碰破腹膜；最后，用冷水漂 4 小时，冷天则需一昼夜，再煮 1～2 小时，直到两头垂下、质地软嫩时取出，随好随取，全部发完后放入冷水中浸泡待用。

直接连皮发：适用于皮薄肉嫩的海参，应少煮多泡。先用清水浸泡 2 小时，再用沸水焖约 3 小时，拣出体较软的海参，剪开肚皮，用大拇指顺着海参内壁推出肠脏，洗去泥沙，干净后即可烹调。尚未软者，则再入锅煮沸，捞出，继续用沸水将海参浸泡至软，然后开肚去肠。海参发完后应是饱满、滑嫩、两端完整、内壁光滑、无异味的。

涨发海参的注意事项：涨发海参的用品必须无油腻，水中不应加盐，也不能碰到酸、碱；取出肠脏时不能碰破腹膜，否则海参在烹饪时易散烂。涨发时要注意勤换水，以去掉异味；随好随取，以防止质地不均匀；海参的涨发率达 400%～600%。

5. 蹄筋

加工步骤：油发→煮发→碱水洗→清水漂洗。

低温焐油：将蹄筋下入油锅焐制，待油温上升、蹄筋逐渐回软收缩时（焐制时的油温控制在 110 ℃），维持此温度 30 分钟后取出，蹄筋表面不能起泡。

小火水煮：取出蹄筋，控干油分，放入开水锅中，加盖，用微火焖煮 20～40 分钟，使蹄筋软化，体积膨胀、增大，待蹄筋略有弹性时捞出。

碱液浸泡：将 3 000 g 50 ℃ 的热水注入保温的容器中，加入 75 g 食碱搅拌均匀后，放入水煮过的蹄筋，浸泡 6～8 小时，等泡至蹄筋回软无硬心，用手抓住一头，另一头下垂时即好。

冷水漂涤：将用碱水泡发回软的蹄筋放入盆中，注入清水浸泡 3～4 小时，促使原材料进一步吸水，然后换清水浸泡 3～4 小时，如此反复三四次，直至把蹄筋中的碱味全部漂净，再用清水泡好待用。蹄筋的涨发率应达 500%～600%。

6. 鱼肚

加工步骤：油发→复水。

（1）低温油焐制阶段：鱼肚随冷油下锅，升高油温，当油温升至110 ℃时，保持这一温度30分钟（体大壁厚的鱼肚油焐时间长，小且薄的鱼肚油焐时间短），捞出鱼肚（或看见鱼肚表层有小气泡时，即可捞出）。经过焐油的鱼肚体积缩小，具有半透明感，冷却后更加坚硬。

（2）高温油膨化阶段：升高油温到180～210 ℃时，分批投入油焐制后的鱼肚，此时一定要用勺将鱼肚浸入油内，保证鱼肚充分与油接触，均匀受热膨化，确保涨发完全。涨发3分钟左右（根据原料形态、质量决定涨发时间），油锅内气泡减少，"叭叭"声停止，鱼肚体积急剧增大，色泽呈淡黄色，孔洞分布均匀。

（3）复水阶段：鱼肚冷却后放入冷水中复水，使鱼肚的孔洞充满水分，处于回软状态备用。

7. 响皮

加工步骤：温油焖发→热油发起→温水浸→碱水泡→清水漂洗。

将干肉皮和冷油同时下锅（油量是原料的3倍），然后用中小火加热，待油温逐渐升高、肉受热后卷缩、皮面上泛出一粒粒小的细泡时，将肉皮捞出稍晒片刻，待锅内油温升高后，将肉皮逐张下锅，等肉皮的各部位全部膨胀鼓起，用手勺敲时听见清脆的响声，肉皮就发好了。食用时，可先将肉皮用温热水（70 ℃左右）泡软，切成小块，浸在热碱水中，泡去油腻，再用清水漂净碱味，仍浸在清水中备用。响皮涨发率可达500%～600%。

8. 金钩

加工步骤：清水洗→泡发。

涨发金钩时，应先用清水洗净，再用温水或冷水泡透。如果急用，可将金钩放在一个小盆中，加水淹没原料，放入姜、葱，上笼蒸到松软即可。原汤可留用，在烹制菜肴时加入原汤，可增加菜肴的鲜味。尽量保持金钩的鲜味和完整的形态。

9. 干贝

加工步骤：洗涤→蒸发（煮发）。

先将干贝放在盛器内，用冷水抓洗几遍，洗去灰沙后，放入小碗内，加入葱、姜、料酒、清汤或水，上笼蒸10分钟，用手指能捻成细丝即可取出；也可放在冷水锅内，加入葱、姜、料酒，先用大火烧开，再改用小火煮30分钟，用手指能捻成细丝即可取出。干贝的汤汁是制菜的好汤料，汤味鲜美，营养丰富，可留用，在烹制菜肴时加入可增加菜肴的鲜味。干贝涨发率可达250%。

10. 鲍鱼

加工步骤：浸泡→煮发→焖发。

涨发鲍鱼可采用水煮法和熟碱水法。

（1）水煮法。先将鲍鱼用温水浸泡12小时，放入锅中或瓦罐内（瓦罐内应放稻草，以免鱿鱼粘锅煮焦，并易使鲍鱼涨发）用微火煮。煮至能用刀切成片或条时即可起锅，连同原汤冷却，继续浸泡，随用随取，不必换水，以免返硬。

（2）熟碱水法。将干鲍鱼用水浸泡回软，无硬芯时取出，去杂质洗净，用刀平片两三刀（注意保持形体完整相连），放入熟碱水中浸泡，每隔一小时轻轻搅动或翻动一次，待鲍鱼面发亮、内部已透明时捞出，漂洗去碱味，换清水浸泡备用。若未发透，可再投入熟碱水里重复操作一次。发料时要注意季节和质地，夏季碱水浓度宜低，老硬原料泡发时间可长些。熟碱水配制比例为：生石灰块50 g，纯碱100 g，加沸水250 g搅匀，待溶化后，加冷水

250 g搅匀，取清液使用。鲍鱼涨发率可达200%~400%。

11. 燕窝

加工步骤：泡发→择毛→焖发。

燕窝一般采用水发或碱发。

（1）水发：将燕窝用冷水浸泡2小时，捞出后用镊子夹尽燕毛和杂质，然后入沸水锅中，加盖焖约30分钟。若尚未达到所需柔软度，可换沸水再焖浸30分钟，至使用时捞出入冷水中浸泡待用。也可先将燕窝放入50 ℃温水中浸泡，至水冷后，换70 ℃的热水继续浸泡至膨胀后取出，用镊子择去羽毛、杂质，换冷水漂洗2次，放入80 ℃左右的热水中烫一下，洗净装入碗中，小火蒸至松散软糯时取出，即可使用。

（2）碱发：将燕窝放入盆中用温水浸泡，回软后用镊子夹出羽毛和杂质，再用干净的冷水漂洗2~3次，注意不要弄碎燕窝，保持其形态完整，另换冷水浸泡。使用前滤去水，用碱拌和，一般50 g燕窝用1.5 g碱，如果燕窝较老，可用2 g碱，加开水提质，使燕窝进一步涨发，倒去一半碱水，再用开水提3~4次，至体积膨大到原来的3倍，手捻柔软发涩，一掐便断时即可，然后再用清水漂净碱味，入冷水中待用。

注意事项：发制燕窝时，应控制好水温与发制时间，要经常检查，根据季节和燕窝质地加以调节，以防发不透留有硬芯，或因发得过度而溶烂。发好的燕窝应尽快使用，涨发燕窝的水与工具、器皿必须干净，不可沾有油污，否则会影响质量。择毛时最好盛入白色盆内，以便操作。

12. 鱼皮、鱼唇

加工步骤：泡发→煮焖、去沙→煮焖→清水漂洗。

鱼皮等海味干货均采用水发，一般是先浸泡至软，入冷水锅烧开煮15分钟左右，见皮已脱沙即可取出，转放温水桶中焖6~8小时，捞出后刮洗干净，放入开水锅中煮开，用小火焖1小时左右，捞出后放清水中浸泡待用。鱼唇发料方法与鱼皮基本相同，但焖的时间稍长一些。

注意事项：涨发时，应根据各种干货原料的特点和性质，掌握好涨发时间。

13. 鱼骨

加工步骤：温水洗→开水浸泡→蒸发。

鱼骨主要用蒸发，先将鱼骨用温水洗净，再用开水浸泡2小时，到鱼骨涨起发白时，捞出放入清水内去除杂质，洗净。再放入盛器内，加清汤、料酒上笼蒸约30分钟发透。取出后清水浸泡，直至颜色洁白、质地嫩脆、无硬质、形如凉粉即可放入开水中待用。也可以先将鱼骨用温水洗净，用干布擦去表面水分，放入盆内加少许豆油，搅拌均匀，直接上笼蒸透取出，再用开水浸泡涨发，待颜色洁白、无硬质时即可使用。

要求：白色透明，质地嫩脆，无硬质，形如凉粉，鱼骨涨发率可达200%~400%。

14. 裙边

加工步骤：煮发→煺表皮→焖煮→洗净。

裙边一般多用水发。先用清水将其洗净，放入锅内煮沸。泡软后，待水温下降时用小刀刮去表面黑皮和底层粗皮，再放入锅内用文火焖煮约3小时，至能去骨时捞出，拆去骨，用开水冲洗腥味，再用冷水浸泡待用。

注意事项：涨发时，应根据原料的特点和性质，掌握好涨发时间。

15. 哈士蟆油

加工步骤：温水洗→泡发→蒸发。

哈士蟆油主要用蒸发。先将哈士蟆油用温水洗去泥沙并浸泡 3~4 小时，取出橘子瓣状的哈士蟆油，放入容器内加清水（水量以能淹没哈士蟆油为准），上笼蒸到完全膨胀发软呈棉花瓣状时，取出晾凉即可。

要求：哈士蟆油涨发后的体积可达原体积的 5 倍。

16. 鹿尾

加工步骤：温水泡洗→烫发、燎毛→碱水洗、漂洗→蒸发。

先将鹿尾用温水浸泡，再逐渐换成热水，然后用沸水烫发、拔去长毛，用火燎去粗短的毛，用镊子夹净残毛后，再用碱水刷净尾上的油腻，漂洗除尽碱味后放入盆内，加姜、葱、料酒（以淹没鹿尾为准），上蒸笼 3 小时，待膨胀软糯后取出备用。要求涨发完全、彻底，无明显的碱味。

（三）涨发后的保管

所有的干货原料经水发、油发、盐发、碱发或火发等加工后，都要浸在水里继续泡发。

要勤换水，每天都要把发料用的水盆放在水斗里，边放水边漂洗，并要用手搅拌一下，让原料上下翻身，以防止下面发酵。一般换水的次数是冬季每日 1 次，春秋季每日 2 次。夏季必须把原料放在盛器内，加满水，可一起放入冰箱冷藏，温度控制在 0 ℃左右，存放时间一般不要超过一周。

认知三　烹饪原料精细加工

任务介绍

刀工就是按食用和烹调的要求使用不同的刀具，运用不同的刀法，将食用半成品原料切割成各种不同形状的操作技术。刀工是每名烹调师必须熟练掌握的基本功，能否善于运用各种刀法技巧使菜肴锦上添花，反映了一名烹调师的技术水平。

任务目标

1. 了解原料精细加工的要求。
2. 熟悉各种加工工具和设备。
3. 掌握各种精细加工的步骤和规格要求。

相关知识

一、刀工的应用与基本要求

（一）刀工在烹调中的应用

1. 便于烹调

经过刀工处理成块、片、丝、条、丁、粒、末等规格的烹饪原料，其形态、体积、厚度、长度应完全一致，以便烹调时原料可在短时间内迅速均匀受热，达到烹调要求。

2. 便于入味

如果整料或大块原料直接烹制，加入的调味品大多停留在原料表面，不易渗透到内部，会出现外浓内淡，甚至无味的现象。如果将原料切成小块，或在较大的原料表面剞上刀纹，调味品就可以渗入原料内部，使烹制后的菜肴内外口味一致、香醇可口。

3. 便于食用

整只或大块原料，若不经刀工处理直接烹制食用，会给食用者带来诸多不便。先将原料由大变小、由粗改细、由整切零，然后按照制作菜肴的要求加工成各种形状，再烹制成菜肴，更容易取食和咀嚼，也有利于人体消化吸收。

4. 整齐美观

各种烹饪原料经过整齐均匀的刀工处理，烹饪后的菜肴会格外协调美观，尤其是运用剞刀法在原料上剞上各种花刀纹，经加热后，便会卷曲成美观的形状，令人赏心悦目。

（二）刀工处理的基本要求

1. 姿势正确，精神集中

（1）运刀的正确姿势是：两脚站稳，上身略向前倾，身体与菜墩保持约 10 cm 的距离，前胸稍挺，自然放松，注意菜墩高度，不要弯腰弓背，两眼注视菜墩，双手操作。这种姿势能提高效率、缓解疲劳。

（2）握刀讲究牢而不死，只有腕、肘、臂三个部位的力量协调配合，才能运用自如。不论运用何种刀法，下刀都要准，用力都要均匀。一般是右手握刀，左手中指顶住刀壁，手指和掌根要始终固定在原料或墩子上，保持原料平稳不动，以保证有规律地运刀。

（3）操作时要精神集中，不能左顾右盼、心不在焉，避免发生意外；也不应边操作边说笑，防止污染原料。

2. 密切配合烹调要求

要根据不同的烹调方法采取相应的刀工处理。例如，用于爆、炒的原料，因为用旺火短时加热，所以应切小一点、薄一点；用于煨、炖的原料，因为加热时间长，所以应切得大一些、厚一些。此外，有的菜肴特别讲究原料造型美观，因此要运用相应的花刀，应切得大一些、厚一些。

3. 根据原料特性下刀

加工各种原料时，首先应根据原料特性来选择刀法，例如，在川菜中有"横切牛肉竖切鸡"的说法。牛肉质老筋多，必须横着纤维纹路下刀，才能把筋切断，烹调后肉质才比较嫩；如果顺着纤维纹路切，筋腱保留着原样，烧熟后仍又老又硬，咀嚼不烂。猪肉的肉质比较细嫩，肉中筋少，只有斜着纤维纹路切，才能保证猪肉既不易断，又不老；如果横切，则猪肉易断易碎；顺切又容易使肉质变老。鸡肉最细嫩，肉中几乎没有筋，因此必须顺着纤维纹路竖切，才能切出整齐划一、又细又长的鸡丝；不管是横切还是斜切，都很容易使鸡肉断裂散碎，不能成丝。鱼肉不但质细，而且水分大，切时不仅要顺着纤维纹路切，还要切得比猪肉丝和鸡肉丝略粗一些，才能保证鱼肉不断不碎。

4. 整齐均匀，符合规格

对原料进行刀工处理时，要做到整齐均匀、大小一致，才能在烹调时保证原料受热均匀、成熟度一致。

5. 清爽利落，互不粘连

加工过的原料必须清爽利落，该断的必须断，丝与丝、条与条、片与片之间必须完全分开，互不粘连（该连的必须连，如剞腰花）。这不仅能使菜肴的外形美观，而且烹调时便于掌握火候与时间，以利于确保菜肴的口味与质量。

6. 合理使用原料，做到物尽其用

对原料进行刀工处理时，要心中有数，要根据手中的材料努力做到物尽其用，尽可能使各个部位都能得到合理、充分的利用。

二、刀具的种类与菜墩

刀具和菜墩是进行原料加工的必备用具。刀具的质量及使用方法直接影响菜肴的质量。

（一）刀具种类及用途

常用刀具按照功能大致可分为片刀、切刀、砍刀、前切后砍刀和专用刀具（刮刀、镊子刀、尖刀、剔骨刀、片鸭刀、烤肉刀、牡蛎刀、蛤蜊刀）等。

（1）片刀主要用于制片，也可切丝、丁、条、块或制作果盘。

（2）切刀用途广泛，宜切块、片、条、丝、丁、粒等。

（3）砍刀专门用于切带骨及质地坚硬的原料。

（4）前切后砍刀综合了切刀和砍刀的用途，是运用很广泛的一种刀具。

（5）刮刀主要用于鲜鱼除鳞。

（6）镊子刀主要用于夹镊鸡、鸭等身上的杂毛。

（7）尖刀可用于剖鱼。

（8）剔骨刀主要用于肉类原料的出骨。

（9）片鸭刀主要用于北京烤鸭的熟料片发。

（10）烤肉刀用于切割大块烤肉。

（11）牡蛎刀用于挑开牡蛎外壳。

（12）蛤蜊刀用于挑开蛤蜊外壳。

（二）刀具的选择

刀具的选择主要从以下三个方面来鉴别。

1. 看

刀刃和刀背无弯曲现象，刀身平整光洁、无凹凸现象，刀刃平直无卷口者为好。

2. 听

用手指对刀板用刀一弹，声音呈钢响者为佳，余音越长越好。

3. 试

用手握住刀柄，看是否适手，使用是否方便。

（三）刀具的保养

要根据刀的形状和功能特点，运用正确的磨刀方法，保持刀的锋利和光亮，保证刀刃有一定的弧度。

操作刀具时，要仔细谨慎、爱护刀刃。片刀不宜斩砍，切刀不宜砍大骨。运刀时以断开原料为准，合理使用刀刃的部位，落刀若遇到阻力，不应该强行操作，应及时清除障碍物，不得硬片或硬切，防止伤到手指或损坏刀刃。

用完刀后，必须将刀放在热水内洗净并擦干，特别是在切咸味、酸味、带有黏性和腥味的原料，如泡菜、咸菜、番茄、藕、鱼等原料之后，黏附在刀面上的无机酸、碱、盐、鞣酸等物质容易使刀变黑或锈蚀，失去光泽和锋利度，并污染所切的原料。可用洁净布擦净晒干刀具或在刀具上涂少许油，防止刀具氧化生锈。此外，刀用完后，要挂在刀架上，不要随手乱丢，避免碰损刃口。严禁将刀砍在菜墩上。

(四) 菜墩的选择、使用与养护

菜墩是用刀具对烹饪原料进行加工时的衬垫工具，它对刀工起重要的辅助作用。菜墩质量的优劣关系着刀工技术能否正常施展。每名刀工操作者都必须掌握正确选择、使用和养护菜墩的方法。

1. 菜墩的选择

制作菜墩一般将皂角树、柳树、椴树、银杏树、榆树、橄榄树等作为材料，因为这些树木质地坚实耐用，弹性好，不易损坏刀刃。制墩的要求是墩面平整、无凸凹、无缝隙。

2. 菜墩的使用

应均匀使用菜墩的整个平面，保持菜墩磨损均匀，防止菜墩凹凸不平，影响刀法的施展（墩面不平时不易切断原料，会产生连刀现象）。菜墩面也不可留有油污，若留有油污，在加工时原料容易滑动，既不好操作，又容易伤人，还影响卫生。

3. 菜墩的养护

菜墩需修正刨平，浸在盐水中（或用盐涂在表面上，再淋点儿水；也可将油烧热浇淋在菜墩面上），使木质收缩，达到结实耐用、防止菜墩干裂变形的目的。每次使用完毕后要用清水洗净，或用碱水刷洗，刮净油污，保持清洁。用后要竖放（通风），防止墩面变形（腐蚀）。用一段时间以后，若发现菜墩有凹凸不平的情况，要及时修正刨平，保持墩面平整。

三、基本刀法与操作

根据刀与原料或菜墩接触的角度，可分为以下几种刀法：

(一) 直刀法

直刀法是刀刃朝下、刀与原料和菜墩平面呈垂直角度的一类刀法，按用力程度和手、腕、臂运刀的方式，可分为切、斩、砍、剁等刀法。

1. 切

切是在保证刀面与菜墩呈垂直角度的前提下，由上而下运刀的一种刀法。切时主要运用手腕的力量，并施以小臂的辅助。它适用于蔬菜瓜果和已经出骨的畜肉、禽肉类原料。根据运刀的方向，又可分为直刀切、推切、拉刀切、锯切、滚料切、铡切、翻刀切等刀法。

1) 直刀切

操作方法：刀与原料、菜墩垂直，刀身始终平行于原料切面，由上而下均匀地直切下去。此种刀法很有节奏，故又称"跳刀"。

应用范围：适用于切莴笋、黄瓜、萝卜、菜头、莲藕等脆性的植物性原料。

技术要领：

（1）右手正确地握稳刀具，刀身紧贴左手中指指背，运用腕力（稍带动小臂），用刀刃的前半部分一刀一刀地跳动直切。

（2）左手自然弯曲呈弓形，轻轻按稳码好的原料，并按所需原料的规格均匀呈蟹爬姿势不断向后移动，务必保证匀速移动。右手随着左手移动，根据原料规格的标准取间隔距离，确保所切原料间距一致。

（3）刀口始终与菜墩垂直，不能偏内斜外，保证断料整齐、美观。

2）推切

操作方法：刀与原料、菜墩垂直，由上而下向外切料。

应用范围：适用于切豆腐干、大头菜、肝、腰、肉丝、肉片、猪肚等细嫩易碎或有韧性、较薄、较小的原料。

技术要领：

（1）左手自然弯曲按稳原料，右手持刀，运用小臂和手腕力量，从刀刃前部分推至刀刃后部分时，刀刃要与菜墩吻合，一刀到底，一刀断料。

（2）推切时，根据原料性质用刀。对于质嫩的原料，如肝、腰等，下刀宜轻；对于韧性较强的原料，如大头菜、腌肉、肚等，运刀速度宜缓。

3）拉刀切

操作方法：刀与菜墩垂直，刀的着力点在刀刃的前端，因其是由前而下拖拉的刀法，故又称为"拖刀法"。

应用范围：适用于需去骨的韧性原料，如切鸡、鸭、鱼、肉等动物性原料。

技术要领：

（1）左手自然弯曲按稳原料，右手持刀，运用手腕力量，刀身紧贴左手中指原料的前上方向下拉切，一刀到底，将原料断开。

（2）运刀时，刀刃前端略低，后端略高，着力点在刀刃前端，用刀刃轻快地向前推切一下，再顺势将刀刃向后一拉到底，即"虚推实拉"。

4）锯切

操作方法：此方法为推切与拉刀切的连贯刀法。运刀时，刀与原料、菜墩垂直，先向前推切，再向后拉切，一推一拉像拉锯一样切断原料。

应用范围：适用于切体积较厚、质地坚韧或松散易碎的原料，如切熟火腿、羊肉片、面包、卤牛肉等。

技术要领：

（1）左手自然弯曲按稳原料，右手持刀，运用手腕力量和臂力，刀身紧贴左手中指，先推切后拉切，直至原料断开。

（2）要垂直下刀，不能偏里向外，要保证原料厚度、体积一致。

（3）锯切时，要把原料按稳，如果原料移动，运刀就会失去依托，影响原料成型。

（4）对于特别易碎的原料，应适当增加切的厚度，以保证原料成型完整。

5）滚料切

操作方法：刀与菜墩垂直，左手持原料不断向身体一侧滚动，原料每滚动一次，刀做一次直切运动，一般原料成型后为三面体的块状。又称为"滚刀切"。

应用范围：适用于切质地嫩脆、体积较小的圆形或圆柱形植物性原料，如切胡萝卜、土豆、莴笋、竹笋等。

技术要领：

（1）左手自然弯曲控制原料的滚动，根据原料成型规格确定滚动角度，角度越大，原料成型后形状就越大；反之则小。

（2）右手持刀，刀口与原料呈一定角度，角度越小，原料成型后形状越宽；角度越大，原料成型后形状越狭长。

6）铡切

操作方法：刀与原料和菜墩垂直，刀刃的中端或前端要压住原料，两手同时用力或单手用力切下原料。其具体操作方法有以下三种：

（1）交替铡切：右手握住刀柄，左手按住刀背前端，运刀时刀口压住原料，刀根着墩，刀尖则抬起；刀根抬起，刀尖则着墩，刀尖与刀根一上一下反复运动，直至将原料切碎。

（2）平压铡切：持刀方法与交替铡切相同，只是把刀刃放在原料所切部位，运刀时，用力平压使原料断开。

（3）击掌铡切：右手握住刀柄，将刀刃前端部位放在原料要切的位置上，然后左手掌用力猛击刀背，使刀铡切下去断料。

应用范围：体小、宜滚动的原料，如生花椒、花生米、煮熟的鸡蛋等可采用交替铡切和平压铡切方法；带壳或带有软骨的原料，如鸡头、蟹、烧鸡等可采用击掌铡切方法。

技术要领：

（1）要压住被切部位，使原料不移动。

（2）双手配合用力，用力均匀并恰到好处，以能断料为度。

（3）对于易滚动的原料，要保证刀的一端始终靠在墩子上面，使原料不易移动，并随时将原料向中间靠拢，保证原料形状整齐；对于带壳或有软骨的原料，要压准被切部位，一刀断料，干净利落，保证刀口整齐光滑。

7）翻刀切

操作方法：以推切为基础，在刀刃断开原料的一瞬间，刀身顺势向外侧翻。此法有利于保证切料形状整齐，所切原料按刀口次序排列，原料成型后不粘刀身。

应用范围：适用于切柔软易粘刀的原料，如切肉丝、肉片、大头菜等。

技术要领：

（1）运刀时，在刀刃断料的一瞬间顺势翻刀，刀刃几乎不粘菜墩面。

（2）掌握好翻刀时机，翻刀早了，原料不能完全被切断；翻刀迟了，刀口容易刮着菜墩。因此，必须在刀刃断料的一瞬间顺势翻刀。

2. 斩

操作方法：刀面与菜墩垂直，左手按稳原料，运用腕力和臂力对准被斩部位，用力运刀将原料断开。

应用范围：适用于切带骨的动物性原料或质地坚硬的冰冻原料，如切带骨的猪肉、牛肉、羊肉，以及冰冻的肉类、鱼类等。

技术要领：

（1）小臂用力，刀与前胸齐平。运刀时要稳、狠、准，力求一刀断料，以免复刀使原料破碎。

（2）左手扶料时，手应离原料稍远些，若原料较小，落刀时要迅速离开，以免伤手。

（3）为了避免损伤刀刃，一般用刀的根部斩断原料。

3. 砍

砍又称为"劈"，是在保证刀面与墩面垂直的前提下，运用臂力，持刀猛力向下断开原料的直刀法。此种方法是直刀法中力度及幅度最大的一种刀法，适用于切大且坚硬的原料。砍又分为直刀砍和跟刀砍两种。

1）直刀砍

操作方法：左手扶稳原料，右手持刀，对准原料被砍部位，运用臂力垂直向下断开原料。

应用范围：适用于加工体形较大或带骨的动物性原料，如排骨、整鸡、整鸭、大头鱼等。

技术要领：

（1）将刀高举至头部位置，瞄准原料被砍部位，用臂力一刀断料。要求下刀准、速度快、力量大，力求一刀断料，如需复刀，则必须砍在同一刀口处。

（2）左手按稳原料，应离落刀点远一些，以免伤手。

2）跟刀法

操作方法：左手按稳原料，右手对准原料被砍部位直砍一刀，使刀刃嵌入原料，然后左手持原料与刀同时起落，垂直向下断开原料。

应用范围：适用于加工质地坚硬、骨大形圆或一次不易砍断的原料，如猪头、大鱼头、蹄髈等。

技术要领：

（1）刀刃一定要嵌进原料，不能松动脱落，以免砍空。

（2）左右手起落速度应保持一致，且刀在下落过程中应保持垂直状态。

4. 剁

操作方法：刀刃与菜墩或原料基本保持垂直运动，频率较快地将原料剁成泥、茸或末。用一把刀操作称为"单刀剁"；为了提高工作效率，用左右手同时持刀操作称为"排剁"。

应用范围：适用于切无骨原料及姜、蒜等。如制肉馅或剁姜末、蒜末等。

技术要求：

（1）排剁时，左右手要灵活自如地相互配合，运用手腕力量，提刀要有节奏。

（2）两刀之间要有一定距离，不能互相碰撞。剁的过程中要勤翻原料。

（3）剁之前最好将原料处理成片、条等小块，从而使剁出的原料更加均匀细腻。

（4）将刀在水里反复浸湿，防止肉粒飞溅和粘刀。

（5）注意剁的力量，以断料为度，防止刀刃嵌进菜墩。

（二）平刀法

平刀法是运刀时刀面与菜墩面平行的一类刀法，其基本操作方法是用刀平着片进原料，而不是垂直地切断原料。按运刀的手法，平刀法又分为拉刀片、推刀片、推拉刀片、平刀片、抖刀片和滚料片六种。

1. 拉刀片

操作方法：将原料平放在菜墩上，左手掌或手指按稳原料，右手放平刀身，用刀身中部片入原料后,向身体一侧拖拉运刀。

应用范围:适用于切体积小、质地嫩脆或细嫩的动、植物性原料,如切萝卜、蘑菇、莴笋、猪腰、里脊肉、鱼肉、鸡胸脯肉等。

技术要领:

(1) 操作时持刀要稳,只有刀身始终与原料平行,才能保证原料成型后的厚度均匀。

(2) 左手食指与中指应分开一些,以便观察原料的厚度是否符合要求。运刀时,手指应稍向上翘起,以免伤手。

2. 推刀片

操作方法:将原料平放在菜墩上,左手掌或手指按稳原料,刀身与墩面平行,刀刃前端从原料的右下角平行进刀向左前方推进,直至片断原料。

应用范围:适用于切榨菜、土豆、冬笋等脆性原料。

技术要领:

(1) 操作时持刀要稳,刀身始终与原料平行,推刀要果断,一刀断料。

(2) 左手食指与中指应分开一些,以便观察原料的厚度是否符合要求。手指要稍向上翘起,以免伤手。

(3) 左手手指平按在原料上,固定原料,但不能影响推片时刀的运行。

3. 推拉刀片

操作方法:左手按住原料,右手持刀将刀刃片进原料,一前一后片断原料。整个过程如拉锯一般,故又称为"据片"。另外,起片还有上片和下片之分,上片从原料上端开始,厚度容易掌握;下片从原料下端开始,成型后原料平整。推拉刀片是将推刀片与拉刀片相结合,来回推拉的方法。

应用范围:适用于切体大、无骨、韧性强的原料,如切火腿、猪肉等。

技术要领:

(1) 上片时用左手指压稳原料,食指与中指自然分开观察片的厚度;下片时用左手掌按稳原料,观察刀面与菜墩的距离,掌握片的厚度。

(2) 刀身始终与菜墩平行,保证起片均匀。

4. 平刀片

操作方法:刀身与墩面平行,刀刃中端从原料的右端一刀平片至左端断料。

应用范围:适用于切无骨的软性细嫩的原料,如切豆腐、鸡鸭血、肉皮冻、凉粉等。

技术要领:

(1) 刀身与菜墩保持平行,右手进刀时要稳,左手要扶稳原料,保证起片均匀。

(2) 进刀力度要恰当,进刀后不能前后移动,防止原料碎烂。

5. 抖刀片

操作方法:将原料平放在菜墩上,刀刃从原料右侧片进,刀身抖动呈波浪式,从而片断原料。

应用范围:适用于切质地软嫩的原料,如切蛋白糕、肉糕、豆腐干、皮蛋等。

技术要领:

(1) 刀刃片进原料后,波浪幅度及抖动的刀距要一致,保证成型美观。

(2) 左手起辅助作用,不能使原料变形。

6. 滚料片

操作方法：将圆柱形原料平放于菜墩上，左手按住原料表面，右手放平刀身，刀刃从原料右侧底部片进做平行移动，左手扶住原料向左滚动。边片边滚，直至片成薄的长条片。

应用范围：适用于圆形、圆柱形原料的去皮或将原料加工成长方片，如黄瓜、萝卜、莴笋、茄子等。

技术要领：

（1）两手配合要协调。右手握刀推进的速度与左手滚动原料的速度应一致，否则原料可能中途被片断，甚至伤及手指。

（2）随时注意刀身与菜墩的距离，保证成型后原料厚度一致。

（三）斜刀法

斜刀法是指运刀时刀身与原料和菜墩呈锐角的一类方法。按运刀的手法，又分为斜刀片和反刀斜片两种。

1. 斜刀片

操作方法：左手按住原料左端，刀刃向左，刀身与原料和菜墩呈锐角，进刀后向左下方拉动，一刀断料。

应用范围：适用于切质软、性韧、体薄的原料，如切鱼肉、猪腰、鸡脯肉等。

技术要领：

（1）两手要协调配合，保持一样的倾斜度和刀距，以保证起片的体积、厚度均匀。

（2）刀身倾斜度根据原料成型规格而定。

2. 反刀斜片

操作方法：刀刃向外，刀身紧贴左手四指，与原料、菜墩呈锐角，运刀时由左后方向右前方推进，使原料断开。

应用范围：适用于切较薄而韧性强的原料，如切熟猪肚、猪耳朵、鱿鱼、玉兰片等。

技术要领：

（1）左手按稳原料，并用左手的中指抵住刀身，使刀身紧贴左手指背片进原料。左手向后等距离移动，使片下的原料体积、厚度均匀一致。

（2）根据原料规格决定刀的倾斜度。

（3）刀不宜提得过高，以免伤手。

（四）剞刀法

剞刀法是指在原料的表面切或片一些不同花纹而不断料的运刀方法，当原料加热后会形成各种美观的形状，故又称为"花刀"。剞刀法技术性强、要求较高。根据运刀方向和角度，剞刀法可分为直刀剞、斜刀剞和反刀斜剞。

1. 直刀剞

操作方法：直刀剞与直刀切相似，刀面与菜墩垂直，刀口对准原料要剞的部位，一刀一刀直切或推切，但不断料，直至将原料剞完。

应用范围：适用于加工脆性的植物性原料和有一定韧性的动物性原料，如黄瓜、猪腰、鸡鸭胗肝、墨鱼等。

技术要领：

（1）剞刀的深度根据原料的性质而定，一般为原料的 1/2～3/4。

（2）运刀的角度要适当，刀距要均匀，这样花形才美观。

2. 斜刀剞

操作方法：斜刀剞与斜刀片相似，只是不能将原料切断而已。

应用范围：适用于加工有一定韧性的原料，如鱿鱼、净鱼肉等；也可结合其他刀法加工出松鼠形、葡萄形等形状。

技术要领：注意用刀时的倾斜度、深度及刀具的均匀度。

3. 反刀斜剞

操作方法：反刀斜剞与反刀斜片相似，只是不将原料切断而已。

应用范围：适用于加工各种韧性原料，如鱿鱼、猪腰、鱼肉等；也可结合其他刀法加工出麦穗形、眉毛形等形状。

技术要领：注意用刀时的倾斜度、深度及刀具的均匀度。

（五）其他刀法

除直刀法、平刀法、斜刀法、剞刀法之外，往往还需要一些特殊的原料加工刀法，常用的有刮、削、捶、拍、戳、旋、剜、剔、撬等。

1. 刮

用刀将原料表皮或污垢去掉的加工方法。操作时将原料平放在墩子上，从左到右去掉所有不要的东西。适用于刮鱼鳞、刮肚子、刮丝瓜皮等。

2. 削

用刀平着去掉原料表面一层皮或将原料加工成一定形状的加工方法。左手拿原料，右手持刀，刀刃向外，削去原料的外皮。适用于去原料外皮，如削莴笋皮、冬瓜皮，将胡萝卜削成橄榄形，等等。

3. 捶

用刀背将原料加工成茸状的刀法。捶泥时，刀身与菜墩垂直，刀背向下，上下捶打原料至其成茸状。

4. 拍

用刀身拍破或拍松原料的方法。拍破原料是为了使其容易出味，如拍姜、葱等；也能使韧性原料肉质酥松，如拍猪排、牛排等。

5. 戳

用刀根不断戳，且不致断的刀法。戳的目的是使原料松弛、平整，易于入味成熟，成菜质感松嫩。适用于鸡腿、肉类等原料。

6. 旋

左手拿原料，右手持稳专用旋刀，两手相互配合，采用旋转的方式去掉外皮的方法。适用于去掉原料的外皮，如削掉苹果、梨的外皮等。

7. 剜

用刀将原料内部挖空的加工方法。适用于挖空苹果、梨等原料，便于填充馅料。

8. 剔

分解带骨原料、除骨取肉的刀法。适用于分解畜、禽、鱼类等动物性原料。

9. 撬

刀刃向左倾斜，右手握刀柄，用刀身的另一面压住原料，将本身是软性的原料从左至右拖压成茸、泥的加工方法，也称为"背"。适用于加工豆腐泥、土豆泥等原料。

四、原料的成型与规格

原料成型就是根据菜肴和烹调的需要，运用各种刀法，将原料加工成片、块、条、丝、丁、粒、末、茸、泥、球球等形状的加工技法。

（一）块的成型方法与规格

1. 块的成型方法

（1）切制：对于质地较为松软、脆嫩无骨的原料，一般都采用切的刀法，使其成块。例如，蔬菜类可以直切，已去骨、去皮的各种肉类可以运用推切或推拉切的方法切成各种块状。可直接将较小的原料切制成块；而大的原料需要先改成宽度、厚度一致的条后，再改刀成块，并保证最后切出来的块大小均匀。

（2）砍法或斩法：对于质地坚硬、带皮带骨的原料，一般选用砍或斩的刀法，使其成块。如各种带骨的鸡、鸭等，并尽量保证原料成型后大小一致。

块的种类很多，日常使用的有菱形块、长方块、滚料块、梳子块等，一般适合烧、炖、焖等烹调方法。

2. 块的成型规格

（1）菱形块。菱形块长对角线约4 cm，短对角线约2.5 cm，厚1~1.5 cm。按厚度将原料切成大片，再按边长规格将其改成长条，最后斜切成菱形块。多用于脆性植物原料，如烧、烩菜肴时经常将原料制成菱形块。

（2）长方块。形如骨牌，故也称"骨牌块"。长约4 cm，宽约2.5 cm，厚1.2~1.5 cm。按厚度加工成大片，再按规定长度改刀成断，最后加工成块。多用于脆性植物性原料，如"烫油鸭子"中的鸭块。

（3）滚料块。长3~4 cm的两头小且尖的不规则三角块。运用滚料切方法，每滚动一次就切一刀。滚动幅度越大，块的形状就越大。多用于脆性植物性原料，如"青笋烧鸡"中的莴笋块。

（4）梳子块。经滚料切后形如梳子背的多棱形原料，长约3.5 cm（多面体），背厚约0.8 cm。滚料切的角度较滚刀块切时滚动的角度小，因此加工后的原料体薄、形小，形如梳子背，故又称"梳子背"。多用于青笋、胡萝卜等。

（二）片的成型方法与规格

1. 片的成型方法

切适用于蔬菜等细嫩原料的成型，而片适用于质地较松软、直切不易切整齐或本身较薄的原料的成型。

片的成型方法应由原料性质及烹调要求决定，质地细嫩易碎的原料成型后较厚；质地较硬带有韧性的原料成型后较薄；用于炝、炒、爆、熘的原料成型后应稍薄一些；用于烧、烩、煮的原料成型后应较厚。常用的片有骨牌片、菱形片、柳叶片、牛舌片、灯影片、指甲片、连刀片、斧头片等。

2. 片的成型规格

（1）骨牌片。分大骨牌片和小骨牌片两种：大骨牌片规格为长6~6.6 cm、宽2~3 cm、厚0.3~0.5 cm；小骨牌片规格为长4.5~5 cm、宽1.6~2 cm、厚0.3~0.5 cm。按边长修成块，再直切成片。多用于动、植物性原料，如"萝卜连锅汤"中的萝卜片。

（2）菱形片。菱形片的长对角线约5 cm，短对角线约2.5 cm，厚0.2 cm。菱形片又称"斜方片""旗子片"。加工成菱形块后，再直切成片。多用于嫩脆性植物性原料，如"莴笋肉片"中的青笋片。

（3）柳叶片。形如柳叶的狭长薄片，长约6 cm，厚约0.3 cm。将原料斜着从中间切开，再斜切成柳叶片。多用于猪肝一类原料。

（4）牛舌片。厚0.06～0.1 cm、宽2.5～3.5 cm、长10～17 cm的片。片薄而长，经清水泡后自然卷曲，形如牛舌、刨花，故又称为"刨花片"。多用于嫩脆性植物性原料，如莴笋、萝卜等。

（5）灯影片。长约8 cm、宽约4 cm、厚约0.1 cm的片。多用于植物性原料，如红苕、白萝卜等；也可用于少数动物性原料，如"灯影牛肉"的片。

（6）指甲片。形如指甲，边长约1.2 cm、厚约0.2 cm的小正方形片。适用于动、植物性原料，如姜、蒜片。

（7）连刀片。又称"火夹片"，每片0.3～1 cm的长方片或圆片。两刀一断，切成两片连在一起的胚料。用于鱼香茄饼的茄片、夹沙肉的肉片等。

（8）斧头片。形似斧头，规格一般为长4～10 cm、宽约3 cm、厚约0.3 cm，是上厚下薄的长方形薄片。一般用斜刀片片制而成。可用于涨发后的海参。

（三）条的成型方法与规格

1. 条的成型方法

条一般适用于无骨的动物性原料或植物性原料。成型方法：先将原料片或切成厚片，再改刀而成。条的粗细取决于片的厚薄，条的两头应呈正方形。按粗细、长短，条一般可分大一字条、小一字条、筷子条、象牙条等。

2. 条的成型规格

（1）大一字条。长6～7 cm、粗1.3～1.6 cm见方的条。如"酱烧青笋"中的莴笋条。

（2）小一字条。长约5 cm、粗约1 cm见方的条。如"家常仔鸡"中的冬笋。

（3）筷子条。长3～4 cm、粗约0.7 cm见方、形如筷子头的条。适用于脆性植物性原料，如"小煎鸡"中的莴笋条。

（4）象牙条。长约5 cm，截面呈三角形。加工时先将原料切成0.8～1 cm的厚片，再切成三棱形条。适用于植物性原料，如冬笋、菜头等。

（四）丝的成型方法与规格

1. 丝的成型方法

丝的成型方法一般是先将原料加工成薄片，再改刀成丝。片的长短决定了丝的长短，片的厚薄决定了丝的粗细。加工后的丝要粗细均匀、长短一致、不连刀、无碎粒。在片片或切片时要注意厚薄均匀，切时注意刀路平行且刀距一致，这样才能切出均匀的丝来。

原料加工成薄片后，有以下三种排叠切丝的方法：

（1）瓦楞块叠法，即将片或切好的薄片一片一片依次排叠成瓦楞形状。它不易使原料倒塌，适用于大部分原料。

（2）平叠法，即将片或切好的薄片一片一片从下往上排叠起来。此类方法要求原料体积、厚度一致，且不能叠得过高，如切豆腐干。

（3）卷筒形叠法，即将片或切好的形大而薄的原料一片一片先放平排叠起来，然后卷成卷筒状，再切成丝，如切海带等原料。

按成型的粗细，丝一般可分为头粗丝、二粗丝、细丝、银针丝。

2. 丝的成型规格

（1）头粗丝。长8～10 cm、粗约0.4 cm见方的丝。如切芹黄、鱼丝等原料。

（2）二粗丝。长8～10 cm、粗约0.3 cm见方的丝。如大多炒菜中所用的肉丝。

（3）细丝。长8～10 cm、粗约0.2 cm见方的丝。如"芥末肚丝"中的肚丝、"红油黄丝"中的大头菜丝等。

（4）银针丝。形似银针、长8～10 cm、粗约0.1 cm见方的丝。如"红油皮扎丝"中的猪腿皮丝、"京酱肉丝"中的葱丝等。

（五）丁、粒、末的成型方法与规格

1. 丁、粒、末的成型方法

丁的成型方法一般是先将原料切成厚片，再将厚片改刀成条，再将条改刀成丁。条的粗细、厚薄决定了丁的大小。切丁时，要保证长、宽、高基本相等，这样形状才美观；粒比丁要小些，成型方法与丁相同，也是将原料加工成条后再切成粒；末和小米或油菜籽一样大，一般通过剁、铡、切细而成。

2. 丁、粒、末的成型规格

（1）大丁。约2 cm见方的正方块。如"花椒兔丁"中的兔丁等。

（2）小丁。约1 cm见方的正方块。如"辣子肉丁"中的肉丁，"炒三丁"中的红辣椒、大白菜、莴笋丁。

（3）粒。0.3～0.7 cm见方的块，大小与绿豆、黄豆和米粒相似。如川菜"鸡米芽菜"中的鸡粒、各种馅心等。

（4）末。比粒还小，是将原料先切后剁而成的。生活中经常将姜、蒜等调料剁碎成末。

（六）茸、泥、球球的成型方法与规格

1. 茸

所谓茸，是指在猪、鸡、鱼、虾等的肉中加入肥膘以增加黏性，制成极细软、半固体状态的肉泥，也有将豆腐等制成茸的。具体操作时，一般多是先将肉里的筋膜、皮等清除，用刀背捶，而且边捶边除去茸中的残留筋膜，然后用刀剁，这样制出的茸质量比较好。但川菜中的鸡茸、鱼茸不能剁，只能捶。常见的茸有鸡茸、虾茸、鱼茸等。目前多用搅拌机加工。

2. 泥

所谓泥，是指将豌豆、蚕豆、土豆等植物性原料，先蒸、煮熟后再挤压成泥状，常用来制作甜菜或馅心。

3. 球球

一般选用莴笋、胡萝卜、土豆、冬瓜等蔬菜原料制作。烹调时，可用刀具将原料修成青果形及算盘珠形；也可使用规格不同的专用刀具，将原料剜挖制成圆珠形，其规格可根据菜肴的需要而定。

（七）小宾俏的成型方法与规格

小宾俏又称小料头、小配料，是指菜肴烹调中的小型调料，如姜、葱、蒜、泡红辣椒、干辣椒等。小宾俏在菜肴烹调中有除异味、增味、增色、增香的作用。尤其是在川菜中，小宾俏还是不少味型的重要组成部分。根据菜肴的要求和配菜中配型的原则，需要通过刀工处理将小宾俏制成各种形态。

1. 葱、蒜苗的切法

（1）葱段。选用头粗或二粗的葱白，直切成长约 8 cm 的段。一般用于制作烧、烩类的菜肴。

（2）开花葱。选用二粗或三粗葱，先切约 5 cm 的段，在两端各砍 5~8 刀，放入清水中一漂，两头即可翻花。一般作为烧烤与酥炸类菜肴中生菜的配料。

（3）马耳朵葱。选用头粗或二粗葱，两端切成斜面的节，或用反刀斜片成约 3 cm 的斜面状的节。一般用于肝、腰、肚头的炒制或熘类菜肴的制作。

（4）弹子葱。选用二粗和三粗葱，两端直切成约 1.5 cm 的圆柱形。一般用于制作主料是丁类的菜肴。

（5）银丝葱。将葱白两端正切成约 8 cm 长的段，剖开后切成丝。一般用于某些菜肴的盖面或色泽上的点缀。

（6）鱼眼葱。选用三粗与四粗葱，直切成约 0.5 cm 长的粒。一般用于制作鱼香味类的菜肴。

（7）马耳朵蒜苗。切法与马耳朵葱相同，一般用于制作"回锅肉""盐煎肉""麻婆豆腐"等菜肴。

（8）长段蒜苗。选用头粗或二粗的蒜苗，直切成约 6 cm 的段。拍破或剖开后用于制作"水煮牛肉"等菜肴。

2. 姜、蒜的切法

（1）姜、蒜丝。姜、蒜去皮后，先切片，再切丝。蒜丝长度以蒜瓣的自然长度为准。姜、蒜丝一般用于制作主料呈丝状的菜肴。

（2）姜、蒜片。姜、蒜去皮后，切成 1 cm 见方的片。一般用于制作主料是片的菜肴。

（3）姜、蒜末。姜、蒜去皮后，剁成末状。一般用于制作碎肉类的菜肴或肉类馅心的调味品。

3. 泡辣椒的切法

（1）马耳朵泡辣椒。将泡辣椒去籽后，斜切成约 3 cm 的节。常用于制作炒、熘类的菜肴。

（2）泡辣椒段。泡辣椒去籽后，切成约 6 cm 长的段。常用于制作烧、炸类菜肴。

（3）泡辣椒末。泡辣椒去籽后，用斩、剁的刀法剁成末。常用于制作鱼香味的菜肴，或其他加豆瓣儿酱的菜，以增加菜肴的色泽。

（4）泡辣椒丝。将泡辣椒去籽后，剖开切成约 6 cm 长的细丝。常用于增加"糖醋脆皮鱼"及一些菜肴的配色。

4. 干辣椒的切法

（1）干辣椒节。将干辣椒去籽后，直切成 2~3 cm 的段。常用于制作炝炒类及炸类的菜肴。

（2）干辣椒丝。将干辣椒去籽后，剖开直切成约 6 cm 长的细丝。常用于制作干煸、炝类的菜肴。

（八）花形原料的成型方法与规格

花刀是指将刀工艺术化，即根据烹调和菜肴制作的要求，在具有脆性、软性、韧性及韧中带脆的原料上，巧妙地利用混合刀法，把原料加工成形态优美、卷曲自然的花刀块或花刀纹。经过花刀处理的原料，烹饪后可制成造型优美且脆嫩爽口的花式菜肴。其适用的原料有猪腰、鱿鱼、肚头、鱼等。常用的形状有数十种，具有代表性的花刀制作方法如下：

1. 凤尾形

在厚约 1 cm、长约 10 cm 的原料上，先顺着用反刀斜剞，剞的刀距约 0.4 cm 宽，深度为原料的 1/2；再横着用直刀切三刀一断，呈长条形，剞的刀距约 0.3 cm 宽，深度为原料的 2/3。烹制卷缩后，就成了凤尾形，如"凤尾腰花""凤尾肚花"等。

2. 菊花形

用直刀在厚度约 2 cm 的原料上剞出刀距约为 0.4 cm 的垂直交叉十字花纹，深度为原料的 4/5，再切成约 3 cm 见方的块。烹制卷缩后，就成了菊花形，如"菊花里脊""菊花鱼"等。

3. 荔枝形

在厚度约 0.8 cm 的原料上，用反刀斜剞约 0.5 cm 宽的交叉十字花形，其深度为原料的 2/3，再顺纹路切成约 5 cm 长、3 cm 宽的长方块、菱形块或三角形块。烹制卷缩后，就成了荔枝形，如"荔枝肚花""荔枝腰块"等。

4. 雀翅形

选用 2 cm 粗的根、茎或瓜类等植物性原料，先将其剖成两半，切成约 1.5 cm 的节，把剖面紧贴着菜墩，再用拉刀切的方法划成刀距约 0.1 cm 的连刀片（每片留 1/5 不划断），翻折处理即可。断刀可灵活运用，或四刀或五刀，如"雀翅黄瓜"等。

5. 鱼鳃形

在厚度约 1.2 cm 的原料上，用直刀剞，刀距为 0.3 cm，深度为原料的 1/2，再顺着用斜刀法片成三刀一断，片的刀距为 0.5 cm、深度为原料的 2/3，经烹制卷缩后，即成鱼鳃形，如"鱼鳃腰花""鱼鳃鱿鱼"等。

6. 麦穗形

在厚度约 0.8 cm 的原料上交叉反刀斜剞，再按一定规格推刀切成条。例如，"麦穗肚"的规格是反刀斜剞约 0.8 cm 宽的交叉十字花纹，再顺纹路切约 3 cm 宽、10 cm 长的条。又如，"火爆麦穗腰花"的规格是反刀斜剞约 0.5 cm 宽的交叉十字花纹，再顺纹路切约 5 cm 宽、2.5 cm 长的条。以上反刀斜剞的深度均为原料的 2/3。

7. 松鼠形

将鱼去头后沿脊柱骨将鱼身剖开，离鱼尾 3 cm 处停刀，然后去掉脊椎骨，劈去胸肋骨，在两片鱼肉上剞上直刀纹，刀距约 0.5 cm，深度要剞至鱼皮；再横着鱼身用斜刀剞，刀距为 0.5 cm，深度也要剞至鱼皮，加热后就成了松鼠形。常用于鳜鱼、青鱼等原料，适合制作炸、熘类菜肴，如"松鼠鳜鱼"等。

8. 松果形

用推刀在厚度约 0.7 cm 的原料上剞斜交叉刀纹（斜度约 45°，刀距 0.4 cm），剞的深度约为原料厚度的 2/3，然后改切成长 5 cm 的三角块，经加热烹制卷曲后形似松果，如"火爆鱿鱼卷"等。

9. 鸡冠花形

在厚度约为 3 cm 的原料上,用直刀顺剖约 0.3 cm 宽、约 2 cm 深的刀纹,再把原料横过来切成约 0.3 cm 宽的片,或两刀一断的片,烹制后形如鸡冠。

10. 眉毛花形

在厚度约 1 cm 的原料上,先顺着用反刀斜剖,刀距约为 0.4 cm,深度为原料的 1/2,再横着用直刀切三刀一断,深度为原料的 2/3,宽约 1 cm,长约 8 cm,如"眉毛腰花"等。

11. 麻花形

麻花形是用片、切的刀法处理原料,再经穿拉制作而成的。先将原料劈成长 4.5 cm、宽 2 cm、厚 0.3 cm 的片,在原料中间顺长划开约 3 cm 的口,再在中间缝口的两边各划一道约 2.5 cm 的口,用手抓住两端并将原料一端从中间缝口穿过,就成了麻花形。常用于鸡胸脯肉、鸭肫、猪腰、里脊肉等原料。

12. 牡丹形

牡丹形是用直刀(或斜刀)剖和平刀剖的方法制作而成的。在鱼身两面每隔 3 cm 用直刀(或斜刀)剖一刀,两面剖成对称的刀纹,加热后鱼肉翻卷,如同牡丹花瓣。牡丹形花刀常用于体大且厚的鲤鱼、大黄鱼、青鱼等原料,适合脆熘、软熘等烹调方法,如"糖醋脆皮鱼"等。

13. 吉庆块

吉庆块是指运刀加工后呈"吉庆"(佛教寺庙中僧人念经时伴奏的敲击乐器,即框形木架上悬挂的小铜锣,呈"品"字形)形的块状原料。加工时,先将原料切成四方块,再在原料每面 1/2 处用刀根切一刀,深度为原料厚度的 1/2,要求刀纹相连。吉庆块大小根据烹调要求确定。如在改成四方块后,先在每个角上刻花纹,再改刀,称为花吉庆,适用于植物性原料,如萝卜、莴笋、土豆、苤蓝等。

> **思考题**
>
> 1. 鲜活原料初加工的目的是什么?
> 2. 分档取料的目的和意义是什么?
> 3. 干货原料常用的涨发方法有哪些?注意事项有哪些?

项目四

烹饪原料制熟处理

项目分析

初步熟处理加工是烹调加工中一项重要的工艺流程,原料处理加工的质量直接影响成菜的色、香、味、形、质等各个方面。因此,初步熟处理加工工艺是烹调工作者必备的基本技术要素之一,也是烹调过程中一项必不可少的基础工作。常见的优化与保护措施有上浆、挂糊、勾芡,其保护的原理主要是利用淀粉糊化和鸡蛋蛋白质凝固形成的外膜起保护作用。在传统的烹调技艺中,汤是制作菜肴的重要辅助原料,是形成菜肴风味特色的重要组成部分。本项目主要介绍:烹饪原料制熟处理基本原理,原料的初步熟处理,制汤技法,糊、浆、勾芡,调味技法。

学习目标

※知识目标

1. 理解制熟处理的目的和意义。
2. 了解初步熟处理的基本要素。
3. 掌握初步熟处理的种类。
4. 熟悉制汤的定义及原料的选择要求。
5. 掌握制汤的基本原理。
6. 熟悉浆糊的定义及作用。
7. 了解浆糊在烹饪中的各种变化。
8. 掌握挂糊的操作要领。
9. 理解上浆的定义及工艺流程。
10. 熟悉勾芡的定义及作用。
11. 了解味觉的心理现象。
12. 理解调味的作用及原理。

※能力目标

1. 能根据菜品需要识别与运用火力。

2. 能熟练掌握烹饪原料划油、走油的技法。
3. 能根据需要熟练地制作各种汤。
4. 能根据菜品及原料的特点调制各种浆糊。
5. 能根据菜品类型调制各种芡汁。
6. 能调制四川代表性味型。

认知一　烹饪原料制熟处理基本原理

任务介绍

烹饪原料的制熟过程就是使其由不可食用的状态转变为可以食用的状态，是烹饪技术的三大要素之一，先秦时期称为煎熬，魏晋之后称为火候，现在称为食物制熟处理技术。通过学习本任务的内容，要求熟悉烹饪加热过程中所使用的各种热源和介质，掌握火力的识别方法以及影响火候的因素。

任务目标

1. 掌握火候的基本含义及运用的方法。
2. 熟悉不同能量和火候变化之间的关系。

相关知识

一、制熟处理的目的和意义

初步熟处理的定义：根据菜肴的质量要求，将原料放在油、水、蒸汽等传热介质中进行初步加热，使之成为半熟或处于刚熟状态的半成品，为正式烹调做准备。烹饪原料初步熟处理通常包括以下内容：利用水来加热的焯水、水煮、卤汁走红；利用油来加热的划油、过油、过油走红；利用蒸汽来加热的汽蒸等。由于不同的传热介质各自的性能不同，因此在加热原料时，对原料的影响和作用也各不相同。从表象上看，有一个共同的作用，即使原料变得半熟或全熟。

（一）除去原料中的异味

排除肉类的血污，除去异味。肉类，特别是下货中都或多或少地存在血污，并有腥膻等异味，经水处理可基本除净。一些带有涩味、苦味以及生辣味的蔬菜经焯水便可除去异味。例如竹笋的涩味、萝卜的辣味一经焯水，就会消失，有利于烹调。

（二）增加原料的色彩

可使蔬菜颜色鲜明、质地脆嫩。大多数蔬菜经过焯水处理后，颜色会变得鲜明，尤其是富含叶绿素的蔬菜焯水后呈翠绿色，其质地也因此而变得脆嫩。

（三）缩短时间，调整成熟度

（1）可缩短正式烹调的加热时间。经焯水处理的材料大多处于半生不熟的状态，所以，正式烹调时，可以缩短加热时间，这对要求在短时间内完成的菜肴特别重要。

（2）能使菜品中不同原料的成熟时间一致。各种烹饪原料的质地不同，其加热成熟时间也就不一致，有的原料能很快加热致熟，而有的原料需较长时间。如果将成熟时间不一的原料共同烹调，势必造成该菜原料成熟度不一致，以致影响成菜效果。所以，用水、鲜汤或油脂等先对各种不同原料进行初步热处理，有意识地调节好各种原料的成熟度，使菜肴中的不同原料在正式烹调时，能在同一时间成熟，这对菜肴质量的保证是非常重要的。

（四）清除或杀死食物中的病菌、毒素

烹饪原料经过初加工后，还不能完全消除残留的病毒、细菌、霉菌及毒素、虫卵等生物性污染物。此外，还会在原料切配、辅料添加以及原料与食用器皿、空气接触和操作过程中发生二次污染。所以，正确掌握初步熟处理加工工艺是保护菜肴卫生、人们健康的重要环节。

二、初步熟处理加工的基本要素

初步熟处理加工工艺由热源、介质、烹饪原料三者组成，其中热源是主体，烹饪原料是被加工的客体，通过对热的吸收产生熟的效应，而介质是达到这一目的的中介物质。

1. 热源

热能是指物质燃烧或物体内部分子不规则运动放出的能量。热源是指热能的来源。热源在烹饪工艺中具有非常重要的作用，理想的热源是保证菜肴质量的重要因素。目前常使用的热源按存在的状态和载体，可分为以下几种类型：

（1）固态热源：在常温常压下以固体形成存在的燃料，包括木炭、木柴、煤、石蜡等。木炭燃烧值高，燃烧时的烟雾小、污染小，适合特种烹调；木柴燃烧值较高，燃烧时的烟雾大、污染大，适合特种烹调；煤炭燃烧值高、热效能高，但污染较大，应有限制地使用；石蜡又叫工业固体酒精，宜作为火锅、烧烤的加热燃料，干净卫生，使用方便。

（2）气态热源：在常温常压下以气体形式存在的燃料，包括天然气、焦炉煤气、沼气等。天然气又叫石油气，丁烷是其主要燃烧成分，鼓风可以助燃、提高热效、防止火灾；焦炉煤气又叫炼焦煤气，主要成分是一氧化碳；沼气的主要成分是甲烷。

（3）液态热源：在常温常压下以液体形成存在的燃料，包括柴油和工业酒精。柴油燃烧值高、火力猛，多用于柴油加热灶。使用工业酒精时应注意安全。

（4）能态热源：电能是最高效、安全、经济、卫生的新型绿色能源，主要加热方式有电炉加热、电磁炉加热、红外线加热、微波炉加热和电蒸汽加热。

2. 介质

（1）水：在烹饪技术中，水是最常用的传热介质。特点：水的比热容高；水的导热性能好；水的化学性质稳定；水是无色无味的液体，又能溶解多种物质。在烹饪原料中，水是最廉价的。

（2）水蒸气：在食物制熟过程中，水蒸气也常常被用作传热介质。特点：水蒸气作为传热介质，在传热过程完成以后，就冷凝成液态的水，对环境没有任何污染，也不产生任何有害物质；水蒸气的饱和温度随其饱和蒸气压而改变；水蒸气的聚集没有固定的形状，也没有固定的界面；以水蒸气为传热介质，只要温度稳定，没有冷凝水产生，就不会造成营养素和风味物质的流失，也不会对食物造成污染；传热均匀，主要的传热方式是对流，而且蒸汽潜热远远超过热水。

(3) 食用油脂：将食用油脂作为烹饪操作中的传热介质时，应考虑的主要性质是它的燃烧和分解温度。因为食用油脂的化学热稳定性不如水，所以受热后不可能达到沸腾温度（即沸点）而汽化。食用油脂作为传热介质的特点：油脂的比热容低；油脂的导热性能良好；热油的工作温度远高于热水；油的传热温度高于水；有利于菜肴消化吸收率的提高。

(4) 金属：由于金属具有良好的导热性能，因此传热很快，温度很容易升高，也有利于美拉德反应和焦糖化反应，使成品产生诱人的色泽。比如铁锅，不仅导热性能良好，对人体健康无害，而且可以为人体提供铁元素。

(5) 其他固体传热介质：目前仍在使用的有食盐和洁净的粗沙或细石子，它们的导热性都不好。

三、火候的应用

（一）火力的识别

正确掌握火候的前提是识别火力，俗称"看火"。根据炉灶在燃烧时的表现形式，如火焰高度、火光亮度、火色、热辐射的强弱等直观特征，一般将火力分为旺火、中火、小火、微火，不同火力用于不同菜肴的烹制。

(1) 旺火也叫武火、大火、烈火、猛火或急火，是烹调中最强的火力。其特点是火焰蹿出炉口，高而稳定，呈黄白色，火光明亮、耀眼夺目，散发出灼热逼人的热气。主要用于"抢火候"类型菜肴的快速烹制，适用于爆、炒、烹、炸等烹调方法。使用旺火的目的是缩短菜肴在锅中停留的时间，减少营养成分的损失，保持原料的鲜美脆嫩。

(2) 中火也叫文武火，是仅次于旺火的一种火力。特点是火苗在炉口处摇晃，时而窜出炉口，时而低于炉口，呈黄红色，火光较亮，有较大的热力，适用于烧、煮、熘等烹调方法。使用中火的目的是保证原料受热均匀，以便于入味。若用强热，容易碳化，使原料内的蛋白质因受破坏而失去营养价值。

(3) 小火也称文火。此火火焰较小，火苗在炉口与燃料层间时起时伏，呈青绿色，火光暗淡，火力偏弱，主要适用于炖、焖、烩等烹饪方法。

(4) 微火又称焐火、慢火。此火火焰仅在燃料层表面闪烁，火光暗淡，呈暗红色，热力较小，一般用于加工酥烂入味的菜肴，以及涨发一些干货原料，如海参、蹄筋等，同时也可以对一些已成熟的菜肴进行保温，调节上菜时间。

（二）影响火候的因素

要掌握和运用火候，就必须了解火候的影响因素。影响火候的因素较多，主要有原料性状、热媒用量、原料投量、季节变换等。它们对火候的某一个或几个要素有所影响，从而制约火候。

(1) 原料性状的影响：原料性状是指原料的性质和形状。所谓性质，包括原料的软硬度、疏密度、成熟度、新鲜度等。不同的原料，由于化学组成、组织结构等不同，因此性质上会有所差异；相同的原料，由于生长（或饲养）时间、收获（或捕捞、宰杀）时机、贮藏期限等不同，因此性质上也会有所差异。这些性质上的差异必然导致原料在导热性和耐热性上有所不同。因此，在满足烹调要求的前提下，必须依据原料的性质来选用传热的媒介和组配火候的要素。由于原料的性状对火候的运用有着较大的影响，因此在烹制由多种原料组配而成的菜肴时，有必要根据各种原料的不同性质和形态，合理安排投放顺序，以满足各种原料的不同火候要求。

（2）热媒用量的影响：热媒用量与热媒容量有关，从而对热媒温度产生一定的影响。种类一定的热媒，用量较多时，要使其达到一定温度，就必须从热源获取较多的热量，即热媒的热容量较大。此时热媒温度的稳定性较好，少量的原料从中吸取热量不会引起温度大幅度的变化。用量较少时，热源传输较少的热量就可达到同样高的温度。此时热媒的热容较小，温度会随着原料的投入而急剧下降。要维持一定的烹制温度，就必须适当增大热源火力。可见，热媒用量会影响热媒温度的稳定性，从而改变火候要素的组配形式。

（3）原料投量的影响：原料的投入量也是影响热媒温度的因素。一定的原料要烹制成某种菜肴，就需要在一定温度下加热适当长的时间。原料投入后会从传热媒介中吸收热量，导致热媒温度降低。要保持一定的温度，就必须有足够大的热源火力相配合，若温度下降，只有通过延长加热时间来使原料成熟。原料投入量不同，所产生影响的大小就不同：投入量多，影响就大；投入量少，影响就小。

（4）季节变换的影响。一年四季中冬夏反差较大，环境温度一般都有几十摄氏度的差异。这必然会影响到烹制时的火候。冬季气温较低，热源释放的热量中有些能量会有所减少，热媒载运的热量会在环境中散失；夏季气温较高，热源释放和热媒载运的热量较之冬季损耗要小得多。所以，烹制分量一样的同一种菜肴时，在冬季需要适当增加热源火力、提高热媒温度或延长加热时间；在夏季需要适当减弱热源火力，降低热媒温度或缩短加热时间。虽然季节变换对火候的影响不是很大，但也不可忽视。

认知二　原料的初步熟处理

任务介绍

原料的初步熟处理就是原料经过初步加工后，为了便于正式烹调和缩短正式烹调时间而采用"出水""过油""煸炒""走红"等方法，将原料制成半熟或刚熟状态，供正式烹调使用的一项技术措施。它不仅决定菜肴的烹调过程是否顺利，而且直接影响菜肴的质量。菜肴的质量主要表现在色泽、口味、形状、质地、营养、卫生等方面。

任务目标

1. 掌握从生鲜原料到烹制成菜肴的各种具体加工方法。
2. 熟悉各种烹饪原料加热方法的基本特点和应用范围。

相关知识

一、水加热预熟法

1. 水加热预熟法的种类

（1）冷水预熟法：又叫冷水锅焯水法。这是将原料与冷水同时放入锅中烧煮的方法，适用于体积大，以及有苦味、涩味的根茎类植物性原料和体积较大、结构密实、血污较多、腥膻味较重的动物性原料。前者如根茎类蔬菜中的竹笋、土豆、萝卜、山药等，这些原料中所含的苦涩味物质有一个较慢的转化过程，只能在冷水锅中随水温的增加而逐渐消除，若入沸水锅焯水，则易出现外烂而里未透的现象；后者如牛肉、羊肉、兔肉及动物内脏等原料，往往血污多、异味重，如果入沸水锅焯水，则原料体表会因骤然受热而收缩凝固，不利于排除血污和腥膻味。

（2）沸水预熟法：又叫沸水锅焯水法。这是将水烧沸后，再投入原料烧煮的方法，适用于蔬菜中的叶、花、嫩茎类原料和块小质嫩、腥膻味少的动物性原料。如蔬菜中的菠菜、青笋、油菜等，用沸水锅焯水能保证这些原料质地脆嫩、色泽鲜艳，若用冷水锅焯水，则水沸叶黄、熟烂，并且会大量损失营养物质；而鱼类、贝类和切成小块的质嫩、腥味淡的动物性原料，入沸水锅中稍加氽烫，就可去净血污和异味，并可保持鲜嫩。若把这些原料改用冷水锅焯水，一是原料容易老化，二是原料容易失去鲜味，三是原料容易破碎。

2. 水加热预熟法的原则

（1）蔬菜焯水时加少许盐，可减少蔬菜中营养物质的损失。从营养学角度分析，蔬菜焯水可增加水溶性营养物质的损失，如小白菜在100 ℃的沸水中烫2分钟，维生素的损失率便高达65%。若焯水时加入1%的精盐，便可减缓蔬菜内可溶性营养物质的流失速度。

（2）豆角焯水时可加少许碱。这是因为豆角在生长过程中，表面会形成脂肪性角质和大量的蜡质。由于这些物质遮蔽了豆角表皮细胞所含的叶绿素，因此豆角的碧绿色泽不明显，豆角的角质和蜡质不溶于水，而只溶于热碱水中。因此，在豆角焯水时添加少许碱，豆角便会呈碧绿色。但必须注意：碱不可加得过多，否则会影响菜肴的风味特色和营养价值。

（3）蔬菜焯水后若不立即烹调，则应拌少许熟油。蔬菜焯水后会发生很大的变化：菜叶外表具有保护作用的蜡质、组织细胞均被破坏。如果焯水后不立即烹调，蔬菜便很容易变色并流失营养。如果将焯水后的蔬菜拌上点熟植物油，就能在蔬菜表面形成一层薄薄的油膜，这样既可防止水分蒸发，保持蔬菜的脆嫩，又可阻止蔬菜氧化变色和营养物质流失。

（4）脆性原料焯水时间不能过长，例如猪肚、墨鱼丝、田螺、海螺等。因为这些原料质地脆嫩且韧，纤维组织细密，水分较多，如果焯水时间过长，纤维组织会紧缩，水分会大量流失，导致原料质地变得僵硬老韧，失去脆嫩感，吃起来咀嚼困难、口感不佳。脆性原料焯水时的火候应当以下料后复滚为宜。

必须根据原料性质适当掌握焯水时间。由于各种原料的形状、体积、厚度、老嫩程度均不相同，因此焯水时间也应有所不同，如叶类蔬菜的焯水时间不可过长；而大笋、老笋的焯水时间要长些，否则无法除去涩口的滋味。

（5）动物类原料焯水后应立即烹制。畜禽肉经焯水处理后，内部含有较多的热量，组织细胞处于扩张分裂状态，如果马上烹制，极易炖烂，同时可以缩短烹调时间，并减少营养的流失；若焯水后不立即烹制，这类原料便会因受冷表层收缩而出现"回生"现象，最终导致成菜效果不理想。

二、油加热预熟法

1. 油加热预熟法的种类

（1）划油，也称滑油、拉油。动物性原料在受热后，肌肉中的蛋白质就开始因凝固而变性，结缔组织（如腱、筋膜等）在有机体中执行机械职能。这种组织由胶原蛋白和弹性蛋白构成,这两种蛋白在高温下产生凝固、抽缩作用。

掌握好油的温度、划油的时间。油温一般掌握在3~4成热(温度在90~130℃),无青烟,无响声,油面较平静,原料入油后,周围出现少量气泡,此时油温最佳。识别和掌握油温应注意:① 油温过低时,原料入油后,蛋白质不能迅速凝固,亲水的胶体体系会因受到破坏而失去保水能力,导致脱浆,造成干瘪现象;② 油温过高时,原料入油后,蛋白质迅速凝固,伴随着多肽类化合物的缩合作用,直接造成溶液的黏度增加,出现原料结团卷缩现象;③ 即便油温正好,划油的时间也要恰到好处。原料入油后,要迅速将其划开,断生捞出。时间过长也是造成原料干瘪的一个因素。

(2)走油。又称拖油、过油。走油的原料一般是较大的片、条、块或整只整条的大型原料。原料在走油前已经过焯水处理,有的还经过了调味腌渍或挂糊上浆。原料下锅时,油温必须控制在七成热以上,俗称旺油锅。

2. 油加热预熟法的原则

(1)原料走油时火要旺、油要多。一般用油量以浸没原料为宜,以七八成热的油温为宜,火力要合适,防止焦而不透。

(2)应注意安全,防止热油飞溅。当原料投入锅中时,原料表面的水分会因骤受高温而立即汽化,并会带着热油四处飞溅,此时容易造成烫伤事故,需采取防范措施。

(3)要注意原料下锅的方法。需走油的原料很多,各种原料下锅的方法应有所不同。例如:有皮的原料下锅时,应将皮朝下,因为肉皮组织紧密,韧性较强,不易炸透,皮朝下时受热较多,容易达到涨发松软的要求;焯水后的原料,表面水分较多,必须控干水或用干净的干布揩净水分,再投入旺油锅中,以防热油飞溅。

(4)注意原料下锅后的翻动。当原料入旺油锅中炸时,锅内会发出很响的油爆声,当油爆声减少时,说明原料表面水分已基本蒸发,这时应用手勺缓缓地翻动原料,防止原料粘锅或炸焦,同时应注意原料的颜色和硬度,使走油的半成品在制成菜肴后达到最佳的效果。

走油的原料适合烧、红扒、焖、蒸等烹调方法,如"豆瓣鲜鱼""家常豆腐"等。

三、蒸汽加热预熟法

蒸汽加热预熟法是将加工整理过的烹饪原料放入蒸锅(蒸箱)中,以常压蒸汽或高压蒸汽为传热介质进行热处理的一种方法。利用蒸汽加热预熟法处理原料时,要根据原料的质地、体积和成菜的要求,掌握好加热的温度、加热的时间。蒸汽加热预熟法能保持原料形状完整,保持原料的营养和风味,缩短正式烹调的时间。一般采用中火沸水徐缓蒸法和旺火沸水长时间蒸法。

1. 蒸汽加热预熟法的种类

(1)中火沸水徐缓蒸法。中火沸水徐缓蒸法是用中火加热至水沸,徐缓地将原料蒸成鲜嫩细软的半成品的一种方法。这种方法主要适用于新鲜、细嫩、易熟、不耐高温的原料或半成品,如肝膏、嫩蛋、鸡糕、肉糕的熟处理。蒸制时,火力要适当,水量要充足,蒸汽冲力不宜过大。若火力过大、蒸汽冲力过猛,则会造成原料起蜂窝眼、质老、变色,这时可减小火力,把笼盖开一条缝隙放气,以降低笼内的温度和减少蒸汽。

(2)旺火沸水长时间蒸法。旺火沸水长时间蒸法是用旺火加热至水沸腾,经较长时间将原料蒸制为烂熟的半成品的一种方法。这种方法适用于体积较大、韧性较强、不易软的原料，如鱼翅、干贝、海参、蹄筋等干货原料的涨发以及用鸡、鸭、肘子等原料做菜时半成品的熟处理。蒸制时，火力要大，水量要多，蒸汽要足，蒸制的时间要根据原料的质地、形状和成菜要求来定。

2. 蒸汽加热预熟法的原则

掌握好火候，根据原料的质地、类别、特性、形状等选择不同的火力与蒸制时间，保证菜品质量；与其他处理方法配合；部分原料采用蒸汽加热预熟法前需要先焯水、过油、走红，部分原料需要提前码味、定型，个别原料需要先制成茸、泥等；多种原料同时蒸制时，要防止串味串色。

四、走红

走红就是将原料投入红卤汁中加热，或在原料表面上抹上上色涂料，放入油锅中加热，使原料表面变为红色的一种菜肴的熟处理技法。原料走红后，可以增添菜肴色彩，使菜肴更加美观，改善菜肴口味，引起人们的食欲，提高菜肴的食用价值。走红可分为卤汁走红和油炸走红两大类。

1. 卤汁走红

卤煮走红与"卤"极为相似，但又不是"卤"。二者的区别在于卤汁不同。走红的卤汁以酱油、鱼露、糖色、红曲米、料酒为主，以其他调料为辅，所以其他调料的品种较少，卤汁的口味也偏淡；而"卤"的卤汁以酱油、鱼露、糖色、红曲米为辅，以其他调料为主，因此其他调料的品种较多，卤汁的口味也偏浓。原料走红主要是为了上色，同时也从卤汁中吸收一部分滋味作为菜肴的辅助味（即底味），以下一步烹调时的补充调味为主体味；原料"卤"的目的是入味，并以卤汁中的滋味为主体味，同时也通过"卤"增加菜肴的色彩。卤汁走红的卤汁一般有酱红卤汁和玫瑰红卤汁两种。

2. 油炸走红

油炸走红又叫过油走红，即在原料表面抹上涂料，原料通过油炸，表面涂料中的糖分因焦化而转变为红色，或表面涂料中的色素成分深化为红色的初步熟处理方法。油炸走红的涂料有单一涂料和混合涂料两种。

认知三　制汤技法

任务介绍

俗话说"唱戏的腔，厨师的汤"，足以说明鲜汤在烹调技术中是何等的重要。鲜汤的用途非常广泛，不仅在汤菜中需要使用大量的鲜汤，其他许多菜肴的烹制也都离不开鲜汤。本任务主要介绍制汤原料的选择、制汤的原理及制汤过程中的关键点。

任务目标

1. 掌握汤汁的种类与应用。
2. 熟悉制汤的基本原则和要求。

相关知识

一、制汤定义

制汤是我国传统烹调技艺中的精华。我国各大菜系均有自己的独特之处，这正是其菜肴的风格所在。川菜作为我国的四大菜系之一，尤其重视汤的制作，对汤的质量、标准都有很高的要求。与其他菜系相比，川菜制汤的历史悠久、工艺上乘，早在很久以前，川菜的汤就已经成为一种独立的烹调技术了。因此，制汤是川菜制作中的一项重要工艺，它是衡量厨师烹饪技术水平的标准之一。制汤是指在烹饪活动中，将一些富含鲜味成分的动植物原料用水煮，从而制作鲜汤的过程。

二、制汤的原料选择

必须选用鲜味充足、异味小、血污少、新鲜的原料。在动物性原料中，牛肉、羊肉因含有大量的低分子挥发性脂肪酸而带有特殊的气味，因此，除非用于烹制牛肉、羊肉菜肴，否则一般不将牛肉和羊肉作为制汤的原料；鱼肉中含有谷氨酸、肌苷酸、琥珀酸、氧化三甲胺，滋味非常鲜美，但是若放置时间稍久，氧化三甲胺在还原为气味浓烈的三甲胺的同时，还会分解出一些有腥味的有机化合物，因此除了鱼类菜肴可以使用鲜鱼汤外，其他菜肴一般不用鱼汤。

原料中应富含鲜味成分。制汤的原料中应富含鲜味成分，如核苷酸、氨基酸、酰胺、三甲基胺、肽、有机酸等。这些成分在动物性原料中含量最为丰富，所以制作鲜汤的原料应当以动物性原料为主。在动物性原料中，首选原料是肥壮的老母鸡，并以"土鸡"为好。鸭子应选用肥壮的老母鸭，但不宜选择太老的鸭子，也不宜选用嫩鸭和瘦鸭。猪瘦肉、猪肘子、猪骨头一般宜从肥壮的阉猪身上选用，不宜选用种猪肉。在选择火腿、板鸭时，宜选用色正味纯的金华火腿和南安板鸭。冬笋、香菇、竹笋、鞭笋、黄豆芽等都是制作素菜汤的理想原料。

不同性质的汤，选料不同。制作奶汤的原料需要具备以下条件：含有丰富的动物性蛋白质，这是鲜味之源；要有一定的脂肪，这是制作白色奶汤的一个重要条件；要有能产生乳化作用的物质，也就是说要有一定的骨骼原料；要有含有一定量的胶原蛋白的原料，使奶汤浓稠，增加味感，增强辅助乳化作用，水油均匀混合。

制汤时，一般选用味香质优的调料。常用的调料有黄酒、水酒、精盐、生姜、白胡椒、葱等。不宜选用味差质劣的调料、含有一定药味的香料和有色液体调料，以免影响鲜汤的口味或使鲜汤变色。用于制汤的水也有讲究，水质不好，对汤汁会产生很大的影响。用于制汤的水最好是未加漂白粉的井水或泉水，因为自来水有一股很浓的漂白粉气味，会影响汤汁的味感。

三、制汤的基本原理

制汤原理可分为两个部分来论述：一是汤色的形成原理；二是汤汁风味的形成原理。

(一) 汤色的形成原理

汤色分为清汤、白汤两种，影响汤色的主要因素是火候和油脂。白汤的形成实际是油脂乳化的结果：在制汤过程中，原料脂肪溶于水中，汤的温度越高，特别是在剧烈沸腾的情况下，汤向原料传递的热量就越多，原料温度就越高，一方面增大了呈味物质在原料里的溶解度，另一方面增大了呈味物质向原料表面扩散的速度，同时还增大了呈味物质在汤中的扩散系数，而沸腾时对流引起的搅拌作用，能迅速使汤中呈味物质的浓度均匀化，使汤汁浓白黏稠。

（二）汤汁风味的形成原理

制汤的过程实质是原料中呈味物质由固相（原料）向水相（汤）的浸出过程，原料在刚入锅加热的时候，表面呈味物质的浓度大于水中呈味物质的浓度，这时呈味物质就会从原料表面通过液膜扩散到水中。当表面呈味物质进入水中之后，原料表层的呈味物质浓度低于原料内层的呈味物质浓度，导致原料内部液体中的呈味物质浓度不均匀，从而使呈味物质从内层向外层扩散，再从表面向汤汁中扩散。经过一段时间受热后，原料中的呈味物质逐渐转移到汤汁当中，浸出相对平衡。这一原理的依据就是菲克定律，汤汁的质量与原料中呈味物质向汤中转移的程度有关，转移越彻底，汤的味道就越浓厚。

此外，汤汁风味还与原料的形态、呈味物质的扩散系数、制汤的时间等有关系。原料越小，呈味物质的扩散系数越大，制汤所用时间越长，萃取率就越小，呈味物质从原料向汤的转移就越彻底。

（三）清汤形成的基本原理

在制汤过程中，不仅原料中的蛋白质和脂肪的水解作用使得汤汁鲜美醇厚，更为重要的是，制清汤时会加入呈蓉状的蛋白质物质，利用蛋白质胶体的凝固作用和吸附作用，清理汤汁中的悬浮颗粒物，经过过滤，汤汁会更加澄清，汤味会更加鲜醇浓厚。另外，因为在制作清汤的过程中使用小火加热，使汤汁保持沸而不腾的平静状态，无法产生乳化作用，所以熔化的油脂只能浮在汤水的表面，及时撇出后仍能保持汤汁的清纯。

（四）白汤形成的基本原理

白汤制作有时又称翻白汤、翻汤。制作白汤的原料多为鸡、鸭、方肉、肘子、猪骨等，在长时间的煮制过程中，原料中的蛋白质、脂肪水解生成低聚肽的多种氨基酸和脂肪酸溶于水中，从而使汤汁滋味鲜美醇厚。同时，脂肪与水在长时间的加热过程中，由于使用了中火、旺火加热，汤汁一直处于激烈的沸腾状态，脂肪分子与水分子相互撞击渗透，易形成水包油型的白色乳状结构。另外，制汤的原料中富含磷脂和胶原蛋白，磷脂的存在使汤汁的乳白状相对稳定，水油不易再分层；胶原蛋白的存在使汤汁稠浓，乳化作用更强。所以，制成的汤色泽乳白，滋味鲜美醇厚，汤质稠、黏、滑。

四、制汤的五大关键

从选料到成汤整个过程的每一个环节都很重要，任何一个环节都会影响汤的质量，因此要注意以下几点。

（1）严格选料。汤的质量首先受汤料质量的影响。制汤原料要含鲜味成分、胶原蛋白、适量脂肪、且无异味。因此，选料时应选用鲜活的、鲜味浓厚的原料，如猪肉、牛肉、鸡肉、口蘑、黄豆芽等；不用有异味的、不新鲜的原料，尤其是鱼类；不用易使汤汁变色的香料，如八角、桂皮、香菇、花椒等。

（2）冷水下料，一次加足。冷水下料，然后逐步升温，可使汤料中的浸出物在原料表面受热凝固收缩之前，就大量地进入原料周围的水中，并逐步形成较多的毛细通道，从而提高汤汁的鲜味程度。沸水下料，原料表面骤然受热，表层蛋白质变性凝固，组织紧缩，不利于内部浸出物的溶出，汤料的鲜美滋味就难以得到充分体现。同样，水量一次加足可使原料在煮制过程中均衡受热，以保证原料与汤汁进行物质交换的毛细通道畅通，便于浸出物从原料中持续不断地溶出。中途加水，尤其是加凉水，会打破原来物质交换的均衡状态，减少物质交换的速度，将一些毛细通道堵塞，从而降低汤汁的鲜味程度。

（3）旺火烧开，小火保持微沸状态。旺火烧开，一是为了节省时间，二是通过水温的快速上升，加速原料中浸出物的溶出，并使溶出的通道稳定下来，以利于毛细通道通畅，溶出大量的浸出物。小火保持微沸状态是提高汤汁质量的保证。因为在此状态下，汤水流动有规律，原料受热均匀，既利于传热，又便于物质交换。如果水剧烈沸腾，则原料必然会受热不均匀（气泡接触热流量较小，液态水接触处热流量大），这既不利于物质交换，又会导致汤水快速、大量汽化，香气大量挥发，严重影响汤汁质量。制清汤时，持续沸汤更是一大忌讳。

（4）除腥增鲜，注意调料投放。汤料中鸡、肉、鱼等，虽富含鲜香成分，但仍有不同程度的异味。制汤时，必须除去异味、增加香味。为了做到这一点，在正式制汤前，汤料应该焯水洗净。有时放葱、姜和料酒等去除异味。要注意调味料的投放顺序。煮制清汤时，有时会用葱头、胡萝卜、芹菜等，这些蔬菜都有一些挥发油和香气成分，为了避免这些成分过早挥发掉，影响汤的风味，应在清汤煮好前一小时放入。食盐的投放需要特别注意。制汤过程中，最好不要放盐，因为盐有强电解质，一进入汤汁中便会全部电离成氯离子和钠离子，氯离子和钠离子都能促进蛋白质的凝固，影响热的传递，妨碍原料中浸出物的溶出等，对制汤不利，还会导致汤汁变浑浊。因此，在制汤时不要过早放盐。

（5）不撇浮油，注意汤锅加盖。在煮制汤的过程中，汤的表面会逐渐出现一层浮油。在微沸状态下，油层比较完整，起着防止汤肉香气外溢的作用。当浮油被乳化时，这些香气成分便随之分散于汤中。油脂乳化还是奶汤色泽形成的关键。因此，在制汤过程中不要撇去浮油。注意掌握撇浮沫的时间，浮沫是一些水溶性蛋白质热凝固的产物，早于浮油产生，浮于汤面，褐灰色，影响汤汁美观，必须除去。应在旺火烧沸后立即撇去浮沫，以减少浮油的损失。汤面油脂也不能过多，否则会影响汤的质量，尤其是制清汤时。不过这在选料时已作控制。正常汤料产生的浮油对制汤是必要的。汤锅加盖也是防止汤汁香气外溢的有效措施，同时可减少水分蒸发。

认知四　糊、浆、勾芡

任务介绍

烹调中的浆糊工艺，业内称为"上浆""挂糊"技术处理。它的出现无疑是我国烹调技术的一大进步。它有力地推进了烹调技术的发展，标志着我国烹调技术进入了新的时期。因此，上浆、挂糊的好坏直接影响菜肴的质量。勾芡是我国烹饪的基本技法之一。勾芡对菜肴的入味、原料与汤汁的相互融合，以及菜肴的色彩具有十分重要的作用。

任务目标

1. 掌握上浆、挂糊和勾芡的具体方法。
2. 熟悉淀粉胶体在烹饪实践中的具体运用。

相关知识

一、浆糊工艺的定义及作用

浆糊工艺是指用蛋、水、淀粉等原料在主料的外层挂上一层黏性的糊和浆,使原料在加热过程中起到对水分和风味物质的保护作用的工艺过程。

上浆和挂糊是烹调前的一项重要操作程序,对菜肴的色、香、味、形等各方面均有很大的影响,其作用主要有以下几个方面:

(一)可以保持原料中的水分和鲜味

经过挂糊处理后,原料外部裹上一层黏性浆糊,浆糊受热后立即凝成一层薄膜,使原料不直接与高温接触,油不易浸入原料内部,原料内部的水分和鲜味也不易外溢,可保持原料的鲜嫩;同时,还可以用不同配料的浆糊,使过油后的原料有的香脆,有的松软,有的焦酥,有的滑爽,从而使菜肴的风味更加突出。炸、熘等烹调方法大都是用旺火热油,如果鸡、鸭、鱼、肉等原料不经过挂糊处理,加入旺火热油中后水分会很快耗干,鲜味也会随着水分外溢,导致原料质地变老、鲜味减少。

(二)能保持原料形态饱满、色泽光润

鸡、鱼、肉等原料切成较薄较小的丝、丁、条、片以后,在烹调加热时往往易断、散碎或卷缩。上浆、挂糊能增强原料的黏性,提高原料的耐热性能,加热以后,不但能保持原料原来的形态,有的还能略为涨大;同时,表面的浆糊经过油的作用,能保持原料形态饱满、色泽光润,从而保证菜肴的美观。

(三)形成丰富口感

当原料挂上浆糊,经较高温度的油炸、炉烤或低温长时间的炸、煎后,原料表面的浆糊会变得十分酥脆;经低温短时间炸或煎后,原料表面会变得柔滑或松软,原料内部会变得细嫩。

(四)能保持和增加菜肴的营养成分

通过挂糊或上浆,原料的外表有了保护层,不会直接与热油接触,内部的养料和水分就不易溢出,其营养成分也就不会流失太多。鸡、鱼、肉等原料如果直接与高温接触,其中所含的蛋白质、维生素、脂肪等营养成分就会遭受不同程度的破坏,从而大大降低原料的营养价值。另外,由于浆糊是由鸡蛋、淀粉等组成的,也具有丰富的营养成分,因此可以增加菜肴的营养价值。

(五)创新菜肴制作的手法

自从厨师发明了上浆、挂糊以来,我国的烹调技法如雨后春笋纷纷出土,又如含苞的花朵竞相开放,使我国烹调技术园地百花盛开。例如:炸法,在上浆、挂糊出现以前,基本上只有清炸一种方法，现在发展到干炸、酥炸、软炸、松炸等多种炸法；溜法中的脆溜、滑溜等，也都是上浆、挂糊出现后的产物。上浆、挂糊与调味品一样，是烹调中不可缺少的组成部分，也是烹调技术中很重要的一项内容。

（六）缩短烹调时间

实验证明，上浆后再加热的原料，其成熟时间会大大缩短。原因是：第一，原料上浆后，其表面会形成一种由变性蛋白质和糊化淀粉组成的密封膜，密封膜可以阻止原料受热后产生的蒸汽外溢，使原料受热的温度提高；第二，密封膜还可以阻止原料受热后的水分外流，使传热介质的原有温度不会下降太多，从而相对提高原料的受热温度；第三，上浆能为原料补充大量的水分，使原料的成熟速度加快。

二、浆糊在烹饪中的变化

（一）淀粉的糊化

淀粉在常温下不溶于水，但当水温在 53 ℃以上时，淀粉的物理性能会发生明显变化。淀粉在高温下溶胀、分裂形成均匀糊状溶液的特性，称为淀粉的糊化。一般来讲，支链淀粉含量高的淀粉糊化时形成的卤汁黏度大，并与原料黏附得较牢；而支链淀粉含量低的淀粉糊化时形成的卤汁黏度要小一些，与菜肴原料黏附得也较为疏松些。在菜肴勾芡时，芡汁内的淀粉因受热吸水膨胀而糊化，淀粉要完成糊化过程，就必须经过以下三个阶段。

1. 可逆吸水阶段

在烹饪行业中，勾芡用的淀粉常被预先浸泡在冷水中，称为"水淀粉"或"湿淀粉"，它在水中呈白色沉淀状态。这种水淀粉经搅拌后就成了乳状悬浮液，若停止搅拌，悬浮液中的淀粉颗粒就会慢慢下沉，最终为水和淀粉分层。水淀粉之所以具有这种性质，是因为淀粉不溶于冷水，同时淀粉的比重又比水的比重大。当淀粉颗粒处在冷水浸泡的环境下时，其颗粒的体积略微膨胀，但未影响淀粉颗粒中的结晶部分，所以淀粉的基本性质不会改变。处在这一阶段时，进入淀粉颗粒内的水分子因淀粉的重新干燥而被排出，干燥后的淀粉颗粒的结构可以完全恢复到原来的状态。因此，芡汁受热前处在淀粉糊化的可逆吸水阶段，化学性质基本不变。

2. 不可逆吸水阶段

当芡汁下锅后，淀粉颗粒处在受热加温的条件下，水分子开始逐步进入淀粉颗粒内的结晶区域，这时便出现了不可逆吸水的现象。这是因为随着锅内菜肴汤汁的温度不断升高，淀粉胶束运动的动能增强，淀粉分子内氢键本身也会变得很不稳定，淀粉颗粒内的结晶区域则由原来排列紧密的状态逐步转变为疏松的状态。这时菜肴汤汁中的水分子很容易与淀粉分子中断裂后的极性键上的极性基团相亲和，导致淀粉的吸水量迅速增加，由此出现大量不可逆吸水的现象。在这一阶段，淀粉溶液的黏稠度开始升高，同时淀粉颗粒内有一小部分淀粉分子溶入水中。因此，我们有时把淀粉的不可逆吸水阶段称为淀粉结晶的"溶解阶段"。如果对处在不可逆吸水阶段的淀粉颗粒重新进行干燥处理，淀粉就不可能恢复到原来的结构状态。在实际勾芡中，我们可以看到芡汁中的淀粉开始糊化，菜肴卤汁的黏度不断增加，卤汁与菜肴原料的黏附力也逐渐增强。

3. 颗粒解体阶段

在勾芡过程中，淀粉颗粒经过不可逆吸水阶段（第二阶段）后，很快进入第三阶段——颗粒解体阶段。这时锅内菜肴汤汁的温度还在继续提高,达到60~80℃时,淀粉颗粒仍在继续吸水膨胀。当淀粉颗粒膨胀到一定限度后,便会出现破裂现象,颗粒内的淀粉分子会向各个方向伸展扩散,溶入水中。扩散开来的淀粉分子之间有规则地相互联结、缠绕,形成一个网状的含水胶体,这就是淀粉糊化后形成的糊状体。在淀粉颗粒破裂时,首先颗粒内的直链淀粉分子向锅内汤汁总扩散并分散成为胶状溶液。随后,颗粒内的支链淀粉分子也大部分或全部进入锅内的汤汁中。至此,淀粉颗粒完全解体,菜肴的汤汁成为具有一定黏稠度的胶体。经过糊化后的淀粉又称为 a 化淀粉,并且将淀粉的这种糊化作用成为 a 化作用。勾芡后,菜肴卤汁的黏稠度由淀粉的用量、种类以及锅内菜肴的油量、汤汁的多少等因素决定。

(二) 淀粉的老化

淀粉的老化是指经糊化后,淀粉在室温或低于室温的情况下变得不透明,甚至凝结沉淀的现象。在糊化过程中,已经溶解膨胀的淀粉分子重新排列组合,形成一种类似于天然淀粉结构的物质。值得注意的是:淀粉老化的过程是不可逆的,不可能通过糊化再恢复到老化前的状态。老化后的淀粉不仅口感差,消化吸收率也有所降低。淀粉的老化首先与淀粉的组成密切相关,含直链淀粉多的淀粉易老化、不易糊化;含支链淀粉多的淀粉易糊化、不易老化。玉米淀粉、小麦淀粉易老化,糯米淀粉老化速度缓慢。

(三) 蛋白质的凝固

机械运动、加酸、加碱、加热都会对蛋白质产生不同程度的影响。强烈的机械运动可使蛋白质变性,如碾磨、搅拌或剧烈振荡。用筷子或者打蛋器搅打鸡蛋清时,蛋液会起泡并呈白色泡沫膏状。这是由于在强烈的搅拌过程中,蛋清液中充入气体,蛋清中的蛋白质变性伸展成薄膜状,将混入的空气包裹起来形成泡沫,并有一定的强度,从而保持泡沫的稳定性。

三、挂糊的类型

1. 水粉糊

调制水粉糊时,应先将淀粉(玉米淀粉或土豆淀粉)用水浸泡一段时间,让淀粉颗粒充分吸水,然后再将已沉淀下来的淀粉调制成糊。用上述方法调制出来的淀粉糊可用于炸制菜肴挂糊,过油时不易脱糊和溅油,炸出的成品表面光滑、不易回软、酥脆适口。

2. 蛋粉糊

在调制蛋粉糊时,要先将蛋液抽打成泡,通过力的作用破坏黏蛋白的部分空间结构,使空气渗入蛋白质内部,使蛋液起泡,从而降低蛋液的黏度,便于紧密地、均匀地包裹在原料表面。同时,经过打泡后,蛋液中的黏蛋白会吸收大量空气,使糊内充入气体,这些气体在加热过程中因膨胀而逸出,使成品更具有膨松饱满的质感。

3. 发粉糊

发粉糊又称酥炸糊、回酥糊、松糊,主要用面粉(可以用少许糯米粉)、泡打粉、清水、熟猪油调制而成,炸出的成品质地酥松、入口即化。

四、挂糊的操作要领

(一) 灵活掌握各种糊液的浓度

在挂糊时,应当根据原料性质、烹调的要求以及原料是否经过冷冻等因素,决定糊液的浓度。如较嫩的原料水分含量高,需要用稠糊包裹,原料中的水分才不会外溢;质老的原料因为本身缺少水分,因此应补水。

(二) 恰当掌握各种糊液的调制方法

调制糊液时,必须掌握先慢后快、先轻后重的原则,并且要十分细致。打蛋泡糊时,必须将蛋清用力打透,能立住筷子时再加入淀粉。搅出的糊液必须均匀,糊中不能有小颗粒,以防原料过油时小颗粒爆裂脱落,造成脱糊。

(三) 必须用糊液将原料表面全部包裹起来

糊液包裹原料时应不留空白点,否则原料在烹调时,油会乘虚而入,使没有被包裹的部分原料质地变老、形状萎缩、色泽焦黄。把原料表面均匀地包裹起来,形成一个完整的保护层,这样加热时才不会出现原料老嫩不均、色泽不均等现象,同时也避免失水、失鲜味、失营养等现象。

(四) 要根据原料性质和菜肴的要求选用糊液

由于原料性质、形态、烹调方法和菜肴要求各异,因此糊液的选择十分重要。如要求色泽洁白的菜肴,必须选用一些无色的糊液(如蛋清糊、蛋泡糊等)。

(五) 根据情况,原料可先扑粉再炸

对水分较多、表面光滑的原料进行挂糊处理时,可在原料表面拍上一层干粉后再挂糊,然后下锅油炸。干粉可吸收原料表面的水分,同时使原料更为平整,使糊更加容易附着,避免脱糊现象。

由于各地菜点的特色不同,因此制作糊液的方法及用料也有一定的差异,要掌握好挂糊的技能,就必须在实践中不断地摸索与总结。只有掌握好挂糊的规律,才能做出色、香、味、形俱佳的菜肴。

五、上浆工艺

上浆工艺是指用盐、淀粉、鸡蛋等包裹原料外表,使原料外层均匀粘上一层薄质浆液,外表形成软滑的保护层的过程。上浆后的原料经过烹调,具有鲜嫩爽滑、软糯的特点。

(一) 上浆的工艺流程

(1) 清洗:去除肉类表面的杂质。有腥味的食材,如牛肉、羊肉等,用清水浸泡几分钟就可以去除腥味。

(2) 加味:放入食盐后,用手抓肉丁会感到肉质开始发黏,这是因为盐有很强的渗压性和透湿性,能使肉类的胶原蛋白质发生改变,开始变性。加食盐的时候要注意:盐的量要加足,保证食盐的渗压性和透湿性达到最强。加盐的同时可以放入其他调味料,比如胡椒粉、五香粉、花椒粉、酱油等,这些调料中同样含有食盐的成分。调味料的选择要根据自己的喜好与食材而定。

(3) 加水润剂:水润剂包括清水、料酒、花椒水、生姜汁、葱汁、蒜泥汁等。这些水性物质因为含有水分,所以也都有极强的渗压性,可以使肉类吸收足够的水分,从而达到肉质鲜嫩的目的。同时,水润济还可以消除肉类的腥味,给肉增香。尤其是生姜中含有蛋白水解酶,可以将肉类中的胶原蛋白水解成柔软的明胶。

(4) 加鸡蛋浆:鸡蛋浆分为全蛋浆、蛋清浆、蛋黄浆,具体用哪种浆要根据肉的材料

与做法来决定。全蛋浆多用于酱爆菜，适用于要给肉上色的菜肴，也就是炒菜的过程中要加一些增色调味料，如生抽、老抽、各式酱汁；蛋清浆多用于滑炒菜，适合烹制色泽洁白的食材，如鱼片、虾仁、滑炒鸡丁等；蛋黄浆与全蛋浆基本一样，加入蛋黄浆可以使肉类呈现金黄的色泽。具体的鸡蛋浆用量要根据食材的数量来控制，一般500 g的肉类用50 g的鸡蛋浆，以此标准来推断自己需要的量即可。

（5）加生粉：生粉具有碱性，肉类在碱性的环境里，蛋白质的空间结构会变得松弛，水分的保持力将增强，从而达到锁住肉类水分的目的。但要注意的是：生粉的用量要适当，只要在用手抓一把肉捏挤的时候，没有汁水从指缝间流出就好。加生粉的时候最好分次加入，每一次都要搅拌均匀。

（6）加食用油：加食用油也是为了更好地锁住水分。肉类被油脂包裹时会形成一种保护膜，入油锅的时候可以防止肉的营养与水分流失；同时，也可以避免肉类入油锅的时候，油花四溅。整个上浆过程其实是一气呵成的，说起来挺麻烦，其实真正操作起来也就几分钟而已。

（二）影响上浆的因素

鱼片、肉片、鸡片等上浆前要先用清水浸泡一会儿，让肌肉纤维中的蛋白质充分吸收水分，使肌肉组织膨胀，并将肌肉内残存的带腥味、臊味的血浆浸泡出来。这样原料的色泽才能洁白，口感才能清爽，有利于调味品渗入原料内部，便于腌煨和上浆。同时，能够保证烹制出的菜肴色泽清新、鲜嫩可口。

首先，根据原料的粗细、老嫩程度掌握上浆时的力度，如鸡丝、鱼丝等小型的、较嫩的原料上浆时要轻，而肉片、肉丁上浆时力度应稍大些；其次，在上浆之前一定要加适当的调味料，且加入调味料之后，必须将原料内的所谓"肉汁"抓出，然后加入淀粉或蛋清等；最后，原料一定要上浆均匀，表面的浆的薄厚要一致。

六、勾芡工艺

勾芡是我国烹饪的基本技法之一。一般来讲，勾芡往往是制作菜肴的最后一道工序。如果勾芡失败，无论前面的制作工艺如何完美，菜肴的味道如何适口，都会导致菜肴制作的失败，前功尽弃。勾芡是指根据烹调要求，在菜肴加热后期即将成熟起锅时，加入以淀粉为主要原料调制的粉汁，使锅内汁液变浓裹覆或部分裹覆于菜肴之上的操作方法。

（一）勾芡的作用

（1）增加菜肴汤汁的黏性和浓度。一般菜肴在烹调时，都需要加入一些水（汤）以及液体调味品，有时原料在加热时还会流出一些水分来，成为菜肴的汤汁。这种汤汁稀且不黏，附着能力差，难以裹覆于菜肴上。勾芡后，菜肴的汤汁变得浓稠，附着能力大大增强。

（2）增加菜肴的口味。菜肴勾芡后，汤汁中的混合滋味随之黏附于菜肴上，菜肴的口味也随之更加浓厚鲜美。如果不勾芡，菜肴则"不够味"。无汤汁的菜肴，需要另外调制芡汁，然后将芡汁裹覆于菜肴上。芡汁在烹调时，需要加入几种或多种调味品，有时还需要用骨汤或高级清汤。

（3）增加菜肴的光泽和润滑性。粉汁加热糊化后，不仅变得黏稠，而且透明、润滑、光亮，尤其是在与油和多量的糖混合加热时，其糊化物（芡汁）更为透明、油润，裹覆于菜肴上后，菜肴显得格外光亮、润滑。

(4) 使菜肴更加美观。菜肴着芡后，形态丰满。此外，有些菜肴在勾芡时，需要在粉汁中加入一些鲜红的红辣椒茸、番茄沙司、咖喱酱、糖色、酱油之类的调料，以增加菜肴的口味和丰富菜肴的色彩。当菜肴裹上这种芡汁时，犹如穿上了一件明亮美丽的彩色外衣，显得非常漂亮。

(5) 使菜与汤汁融合。菜肴勾芡后，可使菜与汤汁融为一体。如爆、炒类的菜肴，经勾芡后，汤汁能紧包原料。否则，菜汤分家，味道不佳。又如羹类和有些汤菜，经勾芡后，菜汤交融，汤汁柔和润滑，原料滑嫩鲜美。

(6) 保持菜肴的温度。淀粉糊（芡汁）具有恒温性好、散热慢的特点。芡汁裹覆于菜肴上，可减缓菜肴热量消失的速度，从而起到一定的保温作用。

(二) 芡汁的种类和应用

由于菜肴的品种和菜肴的烹调方法不同，因此芡汁的稠稀程度也不同。按照稠稀的情况，可分为厚芡（稠芡）和薄芡（稀芡）两大类。

1. 厚芡

厚芡又分为包芡和糊芡。

(1) 包芡：粉汁较浓，芡汁最稠，芡汁能全部包裹于菜肴上。包芡主要适用于汤汁较少的爆、炒类菜肴，如油爆双脆、炒腰花、鱼香肉丝等。这类菜肴吃完后，盘中几乎见不到汤汁。

(2) 糊芡：粉汁比包芡略淡，芡汁较稠呈薄糊状，菜汤融合，口味浓厚，口感柔滑。糊芡多用于烩菜，如石鸡羹、炒鳝糊、烩三鲜等。

2. 薄芡

薄芡可分为流芡和米汤芡。

(1) 流芡：又叫玻璃芡，粉汁较淡。芡汁浇在菜肴上，一部分能裹覆于菜肴上，一部分从菜肴上向下流，呈流泻状态，故称为流芡。流芡主要适用于熘菜或原料是整只整块的菜肴，如白汁鳜鱼、咖喱全鸭等。

(2) 米汤芡：粉汁最淡，芡汁最稀，呈米汤状态，故称为米汤芡。米汤芡主要适用于一些花色菜和汤菜，如金鱼闹莲、迎春鸡脯、酸辣汤等。

(三) 影响勾芡的因素

1. 淀粉的种类

用于勾芡的淀粉，宜选用洁白、细腻、无渣滓、无泥沙杂质、无酸馊异味的淀粉。用于名贵、高档、精致的菜肴勾芡的淀粉，应该选用优质的淀粉，以保证芡汁和菜肴的质量。爆、炒、熘、扒、烧类的菜肴勾芡时宜选用恒水性能好、附着能力强的绿豆淀粉、荸荠淀粉、马铃薯淀粉、番薯淀粉。烩菜和某些要求透明清澈的芡汁宜选用木薯淀粉，因为木薯淀粉调制的芡汁非常柔滑、透明，可一目了然地看到芡汁中的各种菜肴。

2. 加热的时间

每种淀粉都有相应的糊化温度，达到糊化温度并加热一定时间以后，淀粉才能完全糊化。一般来讲，加热温度越高，糊化速度越快，所以在菜肴汤汁沸腾以后勾芡较好，这样能在较短时间内使淀粉完全糊化，完成勾芡操作。在糊化过程中，菜肴汤汁的黏度逐渐增大，完全糊化时黏度最大，之后随着加热时间的延长，黏度会有所下降。

3. 淀粉的浓度

要掌握好粉汁的浓度。粉汁的浓度是否恰当，对菜肴的质量影响很大。粉汁过浓，芡汁过稠，就会导致成菜黏黏糊糊；粉汁太淡，芡汁太稀，就会导致芡汁附着能力差。勾芡时，汤汁多的菜肴，粉汁可稍浓些；汤汁少的菜肴，粉汁可略淡些。有些胶性大的菜肴，粉汁宜淡些，或者不勾芡。

4. 有关调料以及菜肴的油量

在菜肴勾芡时，锅内菜肴的油量不宜过多，否则勾芡后菜肴的卤汁不易包裹住菜肴，菜肴的汤汁也不易完全融合。为了避免这些现象，可以在菜肴勾芡前用手勺将菜肴中过多的油脂撇去一部分，这样就可使淀粉在勾芡的过程中容易糊化，淀粉的糊化程度也容易均匀一致，糊化后形成的糊体黏度较高，从而达到预期的勾芡效果。对于某些因制作上的需要而加入明油的菜肴，可以等锅内淀粉完全糊化以后，再沿着锅边加入适量的油脂。

5. 温度

芡汁下锅后，锅内菜肴的温度会有所降低，芡汁中的淀粉要完全糊化就必须经过一段加热升温的过程。对同一种淀粉来说，淀粉颗粒的大小不同，其糊化温度也不同。较大的淀粉颗粒因为结构较疏松，淀粉分子本身的结合力较小，所以容易糊化，所需的糊化温度也较低；而颗粒较小的淀粉粒因为结构较为紧密，分子本身的结合力较大，所以糊化比大颗粒淀粉难，所需的糊化温度也较高。

（四）勾芡的操作方法

1. 芡汁的调制与使用

（1）单纯芡汁：又叫单纯粉汁，由淀粉和水调匀而成。这种粉汁又叫水淀粉。单纯粉汁的淀粉与水的比例一般以1:5为宜，这种浓度的粉汁适用于较多的菜肴。但是，由于菜肴的品种和烹调方法不同，因此使用的单纯粉汁的浓度也有所不同，要根据具体情况灵活调整。

（2）混合粉汁：由细淀粉（或湿粉团）加上一定量的水（汤）以及各种调味品调匀而成。在菜肴烹调前，把这道菜所需的各种调味品、淀粉和水（或汤）放入碗内调匀，在菜肴出锅前倒入锅中；或倒入锅中烧热的底油中，调成芡汁后，再和入过油后的原料；或将芡汁浇在烹好装盘的菜肴上。混合粉汁主要适用于爆、炒、熘等旺火速成的菜肴。使用这种粉汁有利于缩短烹调时间，保证菜肴的脆嫩性。

（五）勾芡的注意事项

（1）把握好勾芡的时机。必须在菜肴成熟或接近成熟时勾芡，过早或太迟都会影响菜肴的质量。过早，菜肴未到成熟的程度，或汤汁达不到所需要的浓度；太迟，有些原料会变色失脆或出水，有些菜肴因加热时间过长，还会出现汤汁不足的现象。此外，过油后的原料也要立即勾芡，这样才能保证菜肴香酥或脆嫩的口感。

（2）要掌握好粉汁的用量。粉汁的用量不可过多或过少。多了，芡汁过量，甚至太稠；少了，芡汁不足或太稀。勾芡时，还要根据菜肴的汤汁量和原料过油后的干湿度来灵活掌握粉汁的用量。菜肴汤汁偏多，原料过油后较湿，粉汁的用量宜浓宜少；菜肴汤汁偏少，原料过油后较干，粉汁的用量宜淡宜多。只有这样，芡汁的稠度和用量才能恰到好处。

（3）粉汁的稀稠度要准确，这对菜肴的质量影响很大。

(4) 粉汁要调匀。调制粉汁时，应先加少量水将块粒状的淀粉调成粉团，用手搓匀，再加足水调匀，这样调制的粉汁均匀、细腻、无颗粒。如果粉汁未调匀，芡汁就会不匀滑，并会出现糊粒。

(5) 勾芡前必须先调准色、味。用单纯粉汁勾芡前，必须先确定菜肴的口味、颜色。若菜肴勾芡后再加调料，则无法弥补其口味和颜色的缺点。因为后补的调料难以与芡汁混合均匀，更难通过菜肴上的芡糊层渗入原料内部，所以起不到调味和调色的作用。

(6) 勾芡时火力要适当。火力对芡汁的影响很大。勾芡的火力需根据烹调方法和菜肴要求来决定。一般来说，汤汁油量少、胶性大的菜肴宜使用小火勾芡。因为汤汁油量少或胶性大的菜肴在大火下勾芡搅拌时，粘在锅壁上的芡汁极易烧焦，烧焦物落入芡汁中后，会严重影响芡汁和菜肴的质量。因此，这类菜肴勾芡时火不宜大。汤汁油量较多、无胶性（或胶性极小）的菜肴宜使用中火或旺火勾芡。用爆、炒、熘等烹调方法烹制的菜肴宜旺火勾芡；用烧等烹调方法烹制的菜肴宜中火勾芡；用烩、扒等烹调方法烹制的菜肴宜小火勾芡。

勾芡虽然能改善菜肴的口味和外观，但是不能一概而论，不是所有用爆、炒、熘、烧、扒、烩等烹调方法烹制的菜都一定要勾芡。有的菜肴勾芡后会适得其反，如炒鸡蛋、干爆牛肉丝、炒韭菜、干烧鲫鱼等，这类菜肴勾芡后，口感变差，外观欠佳，失去了应有的美。因此，勾芡应结合实际，使烹制出来的菜肴达到美的顶点。

认知五　调味技法

任务介绍

我国地域辽阔、人口众多，不同地区的人，口味习惯有较大的差异。俗话说"南甜、北咸、东辣、西酸"，在一定程度上反映了各地的口味。形成这一情况的因素是多方面的，既有历史习惯，又有地理、气候等多方面的因素。随着社会的进步，交通的发展，人们的迁居，各地的饮食口味不断地发展、变化着，正在向口味多样化发展。本任务主要讲解调味的原理、技法和四川代表性凉菜、热菜味型。

任务目标

1. 掌握菜肴味觉的心理现象和调味的基本原理。
2. 熟悉代表性四川味型的调制方法。

相关知识

一、味觉的心理现象

（一）味的对比

味的对比又称味的突出，是将两种以上不同味道的呈味物质按悬殊比例调和在一起，使量大的那种呈味物质的味道更加突出的调味方式。例如，我们在15%的蔗糖溶液中加入0.177%的食盐，结果是这种蔗糖与食盐组成的混合溶液的味道比原来的蔗糖溶液更甜。烹饪中常讲的"要得甜，加点盐"就是味的对比现象在调味中的具体应用。又如，味精的鲜味只有在食盐存在的情况下才能呈现出来，如果不加食盐，不但毫无鲜味，甚至还有某种腥味，给人一种不愉快的感觉。这种鲜味与咸味之间的相互作用也属于味的对比现象。

（二）味的相乘

味的相乘又称味的相加，是将两种或两种以上同一味道的呈味物质混合使用，促使这种味道进一步加强的现象。鸡精与味精混合使用可使鲜度增加，而且味道更加醇厚。这种方法主要在需要提高原料中某一主味或需要为原料补味时使用。

在烹调中，我们为了增强菜肴的鲜味，经常运用这种味的相乘作用。如在制作某些炖、煨类的菜肴时，经常要选用多种不同原料，一般是将富含肌苷酸的动物性原料（鸡、鸭、蹄髈、猪骨、鱼、蛋等）与富含鸟苷酸、鲜味氨基酸和酰胺的植物性原料（竹笋、冬笋、香菇、蘑菇、草菇等）混合在一起炖、煨，利用这些原料中不同的鲜味物质之间发生的相乘作用，增强菜肴的鲜美滋味。

（三）味的转化

味的转化又称味的改变或味的变调，是将两种或两种以上味道不同的呈味物质以适当的比例调和在一起，使各种呈味物质的本味均发生转变而生成另一种复合味道的调味方式。例如，当尝过食盐或苦味的奎宁后，立即饮用无味的白开水，这时就会觉得无味的水有了甜味。

味的转化现象在烹制菜肴的过程中极少出现，一般不必担心这种现象。然而，在评定、品尝菜肴的质量时，评判员们往往在品尝了某道菜肴后，要用无味的开水漱漱口腔，间歇数秒后，再继续品尝下一道菜肴，其目的之一就是防止在连续品尝不同的菜肴时发生味的转化作用，从而影响评判人员的判断。

（四）味的消杀

味的消杀又称味的掩盖或味的相抵，是将两种或两种以上不同的呈味物质，按一定比例混合使用，使各种呈味物质的本味均减弱的调味方式。使用多种调味品，将味道调整到最佳，如味道过咸或过酸时，适当加些糖，可使咸味或酸味有所减轻，并食不出甜味；利用某些调味品中挥发性呈味物质掩盖异味，如生姜中的姜酮、姜酚、姜醇，肉桂中的桂皮醛，葱、蒜中的二硫化物，料酒中的乙醇和食醋中的乙酸等。因此，烹鱼时加醋和料酒等，不仅能产生酯化反应形成香气，而且能消除鱼的腥味。

二、调味的作用

（一）确定菜肴的滋味

调味可以使一些本身淡而无味的原料具有鲜美的味道。如海参、豆腐、粉皮、鱼翅等本身不具有鲜美的滋味，它们必须与调味品或具有鲜味的原料（如猪肉、鸡、蘑菇等）共同烹调才能获得鲜味。此外，调味还能增加菜肴的营养。

（二）改变或增强滋味

一些原料，如萝卜、芹菜等本身具有特殊的气味，加入调味品后可以减轻或消除异味。同一种原料用不同的调味品加工之后，其滋味也不同。另外，调味还可以调出鲜美的复合味,如奶汤大杂烩、红烧什锦、砂锅豆腐、坛子肉、佛跳墙等。

(三) 协调和减少异味

将滋味较浓的和较淡的(或者荤菜和素菜)加以调和,可起到协调滋味的作用。肉类与蔬菜共同烹制或牛羊肉一起烹制便是如此。一些异味较重的原料,如牛肉、羊肉,可以通过姜、葱、料酒、醋、胡椒粉等来减少异味。

(四) 使菜肴色彩丰富

丰富家常菜的色彩可以通过调味品来实现,如白芡汁、糖醋汁等可以使菜肴有滋有味、色彩丰富。金钩烧豆腐、雪花鸡淖、冰糖肘子、鱼香虾仁等菜肴就是在调味品的作用下形成的。

(五) 使菜肴品种多样化

调味可以决定菜肴的品种,如麻辣肉片和鱼香肉片因调味品不同而有区别。又如,鸡片可以调成椒麻鸡片或怪味鸡片等,排骨可以做成糖醋排骨、五香排骨或孜然排骨等。因此,菜肴的名称也随着调味品的变化而变化,不同的调味方法使同一原料具有不同风味,并且增加了菜肴的品种。

(六) 体现菜系与形成风味

调味方法有一个形成过程,受地理与历史因素的影响。因此,调味方法可以体现菜系,如粤菜清淡香鲜;苏菜味浓带甜,本味醇厚;浙菜新鲜清香;徽菜突出本味,酥烂香鲜;闽菜味重甜酸,多用红糟;湘菜味重酸辣;一提起麻辣味浓、鱼香味醇,我们便会联想起川菜。

三、调味的原理

(一) 渗透原理

在常用的调料中,盐是主角,盐的渗透力也是最强的。在烹调的时候,如果将盐与新鲜的蔬菜一起拌和,不久就会发现蔬菜有了咸味;蔬菜由饱满变得萎缩,菜的外表却很湿润。这一现象是怎样造成的呢?

原来,盐是一种强电解质,当盐与蔬菜表面的水分接触后,形成了高浓度的盐溶液。这样就在蔬菜细胞的内外形成一个浓度梯度,低浓度的溶液要向高浓度溶液渗透,蔬菜细胞中的水就被"吸"到外表,使蔬菜萎缩。此外,浓盐溶液有很大的渗透压,盐水同样通过渗透作用进入蔬菜内部,使蔬菜有了咸味。这两种渗透同时发生,直到平衡为止。

(二) 溶解原理

溶解是指固体或液体物质的分子,均匀地分布在汤或水中。如味精、盐或糖溶解在汤水中,使汤水呈鲜味、咸味或甜味。辣椒、胡椒等都含有辣味成分,它们的辣味成分溶解在汤水中则使汤水呈辣味。醋溶解在汤水中,使汤水呈酸味。原料中也有显味成分,如苦瓜中含有苦味成分,如果嫩苦瓜的苦味太甚,可在烹调前焯水一次,使部分苦味成分溶解在水中,从而减轻苦瓜的苦味程度。茶叶、咖啡正是利用溶解原理,将其苦味成分溶解在水中,成为人们乐于饮用的饮料。原料中也有鲜味成分,烹调时这种鲜味成分溶解在汤水中,从而使汤汁鲜美。

（三）分解原理

一种化合物由于化学反应而生成两种或多种较简单的化合物或单质，称为分解。加热能促进这种分解，如动物原料中的蛋白质水解成各种氨基酸，其中谷氨酸有鲜味。甘薯在蒸煮过程中经过β-淀粉酶在适当温度下的作用，生成麦芽糖从而使甜味增加；烤甘薯时，还原糖量显著增加。其他如大米、面粉、藕、土豆等，都有类似的呈味变化。另外，有一类食物利用微生物的繁殖来分解食物，使食物发生变化，从而产生新的味道，如泡菜、酸菜、酸黄瓜、酸奶等。分解作用调味包括加热分解调味法、调味品分解食物调味法和调味品自身分解调味法。

（四）合成原理

各种调味品都有呈味物质，各种烹饪原料也是由化学物质组成的。当原料与调味品混合后，在烹调加热的作用下，分子之间会发生一系列复杂的化学反应，生成一些新的物质，产生新的滋味，如鱼香类菜肴。那么独特诱人的滋味是从哪来的呢？它是由泡辣椒中的脂肪类芳香物，姜中的姜油酮、姜油酚、姜辣素，大蒜中含硫挥发油，料酒中的醇和氨基酸，醋中的乙酸，酱油中的香气物质以及糖、脂等在烹调过程中经挥发、混合、合成等一系列化学反应，生成新的酯和醇等而产生的特殊味感。

（五）黏附原理

将调味品拌和或者黏附在食物的表面，可以使食物呈现不同的味道。例如，在肉泥中拌调味品，在面团中加调味品，再经制作加热成为菜点，在已做成的菜点外面撒上调味品等。黏附作用一般用于质地紧密、不易入味的原料，或者短时间快速成菜而味感达不到要求的一类菜肴。黏附作用可以针对上述的具体情况，充分体现成菜的特色。黏附作用广泛用于热菜和冷菜中。如"干炸里脊"外带花椒盐，"炸鸡排"外带辣酱油。尤为突出的是挂霜菜肴，最能体现黏附作用。

四、常见凉菜味型调制

味型是指两种或两种以上的调味品经过适当的调和，形成的具有一定特征、相对稳定的味感类型。菜肴的味型多种多样，在制作上可分为凉菜味型和热菜味型两大类。下面介绍凉菜味型的调制方法。

（一）红油味型

味型特点：色泽红亮，味咸而略甜，兼具香鲜，四季皆宜。

调味原料：精盐、红油、白酱油、白糖、香油、味精。

调味方法：白酱油提鲜味，白糖和味提鲜，使味更突出。以上几种调味品所组成的咸甜味，应是鲜味适当，甜味以进口微有感觉为度。红油要突出辣香味，用量以满足菜肴的需要为标准，重在用油，辣味不能太甚。味精提鲜，用量以菜肴鲜味突出为好。香油增香压异。总之，红油味型应是"咸里略甜，辣中有鲜，鲜上加香"。

调味步骤：先将白酱油、白糖、精盐、味精调匀溶化后，加入红油、香油调匀即可。

调味运用：红油味适中，咸、甜、鲜、辣、香兼有，一般用于凉拌菜肴，也可与其他复合味配合，为本味较鲜的原料，如鸡、肚、舌、肉类和新鲜蔬菜等调味。

注意事项：这几种调味原料组成的咸甜味，应以咸味适当，甜味以进口微有感觉为度，在此基础上突出香辣味,重用红油。

(二) 姜汁味型

味型特点:浅茶色,姜味浓郁,咸中带酸,清鲜不腻。

调味原料:精盐、味精、老姜、酱油、香醋、鲜汤、香油。

调味方法:在咸味的基础上,重用姜、醋,突出姜、醋的味道。用味精增强姜、醋的味道,用香油点缀香味,使香味突出。调味时应注意味精的作用,不能用太多味精。精盐定鲜味。

老姜洗净去皮,剁成末,再与精盐、香醋、味精、酱油、鲜汤、香油等调味原料调和即成。

调味运用:姜汁适合与其他复合味相配合,姜汁味可用于凉拌菜肴,并最适合在夏季和春末秋初应用,尤以调制下酒菜肴为佳。

注意事项:姜汁味型要突出姜、醋的混合味,防止淡而无味。加鲜汤的目的主要是浸泡姜末出味(突出姜味),但要注意用量。若醋的颜色不够,可加入少许酱油增色,但以不掩盖原料本色为准。味精不宜用得过多,否则会影响鲜味。姜汁味型可用于制作清蒸(鱼)、清炖(肘子)的味碟。

(三) 蒜泥味型

味型特点:色泽红亮,蒜味浓郁,咸鲜,香辣中微带甜。

调味原料:精盐、味精、白糖、酱油、红油、蒜泥、香油。

调味方法:在咸鲜、微甜的基础上,重用蒜泥并以红油辅助,突出大蒜味,再以味精调和诸味,用香油增加香味。因此,在调味原料的用量上,除重用蒜泥外,酱油、味精所组成的鲜的味道应浓厚,红油与香油的用量要适当,只能起辅助与和味增香的作用,不能喧宾夺主。

加入精盐、白糖、味精,用酱油溶化调匀,随后加入蒜泥、红油、香油调匀即成。

调味运用:蒜泥味较浓厚,适合为菜肴调味,但有压味的副作用。因此,菜肴在味的配合上要做好安排。蒜泥味可用于凉拌菜肴,在春夏季最适宜应用。

注意事项:蒜泥味宜拌后即食,调制时应注意将蒜泥的味充分提取出来。在调味品的用量上,除重用蒜泥外,酱油、精盐、味精所组成的咸鲜的味道应浓厚。但隔夜蒜泥不宜使用。部分蒜泥味型直接用精盐、蒜泥、味精、香油调制而成。

(四) 怪味味型

味型特点:咸、甜、麻、辣、酸、鲜、香各味兼具,风味别致。

调味原料:精盐、酱油、白糖、醋、味精、芝麻酱、红油、香油、花椒粉、熟芝麻。

调味方法:配合以上各种调味品所组成的咸、甜、麻、辣、鲜、香、酸等味都应在菜肴内表现出来。先在调味碗内放入精盐、味精、白糖,用醋、酱油将其溶化后,再与花椒粉、红油、芝麻酱、香油、熟芝麻等调味原料充分调匀即成。

调味运用:一般适合调制本味较鲜的原料,还可用于下酒菜肴的调味,是四季皆宜的复合味。怪味在与其他复合味的配合上,不宜与红油味、麻辣味、酸辣味相配合。

注意事项:怪味的调味方法不论怎样变换,其基本原则都是:所有调味原料都应相互配合。也就是说,调味原料的单味都能相辅相成地在所组成的复合味中明显地表现出来,使人们在食用时能同时感觉到多种味道。

五、常见热菜味型调制

（一）鱼香味型

味型特点：色泽红亮，咸鲜香辣，鱼香味浓，姜、葱、蒜味突出。

调味原料：精盐、姜米、蒜米、葱花、泡红辣椒末、酱油、料酒、白糖、醋、味精、香油、鲜汤、水淀粉、色拉油。

调味方法：先将精盐、酱油、料酒、白糖、醋、味精、鲜汤、香油、水淀粉兑成芡汁。锅内放入色拉油，低油温时放入泡红辣椒末炒香炒红，再放入姜米、蒜米炒出香味，烹入芡汁，待淀粉受热糊化收汁亮油时，放入葱花起锅即成。

调味运用：本味香气浓醇，主要应用于以家禽、家畜、蔬菜、禽蛋为原料的菜肴，特别适合炸、熘、炒之类的菜肴。四季皆宜，佐酒最佳，本味与五香味有抵触，并对其他复合味有压味的作用，安排时应该注意。

注意事项：泡红辣椒末可用郫县豆瓣代替，郫县豆瓣有增香、除异、减腻、增色、增味的作用，确定香辣味感，并辅助增加咸味。要注意体现盐、泡椒、豆瓣、酱油的咸味总和。糖、醋的用量要适当，不能超过咸味。成菜后，咸、酸、甜互不压味，这是关键。应注意炒制泡红辣椒末或豆瓣的火候，投料时机要准确，在芡汁糊化亮油后立即起锅。

（二）糖醋味型

味型特点：色泽棕红，甜酸味浓，回味爽口。

调味原料：精盐、姜米、蒜米、葱花、酱油、料酒、白糖、醋、味精、鲜汤、水淀粉、色拉油。

调味方法：精盐定味，酱油提鲜增色，精盐辅助定味，用量以组成的咸味合适为准。在此基础上，重用白糖与醋，用量以菜肴的甜酸味突出为准。姜、葱、蒜、料酒等调味原料用以增香、提鲜、除异，料酒还有渗透味的作用。这些调味原料在此味型中地位较重要，用量以菜肴烹调后能略呈现出各自的香味为度。味精用来提鲜和味，用量应恰当。

烹调时，一般原料都要经过精盐、料酒码味后再挂糊，放入油锅中炸至外酥内嫩后起锅入盘，然后滗去炸油，另加混合油烧至约四成，加入姜、葱、蒜稍炒一下，将精盐、味精、白糖、酱油、醋、水淀粉、鲜汤等调料兑成的芡汁烹入，收成清二流芡，味正后起锅淋在炸好的原料上即可。

调味运用：一般适用于炸、熘的菜肴，如糖醋脆皮鱼、糖醋里脊等。糖醋味醇厚而清淡，和鲜、解味、除腻作用甚强，但过量时自身亦会发生背味的现象，因此复合味之间的安排应恰当，以发挥此味的长处。糖醋味四季皆宜，夏季应用尤佳，也可为下酒的菜肴调味。

注意事项：调制时，蒜米要求比姜米多一倍，只在低温油中炒香即可。糖、醋的量要适当，不能掩盖咸味。现代部分菜肴调制甜酸味时加入了番茄汁，呈红色，调制时也要在低油温下将番茄汁炒香炒红。

（三）荔枝味型

味型特点：茶红色，甜酸如荔枝，咸鲜爽口。

调味原料：精盐、姜片、蒜片、葱丁、酱油、料酒、白糖、醋、味精、鲜汤、水淀粉、色拉油。

调味方法：荔枝味的调味方法基本与糖醋味相同，只是甜酸味的程度不同而已，糖醋味一进口就能明显地感觉到甜酸味，而咸味较弱，只在回口时表现出来。荔枝味则不同，它包括甜酸味和咸味，也就是说，甜酸味和咸味都要表现出来。荔枝味的甜酸味与糖醋味的甜酸味相比更淡一些，荔枝味的咸味与糖醋味的咸味相比更咸一些，但姜、葱、蒜、泡红辣椒的香味基本相同。另外，在一定程度上，荔枝味的甜酸味中的酸味，在食用时的感觉上要先于甜味，也就是说，甜酸味是一个先酸后甜的过程。

调味运用：在荔枝味的实际运用中，有时甜酸味重一些（如锅巴肉片的甜酸味），有时甜酸味淡一些（如荔枝腰块的甜酸味），但都属于荔枝味的范畴。

荔枝味清淡而鲜美，有和味、解味、除腻的作用。此外，荔枝味自身不会发生背味的现象，能与其他复合味相配合，但与糖醋味等复合味放在一起时应加以注意。此味四季皆宜，可为佐酒下饭的菜肴调味。

注意事项：原料码味时底味要足，防止缺基础咸味。味汁中各种调味品的量和比例要适当。成菜后，咸、甜、酸味并重。部分菜肴不使用葱丁而改用马耳朵葱。宫保类菜肴还需加入干辣椒节、干花椒，使菜肴体现荔枝味的同时突出辣香味。

（四）麻辣味型

味型特点：色泽红亮，麻辣味浓，咸鲜醇香。

调味原料：精盐、干辣椒、郫县豆瓣、花椒、酱油、料酒、味精、鲜汤、水淀粉、色拉油。

调味方法：烹调时，一般是在低油温的锅中将郫县豆瓣炒香炒红，再放入干辣椒面、干辣椒丝或干辣椒节炒香，加入主料、辅料和各种调味品加热炒至所需成熟度直接成菜或勾芡成菜，部分菜品可以装盘后再放入辣椒粉或花椒粉。

调味运用：麻辣味型适用于大多数动植物原料的调味。此种味型虽性烈且浓厚，但麻辣有味，香鲜兼备。此味四季皆宜，适合与其他复合味相配合。

注意事项：麻辣味的调制方法针对不同的菜肴略有差异，如水煮类菜肴成菜后要撒上干花椒、干辣椒粉，再用热油烫香；麻婆豆腐、干煸牛肉丝、干煸鳝丝等成菜后要撒上花椒粉，而且麻婆豆腐还需加豆豉调味，以增加浓香味感。

六、调味应注意的问题

（一）熟知调味品的"味度"，做到心中有数

在制作菜肴前，必须先了解调味品的品牌，掌握它的成分、含量，事先尝好调味品的酸、甜、咸、辣、麻、鲜的度，做到烹调时心中有数，准确掌握调味品的添加量，使成菜的味道适合就餐者的口味。如川菜中的泡辣椒，由于品种不同，含盐量也不一样，厨师如不了解这一点，在烹调菜肴时就会出现失误。

（二）注重出味、入味、矫味

对于一些新鲜的原料，要注意突出其本味。如新鲜的水产品，不要用掩盖其滋味的调味品，如八角、桂皮、茴香等。对于一些无味的原料，如海参、蹄筋、鱼肚、鱼翅等，要使其入味，可做葱烧海参、芥末蹄筋、蟹黄鱼肚、风味鱼翅等菜肴。有腥膻气味的原料要注重矫

味,要多用去腥解腻的调味品,如腰子可用料酒,蹄髈可用八角、茴香等调味品。

(三) 在宴席中,菜肴的口味要多样化

宴席菜肴的口味应多样化,各种口味应相互协调,而不是单一的口味。

(四) 厨师要有正常的辨味能力

菜肴的味是经厨师调和的,若厨师味觉出现偏差,菜肴的口味必然难以让客人接受。因此,厨师在进食时,要注意补充一些含锌的食物,锌能使人保持正常的味觉,并注意不要长期大量饮酒。

思考题

1. 如何掌握好过油时的温度?
2. 动植物性原料在焯水时如何鉴别其成熟度?
3. 淀粉对菜肴的品质有何影响?
4. 浆、糊有哪些种类?各适合制作哪些菜品?
5. 汤的作用是什么?各种汤的制作方法及使用的范围分别是什么?
6. 调味的基本原理有哪些?

项目五

冷菜制作工艺

项目分析

冷菜又称"凉菜""冷蝶"等,各地称谓不一,其实它们都是相对"热菜"而言的,通常冷菜经过刀工处理后,再拼摆装盘,因此也称为"冷盘"。冷菜工艺是指冷菜的加工烹调以及拼摆装盘的制作工艺,是中国厨艺的一个重要方面,尤其是花色冷菜,成了近年来餐饮行业追求的一种时尚。在中餐传统宴席上,色、香、味、造型、质完美统一的冷盘可以收到先声夺人的艺术效果。本项目主要介绍冷菜工艺概述、冷菜制作、冷菜拼摆装盘、花式冷拼造型工艺、食品雕刻工艺。

学习目标

※知识目标

1. 了解中国冷菜工艺的形成与发展过程。
2. 理解冷菜的特点及作用。
3. 掌握酱卤法的操作工艺流程及要点。
4. 了解熏烤法的工艺流程及操作要点。
5. 掌握冷菜装盘的步骤及方法。
6. 熟悉水果拼盘的制作。
7. 理解冷菜拼摆装盘的基本要求。
8. 了解各类雕刻形式及果蔬雕刻操作的特点。

※能力目标

1. 能熟练操作非热调味技法及热烹调技法。
2. 能制作具有代表性的实用性冷盘。
3. 能制作工艺性冷盘。
4. 能制作代表性果蔬雕。

认知一　冷菜工艺概述

任务介绍

每个菜系都有自己的特色开胃菜，它一般由冷菜和羹菜组成，是宴席的一个重要组成部分，如四川的泡菜、棒棒鸡丝、陈皮牛肉等。在整桌宴席中，冷菜是热菜、大菜的先导，它特有的色、香、味、形能增进人们的食欲，引导人们渐入佳境。冷菜在制作时可以有烹有调，也可以有调无烹。本任务简述冷菜工艺的形成与发展、冷菜的作用及其特点等相关知识。

任务目标

1. 掌握冷菜在宴席中的作用及特点。
2. 熟悉不同类型冷菜制作的工艺内容。

相关知识

一、中国冷菜工艺的形成与发展

中国冷菜工艺有着悠久的历史，是我国劳动人民千百年来智慧的结晶。"凡王之稍事，设荐脯醢"，这句话记载了周天子常规饮食以冷食为主的情况，古代的"周代八珍"也反映出了一些冷菜的雏形。《楚辞·招魂》一书中记有"露鸡"，郭沫若认为"露"就是烹制方法"卤"，"露鸡"就是冷菜"卤鸡"。

唐宋时代，冷菜逐步从肴馔系列中独立出来，并成为酒宴上的特色佳肴，冷菜的雏形已经形成。在宫廷和官府的高级宴席中已有拼摆的花色冷盘，美食造型艺术逐渐被用到宴席冷菜上。唐代的《烧尾宴》食单中，就有用牛、羊、兔、熊、鹿五种肉拼制的"五生盘"的记载，这是我国历史记载中最早的花色冷菜。北宋陶谷《清异录·馔馐门》记述的"辋川图小样"是当时的女厨师梵正用腌鱼、烧肉、肉丝、肉干等富有特色的冷菜材料拼摆出的大型风景冷菜拼盘，再现了唐朝著名诗人王维的《辋川图》，梵正因此被后人尊为工艺冷盘制作的鼻祖。这是我国古代第一个把烹饪艺术和绘画艺术融为一体的大型风景工艺拼盘，它为后来的冷盘拼摆技术的发展奠定了一定的基础。

明清时代，很多工艺技法成为专门制作冷菜的方法并独立出来，如糟法、醉法、酱法、卤法、拌法、腌法等。此外，这一时期制作冷菜的材料种类大大增多，冷菜制作技艺不断得到充实和提高。尤其是冷菜刀工美化所包括的食品雕刻技术已十分精湛，这充分说明了在明清时期，我国的冷菜工艺技术已达到了非常高的水平。

随着历史的沿革，我国冷菜制作与拼摆技术得到了空前的提高和发展。冷菜的花色已有数百种，拼摆形式也从以前的平面式向卧式和立体式发展，表现出强烈的思想性和艺术性。特别是集食用性、艺术性、技术性为一体的上乘之作，为扭转片面追求形式、忽略食用价值的唯美主义倾向开创了新风。同时，冷菜逐渐从热菜之中独立出来，成为一种独具风味特色的菜品系列，不仅酒店、餐饮业加工制作冷菜，全国各地大中城市，包括一些乡村，都有加工制作冷菜的店铺，加上食品科技的发展、交通的发达，许多著名的风味冷菜通过冷冻包装、真空包装等形式远销全国，甚至走出国门，成了饮食文化交流的使者。

二、冷菜的作用

冷菜是佐酒的佳肴。冷菜和酒往往不可分，饮酒必备冷菜，同样仅有冷菜而无酒也体现不出热烈的气氛。冷菜的风味独具特色，不同于热菜，也不亚于热菜，制品讲究脆嫩爽口、干香不腻，因而历来被列为炉（烹调）、案（切配）、盘（冷拼）、点（面点）四大工种之一。再者，冷菜的口味与热菜相比偏柔和清淡，不因温度的变化而影响滋味，这一优点使冷菜适应边食边谈的就餐形式。因此，冷菜是理想的佐酒佳肴，是宴席上必不可少的菜品，不论是高级宴会、宴席、便席，还是居家饮食，全部都有冷菜的存在，在某些高等宴席上，冷菜的数量接近热菜。

冷菜通常是宴席上的第一道菜，以首席菜的资格入席，起着引导作用，所以冷菜又有"前菜""冷前菜""迎宾菜"的提法，并素有菜肴"龙头"或"脸面"之称。它既像古代军阵中的前锋，又像现代交响乐中的序曲，将客人吸引入宴，可起到先声夺人的作用。尤其是一些具有食用和观赏价值的花色冷盘，更使人清新爽快。冷菜能够反映宴席的规模和气氛，由于人们有先入为主的心理，所以第一道菜对人的食欲和整个宴席的评价都有很大的影响，往往会给客人留下深刻印象。如果第一道菜具有让人舒心悦目和增加诱发客人良好食欲的吸引力，整个宴会就会有一个良好的开端，从而使宴会的气氛更加和谐、愉快、活跃。反之，低质量的冷菜会令客人兴味索然，甚至使整个宴饮场面变得尴尬，导致宾客扫兴而归。

冷菜在冷餐酒会中的作用更为重要。这种酒会形式多为政府部门或企业界举行人数众多的盛大庆祝会、欢迎会、开业典礼等活动所采用。冷餐酒会的菜点以冷菜为主，冷菜贯穿宴饮的始终，并一直处于"主角"地位，可谓"独角戏"。即使冷菜在色彩、造型、拼摆、口味或质感方面只出了一点小小的"失误"，也都无法弥补，并且会一直影响客人的情绪及整个宴会的气氛。

冷菜在促进旅游事业的发展，以及在繁荣经济、活跃市场、丰富人们的生活方面也有不可估量的影响和作用。冷菜味道丰富、干香少汁、地方特色明显、方便携带，所以，作为旅游食品，深受广大旅游者的喜爱。目前，无论是在宾馆、饭店、酒楼，还是在小食店、大排档的菜点销量中，冷菜都占有相当大的比重。我们相信，随着烹饪文化的不断发展和人民生活水平的不断提高，冷菜的作用将会更加显著。

三、中国冷菜的特点

冷菜作为完全独立且颇具特色的一类菜品，与热菜有许多不同之处，通过冷菜与热菜的相互比较，可以看出冷菜具有以下特点：

（一）加工烹调方法独特，注重口味质感

冷菜的食用温度一般在 10~14 ℃最好，只有冷食才能充分体现它的干香、脆嫩、多味、无汤、不腻等风味特点；如果热吃，就失去了应有的风味特色。香是冷菜中极为重要的一点，俗话说："热菜气香，凉菜骨香"，冷菜的香味主要通过咀嚼感知，不像热菜那样能让人立刻闻到，冷菜要求入口后越嚼越香。因此，许多冷菜在烹调时都使用香料或拌制调味料，以增加香味。例如，卤制品使用的香料特别多，而且香味物质在卤制过程中渗透到产品

里面，吃起来香味特别浓厚。采用拌的方法时，则要把蒜泥、芥末、芝麻酱、香油、姜、醋等调味料拌入冷菜中，以增加香味。此外，冷菜的烹制要求与热菜有差别，使用的火候与热菜也有一定的差别，冷菜必须脆嫩爽口、不烂不腻。因此，在烹制过程中，必须保证冷菜的质嫩，防止酥烂。例如，炝腰片烫老了，白斩鸡煮得过火了，就会失去嫩脆的风味。

（二）切配装盘讲究，造型丰富多彩

冷菜大多干爽少汁，切制成型的块、条、片等和装盘的式样比热菜更丰富，更富有美化装饰效果。许多花式拼盘造型简单逼真、色泽鲜艳，不仅具有食用价值和营养价值，而且具有艺术欣赏价值，它首先给人以美的享受，使人精神振奋、食欲大增。这是构成冷菜特色的重要方面，是冷菜最为突出的特点。

（三）滋味易保持，易于保存携带

冷菜是在常温下食用的一种菜品，因而其风味不像热菜那样易受温度的影响，它能承受较低的冷却温度。从这一点而言，在一定的时间范围内，冷菜能较长时间地保持其风味特色。冷菜的这一性质与特点恰恰符合宴饮缓慢节奏的需要。冷菜大都适宜大批加工制作，而很多热菜不易做到这一点，这是因为冷菜和热菜的制作要求不同。冷菜经拌制或烹制成菜，多数无汤无汁，当两种或更多品种的冷菜材料拼合于一盘时，受卤汁相浸的"串味"的影响较小。冷菜食用时不必再加热处理，上席即成，且冷藏保存时间较长，所以携带方便，成为人们野餐、旅行中比较理想的食品。

（四）卫生要求严格

冷菜材料经切配拼摆装盘后，即可供客人直接食用。因此，冷菜比热菜更易被污染，需要更为严格的卫生环境、设备与卫生规范化操作。

通过比较中国冷菜与西餐冷菜的特点，我们发现，西餐冷菜制作中有许多方面值得我们借鉴。

（1）西餐冷菜选料严格，材料质嫩味鲜，如蔬果类、鱼贝类、肉类等。

（2）西餐冷菜十分注重营养的搭配，每份荤菜必配两三种生熟蔬菜，其营养搭配科学合理；配菜辅料、各种生食蔬菜及新鲜水果都要消毒，然后才能食用，冷菜拼摆以单客为单位，分别加工，便于分食，讲究卫生，值得效仿。

（3）冷餐酒会和鸡尾酒会完全以冷菜为主，冷菜的品种和数量都居热菜之上，冷菜的总成本也高于热菜的总成本。非常讲究器皿盛装，其形有长方、正方、多边形等，材料有金、银、铜、铁、合金、玻璃等，色调各异，规格不等。

（4）西餐冷盘立体感强，讲究配菜点缀，如挤土豆泥花边儿和黄油、奶油裱花等，使菜点显得豪华、名贵。西餐冷菜调制几乎不用味精，完全依赖原料本身以及其他调料的恰当配合制作而成。

（五）冷菜制作工艺的内容

冷菜制作工艺是将食物原料经过加工制成冷菜后，再切配装盘的一门技术，从工艺上看，包括制作和拼摆两个方面。

制作通常是指将烹饪原料经过拌、炝、泡、糟、煮、卤、酱、熏、油炸等方法使其成熟，制成富有特色的冷菜，为后来的拼摆提供物质基础。如果烹调不当，不仅会影响食用价值，而且会影响拼摆的效果。由此可见，冷菜制作是拼摆工艺的基础和关键，失去这个基础，就无法拼摆。

冷菜的拼摆是冷菜制作工艺的重要组成部分，当把原料烹制成菜肴后，虽然色、香、味指标已符合要求，但是形的方面还不符合食用要求，需要通过刀工切配处理后，才能装入盘中食用。特别是装在盘内所呈现出的形状，需要人为地去美化，从而达到色、香、味、形俱佳的境地，这取决于冷菜装盘工艺的优劣。冷菜的拼摆装盘既是技术，又是艺术，需要有一定的刀工技术，按一定的质量标准进行操作；它可以通过简单的造型、丰富的色彩，或给人以美的享受，或反映社会生活和自然景致，或体现宴席、宴会的主题。

冷菜的拼摆艺术在餐饮业受到普遍的重视，这不仅要求冷菜在内质上具有良好的风味及营养价值，在外观上更应具有诱人的吸引力。因此，必须利用各种可食的荤素原料，通过冷菜拼摆艺术设计，运用技术手段来达到上述目的。

因此，学习冷菜制作工艺时，重点应放在冷菜的烹调制作和冷菜的拼摆上，两者同等重要，不可偏废。长期以来，一些地方的厨师只注重冷菜的拼摆（直接用一些现成的食品来拼摆），却忽视冷菜的烹调制作，这是片面的做法。要学好冷菜制作工艺，就必须掌握以下几项基本功：

（1）能烹制各种冷菜，掌握其操作关键。
（2）懂得烹饪美学知识，各种刀工技巧、技法娴熟，能拼装艺术冷盘。
（3）对各种宴席冷菜有一定的设计能力。

冷菜制作工艺是一项复杂而细致的工作，是一门综合性技术，只有不断加强基本功训练，有较高的艺术修养和操作技巧，并能掌握冷菜制作中的每一个环节，才能拼制出高质量、高水平的冷盘。

认知二　冷菜制作

任务介绍

在外行看来，冷菜可能代表着凉拌菜、腌卤菜等。其实，川菜中的冷菜包括用拌、炸收、烟熏、糖粘、盐渍、冻、糟醉等多种烹制方法制作出来的可冷食的菜品，还包括用各色、各味原料制作出来的拼盘、彩盘、攒盒等。冷菜的品种繁多，其制作可繁可简，如零餐供应的冷菜和为宴席配制的冷菜就不同。本任务主要介绍冷菜制作的方法。

任务目标

1. 掌握非热调味技法的操作流程及关键点。
2. 熟悉不同的热烹调技法操作流程及要领。

相关知识

一、非热调味技法

使用非热调味技法烹调的冷菜的原材料都不需要加热处理，制作冷菜时，只要经清洗消毒及刀工处理后，再调味即可。根据调味的方法及味型，分为生拌、炝醉、泡制三种方法。

（一）生拌法

生拌是将可食的原料进行刀工处理后，直接加入调味汁拌制成菜的方法。在调味上，追求的是清淡、爽口，因此使用的无色调味料居多，较少使用有色调味料，特别是深色调味料。常见品种有"酸辣黄瓜""辣白菜""姜汁莴笋"等。

选料范围：由于拌菜所需的成品质感要求脆嫩，因此在选料时通常选择新鲜脆嫩的植物性原料或其他可生食的原料，如黄瓜、莴苣、西红柿、白菜、海蜇等。

操作关键：

（1）选用可生食的动物性原料（如生鱼片、龙虾片、贝类原料等）时，要保证其新鲜度和卫生，选择无污染的原料。清洗时可用凉开水或净化的自来水。调味时多使用辛香味重的调味料，如生鱼片使用芥末调味。

（2）选用有异味、不能直接食用的原料时，可用盐腌制一定时间，利用盐的渗透作用去除原料中的异味、涩水，再调味。要注意保持原料清香嫩脆、本味鲜美的特点。

（二）炝醉法

一般用质嫩味鲜的河鲜、海鲜原料，如虾、蟹、螺、蚶等，将原料清洗后，再用以酒（高度白酒或黄酒）和精盐为主的调味品醉腌一段时间，然后直接食用。短时间腌渍称"炝"，长时间腌渍称"醉"，典型菜肴有"生炝条虾""腐乳炝虾""醉蟹"等。

操作关键：

（1）腌渍前，可用竹篓将鲜活水产品放入流动的清水内，让其吐尽腹水，排空腹中的杂质；再沥干水分，放入容器中盖严，将用白酒、精盐、绍酒、花椒、冰糖、丁香、陈皮、葱、姜等调味品制好的卤汁掺入容器内浸泡，令原料吸足酒汁；用干荷叶扎口或用黄泥封住口，以隔绝空气；待这些原料醉晕、醉透，已经散发出特有的香气后，直接食用。

（2）制作炝虾时，除用白酒调味腌渍外，还可用蒜泥、姜末、胡椒粉等辛香味的杀菌调味品，现制现吃，而"醉蚶""醉蛎生""醉蟹""醉螺"一般要醉腌5~15天才能食用。

（3）为了防止长时间腌渍导致原料腐败，一般应多放盐，如每5 kg生螃蟹可用1 kg盐。因此此类菜肴都较咸，食用前可用黄酒浸泡去咸味。

附："腐乳炝虾"的制法

"腐乳炝虾"的制法是：将活湖虾用清水清洗干净，迅速剪去虾螯、须、爪后，再将虾放入腐乳汁、绍兴酒和其他调味品中拌食。有趣的是，在食"腐乳炝虾"时，难以醉死的虾尚活蹦乱跳，此时若揭开盛虾的盖碗，可见部分"倔强者"跳出来，甚至在用筷子夹时，还可见醉晕的虾突然从筷子上跳走，故又有"满台飞""蹦虾"之称。此菜在每年的早春二月至清明前后最为盛行。

（三）泡制法

泡制法是将经初步加工的原料直接用多量液体调味卤汁浸泡成菜的一种烹制方法。一般用时鲜蔬菜及应时水果。根据调味卤汁，泡制法分为甜泡和咸泡两种：甜泡的调味卤汁主要以糖为主要调味品，成品甜味或酸甜味偏重，只要浸泡1~2小时即可食用，如"泡藕片"；咸泡的调味卤汁主要用盐、白酒、花椒、生姜、大蒜、干辣椒、糖等调味品，成品以咸、辣、酸味为主，浸泡时间较长，需1~3天或更长时间，如"四川泡菜"。甜泡的酸味来自白醋，咸泡的酸味则来自无氧条件下，乳酸菌发酵产生的乳酸。使用泡制法做出的菜肴的特点是质地香脆、清淡爽口、风味独特。

操作关键：

（1）泡制的容器要选择专用的泡菜坛，这种容器既可防止外部空气进入，又利于发酵产生的气体排出。

（2）原料要新鲜，洗净后必须晾干才可泡制。调制调味卤汁时忌用生水和被油腻污染的水，要用凉的开水，泡卤要经常清理，并根据泡的次数适当添加各种调味品。夹取泡菜时，必须用干净的工具，以免调味卤汁变质。

（3）泡制时间应根据季节和调味卤汁的咸淡而定，一般是冬季的泡制时间长于夏季，味淡时的泡制时间长于味重时。

二、热烹调技法

热烹调技法根据传热介质及成品特色分为酱卤法、油炸法、熏烤法、汽蒸法，其中以酱卤法为代表，其烹制方法大都是热菜之法的变格。

（一）酱卤法

酱卤法是将经过初加工的原料放入酱汁或卤汤中烧沸，转用中火、小火煮至成熟后捞出的烹调方法。酱的工艺与卤的工艺基本相似，有些地方卤酱不分，因此二者时常并称为酱卤。在冷菜制作中，使用率最高、品种最丰富、最有代表性的方法就是酱卤法，行业中有时用"卤菜"代替"冷菜"，许多经营冷菜的店铺就叫"卤菜店"。行业中有"南卤北酱"的说法。

卤和酱的共同之处在于：① 酱汁和卤汤都可采用相同的调料，都可留陈卤；② 都可采用肉料（投料比例有所不同）；③ 加热方法基本相同；④ 都采用大块或整块的动物性原料；⑤ 在制作之前都必须经过焯水或走红处理；⑥ 在火力上都采用大火烧开、小火至熟的方法。

卤和酱的不同之处在于：① 在调色时，卤多用糖色，而酱多用老酱、面酱或酱油，酱制品一般色泽是玫瑰色、紫酱色或鲜红色，卤制品的色泽与卤汤是否加有色调味品有关。② 酱制菜肴成熟后，或浸在酱汁中，或收浓酱汁再出锅，或菜肴出锅后再浇上熬浓的酱汁；卤制品捞出后涂上一层油，也可浸在汤中，随用随取。无论是卤还是酱，制品都具有质地酥烂、滋味香浓、肥而不腻、瘦而不柴、易于存放、携带方便的特点。常见品种有卤猪肝、卤鸭舌、酱牛肉、卤香菇等。

制作关键：

（1）调制卤汤。卤制菜肴的色、香、味完全取决于卤汤。行业中习惯将卤汤分为两类，即红卤和白卤（也称清卤）。红卤中由于加入了酱油、糖色、红曲米等有色调料，因此卤制出的成品色泽棕红发亮，适合畜肉、畜禽内脏和豆制品的卤制；白卤中只加入无色调料，因此成品色泽淡雅光亮，适合水产品、鸡、蔬菜的卤制。当然也有不少原料既可红卤，又可白卤，而且随着季节的变化，菜肴也需采用不同的卤制方法。例如，在炎热的夏季，人们需要色泽淡雅、口味清爽的卤制品，所以夏季以白卤为主，而秋冬季大多使用红卤。但总的来说，红卤的适用范围比白卤广泛，品种也较多，并且一年四季都可以使用。

由于地域的差别，各地方调制卤汤时的用料不尽相同，每个具体配方又有各自的特色。有的人将配方视为家族秘方，以保持卤汤独特的风味，使其制出的产品久享盛名而不衰。无论是红卤还是白卤，调制卤汤使用的各种香料和调料的分量、比例必须适当，在具体操作时，应先将卤汤熬制一定的时间，然后再下料。无论是何种卤汤，都可以根据不同风味的需求增加调味料的品种和数量。近年还出现了添加咖喱粉的卤汤。

红卤除用酱油、糖色、红曲米（或红曲粉）外，还可用苏木水、辣椒红、紫草液等着色。这些天然食用色素溶水性强，使用时可在原料焯水后直接涂在原料上着色，也可加入卤汤中着色，其效果基本上一致。但采用后一种方法容易使卤汁变质，因此还是采用前一种方法为好。

（2）原料选择与处理。卤制原料应选用新鲜细嫩、滋味鲜美的原料。在将原料放入卤汤前，应先除去原料的腥膻异味及杂质（通常通过焯水或炸制去除原料的异味，同时可给原料上色）。为了增添卤制菜肴的成品红润的色泽，原料卤制前可先经硝腌，硝的用量要严格按照《中华人民共和国食品卫生法》的规定使用，腌渍时间应根据原料的大小、品种、季节而定。

（3）卤制品成熟度的控制。卤制原料的体积不宜过大，原料的规格以达到本身需要的成熟度时，原料透味为准。根据原料的质地和菜肴需要的质感，卤制有刚熟、熟透、软熟等成熟度，如鸡、兔、肝、腰、心等原料以刚熟为度，猪肉、鸭、鹅、舌、豆制品等原料以熟透为度，牛、羊、猪头肉、蹄髈、肠、肚等原料以软熟为度。某些体薄、入味迅速、耐加热的原料，如肠、肚类，若卤制时间过长，味道就会过于浓厚。这类原料可先水煮至接近软熟的成熟度，捞出后再卤制，避免质感与卤制的矛盾。

（4）几种不同原料同锅卤制时，投料的先后次序要适当。用卤锅卤制菜肴时通常是大批量进行，一锅卤汤往往要同时卤制多种原料或多批同种原料。不同原料之间的差异很大，即使是同种原料，其个体差异也是存在的。因此，要根据原料的质地及所需加热时间投料。质老的置于锅（桶）底层，质嫩的置于上层，以便取料；或者按先后次序投料，如牛肉、口条、鸭子一起卤制时，应先下牛肉，口条次之，鸭子最后，以保证成熟度一致。当然最好一次投料，防止一边加料卤制，一边捞出熟料，影响卤制菜点的质量。要注意防止原料出现结底、烧焦的现象，可预先在锅底垫上一层竹垫或其他衬垫物料。

（5）原料成熟后的冷却处理方法。原料卤熟后，应从卤汤中捞出，使原料不粘卤油。同时应在原料外表涂上一层油，既可增香，又可防止原料外表因风干而收缩变色，静置晾凉后才会色泽美观、表面光洁。遇到原料质地稍老的，也可在汤锅离火后仍将原料浸在汤中，随用随取，既可以增加酥烂程度，又可以进一步入味。

（6）老卤的保存和保质。老卤又称老汤。老卤就是经过长期使用而积存的卤汤，这种卤汤由于加工过多种原料，并经过了很长时间的循环加热或摆放，因此原料在加工过程中，呈鲜味物质及一些风味物质溶解于汤中越聚越多，从而形成复合美味。用这种老卤会使原料的营养和风味有所增加，因此老卤的保存也就有其必要性，这直接关系到菜肴的质量。

此外，以水为传热介质的方法还有白煮、盐水煮、烧焖等，其加热方法与调味方法较容易，这里不再介绍。

附一：常用红卤汤配方

生姜500 g、八角60 g、三奈40 g、小茴香40 g、桂皮40 g、砂仁50 g、草果50 g、白蔻50 g、高良姜30 g、丁香50 g、藿香30 g、陈皮30 g、花椒20 g、香叶20 g、红曲米30 g、生抽40 g，精盐、料酒、冰糖、味精、骨汤各适量。

附二：潮州卤汤配方及制作

潮州卤菜很有特色，如潮州卤鹅，咸鲜可口，香味浓郁，历来被人们视为佐酒佳品。制作潮州卤汤的原料和方法与其他卤汤有些不同，很有特色。

用料：八角15 g、三奈10 g、桂皮10 g、小茴香8 g、草果10 g、丁香5 g、陈皮10 g、甘草10 g、蛤蚧1只（起增香及保健滋补作用，中药房有售）、南姜150 g、罗汉果2个、香茅30 g、蒜头30 g、干葱头15 g、芫荽头30 g、老母鸡1只、棒子骨（或排骨）1 500 g、桂圆（带壳）150 g、猪肥膘肉250 g、蒜薹（或蒜苗）300 g、精盐75 g、料酒50 g、鱼露10 g、白糖50 g、味精15 g、红豉油30 g、生抽500 g、老抽250 g。

制法：将老母鸡、棒子骨（排骨）、磕破的桂圆掺入清水（约5 kg），制好汤后，将原汤倒入卤锅中，另将香料用纱布包好，制成香料包放入卤锅中，再放入各种调料；然后用中小火煮约1小时至充分出味后，放入味精，就制成了卤汤。

（二）油炸法

油炸法分直接油炸和油炸卤浸两种方法。

直接油炸是对原料进行刀工或码味处理后，入油锅炸酥成菜的方法。动物性原料通常要腌渍入味或卤、蒸后再入锅炸制，植物性原料加工后可直接放入油锅内炸制。直接油炸适用于肉类、鱼类、豆类、果仁类、薯类蔬菜等多种动植物原料，特点是成菜酥脆干香、外焦里嫩、清爽无汁。

油炸卤浸是将油炸后的半成品趁热浇上卤汁或放入卤汁中浸泡入味成菜的一种烹制方法。使用油炸卤浸法制作的菜肴具有色泽红亮、细嫩滋润、醇香味浓的特点。适用于鸡、猪肉、鱼、豆制品、面筋、鸡蛋等原料。

油炸卤浸的操作要点：

（1）原料一般不上浆挂糊，经码味后放入热油中炸熟。原料一般均需要炸两次，第一次油热时下锅，炸至油温下降时捞出；等油再烧热时，将原料下锅复炸一次，使其松且香，也可避免耗油过多。原料码味不能过重，目的仅是为了炸制前有一个去腥味、除异味的基础调味过程。

（2）制卤汁时，卤汁的口味要适中，卤汁与原料的比例要恰到好处，卤汁的色泽不易过深。卤浸的卤汁分为加热调制的卤汁、兑制的卤汁和加热调制晾凉，再加入部分调味品兑制的卤汁三种。卤汁的味型有咸鲜、咸甜、五香等多种。

（3）卤浸的原料油炸后应趁热放入预先制好的卤汁内浸泡，浸泡的时间要根据菜点的特点来决定，一般以原料"吃进"卤汁为度。

（三）熏烤法

熏烤法中，烤以热空气和辐射热导热，熏以热烟气导热。先介绍烤，烤是将加工整理后的原料用葱、姜、料酒等腌渍后置于烤箱或烤炉中，利用干热空气辐射加热，使原料成熟并外皮酥脆金黄、肉质鲜嫩可口的一种成菜方法。使用此法制作的菜肴一般以微热时食用效果最佳。若待完全冷却后再食用，外皮会因吸收空气中的水分而回软，使原料口感发生变化。烤制菜肴所使用的原料一般是动物性原料，特别是鱼类和禽类居多。常见的菜品有"金葱烤鱼""葱烤仔鸡"等。

熏就是将经过腌制加工的原料用蒸、煮、卤、炸等方法进行加热成熟处理，然后置于有米饭锅巴、茶叶、糖等熏料的熏锅中，加盖密封，利用熏料烤炙散发出的烟香和热气将原料熏制成熟的方法。常用的熏料有茶叶、大米、锅巴、柏枝、竹叶、樟叶、甘蔗皮、花生壳、核桃壳、木屑、稻草、锯末、香精、食糖等。熏制菜肴选料广泛，禽、鱼、肉、蛋、豆制品均可。原料可整熏，也可切成条、块状熏制。使用此法加工的菜肴的特点是色泽红黄、烟香浓郁、风味独特。常见的品种有"生熏白鱼""毛峰熏鲫鱼""烟熏猪脑"等。

熏制能使食品部分组织脱水，能有效地起到抑菌和杀菌的作用，在烟熏产品的表面形成保护膜，从而增加食品的特殊味道和延长保存时间。

熏的操作要点：

（1）将要熏的原料晾干，去除表皮上的水分，逐个摆在箅子上，防止重叠。

（2）熏料可用一种，也可数种同时使用，如用茶叶时，最好先用开水冲泡一下，捞出再使用，味道更佳。在锅底撒入糖、香精、茶叶、锯末等熏料后，将摆好主料的箅子端入锅中，封闭盖紧，以防跑烟。

（3）严格控制火候和掌握熏制时间，烧至冒青烟时要及时转用小火并迅速离开火源，否则不仅色泽过重，还会导致主料带有煳味。熏制的时间一般从冒烟开始熏10分钟即可。

（四）汽蒸法

汽蒸是以水蒸气为导热体的烹调法，与烹制热菜的方法基本相同。冷菜中的蛋卷、蛋糕等就是蒸制而成的。

蒸制菜肴的原料以动物性原料为主，以植物性原料为辅。其料形一般多为块、片以及经过加工制成的特殊形态。蒸制菜肴成功的关键在火候。一般要求用旺火沸水煮制。根据成菜要求，可采用放汽蒸与不放汽蒸两种形式进行加工。

放汽蒸就是在蒸制过程中，为了防止汽过足导致成品疏松、具空洞结构，影响成品的口感，而在蒸制过程中放掉一部分蒸汽，仅让一部分蒸汽作用于原料，将原料加工成熟的方法。这种方法适用于茸泥状鸡蛋液类原料，如"双色鱼糕""蛋黄糕""蛋白糕"等。

不放汽蒸就是蒸制过程中，让充足的蒸汽完全作用于原料，从而使原料成熟的方法。采用这种汽蒸法的原料往往具有一定的形态，它们不因为充足的蒸汽而变形或起孔，能够较好地保持形态。此法适用于具有一定形态的原料及一些经过腌制的原料，如"如意蛋卷""相思紫菜卷""旱蒸咸鱼""蒸腊鸡腿"等。

汽蒸法尽管不是一种常用的制作冷菜方法，但在冷菜制作中的作用很大。很多的冷菜刀面材料，特别是一些花色冷菜的刀面料，都需要通过汽蒸法成型，因而汽蒸法在冷菜制作中具有重要的地位。

认知三　冷菜拼摆装盘

任务介绍

冷菜拼摆装盘是指将加工好的冷菜按一定的规格要求和形式进行刀工切配处理，再整齐美观地装入盛器的一道工序。因为冷菜具有干香、脆嫩、鲜醇、多味、无汤、不腻的特点，因此可以用于拼摆制作冷盘。本任务重点讲述各式冷菜拼摆装盘的制作方法及技巧。

任务目标

1. 熟悉冷菜装盘的基本步骤和方法。
2. 掌握实用性冷菜拼盘的制作流程及要领。

相关知识

一、冷菜拼摆装盘的步骤和基本方法

1. 冷菜装盘的步骤

（1）垫底：在对冷菜进行刀工处理的过程中，不可避免地会出现一些质量较差和形态不太整齐的边角料，将这些边角料堆在盘子中间或其他需要的地方，作为盖面的基础，此工序称为垫底。一方面可以充分利用原料，减少浪费；另一方面可以衬托形状，使拼盘丰满美观。垫底的边角料不宜切得过小过碎，又不可过于厚大，否则会影响菜肴的食用或者影响菜肴的造型，将边角料改刀为丝状或片状比较好。

（2）围边：也叫"码边"，即将修切整齐的条、块、片原料码在垫底的两侧或四周，使人看不出垫底料。用于围边的冷菜要根据装盘的需要，采用不同的刀法，以整齐、匀称、平展的形式来装盘。

（3）盖面：也叫"封顶""装刀面"，即采用切或批的刀法，把冷菜原料质量最好的部分（如"白斩鸡""酱鸭"的脯肉）加工成刀面整齐划一、条片厚度均匀的料形，并均匀地排列起来，用刀铲起，再覆盖在围边料的上面，使整个冷盘浑然一体，格外整齐美观。

2. 冷菜拼摆的方法

（1）排：将切好的原料平排或叠排成行，置于盘中。在冷菜拼盘中，这是应用最广泛的一种手法，主要用于组织刀面，适宜排成锯齿形或者逐层排。可用不同色彩的原料间隔排，如鸟翅是将柳叶形片排成斜翅形，凤尾则是用玉兰花瓣形片排成弯形长条状做成。排列的形式多种多样，要根据造型的需要确定排列形式，排列的质量直接影响造型的效果。

（2）堆：将丝片状的原料堆摆在盘中。此方法可以堆出多种形状，如宝塔形、假山形、三角形等。这种方法简单、自然、适应面广，常常用于垫底。堆摆的形态给人以丰满、实惠、立体的感觉。一般要求使用此方法的材料是干制的、黏性的或水分不多的，否则容易坍塌。

（3）叠：把切好的原料一片片整齐地叠成梯形或瓦片形，通常以薄片为主，切一片叠一片，随切随叠，叠好铲在刀面上，盖在垫底的原料表面。用来叠的原料以韧性强、脆性大、不带骨者居多。叠时落手要轻巧，不要弄塌垫底，也不能碰坏已叠好的原料，覆盖要严密，不能露出垫底。

（4）覆：又叫"扣"，是指将冷菜原料加工成型后，排列在造型模具或扣碗中，再反扣在盘面上，如"水晶鸭掌"就是把鸭掌排列在扣碗中（碗底进行必要的装饰），浇上冻汁，待入味成冻后再倒扣入盘中，使其形成美丽的图案。

（5）贴：原料经过多种刀工处理变成不同形状，拼摆在构成大体轮廓的冷菜上。贴的手法大多用于立体造型的花色冷拼，如动物的外皮、鸟类的羽毛和它们的眼、鼻等。贴是花

色冷拼最基本、最常用的技法，需要有较高的刀工和艺术修养，才能拼摆出生动活泼、形象逼真的花色冷拼。贴一般要求原料片薄且轻盈，便于在主体上贴附。

（6）摆：花色冷拼造型中经常使用的一种方法，如"松龄鹤寿"中的松树枝干，"喜鹊登梅"中的梅枝，蝴蝶的触须，鸟类的嘴巴和脚爪，还有作为陪衬物的山石花草等，都是采用摆的方法制作的。必须根据造型设计的需求选择好摆的方位及所摆物的姿态，不仅要使冷菜拼盘形象逼真，还要使主体与陪衬物相协调。

（7）扎：为了整体的造型，将冷菜原料捆扎起来，使其牢固不松散的一种辅助手法。扎的手法虽然运用不多，但是某些冷菜制作中必不可少的。如立体花篮冷菜的篮体、帆船造型冷菜的船体等，虽然内部都装满食物，但篮面是倾斜的，船舷是弯曲的很难贴附住，如果用丝状料捆扎起来，就会牢固。

（8）围：将切好的原料按盘子的形状排列成环形，可排一层或两层，也可层层围绕。在实际应用中，围的手法灵活多样，如围边装饰、附加点缀等。在主料周围围上一些不同颜色的辅料来衬托主料的叫围边，有的将主料围成花朵，中间用色彩鲜艳的辅料点缀成花蕊，这叫排围。围可把冷菜点缀装饰成很多样式，使冷菜增添色彩，工艺效果更加完美。

以上三个步骤和八种方法是冷菜装盘的基本步骤和手法，在拼摆时要合理配合，灵活运用，不能截然分开，这样才能使装盘工艺达到较理想的效果。

二、实用冷菜单盘的制作

单盘又称"单盆""围蝶"，每盘只装一种冷菜，这既是最常见、最简单的一种装盘类型，同时又是目前中式宴会中最常用、最实用的冷菜形式。单盘的装盘造型有以下形式：

（1）三叠水形：一种传统的冷菜装盘形式。先用边角料垫底，再将长方片或条状原料叠好后，按顺序呈两行摆在垫底上，最后在两行中间覆盖一行，使两边低、中间高，因此称"三叠水"。要求原料经刀工处理后厚度均匀、长度一致，并按刀口等距离排列整齐入盘，主要看刀面。

（2）一本书形：将较长的卤、酱、腌肉熟料改成长方片，按刀口等距离排列装盘，形如打开的书页状，因此称"一本书"。

（3）风车形：将原料改成厚薄一致的长方片，按刀面等距离整齐地装入圆盘，装盘时原料要外宽内窄，前片搭后片顺时针方向镶摆一圈，圆盘中心可以用其他冷菜堆摆。

（4）馒头形：又称"半球形""和尚头"，冷菜中常用的一种装盘形式，冷菜原料在盘中形成中间高、周围较低的半球冠形。因其形状和北方的馒头近似，因此得名。具体操作是：首先，将边角料或质地稍差的熟料垫在盘子中间，作为垫底；其次，将好一点的熟料切片或斩块，盖在底料的边沿呈半圆形；最后，将质量及块形都很好的熟料均匀地排列在底料的上面即可。此造型适用于有一定长度、宽度的荤素原料。

（5）宝塔形：冷菜中最常用、最简单的一种装盘形式，因下大上小、形同宝塔而得名。具体操作方法是：先用部分冷菜在圆盘内铺垫成圆形，再将同样的菜堆砌向上，越到上面越小，形似宝塔即可。这种造型适用于一切冷菜原料，如无一定规格形状的丁、片、块、粒等菜肴，其特点是成型快，只需在应用时稍加整理和点缀即可。

（6）桥梁形：一种比较常用的传统冷菜装盘形式，将菜装入盘中，形成中间高、两头低的造型即可。因形似一座古式的拱形石桥而得名。具体操作是：将长度一致的长方块、片或条在盘子内圆中先摆出长方形，然后在此基础上摆成两头渐低、中间渐高的形状，注意两侧要整齐垂直。这种造型普遍适用于直、深且长度一致的冷菜原料。

（7）四方形：又称"一颗印形""正方形"，是一种传统的冷菜装盘形式，装盘成型后，上下大体呈方形，好似古时候的官印，因此得名。具体操作是：先将熟料在盘子的正中摆成四方形，然后按此方法层层往上摆，只是每层略微向内收拢一点，使装好后的造型不会歪斜垮塌。这种造型适用于长度、厚度比较规则或呈直角三角形的冷菜熟料。

（8）菱形：又称"平行四边形"，装盘成型后相当于两个等腰三角形的对称组合。具体操作是：先将原料在盘子的中间摆成菱形，摆时刀口向外靠齐，四个接头处要自然、拢紧，中间用边角碎料填充，上面再放其他原料点缀即可。这种造型适用于各种丝、条状的挺直原料，此造型稍加变化即可拼摆成椭圆形。

（9）等腰形：一种时兴的冷菜装盘形式，因断面呈等腰三角形而得名。具体操作是：首先，将原料切成长短、粗细基本一致的形状，制成冷菜；其次，用部分冷菜铺垫在盘内呈长方形，再用同样的方法将冷菜一层层堆起；最后，每层两边都向内倾斜，封顶即可。这种造型适用于伸展的直菜、粗或细丝状的原料。

（10）螺旋形：一种时兴的冷菜装盘形式，因成型后下大上小且好似螺纹自下盘旋向上而得名。具体操作是：先将圆形片或连刀条形的冷菜熟料在盘子中间铺成圆形，之后再一层层顺弧形拼摆而上，最后以一片封顶。这种造型适用于以柔韧植物性原料制成的冷菜。

（11）扇面形：一种传统的经常使用的冷菜装盘形式，因成型后上宽下窄，上宽呈一弧形，下窄集中于一点，酷似折扇移于盘中而得名。具体操作是：先将熟料切成规格一致的长方形片，按刀口等距排列成折扇状装入盘中即可。这种造型适用于比较伸展且具有一定厚度和长度的无骨冷菜。

（12）花朵形：冷菜装盘成型后酷似美丽的花朵。具体操作是：将原料加工成规格一致的片形卷后，由外至内、由下向上地堆砌成各种花形。根据不同菜肴的需要，花蕊可由适量的糖粉、火腿茸，以及各种松制类荤素菜肴点缀而成。

（13）还原形：将经过刀工处理的熟料在盘中拼摆成动植物原形的装盘形式，如白斩鸡、盐水鸭、鹌鹑、鸽子等斩开后，仍然在盘中摆成鸡、鸭、鹌鹑、鸽子的形状。这种造型多用于与冷菜形状大小相一致的圆盘或腰盘。

三、实用冷菜拼盘的制作

将两种或两种以上的原料按一定形式装入一盘，即拼盘。拼盘在用料上比较丰富、灵活，根据用料的品种、数目划分，有双拼、三拼、四拼……什锦拼盘等形式，各地方还有一些独特的拼盘形式，如潮州"卤水拼盘"、四川"九色攒盒"等。这类拼盘在形状、色彩、口味和数量的比例上要求安排恰当、装盘整齐、线条清晰，能给人一种整体美，其造型以几何图案为主，有半球体、椭圆体、扇形体、正方体、长方体、菱形体等，现分别详述如下：

（1）双拼：把两种不同的冷菜拼摆在一个盘子里。双拼要求刀工整齐美观、色泽对比分明。其拼法多种多样，可将两种冷菜一样一半摆在盘子的两边，形成中间高、周围低的造型，中间有一条缝隙，以分开两味菜肴，俗称"合掌形"；也可以将一种冷菜摆在下面，另一种盖在上面；还可将一种冷菜摆在中间，另一种冷菜围在四周。

（2）三拼：把三种不同的冷菜拼摆在一个盘子里。三拼不论是从冷菜的色泽和口味搭配，还是从装盘的形式上，都比双拼要求高。三拼最常用的装盘形式是：从圆盘的中心点将圆盘划分成三等份，每份摆上一种冷菜；也可将三种冷菜分别摆成内外三圈。

（3）四拼：四拼的装盘方法和三拼基本相同，只不过增加了一种冷菜而已。四拼最常用的装盘形式是：从圆盘的中心点将圆盘划分成四等份，每份摆上一种冷菜；也可在周围摆上三种冷菜，中间再摆上一种冷菜。四拼中每种冷菜的色泽和味道都要间隔开来。

（4）五拼：在四拼的基础上，再增加一种冷菜。五拼最常用的装盘形式是：将四种冷菜呈放射状摆在圆盘四周，中间再摆上一种冷菜；也可将五种冷菜均呈放射状摆在圆盘四周，中间再摆上一座食雕作装饰；还可将五种冷菜摆成五角星形或梅花形。

（5）什锦拼盘：把多种不同色泽、不同口味的冷菜拼摆在一个大圆盘内。什锦拼盘要求外形整齐美观，刀工精巧细腻，拼图角度准确，色泽搭配协调。装盘形式有圆、九宫格等几何图形，以及葵花、大丽花、牡丹花等花形，从而形成一个五彩缤纷的图案，给食者以心旷神怡的感觉。

（6）九色攒盒：四川传统宴席中一种将底盘分成九格的有盖盒子（也有七格的攒盒），有大有小，有木质、瓷质和漆质，形状有圆有方。九色攒盒是盛装冷菜的专用餐具，盒盖多绘有风景、珍禽异兽图案，菜格可以移动或取出，同时盛装九种类别、味型和色彩各不相同的冷菜，实际上就是一种冷菜拼盘。

（7）抽缝叠角拼盘：扬州的一种比较独特的冷菜拼盘，无论是两拼、三拼，还是什锦拼盘，都可以由数个扇面形状构成，扇面体相互对称、独立，之间用一条直线缝隙隔开，不能闭合，称为"抽缝"。这种冷菜拼盘的扇面体棱角分明，要求内外弧线弧度一致，直线长度相等，侧面笔直有序，各扇面体组合而成的形状如一模所铸，都是大小一致、高低相等的，每一扇面的冷菜原料、色泽、口味都不相同。此种冷拼的制作难度大，常用于等级厨师培训的教学或考核，以反映厨师的刀工技术与冷菜拼盘制作水平，但实用性不强。

四、水果拼盘的制作

水果拼盘是近年比较流行的厨艺。它是以各种时鲜水果为原料，结合其本身的形态、结构特点、色彩等，运用一定的刀工技术处理，合理地搭配在一起而拼制出的一种集观赏性与食用性为一体的"工艺"作品。由于水果本身就具有芬芳浓郁的气味、艳丽多彩的色泽、凉爽香甜的口感，再经过厨师们的艺术雕切与拼制，便成为极具情趣的水果拼盘。水果拼盘通常在宴席的末尾上席。

1. 水果拼盘的特点

（1）风味多样：水果拼盘由多种不同风味的新鲜水果组成，应从口感、质感、色泽、形态上进行合理配置。由于选用水果的品种、质地、产地不同，因此形成了多样的风味。

（2）营养丰富：多种水果经厨师的合理配置，营养非常丰富，水果拼盘不仅含大量的水分、无机盐，还有重要的维生素，有助于人体对食物的消化吸收，具有解腻、醒酒、爽口的妙用。

（3）食用方便：水果拼盘选用的水果原料在雕切前需经清洗、消毒、削皮、去核、去籽，再加工成片、块、球等多种不同的形状，便于食用，食用者可用餐叉或牙签扎食，既方便又卫生。

（4）形态美观：水果拼盘既注重食用价值，又讲究艺术造型，根据水果原有的形态特点，稍加雕切即成造型优美、形态各异的艺术作品，供宾客们先欣赏，后品尝。

（5）用途广泛：水果拼盘不仅适用于不同档次的宴席，也适用于酒吧、冷饮屋、咖啡厅等多种娱乐场所。饭后上水果拼盘已经成为现代餐饮业中的一种时尚。一些酒吧、咖啡厅等中小型娱乐场所常将水果、水果汁等与鸡尾酒相调和制出别有风味的"果杯"。

2. 水果拼盘的类型

（1）简单水果拼盘：这类水果拼盘工艺简单，只需随意切拼，用量视需要而定，选用时鲜水果，单一品种亦可，适用于一般餐厅的散客点食，也可用于大餐厅、KTV包间的水果单碟，尤其适合家庭宴席。

（2）中、小型水果拼盘：中与小的区别在于原料的用量和餐具尺寸。中型的水果拼盘适用于一般宴席上的餐后水果；小型的水果拼盘适用于小吃散座，其特点是随到随吃，因此款式造型不宜复杂，以简洁美观为好。

（3）大型水果拼盘：这是一种以立体造型为主，融食用、观赏为一体的大型作品，其特点是量多、体积大、立体感强，具有多视角效应，适用于大型宴会、冷餐会、鸡尾酒会等场合，亦可用于布置展台。

（4）调味型水果拼盘：选时鲜水果，简单加工成型，配以鲜奶油、冰激凌、水果汁、葡萄酒等辅料，采用拌、浇、冻等工艺调味，盛于杯、盘、盆等多种精致的盛器中，果香味浓，别有一番情趣。

3. 水果拼盘的制作要点

（1）原料选择：水果拼盘对原料的选择十分严格，必须品种纯正、果形完整、质地新鲜、成熟度适当，只有这样才能保证口感新鲜、果味纯正。

（2）注意造型：水果是供客人在宴席后食用的，必须具有绝对的食用价值，其造型要大方、自然、清爽，不能一味地因追求造型完美、形象逼真而刻意地精雕细琢，给人一种矫揉造作的感觉，而必须根据其原有的特点，用简单的刀工处理技术将其变成既便于食用，又简洁美观的拼盘。

（3）便于食用：在制作水果拼盘时，有时用单一原料拼摆，有时用多种原料拼摆。不管用几种原料，都要求尽量去除不能食用的部分，将原料加工成便于客人食用的形状，以免客人吃相难看、不雅观。不宜将原料切成太细的丝、太小的丁之类的形状，要根据宴席的情况确定原料的数量、大小。例如，西瓜上桌后是一人一块，因此要求稍大一些。由多种水果组成的拼盘，各类水果的形状可适当小一些，这样拼起来才会美观。

（4）注意保质：有些水果去皮后会产生褐变作用，降低水果拼盘的质量，如苹果、香蕉等，因此要注意保质。另外，水果拼盘在色彩搭配上要利用其本身固有的色彩合理搭配，体现水果原有的特色。

（5）注意卫生：由于水果拼盘不需加热，而是经刀工处理后直接入口的，所以卫生问题特别重要。水果在洗净后可进行消毒处理，然后由专人用专门的刀和砧板在冷菜间操作，工作人员操作时要尽量减少手与水果的直接接触。水果拼盘制好后，不应长时间放置，防止被空气中的细菌污染。

（6）与盘具相配合：水果拼盘的制作和它所用的餐具有很大的关系，餐具起衬托色泽、造型的作用，餐具的质量直接影响水果拼盘的艺术效果。盛装器有高脚果盘、深底果盘和平底果盘，一般选用平底或浅底、单色或浅色无图案的瓷盘、陶盘、不锈钢盘以及玻璃盘具等。餐具的形状可以是菱形、多边形、花瓣形或长方形等，它们可以衬托水果自身的色彩，使水果拼盘更加鲜艳夺目。

认知四　花色冷拼造型工艺

任务介绍

欣赏性冷菜拼盘就是指"花色冷拼"，也称"工艺冷盘"，即经过精心构思后，运用精湛的刀工及艺术手法，将多种冷菜菜肴在盘中拼摆成飞禽走兽、花鸟虫鱼、山水园林等各种平面的或立体的图案造型。本任务讲述花色冷拼的造型类别及制作的程序。

任务目标

1. 熟悉冷菜拼摆装盘的原则。
2. 掌握花色冷拼的制作程序及关键点。

相关知识

花色冷拼是一种技术要求高、艺术性强的拼盘形式，其操作程序比较复杂，因此一般多用于高档宴席。因为花色冷拼一般放在宴席席面中间，所以又称"主盘"。花色冷拼具有主题鲜明、题材多样、构图简单、用料讲究、做工细腻等特点。

一、花色冷拼的造型类别

花色冷拼根据造型的空间构成可分为平面和立体两种。平面式拼盘是指拼盘一般使用多种原料有机组合，追求拼摆成的各种象形图案的形态和色彩美观大方，因此多浮于表面，内在质量不高，食用价值不大，特点是刀工整齐、线条明快、色彩协调、画面完整、形态逼真。平面式拼盘上席时，需配数个冷菜围碟，代表品种有"比翼双飞""金鱼戏水""喜鹊登梅"等；立体式拼盘多采用雕刻、堆砌等手法，拼摆成立体造型，特点是造型美观、立体感强，主要供欣赏，但使用不广泛，如"花篮拼盘"等。现选几种常见的具有代表性的图形进行介绍。

花色冷拼之间的区别主要在于丰富多彩的形象造型，因此依据造型，可将花色冷拼分为表 5-1 所示的几种类型。

表 5-1　花色冷拼

造型分类	具体种类	花色冷拼实例
动物类造型	禽鸟、畜兽、鱼类、蝴蝶等	丹凤朝阳、鸳鸯戏水、锦鸡报春、龙、麒麟、奔马、金鱼、蝴蝶冷盘等
植物类造型	花卉、树木、果实、叶类等	牡丹花、荷花、松树、椰树、葡萄、桃子、荷叶、枫叶等

续表

造型分类	具体种类	花色冷拼实例
器物类造型	花篮、花瓶、宫灯、扇子、奖杯、船类等	花篮、花瓶、宫灯、扇面、金杯、船等
景观类造型	自然景观、人文景观、综合景观等	南海风光、锦绣山河、文昌阁（扬州景点）、天坛、西湖十景等
组合图案造型	抽象组合、具象组合、混合式组合等	百鸟朝凤、蝶扇、梅竹、百花闹春等

二、花色冷拼的制作程序

普通冷拼主要是几何造型，花色冷拼与普通冷拼相比，除了具有食用和欣赏的功能之外，还具有一定的意境。意境只能通过具体造型表现出来，如动物、植物、器物等自然界的物象。因此，花色冷拼的制作程序较为复杂，主要包括构思、构图、选料、刀工处理、拼摆等一系列步骤。

1. 构思

在拼摆之前，首先要进行严密的构思，就是要根据宴席的目的、进餐的规格和对象，对花色冷拼的色彩和拼摆内容进行反复思考设计，以表现主题。为了将有限的原料变成一个美丽的图案，应从以下三个方面进行构思。

（1）根据宴席的主题构思。宴席的主题有很多，厨师应根据不同主题做出不同的构思。例如，婚宴可拼摆"鸳鸯戏水""比翼双飞""龙凤呈祥"之类的花色冷拼，表达夫妻恩爱的中心思想，以突出喜庆的气氛；迎宾宴席拼摆"喜鹊迎宾""孔雀开屏"之类的图案较为适合，以示和善与友谊；祝寿宴席可拼摆"松鹤延年""古树参天"之类的造型，以祝福老人健康长寿。总之，要给宾客以喜庆吉祥的感觉，以增强就餐者的愉悦情绪，使宴席收到满意的效果。

（2）根据人力和时间构思。花色冷拼制作难度较大，要求厨师有较强的基本功，且每一个艺术拼盘都需要较长的制作时间，因此在构思时，应从实际出发，在技术力量较强、时间允许的情况下可设计较为复杂的花色冷拼。反之，则应从简，不能影响宴席的正常举办。

（3）根据宴席的标准构思。花色冷拼应在选用原料、刀工和艺术上与宴席的费用和标准相适应。宴席档次高，对这些方面的要求也就多。随着宴席标准的降低，构思时这些方面的要求也相应降低，因此应做好成本核算，不能只追求形式美，不考虑经济效益，或流于形式而不讲究花色冷拼的艺术性。

2. 构图

当主题构思成熟之后，接着要考虑如何构图。构图就是设计图案，它主要解决花色冷拼的形体、结构、层次等问题，以便在盘中按图"施工"。花色冷拼的装盘工艺是造型艺术，它在美学观点的指导下进行，又从属于烹饪。因此，在造型方面有很大的约束性。正因为有这样的约束性，所以花色冷拼的构图不同于一般的绘画，而是有它特有的个性。人们习惯上把花色冷拼称为图案装饰冷菜，它要把冷菜造型的主题思想在盛装器皿中表现出来，要把个别或局部的形象组成完美的艺术整体。这就要求恰当运用图案的造型规律、图案构成的色彩规律和图案形式美的制作原理，使冷菜造型收到满意的艺术效果。

3. 选料

花色冷拼的选料十分讲究，选料的原则是根据构图的需要，荤素合理搭配，色彩鲜艳和谐，选料精良，用料合理，物尽其用。制作花色冷拼的原料繁多，选料是拼盘成型的关键，没有好的原料很难拼出质量高的花色冷拼。除现成的冷菜原料外，一些加工过的原料为花色冷拼造型提供了丰富的物质条件，例如，可用蛋皮、紫菜等包各种馅心，制成圆柱形或扁圆形的卷；也可用鸡蛋以及冻粉、鸡皮、肉皮蒸制各种需要的形状。因此，要精心地准备原料，保证原料的味好、形好、色好、质感好，绝不能将蛋糕蒸成蜂窝状，或将蛋卷蒸成蚯蚓状。

选料时，还要注意根据原料的自然形态和色泽进行选择。例如，熟虾是红色而且弯曲的，盐水鸡肉是白色的，莴笋是绿色的，蛋黄是黄色的，等等，尽量不使用人工合成色素。

4. 刀工处理

花色冷拼的刀工不像普通拼盘那样要求整齐美观，而是要根据造型的需要进行刀工处理。因此，花色冷拼的刀工处理必须讲究精巧，使用刀法除了斩、片、切之外，还要采取一些美化刀法。

花色冷拼的原料多数用熟制冷吃的荤菜，比较酥软，不易切出美观的形态，所以必须根据原料的软硬程度来下刀。例如，白鸡脯的纤维虽长，但煮熟后尤为酥软，沿纤维垂直方向切下容易散碎，因此要采用锯切、直切双重刀法下刀，才能保证它的完整性和光洁度。此外，还要合理利用原料的固有体态，切制肉类熟料必须注意纤维顺序的方向性，边切边摆，切摆结合，拼摆有序，从而避免拼摆零乱。

5. 拼摆

花色冷拼的造型是通过拼摆来实现的，在拼摆过程中，必须注意以下几个问题：

（1）选择盛器。原料备完后，就可以选择符合构图要求的盛器了。除考虑色彩外，还要考虑器皿的形状、大小。例如："蝴蝶拼盘""梅花拼盘"等要选用圆形盘，"孔雀拼盘""凤凰冷拼"等要选用条形盘；要将形体摆得大一些，就得选用尺寸大点的盘子；盘子与图案要相称，给人的感觉以不臃肿，也不空旷为准。

（2）安排垫底。根据确定的构图安排造型的基础轮廓，也就是大体的布局。例如，拼摆锦鸡冷盘时，应考虑拼摆成什么样的形态，鸡身多大合适，鸡尾应多长，如何点缀陪衬花草，等等。根据这些先垫好底，在盘中拼摆出锦鸡的轮廓，使拼制出的形体饱满且有立体感，垫底料应是质量较高、味道较好的冷菜，以弥补盖面原料口味和分量的不足。垫底时忌太随便，要垫得整整齐齐、服服帖帖，为盖面打下基础。

（3）盖面拼摆。垫好底之后，就可以对盖面进行拼摆了。根据形象的要求，将原料进行刀工处理，一边切，一边拼摆，由低到高，从后向前，先主后副。以凤凰为例，先摆上凤凰尾端最后一片羽毛，然后再覆盖第二片，如此一片一片地叠上去；凤凰的翅膀也是从最低层的羽毛开始，再逐渐叠到上层羽毛，要叠得服帖，尤其是头部和身体衔接的地方要协调和谐、浑然一体，使人看不出丝毫破绽。盖面拼摆时，要求刀面整齐均匀而不呆板，要注意原料的排列顺序、色彩搭配及形体的自然美。

（4）装饰点缀。在花色冷拼主体部分完成后，进行补充装饰点缀，如花草、树木、大地、山石等。装饰时既要注意原料的质量，又要注意形体之间的比例及内在联系，不可喧宾夺主。

三、冷菜拼摆装盘的原则与要求

(一) 冷菜拼摆装盘的原则

冷菜的拼摆装盘从美学的角度来说,属于一种实用艺术,它的内容、形式既受时间、空间的限制,又受原材料、工具的制约,因此应遵循以下原则:

1. 坚持以食用为本、风味为主、装饰造型为辅的原则

冷菜的拼摆装盘包括经过艺术加工、造型优美的一切简单拼摆和复杂组装的冷拼菜肴。简单拼摆一般指的是冷菜拼盘的空间造型以各种几何图形为主,如各种单盘;复杂组装通常指造型以象形图案为主,如花鸟禽鱼、自然风景等。冷菜拼盘应形美、味美,使人观之心旷神怡,食之津津有味,从而得到美的享受,这是冷菜制作工艺的根本目的。

冷菜拼盘是一种食用与审美相结合的艺术品,与古代的"看盘"截然不同。它要求食用先于审美,而不专供欣赏,它要具有一定的艺术性,但不能成为纯粹的艺术品,必须遵循以食用为本、风味为主、装饰造型为辅的原则。切不可单纯为了拼摆得好看而颠倒主从关系,乱用材料,使食者产生冷菜拼盘只是"金玉其外,败絮其中"的感觉。造型是冷菜拼盘的一种表现形式,而营养和风味才是菜肴的真正内容。无论是造型,还是色彩,都是为食用服务的,因此要求制作出的冷菜拼盘既好吃,又好看。好吃是冷菜拼盘的核心,如果忽视了这一点,即使造型再美,也失去了冷菜拼盘应有的特色。因此,要坚决反对一味追求华丽的形式,忽视食用价值的形式主义倾向,过分华丽的冷菜拼盘会给人以华而不实之感,使冷菜拼盘失去食用价值,那就从根本上违背了饮食规律,变成了舍本逐末,这是冷菜拼摆中最大的失败。

2. 坚持形式为内容服务,提倡从原料角度来考虑造型

形式与内容相统一的原则要求我们在制作冷菜拼盘时,必须以风味为主,讲究食用价值,同时力求保证冷菜拼盘的形式美。视觉先于味觉,冷菜造型给人的美感,似乎是形式上的,其实,形式是一定内容的外在表现,是具体内容的形式。因此,冷菜的造型不仅反映冷菜的色彩、光泽,而且不同程度地反映冷菜的其他方面。例如,通过色彩反映冷菜的成熟度,通过光泽反映冷菜的火候,这些都是形式与内容统一的表现;在形式与内容相统一的前提下,应提倡从原料角度来考虑造型。许多冷菜拼盘造型一般是先有方案的构思,再去选择原料(选择质地、颜色能满足造型需要的原料)。从艺术角度来说,这符合创作规律,但就菜肴独具一格的食用性来说,完全可以做到造型服从原料,即制作冷菜可以规定主料和配料必须自制的原则,促使厨师以营养和风味为内容来构思造型,这样做有利于冷菜拼盘在食用性和艺术性方面都有所发展,有利于形式为内容服务,有利于形式与内容的统一,有利于从根本上改变冷菜制作中大量使用外进加工的现成原材料和罐头制品的现状,避免冷菜制作工艺退步,厨师只会切、不会做,或只会拼摆一些中看而不中吃的造型的现象。

3. 坚持简单的原则,不宜精雕细琢和搞内容复杂的构图

冷菜拼盘从制作到使用仅有 1~2 小时,没有长期保存的必要和可能,而且它所用的空间小,只能在菜盘中展开。因此,冷菜拼盘的空间性和时间性决定了它只能现做现吃,以简单、生动见长,一般不宜过分精雕细琢和搞内容复杂的构图,更反对牵强附会。冷菜拼盘的造型艺术和绘画艺术相似,但由于冷菜制作受时间、空间、原料、工具的限制,因此不宜采用写实的手法，应根据原料的实际情况，因材制宜，采用写意、变形（如夸张、去繁、添加、寓意、抽象等表现形式）的手法，既抓形似，又重神似，使人感到愉悦。

4. 坚持符合食用、卫生、效率、节约、适度的原则

不要为了造型装饰，造成该脆的食物不脆、该酥的食物不酥。另外，不得加入非食物原料，也不得加入未经烹制的不能吃的食物原料。用生花椒籽当鸟的眼珠，用生南瓜或生胡萝卜刻制动物腿、爪的做法比较普遍，应当改进。冷菜拼盘主体造型的每个部位都应可以食用。卫生是冷菜拼盘的基本要求，在制作中要做到不污染食物，禁止使用竹签、火柴梗、大头针、铁丝、别针等杂物。拼制时尽量减少食物与手直接接触的机会，提倡用工具取拿食物。所选原料不用有毒或不干净的液体浸泡保鲜，使用添加剂时要严格遵守国家规定的要求。

此外，冷菜拼盘制作工艺不能花费过长的时间，有的花色冷拼需要花费几个小时，甚至更长的时间，这既费时费力，又得不偿失。要重视节约冷菜拼盘制作的时间，不断改进制作的刀具、模具、工艺技术，以提高工效。用料不要以稀为贵、以贵为好，而要提倡"粗粮细做"，化普通为神奇，做到物美价廉。另外，不能为了美化菜肴而不计成本，浪费许多精选原料，要广开料源，注重就地取材，以降低冷菜拼盘的成本；要珍惜原料，切、削下来的碎料不应该当作废料，要安排其他用途，切勿扔掉。冷菜拼盘不能华而不实，不要过多地粉饰、雕琢，要适可而止。同时，要适当掌握冷菜拼盘和热菜的比例关系，因为冷菜拼盘所用工时多、成本高，所以数量要适当。

（二）冷菜拼摆装盘的基本要求

1. 刀工要整齐

冷菜的拼摆不仅要求厨师有一定的艺术修养和装盘技巧，最重要的是要有熟练的刀工技法，因为刀工是决定冷菜造型是否美观的主要因素，所以熟练掌握各种刀法是创造高质量冷菜拼盘的根本保证。冷菜大多数是先烹调，后切配，经过熟制的冷菜切坏了不好返工，况且冷菜拼摆时特别注重整齐、美观，所以对刀工的要求很高。切配冷菜时，应根据原料的性质灵活运用刀工技法，刀工的轻、重、缓、急要有分寸，无论原料是哪种形态，经过刀工处理后都应整齐划一，形状上符合质量要求。因此，除了掌握一般的刀法外，还要掌握锯切、抖刀切、花刀切和各种雕刻刀法。

2. 色彩要和谐

冷菜拼摆时的色彩搭配不可随意，必须根据冷菜原料固有的色泽和烹调后的色泽进行搭配，以使拼盘色调和谐。冷菜拼摆在色调上处理得好，不仅外观美，而且能显示出菜肴丰富多彩的内容。拼摆时，一般使用对比强烈的颜色相拼，避免使用同色和相近色相拼，无论是一桌席，还是一个什锦拼盘，都应注意这一点。此外，还需根据季节的变化来配色。冬季以暖色为主，菜肴颜色以深而艳为宜；夏季以冷色为主，菜肴颜色以浅且素为宜；春秋两季则以花色为主。只有正确地运用色彩的规律配色，才能给宾客以色彩和谐、舒适愉快的感觉。

3. 味汁要相互配合

装盘不仅涉及菜肴的形和色，同时也涉及菜肴的味汁，所以装盘时必须考虑菜肴味汁之间的配合，尤其是拼摆什锦拼盘和花色冷拼时，更要注意将味重的和味淡的、汁多的和汁少的冷菜分开。由于调味手段不同，有不少冷菜装盘后需要浇上不同的调味卤汁或蘸食，如白斩鸡、白肚、白切肉等；也有不用加任何卤汁的，如肉松、蛋松、卷尖等。此外，卤汁的质地也有稠、稀之别，因而装盘时应注意将需加卤汁的冷菜配在一起，不需加卤汁的冷菜配在一起，否则会"串味"，相互干扰，如蛋松、菜松沾上任何卤汁都会破坏滋味和菜肴的质地。

4. 盛器要协调

盛器的选择应与冷菜类型、款式、原料色泽、数量和就餐者的习惯相协调、适应，做到格调雅观。① 盛器的色彩与菜肴的色彩相协调。选择的盛器的颜色与菜肴的色泽不能一样或相近，要采用对比色，这样才能醒目。另外，选择盛器时还要考虑就餐者的色彩感情。色彩感情是指就餐者对某种颜色的忌讳，由于世界各民族的风俗习惯和宗教信仰不同，因此色彩感情也千差万别。如果对这种色彩感情不了解，不仅会影响就餐者的情绪，甚至会影响相互间的友谊。② 盛器的形状与菜肴的形状相适应。盛器的种类较多、形状不一，各有各的用途，在选用时必须根据菜肴的形状来选择相应的盛器，如果乱用，则会有损美观。一般单盘、双拼选用圆盘较好，三拼选用腰盘较好。③ 盛器的大小与菜肴的量相适应。根据冷菜的量来选用合适的盛器，量多的菜肴用较大的盛器，量少的菜肴则用较小的盛器，使菜肴显得高雅且美观。

5. 用料要合理

用料合理，一是指拼摆时，要将硬面和软面有机结合；二是指装盘时要物尽其用。由于原料和原料部位的质地不同或不完全相同，因此有的可选作刀面料，如鸡的脯肉、牛肉的腱子等；有的可选作垫底料，如鸡的翅膀、爪、颈等。物尽其用主要强调的是装盘时要做到大料大用、小料小用，边角碎料要充分利用，以减少浪费、降低成本。

认知五　食品雕刻工艺

任务介绍

雕刻工艺是指运用雕刻技术将烹饪原料或非食用原料制成各种艺术形象，用来美化菜肴、装饰宴席或宴会的一种工艺。根据使用的原材料的不同，雕刻可分为果蔬雕、黄油雕、糖雕、冰雕及泡沫雕等种类，近来又出现了琼脂雕和豆腐雕。艺术欣赏是雕刻的根本目的，所以，从古至今，所有的雕刻制品都是以欣赏为主的，尽管极少的雕刻制品能够食用。本任务主要介绍各类雕刻的形式，重点讲解果蔬雕的制作。

任务目标

1. 熟悉目前餐饮市场上食品雕刻的常见形式。
2. 掌握果蔬雕的原料选择方法、品种分类及操作特点。

相关知识

一、各类雕刻形式的简介

（1）果蔬雕：在食品类雕刻中，用作原料的往往是一些蔬菜瓜果。由于这些原料颜色鲜艳，搭配起来五颜六色，非常好看，因此往往成为食雕原料的首选。将果蔬雕刻成型，既可渲染宴会气氛，提高宴会意境，又可美化菜点，提高菜点的艺术品位。由于果蔬雕是各级各类烹饪学校学生的必学内容，也是行业中使用广泛的雕刻形式，因此，下文重点介绍果蔬雕刻的相关知识。

（2）黄油雕：最早源自西方的一种食品雕塑，常见于大型自助餐酒会及各种美食节的展台，可以渲染就餐的气氛，提高宴会的档次，营造一个高雅的就餐环境。一般选用硬度大、可塑性强的人造黄油为原料，如专门用于制作酥皮点心的酥皮麦淇淋，可塑性强，熔点也较高，水分很少，容易操作。小件的黄油雕作品可以直接用手捏出来，用于盘中装饰；用于装饰展台的大型作品，则先要根据作品的形态做一个支架，就像人体的骨骼一样，因为大型作品光靠黄油是很难长时间保持稳定的，这就要用到牙签、竹片、木头等简单的工具。与果蔬雕不同的是，果蔬雕的制作是由表及里去掉多余的部分，是一个减料的过程，而黄油雕的制作是一个加料的过程。

（3）糖雕：又称"糖塑"，采用糖粉和脆糖工艺制作，造型优美，色彩浮翠流丹，常常令人耳目一新。其中，由糖粉与蛋清、柠檬汁制成的糖粉糕不仅能通过不同的裱花嘴，挤出不同的花朵、叶子、人物及动物造型等，而且能用于大型蛋糕的挂边、挤面、拉线装饰；由糖粉与蛋清、鱼胶、葡萄糖、色素、柠檬汁制成的糖粉面坯制品是各种高级宴会甜点装饰、各种大型结婚蛋糕、立体装饰物常用的装饰品；将白砂糖、葡萄糖和柠檬酸上火熬制到特定的温度，加入各种颜色的色素，又成为一种独特的装饰原料——脆糖。用脆糖可制成花朵、树木、叶子等，制品形象逼真、晶莹剔透、色彩斑斓、立体感强，在室温下可保持较长时间，且不宜因受潮、受热而变质。因此，脆糖是制作大型装饰品的首选品种。

（4）冰雕：冰灯游园会中大量运用的造型艺术之一，现在许多宴会、鸡尾酒会、冷餐会中常将冰雕作为装饰品。冰雕能根据主办单位要求雕刻其产品或公司标记，起装饰作用，如2001年APEC会议就是将冰雕刻成"APEC"字样。冰雕一般需要借助不同颜色的投射灯光来照射，以衬托其美感、增加效果，因为适当的灯光投射往往能恰如其分地增添冰雕的质感与感染力，更能彰显冰雕的存在意义。

（5）泡沫雕：近年来兴起的以非食用原料为主的雕刻形式。以大块泡沫为材料，雕刻成巨龙、凤凰、奔马、帆船等艺术造型，再根据需要涂上相应的颜色。泡沫雕的特点是体积大、立体感强、造型气势磅礴。一般要事先设计图样，根据图样在泡沫塑料上画出物体造型的轮廓，再雕刻处理。除了宴会展台、食品节展台装饰外，泡沫雕还适用于多种场合。

（6）琼脂雕：以琼脂为原料，将其浸泡蒸融后调入果蔬汁或食用色素等，冷却成初坯后再用其制作成不同风格题材的雕刻作品。这是一种极具发展潜力的新式雕刻法，与其他雕刻相比，琼脂雕的原料不受地域、季节限制；成品如美玉、似翡翠，晶莹剔透，给人以强烈的视觉美感；由于原料初坯调入了天然果蔬汁、食用色素和香精等，因此具有果冻风格，入口滑润，清甜爽口；保存期长，可反复使用，能有效地降低原料的成本。

另外，还能以豆腐为原料进行雕刻。可将豆腐放在一平面器具上进行操作或将豆腐淹没在清水中雕刻，即整个操作在水中进行，便于剔除废料。在雕刻时，要下刀准确，一次成型，以使整个作品浑然成为一体。因豆腐水分含量高、质地细嫩、极易破碎，因此雕刻难度大。同时，豆腐雕支撑度有限，几乎没有应用，与其用豆腐雕刻，还不如将豆腐制成美味的"麻婆豆腐"。

由于上述雕刻工艺的应用日益增多，对雕刻的品质要求也越来越高，因此目前已有专门的公司从事冰雕、泡沫雕、黄油雕、蔬菜雕等对外加工业务，为宾馆、酒店、婚庆礼仪公司、婚纱摄影公司及个人精心制作各种雕刻作品，给人以高档次的享受。

二、果蔬雕刻的制作

1. 果蔬雕刻原料的选择

果蔬雕刻的原料无论是瓜果，还是蔬菜，都要选用色泽鲜艳自然、肉质丰满、质地坚实的原料。食雕原料选用表如表5-2所示。

表5-2 食雕原料选用表

原料		应用
瓜果类蔬菜	冬瓜	一般适合浮雕或镂空雕，如冬瓜盅、立体花篮等
	南瓜	可雕刻成多种造型，如凤凰、龙等大型整雕
	西瓜	可雕刻成各种西瓜灯、西瓜盅等
	哈密瓜	适合整雕和雕成一些装饰性物品
	黄瓜	可雕刻马蹄莲、白兰花等花卉；蝈蝈、螳螂、蜻蜓等昆虫类动物；孔雀的头颈、翎等
	番茄	适合雕刻花卉，多作拼摆之用
根茎类蔬菜	白萝卜	适合雕刻花卉、鸟、兽、虫、鱼、花瓶、人物等造型
	心里美萝卜	适合雕刻多种花卉、整雕造型
	青萝卜	适合雕刻花卉、整雕造型
	胡萝卜	适合雕刻小型花卉、虫鸟、植物等造型
	莴笋	适合雕刻小型造型
	茭白	适合雕刻小型造型，如小型花卉等
	土豆	适合雕刻花卉、鸟、虫、花瓶等
	洋葱	适合雕刻荷花、水浮莲
	红尖椒	适合雕刻小型花卉及其他造型

除了上述原料外，可作为果蔬雕刻原料的还有白果、紫菜头、甘薯、赤豆、花椒籽、丁香籽、蒜苗等，这些原料在雕刻中常以次要原料的身份出现。对这些原料的选择，应以新鲜、形体端正、色泽光洁为好，并根据原料的自然色彩、形状灵活掌握。

2. 果蔬雕刻品种的分类

果蔬雕刻花样繁多，雕品无论是花木虫鱼、风景建筑，还是人物盆景、飞禽走兽，都栩栩如生。果蔬雕刻融精神、物质、艺术为一体，可烘托宴席上的热烈气氛，使人在获得物质享受的同时获得精神享受。按雕刻技术的特点来分，果蔬雕刻有以下五种。

（1）整体雕刻：又称立体整雕、立体圆整（简称圆雕），即选用形体较大的一整块原料雕刻成一个独立完整的立体成品，形象逼真，具有完整性和独立性，不需要其他雕刻制品的参与和衬托，且不论从哪个角度来看，立体感都较强，具有较高的欣赏价值。这种雕刻难度系数最大,需要雕刻者具有一定的美学基础和立体雕刻技艺。一般适合雕刻花瓶、凤凰、花卉等。

(2) 组装雕刻:一般情况下,因果蔬原料体积的限制,雕刻作品不可能像石雕那样伟岸,但是利用组合方法可以克服这个缺点。组合造型能最大限度地延伸空间、造就空间。组装雕刻就是将多块原料分别雕刻成作品的各个部件,然后再组装成完整的物体的形象,具有色彩丰富、雕刻方便、成品立体感强、形象逼真的特点,是一种比较理想的雕刻形式,特别适合一些形体较大或比较复杂的物体形象的雕刻,如制作大型组合食雕展台上的孔雀开屏、凤凰展翅、龙凤呈祥等。

(3) 浮雕:利用原料表皮与肉质颜色的差异,在原料的表面上雕刻出凸起或凹陷的各种图形花纹,具有装饰性强、图案简洁的特点,常用于西瓜盅、冬瓜盅、花瓶等的制作。浮雕花纹向外凸起的称为凸雕或阳文雕,即在原料表面的刻画范围内,先将所要雕刻的图案画在上面,然后让所要表现的花纹图案向外凸出、背景凹下的雕刻方法,其雕刻难度较大。与凸雕相反的称为凹雕或阴文雕,即让花纹向内凹进、背景凸出的雕刻方法,其雕刻速度较快,难度较小。同一种花纹图案既可以用凸雕,又可以用凹雕,应视具体情况而定。

(4) 镂空雕:将西瓜、冬瓜等去瓤,把表面刻画图案中不需要部分的瓜皮挖去,刻成具有空透特色的雕刻方式。一般适合雕刻瓜灯、萝卜灯等。

(5) 突环雕:在西瓜、萝卜等表面雕刻出的各种环状的表皮与母体脱而不离,各环相互连接,如各种瓜灯。制作时,先在原料表面刻出各种环状图案,将需分离部分的表皮铲起,并留部分与母体相连,再在其中分割出一定形状,使其能凸出瓜体并因环的连接而不脱离瓜体。

从雕刻品种的造型来分,果蔬雕刻有以下类别:

花卉类,如菊花、玫瑰、月季、牡丹、大丽菊、马蹄莲、荷花、牵牛花、梅花等。雕刻时可在色泽、形状、花瓣宽度等方面加以变化。

鸟雀类,如孔雀、凤凰、鹰、雄鸡、鹤、天鹅、鸳鸯等。可采用整体雕刻或组装雕刻的方式,一般选用体积较大或形体相宜的原料。

鱼虫类,如金鱼、鲤鱼、虾、蟹、螳螂、蝉、蝴蝶等。

兽畜类,如兔、龙、牛、马等。可采用整体雕刻、组装雕刻和浮雕等雕刻方式。

吉祥物品类,如花瓶、绣球等。可采用整体雕刻、组装雕刻、镂空雕、浮雕等雕刻方式。

瓜雕类,主要有雕瓜、瓜盅、瓜灯三种。雕瓜是在整只西瓜的表面进行凸雕和凹雕加工,制作较简单,主要在于表面图案的设计;瓜盅一般作为盛器使用,由盅盖、盅体和底座(底座可用瓷盘)三部分组成,盛装甜品、热菜均可,如冬瓜鸡、什锦西瓜盅等;瓜灯是专门用来观赏的雕刻制品,即在瓜表皮上雕刻出各种精美的透孔花纹图案及各种各样的突环和连扣,雕刻完毕后再挖出瓜瓤,内置点燃的蜡烛或通电的灯泡,光亮透过瓜壁突环雕缝和镂空的洞向外散射,形如灯笼。

3. 果蔬雕刻操作的特点

果蔬雕刻在操作技术上主要是一个减料过程,通过雕或刻对现有原料的空间形体由外向内进行体积的剔减,去掉与造型不吻合的多余部分,以增加凹凸或减少凹凸来塑造新的形体。

果蔬雕刻一般一次成型，去掉的部分不可能再补回来，因此如果下刀去料失误，二次修整成型时只能缩小比例，越雕越小。在减料成型过程中，形体的呈现主要是通过"凸""凹"的对比与转化来实现的。凸因凹而明，凹因凸而显，在初坯上将低点部分原料切挖出去后，就相对塑造出了高点部分，形象的特征和体积感也因此而强烈。

雕刻操作中，有时还要采用下列手法完成整个造型。

（1）插接：多用于组装雕刻，就是用牙签将不同的形体插接在一起。

（2）粘接：多用瞬间黏合剂来粘贴形体或连接形体断裂部位。

（3）榫接：利用形体的凹凸榫缝，互相咬合，接稳形体，使造型完整自然。要求接合处严丝合缝，看不出咬合的痕迹。例如，食雕的龙头接龙身处多利用龙鳞遮盖接缝。

（4）拉伸：如将胡萝卜切成长方体，双对面分别相错等距直剖 1/3 深度，然后再卷批成大薄片，一抻一拉就成了渔网形。

（5）卷裹：如将西红柿削成长条片，再卷裹成月季花；也可用胡萝卜长方片对折，在折叠处等距、等长地切均匀的缝口，再从一端卷到另一端就成了绣球花。

（6）折叠、扭转：黄瓜、萝卜剖蓑衣刀，折叠扭转成佛手、兰花形状。

（7）变形：原料形体厚度不均，吸水或失水后，在弹性、张力、应力作用下自然扭曲变形。例如，用大黄菜帮刻菊花，水泡后的娇姿真是巧夺天工。鸟的羽毛、瓜灯上的瓜环若不经过水泡，就不能挺括、卷翘，这些都不是人力所能及的。其他作品经过水泡后，也都会有不同程度的变形和意想不到的艺术效果。

4. 雕刻工具的种类和刀法

雕刻工具是厨师雕刻果蔬的专用刀具，它分为刀具和模具两大类。

（1）刀具类：食品雕刻的刀具品种较多，少的一套有十多件，多的有数十件，其品种、规格也各不相同，可随意选择，没有统一的标准。实际上，食品雕刻最常用的刀具分为 3 种：尖刀、戳刀、刻线刀。戳刀的形状多种多样，且分不同的规格，成套工具还有戳刀的派生品种，如 L 形、U 形和弯头的 V 形、U 形刀具，以及平头和斜头等用于雕刻西瓜灯的专用刀具。L 形、U 形刀具是雕刻方孔或三角槽的专用工具；弯头 V 形、U 形刀具是雕刻禽鸟颈、胸部羽毛的专用刀具。因此，食品雕刻的刀具至少需要十几种。

（2）模具类：将原料刻压成一定形状的工具，依加工程序可分为单一模具和组合模具两类。单一模具有白兔、蝴蝶、蝙蝠、秋叶、燕子、寿桃、花卉、瓦楞形等模具，其中部分模具由于规格不同，大小也不同，如鸡心、梅花、菱形、圆形、花边圆形模具。组合模具是指一种造型需用两种或两种以上的模具刻压而成，如双喜、龙、凤、多种汉字模具等。模具不仅可以提高工作效率，简单快捷地刻压出各种造型，而且能批量制作，使成品规格统一、质量稳定。

雕刻刀法除使用一些普通刀法作为辅助加工外，还有一些专门用于食品雕刻的基本刀法，主要有以下几种：

刻：有槽形刻、条形刻、直刻、翻刀刻等多种。槽形刻就是用各种圆口或槽口刀在原料的表面刻出各种方槽形、尖槽形和圆槽形的图案，多用于瓜灯和瓜盅的雕刻；条形刻就是用各种圆口刀在原料的表面刻出细条，形成一端与主体相连接的弯曲有致、粗细有序的条形，多用于雕刻鸟类羽毛和花卉的条状花瓣；直刻就是在原料上用平口刀刻出与母体连接、层次分明的各种片状，多用于雕刻平面花卉的花瓣；翻刀刻就是用斜口刀先在原料中部由下向上地刻好花朵的外面几层花瓣，再用勺口刀或圆口刀在原料的顶部由内向外地翻刻好花朵里面的几层花瓣，多用于半开放花朵的雕刻。

旋：用平口刀或斜口刀在圆柱或菱柱形原料的侧面，并与原料轴心呈一角度进行旋削，使旋下的部分成卷曲的薄片，再将每一段卷片顺弯做成喇叭花状或君子兰状的花朵。

削：用平口刀或斜口刀将原料修成所需的坯型，或削去雕刻坯料上不需要的部分。削法常作为辅助刀法运用，有时也可与旋法并用。

戳：将刀具插入原料后向前推进到一定深度的刀法，如雕刻禽鸟的羽毛、鱼的鳞片、花瓣、花蕊、线条纹路等均用此刀法。

镂：将原料的内部籽瓤挖空，或将肉质皮按一定形状雕空，多用于西瓜盅和西瓜灯的雕刻。

模压：将原料切成块或厚片，用各种形状的模型刀具将原料切压成定型的坯料，再加工成片的方法；或直接用模型刀具切压已切成片状的原料，得到所需的花形片，如梅花、秋叶、寿桃等。

5. 果蔬雕刻的注意事项

（1）一方面，要依据雕刻造型的主题与构思设计的形状、姿态选择相应的原料。例如，雕刻龙船时最好选取弯曲的大南瓜，以使造型自然、生动有趣；雕刻花卉时，应选取水分丰富的萝卜、莴笋、土豆、南瓜，这样能取得惟妙惟肖的效果。另一方面，要根据原料的自然形状来构思雕刻的造型。例如，选取大白菜菜心雕刻长丝菊花的造型，能取得以假乱真的效果。果蔬雕刻原料的选择要合理，尽量避免大材小用。

（2）用于宴席的果蔬雕刻应主题明确，即必须了解宴席的主题、目的和性质，如寿宴、喜庆宴、宾用宴等。同时，要了解进餐者的年龄、性别、职业、爱好、习惯、文化程度及城乡、国内外不同人群的心理要求。

（3）雕品的保管。果蔬雕刻制品都是用烹饪原料加工制成的，其保存有一定的时间性，雕刻成功后放置时间不宜过长，最好随刻随用。如果不能及时采用，需要对雕品进行妥善保管，应依据雕品使用的具体情况选择合适的保管方法。常用的保管方法是用清水浸泡或用1%的明矾水溶液浸泡，再放入1℃的冰箱中冷藏，这样可较长时间地保存雕品。对于展台上的雕品，一般用2%的琼脂溶液喷洒在表面，琼脂凝固后呈透明状，使雕品里的水分不易挥发，达到延时的目的。

三、果蔬雕刻的应用

1. 用于宴席、宴会展台及桌面的装饰

果蔬雕刻作品常用于盛大的宴会气氛的渲染和环境的美化，以及中、小型宴席、宴会台面的装饰和菜肴造型的点缀，起烘云托月、锦上添花的艺术效应，具有独特的魅力。具体应用方式如下：

（1）展台装饰品：果蔬雕刻通过多样化、大型的食雕作品的大量组合来展现其独特的艺术风格，将有一定寓意的大型看台作为艺术表现方式，组成优美生动的画面，达到渲染宴会气氛、美化宴会环境的目的。例如，用南瓜刻制的龙凤，用萝卜刻制的孔雀，等等。

（2）桌面的美化：以果蔬雕刻作品少数量的组合或单一作品的特定造型来展现其独特的艺术风格，将有一定寓意的小型看台、看盘或瓶花作为表现方式，对桌面进行美化或点明主题。例如，在寿宴餐桌中央设置"松鹤延年"石雕看盘，代表长寿；在餐桌中央或四周放置一瓶或几瓶食雕瓶花，以示素雅而热情。

2. 用于菜肴的美化

在冷菜中，果蔬雕刻作品对冷盘起着点缀美化的作用，如在花色冷拼的制作中，可将萝卜、红椒、蛋糕及瓜果等原料雕刻成象征吉祥的图案，作为体现和衬托冷盘主题意境的装饰。此外，还可以将果蔬雕刻作品作为是冷盘造型的中心或重要组成部分，如"什锦古塔"中的古塔，"孔雀开屏""孔雀迎宾"中的孔雀头等。要注意果蔬雕刻作品与食用原料的合理隔置和巧妙处理，以保证卫生。

在热菜中，果蔬雕刻作品能增强菜肴的艺术性，如"蒲棒里脊"，把金黄色的蒲棒里脊摆成扇形放入盘中，扇把位置放一只雕刻的站在山石上欲飞的小鸟，从画面上来看，静中有动，生动活泼；高档菜肴"扒鱼翅"用简单刻制的鱼、虾点缀，给人以海底的意境，为菜肴增色不少；将果蔬雕刻作品作为盛装器皿，如"西瓜盅""御果园""酿冬瓜鱼翅"等；将"琉璃核仁"做成假山造型，口味香甜，情趣动人；在"拔丝蜜枣"的边上放几个雕刻的立体小葫芦作为点缀，造型逼真精美、优雅可爱。要注意果蔬雕刻作品应突出菜肴、美化菜肴、烘托菜肴，不能喧宾夺主，同时还应注意生熟的合理处理，注意卫生，符合食用的规律。

此外，在水果拼盘中，可利用西瓜皮雕刻简单的鱼、龙、凤、人物等图案，插在水果之中作为点缀。上述菜例如果不用果蔬雕刻作品，菜肴依然有自身的形色，不会影响完整性，但是加入果蔬雕刻作品后，菜肴的形象和寓意会更加完整。

思考题

1. 冷菜的调味方法有哪些？请举例说明。
2. 根据原料对冷菜的烹调方法进行分类是否合理？为什么？
3. 怎样对花色冷拼进行改革，使其符合现在的饮食潮流？
4. 学习危害分析和关键点控制（Hazard Analysis and Critical Control Point，简称HACCP）知识，论述HACCP在餐饮企业的应用前景。

项目六

菜肴组配及造型美化工艺

项目分析

菜肴组配在烹饪工艺中具有重要意义,菜肴组配是指将经过清理、分解与优化加工后的各种食物原料按照一定的规格、质量、标准组合配置成完整的菜肴生坯,以及将餐馆、宴席的各类食品组合成套的加工过程。菜肴的造型艺术极似建筑艺术,一个是赋予冰冷的石头生命力,一个是让盘中的食物鲜活起来。从早期的平面造型,到今天的向立体空间造型发展,菜肴的造型不仅越来越美了,而且出现了很多让人新颖的创意。本项目主要介绍菜肴组配工艺、装盘工艺原理、菜肴盛装造型工艺、菜肴装饰美化工艺、菜肴命名规律。

学习目标

※知识目标

1. 了解单一菜肴的构成及组配形式。
2. 理解单一菜肴组配工艺的作用。
3. 熟悉菜肴组配的一般规律。
4. 熟悉宴席菜点的构成。
5. 掌握宴席菜肴的组配方法及影响因素。
6. 熟悉装盘技艺的主要特点。
7. 理解装盘的构成学原理。
8. 了解菜肴造型的影响因素。
10. 熟悉菜肴盛装时需要注意的事项。
11. 掌握菜肴不同的美化表现形式及方法。
12. 了解菜肴命名的重要性及相关规律。

※能力目标

1. 能根据宴席的特点选定合适菜肴。
2. 拥有菜肴组配人员的职业素养。

3. 能依据菜肴特点采用灵活合理的菜肴盛装方法。
4. 能为不同的菜肴命名。

认知一　菜肴组配工艺

任务介绍

组配，即组合、搭配。组配工艺有两层含义：一是烹饪原料之间的搭配，即将经过选择、加工后的各种烹饪原料按照一定的规格、质量、标准，通过一定的方式方法，组配成可直接烹调的完整菜料的工艺过程，传统饮食业称为"配菜"；二是菜肴之间的组合，即将烹调后的菜肴精心组织和搭配，使其成为一整套菜肴的工艺过程。菜肴组配工艺是基础，套菜组配工艺是提高。本任务简述各类菜肴组配的形式及方法，揭示菜肴色、香、味、形等组配的一般规律。

任务目标

1. 熟悉单一菜肴原料的构成及组配形式。
2. 掌握宴席菜肴组配的具体方法。

相关知识

一、单一菜肴组配

（一）单一菜肴原料的构成及组配形式

单一菜肴原料组配工艺简称"配菜"，它是把加工后的各种原料进行适当的配合，使其可烹制出一份完整菜肴的工艺过程。原料组配工艺是整个烹调工艺的重要环节之一，它是使菜肴具有一定品质形态的设计过程。一般来说，一份完整的菜肴由三个部分组成，即主料、配料和调料。

主料在菜肴中作为主要成分，占主导地位，是起重要作用的原料。它所占的比重较大，通常为60%以上，其作用是反映菜肴的主要营养与主体风味指标。

配料又叫"辅料"，在菜肴中为从属原料，指配合、辅佐、衬托和点缀主料的原料，所占比例较少，通常在30%~40%，作用是补充或增强主料的风味特性。

调料又叫"调味原料"，是烹调过程中调和食物风味的一类原料。调料在烹调中用量虽少，但作用很大，其原因在于每一种调料都含有区别于其他调料的特殊成分。在烹调过程中，各种原料中的呈味物质相互作用，产生一系列反应，从而形成各种美味佳肴的特定口味。

在菜肴组成方面，主料起关键作用，是菜肴的主要内容。对一道菜肴而言，主料的品种、数量、质地、形状均有一定的要求，是固定不变的。而辅料应顺应主料，由于季节、货源等因素的影响，部分菜肴的辅料是可以改变的。例如，炒肉丝在配辅料时，春季用韭芽、春笋，夏季用青椒，秋季用茭白、芹菜，冬季用韭黄、青蒜、冬笋；对于翡翠蹄筋的绿色辅料，春季用莴笋，夏季用丝瓜，秋季用鲜白果。调料的选择与烹饪的菜肴所要求的风味特点有关，往往一道菜肴的主、辅料确定后，再根据菜肴所要求的风味特点选择适合的调料。在实际的组配工作中，一般不考虑菜肴搭配的调料，而由临灶烹调师完成调料的搭配。

所有菜肴都需要调味，因此一般菜肴的组配往往依据主料、辅料的数量，分为以下三类：

1. 单一原料菜肴的组配

菜肴中没有辅料，只有一种主料，经调味即可。它对原料的要求特别高，必须是比较新鲜、质地细嫩、口感较佳的原料。单一原料菜肴的主要品种有"清炒虾仁""清蒸鲫鱼""蚝油牛肉""葱油海蜇"等。

2. 多种主料菜肴的组配

菜肴中主料品种的数量在两种或两种以上，数量上大致相等，无任何主辅之别，在配菜时应分别将主料放置在配菜盘中，方便菜肴的烹调加工。此类菜肴的名称一般离不开数字，如"汤爆双脆""三色鱼圆""植物四宝"等。

3. 主、辅料菜肴的组配

菜肴中有主料和辅料，并按一定的比例构成。其中，主料为动物性原料，辅料为植物性原料的组配形式较多，也有主料为植物性原料，辅料为动物性原料的组配形式，如"麻婆豆腐""大煮干丝"等。辅料可以只有一种，如"宫保鸡丁""青椒肉丝"；也可以有多种，如"五彩虾仁""绣球鸡"等。组配时，应掌握主料与辅料的特点，在质量方面以主料为主导，起主要作用，辅料对主料的色、香、味、形起衬托和补充作用，在营养方面与主料互补，从而提高菜肴的营养价值，使菜肴的营养素更全面。主、辅料的比例一般为9:1或8:2或7:3或6:4等，其中，辅料的比例宜少不宜多，以数量少为高档。要注意配料不可喧宾夺主，不能以次充好。

花色菜肴的组配，有的是由一种原料组成的，如"菊花青鱼"；有的是由多种原料组成的，如"三丝鱼卷""扣三丝"等。从原料组成上讲，与一般菜肴相同，区别在于花色菜肴侧重于造型，原料搭配好后，还要进一步进行菜肴的坯型加工处理。

单一冷菜的组配形式与热菜相同。冷菜之间组合搭配，进而形成各种拼盘及花色冷拼，因为属于套菜组配范畴，所以将在后文进行介绍。

（二）单一菜肴组配工艺的作用

组配工艺是整个烹饪流程的一个组成部分，在它之前有多道工序，在它之后也有后续工序跟接。但是，从发挥的作用看，菜肴制作由初始选料到最后成菜，组配工艺始终处于整个流程的中心环节。组配工艺可以确定菜肴的价格、营养成分、烹调方法、口味、造型、色泽等。

1. 可以确定菜肴所用的原料，进而确定菜肴的成本和售价

组配工艺可以确定菜肴所用原料（包括主料、辅料、调料等）的品种、规格、单价、数量、成本等。菜肴的用料一经确定，就具有一定的稳定性，不可随意增减、调换，这既是保证菜肴质量的关键之一，又能体现企业的信誉。

将各种原料价款的总和计算出来，就是菜肴的总成本，再核定菜肴的售价。俗话说："厨师手一松，顶做三个工"，形象地说明了组配工艺与菜肴成本、利益的关系。所以，把好原料组配的关口,对合理使用菜料,提高菜料的使用价值,避免不必要的浪费,降低菜肴成本,吸引顾客,扩大经营,都是至关重要的。

2. 奠定菜肴的质量基础

各种菜肴都是由一定的质和量构成的。质是指组成菜肴的各种原料的营养成分和风味指标;量是指原料的重量及菜肴的重量。一定的质量构成菜肴的规格,而规格决定菜肴的销售价格和食用价值。因此,确定菜肴的规格是组配工艺的首要任务。对菜肴的规格质量的组配,实际上是对菜肴构成成分的适当结合。除组配工艺之外的所有制作工艺都对菜肴质量有或多或少的影响,但是,组配工艺作为关键性的中心环节,它规定和制约着菜肴原料结构组合的优劣、精粗、营养成分、技术指数、用料比例、数量,并且按照加工工序的实际明确化,进行适当的调节和变通,以保证菜肴质量。

3. 奠定菜肴的风味基础

菜肴的风味不是随机性的。各种菜肴感官性状、风味特征的确定,虽然离不开烹制工艺,但要达到菜肴的质量要求,调配工艺也起着非常重要的作用。组配工艺能使菜肴的主体风味基本确定,即人们通常所说的色、香、味、形、质等综合表现。

确定菜肴的口味和烹调方法。菜肴的主料、辅料和调料确定以后,口味也就确定了。依据配菜的生坯中主料和辅料的形状、调料的用量,判断菜肴采用何种烹调方法,以达到预期的目的。

4. 组配工艺是菜肴品种多样化的基本手段

菜式创新的方式虽然很多,但在很大程度上是原料组配工艺的作用。原料组配形式和方法的变化必然会导致菜肴风味、形态等方面的改变,并使烹调方法与这种改变相适应。在烹饪实践中,注重组配工艺的调节作用,发挥组配烹饪厨师的创造才能,对实现菜肴品种的多样化是至关重要的。可以说,组配工艺是菜式创新的基本手段。

5. 确定菜肴的营养价值

菜肴的规格质量确定以后,各种原料的营养成分也就固定下来了。组配可以将多种原料有机结合在一起。各种原料所含的营养成分不可能完全相同,它们之间可相互补充,以满足人体对营养素的需求,提高菜肴的消化吸收率和营养价值。菜肴的营养价值已经成为人们衡量菜肴价值的科学化标准。因此,在组配过程中,如何提高菜肴的营养供给水平,需要精心的组织和搭配,从而达到平衡膳食营养的实用目的。

(三) 菜肴色、香、味、形组配的一般规律

1. 原料色彩的组配规律

色彩是反应菜肴质量的一个重要方面。菜肴的风味特点或多或少地通过菜肴的色彩被客观反映出来,从而对人的饮食心理产生极大的作用。好的菜肴,色彩柔和、配色绚丽,能增进人们的食欲,促进消化吸收,使人看了就想吃。菜肴的色彩是判断其质量的一个重要方面。

菜肴的色彩可以分为冷色调和暖色调两类,表示菜肴色彩的温度感。在色彩的7个标准色中,接近光谱红端区的红、橙、黄为暖色,接近紫端区的青、蓝、紫为冷色,绿色是中性色彩。在具体的色彩环境中,各种色彩的冷暖是相对的,两种色彩的对比常常是决定冷暖的主要因素。例如,紫色在红色环境里为冷色,而在绿色环境里又成了暖色;黄色相对于青、蓝色为暖色,而相对于红色、橙色又偏冷了。冷、暖都是互为条件、互为依存的。在感

情上，暖色与热情、乐观、兴奋相关，冷色则与深沉、宁静、健康相关。几种重要色彩在菜肴中给人的感觉如表6-1所示。

表6-1 烹饪色彩特征

颜色	感 觉	菜 例
白色	给人以洁净、软嫩、清淡之感。当白色的菜肴与油芡交融、油光发亮时，则给人一种肥浓的味感	清汤鱼圆、芙蓉银鱼、糟溜三白、高丽银鱼等
红色	给人以热烈、激动、美好、肥嫩之感，同时味觉上表现出酸甜、香鲜的味感	红梅菜胆、翠珠鱼花等
黄色	给人以温暖、高贵的感觉，尤以金黄、深黄最为明显，使人联想到酥脆、香鲜的口感	吉士虾卷、香炸猪排、咖喱鸡丝等
绿色	一般以蔬菜居多，给人以清新、自然、脆嫩、清淡的感觉。若配以淡黄色，显得格外清爽、明目	鸡油菜心、金钩芹菜、蒜蓉蒲菜等
褐色	给人以浓郁、芬芳、庄重的感觉，同时显得味感强烈和浓厚	炒软兜、红卤香菇、干烧鳊鱼等
黑色	在菜肴中应用较少，给人以味浓、干香、耐人寻味的感觉。若加工不当，会有糊苦味的感觉	酥海带、蝴蝶海参、素海参等
紫色	属于忧郁色，但运用得当，能给人以淡雅、脱俗之感	紫菜蛋汤、紫菜卷等

烹饪注重的是原料的本色美，上述7种色彩是常用的几种色彩，要善于运用、妥善处理，尽量少用或不用人工合成色素。对于菜肴的色彩组配，首先要确定菜肴的色调，即菜肴的主要色彩，又称"主调"或"基调"。菜肴通常以主料的色彩为基调，以辅料的色彩为辅色，起衬托、点缀、烘托的作用。主、辅料之间的配色应根据色彩间的变化关系来确定。菜肴色彩的组配有以下四种形式：

(1) 单一色彩菜肴，即菜肴的色彩是由一种原料的色彩构成的。

(2) 同类色的组配，也叫"顺色配"。所配的主料、辅料必须是同类色的原料，它们的色相相同，只是光度不同，且非常相似，可产生协调且有节奏的效果。例如，"韭黄炒肉丝"由韭黄、里脊肉丝两种原料组配而成，成熟后韭黄呈淡黄色，肉丝呈乳白色，经芡汁裹包，水、油和糊化淀粉交融在一起，透出淡淡的奶黄色，色泽光亮，给人以和谐、顺畅、清鲜的感觉；"糟溜三白"由鸡片、鱼片、笋片组配而成，成熟后三种原料都具有固有的白色，色泽近似，鲜亮光洁。

(3) 对比色的组配，也叫"花色配""异色配"等。把两种不同颜色的原料组配在一起，成为菜肴，如果主料颜色浅，辅料和料头颜色就应深一些；相反，如果主料颜色深，辅料和料头的颜色就应浅一些。主料是红的，配料最好是黄的、绿的；主料是白的，配料最好是绿的、红的。在色相环上，相距60°以外范围的各色成为对比色。对比色可分为同时对比和连续对比等多种关系。依据这个原理，可以将原料组合排成多种不同的菜肴，这也是配菜经常采用的一个方法。配色时，一般要求主料和辅料的色差大些，比例要适当，辅料应突出主料的颜色，起衬托、辅佐的作用，使整个菜肴色泽分明、浓淡适宜、美观鲜艳、色彩和谐，具有一定的艺术性。

（4）多色彩的组配，即菜肴的色彩是由多种不同颜色的原料组配而成的，其中，以一色为主，多色附之，色彩绚丽和谐。例如，"三丝鸡蓉蛋"的主料鸡蓉蛋色泽洁白，配以火腿丝、香菇丝、绿茶叶丝后，菜肴的色彩十分和谐，这些辅料将鸡蓉蛋的洁白衬托得淋漓尽致。此外，还可以将多种色彩均匀搭配，如"三色鱼丸"，红、绿、白三种颜色对比分明，使人感到鱼丸鲜嫩、味感丰富。

2. 菜肴香味的组配规律

香味是人们通过嗅觉器官感知的。研究菜肴的香味时，主要考虑食物加热和调味以后的香味。各种水果、蔬菜及新鲜的动、植物原料都具有独特的香味，组配菜肴时，既要熟悉各种烹饪原料具有的香味，又要知道其成熟后的香味，注意保存或突出它们的香味特点，并进行适当的搭配，这样才能满足人们的需要。例如，洋葱、大葱、大蒜、韭菜、药芹、香菜等都具有丰富的芳香类物质，若适当地与动物性原料相配，就能使烹制出的菜肴更为醇香。菜肴香味组配一般遵循以下规律：

（1）若主料香味较好，则应突出主料的香味。在组配时，以主料的香味为主，辅料、调料起辅佐、衬托主料香味的作用，使主料的香味更突出。在组配鲜活的动、植物性原料时，一般都采用这种方法，如"滑炒鸡丝"，鸡丝本身香味较好，因此只配白色淡味的调料即可。

（2）若主料香味不足，则应突出辅料的香味。有些主料的香味较淡，可用香味较好的辅料弥补其不足，使主料吸收辅料的部分香味，从而增加菜肴整体的香味。例如，"水发鱼翅"本身没什么香味，需要添加火腿、鸡脯肉、鲜笋、香菇等辅料，以增加鲜香味。

（3）若主料有腥膻味，可用调料掩盖。主料的异味较浓时，可突出调料的香味，常用五香、桂皮、香叶、茉莉、荷叶、玫瑰、红糟等香味调料，给菜肴一个特定的香味。

（4）香味相似的原料不宜相互搭配。有些原料的香味比较相近，组配在一起反而使主料的香味更差，如鸭肉与鹅肉、牛肉与羊肉、南瓜与白瓜、大白菜与卷心菜等。

3. 菜肴口味的组配规律

口味是通过口腔感觉器官——舌头上的味蕾鉴别的，是评价中国菜肴的主要标准，是菜肴的灵魂所在，一菜一格，百菜百味。原料经烹制后具有各种不同的味道，其中有些是人们喜欢的，需保留发扬；有些是人们不喜欢的，需采用各种方法去除或改变其味道。这就需要把它们进行适当的组配，以适应人们对口味的要求。菜肴口味组配一般遵循以下规律：

（1）突出主料的本味。以清淡咸鲜口味为主，所需调料不多，常用葱、姜、酒、精盐、味精、淀粉等，菜肴的用盐量较少。烩、煮类的菜肴一般含盐量在0.8%左右，炒爆类的菜肴含盐量稍多，在2%左右。这类菜肴的主料需鲜活且口味较好。

（2）突出调料的味道。调料的味道应浓郁、辛辣刺激，起调节口味、增加食欲的作用。这类菜肴所需调料的品种较多、数量较大，以复合味居多。

（3）适口与适时。一方水土养一方人，中国地大物博，各地有各地的风俗习惯和风味特点，各地的口味也有一定的差异。因此，菜肴的口味必须符合当地人的口味，符合大多数人的味觉习惯。此外，菜肴的口味还要符合人在不同季节对口味的需要，一般夏季清淡，冬季浓烈，春秋季适中。因为人的生理变化与季节的变化联系紧密，应随着季节的变化做相应的调整。

4. 菜肴原料形状的组配规律

菜肴原料形状的组配是指将各种加工好的原料按照一定的形状要求进行组配，组成一盘特定形状的菜肴。菜肴原料形状的组配不仅关系到菜肴的外观，而且直接影响烹调和菜肴的质量，是配菜的一个重要环节。一个美观的菜肴形态能给人以舒适的感觉，增加食欲；臃肿杂乱的形态会使人产生不快的情绪，影响食欲。菜肴原料形状的组配一般要遵循以下规律：

（1）依加热时间来组配。菜肴的加热时间有长有短，菜肴原料的形状必须适应烹调方法。加热时间比较短的菜肴，组配的原料形状宜小不宜大，应选择细小的烹饪原料；加热时间较长的菜肴，组配的原料形状宜大不宜小，应选择整形或稍大的原料，如整鸡、整鸭、整鱼等。

（2）依料形来组配。所配的主料、辅料必须和谐统一、相似相近，根据烹调的需要确定主料的形状，从而在每一盘菜肴中，丁配丁、丝配丝、条配条、片配片、块配块，使主料和辅料形状一致。

（3）辅料服从主料。辅料在菜肴中处于从属地位，其体积不能超过主料，即要等于或小于主料。一些原料成熟后体积会有所变化，应考虑这一因素，烹调前将原料切得大一些或小一些，使成熟后的形状符合要求。一些主料成熟后会变成花形、自然形，辅料的形状在方便的情况下，应与主料的形状相似。例如，主料成熟后的形状是菊花状，辅料可切成柳叶片、秋叶片；"荔枝腰花"配笋尖青椒时，辅料不太好做造型，可加工成菱形片、长方片。

5. 菜肴原料质地的组配规律

组配菜肴的原料品种较多，同一品种的原料由于生长的环境和时间不同，性质也有所差异，它们的质地也就有软、硬、脆、嫩、老、韧之别。在配菜时，应该根据它们的性质进行合理的搭配，使菜肴符合烹调和食用的要求。原料质地组配一般遵循以下规律：

（1）同一质地原料相配。在菜肴原料的组配中，常将质地相同或基本相同的数种原料组配在一起，即脆配脆、嫩配嫩、软配软，如"汤爆双脆"，主料是猪肚尖、鸭肫这两个脆性原料；又如"炒虾蟹"，虾仁和蟹粉都是软嫩性原料。

（2）不同质地原料相配。即将不同质地的原料组配在一起，使菜肴的质地有脆有嫩，口感丰富，给人以一种质感反差的口感享受。如"宫保鸡丁"，鸡丁软嫩，油炸花生米酥脆，质地反差极大；又如"雪菜肉丝"，雪菜脆嫩鲜香，肉丝软嫩细韧，吃口香脆软嫩，是佐酒下饭之佳肴。在通过炖、焖、烧、扒等长时间的加热烹调方法制作菜肴时，能经常碰到主、辅料软硬相配的情况，通过差异体现菜肴的脆、嫩、软、烂、酥、滑等多种口感风味。

6. 菜肴与餐具的组配规律

餐具种类繁多，从质地材料来看，有金（或镀金）、银（或镀银）、铜、不锈钢、陶、瓷、玻璃、木质、竹、漆器之别；从形状来看，有圆、椭圆、方形、多边形、象形等多种形状；从性质来看，有盘、碟、碗、锅、炉等品种。美食需配美器，不同的菜肴要选择不同的餐具。

（1）依菜肴的档次定餐具。菜肴的档次往往与所用原料的价格有关，燕窝、鱼翅等原料价格较贵，制成的菜肴档次较高，一般应选用银质或镀银的餐具来盛装。

（2）依菜肴的类别定餐具。一般大菜、花色冷拼应用大型的器皿来盛装，其他的菜肴用中小型的器皿来盛装。无汤水的菜肴用平盘来盛装，汤水少的菜肴用汤盘来盛装，汤水多的菜肴用汤碗来盛装。平盘有 5 寸[①]盘、7 寸盘、8 寸盘、9 寸盘、10 寸盘等规格,不同大小的餐具能满足不同用餐人数的需要。

为了使菜肴显得饱满,通常根据餐具定量,这是最基本也是最常用的确定单个菜肴原料总量的方法,即根据不同容量、不同规格的盛器,可以预先定好菜肴原料的总量标准。在此基础上,根据不同的菜肴,规定总量中不同原料的数量、构成比例等。例如,主要原料在总量上要多于辅助原料;原料无主次之分时,数量大致相等即可。

二、套菜组配

套菜组配工艺是根据就餐的目的、对象,选择多种类型的单个菜肴进行适当搭配组合,使其具有一定质量、规格的整套菜肴的设计、加工过程。套菜组配工艺是确定套菜形式、规格、内容、质量的重要手段。套菜组配除了对每道菜肴原料的搭配有所要求以外,还对成套菜中各道菜之间的原料搭配有所要求。单一菜肴组配更多的是强调单个组配客观对象构成的完整性,套菜组配更多的是强调组配客观对象群体和人的对象群体的双向联系和统一。因此,必须从整体的角度研究套菜组配。

套菜通常由冷菜和热菜组成。根据档次、规格,套菜可分为便餐套菜和宴席套菜两类。便餐套菜的档次较低,可由冷菜和热菜组成,也可只由数道热菜组成,一般不用工艺菜;宴席套菜的档次较高,十分强调规格化,一般由多个冷菜和热菜组成,并把菜肴分为冷碟、热炒等,可以穿插使用工艺菜。由于套菜中以宴席菜的组配最具有代表性,因此下面着重探讨宴席菜肴的组配。

宴会与宴席既密切关联,又有一定的区别。宴会上的一桌整套菜肴及席面称为宴席,因此,宴席是宴会的组成部分。同时,宴席又可独立运作。宴会必备宴席,正如人们常说的"宴宾客,摆宴席"一样,就菜肴的组配而言,两者是一样的。

(一)宴席菜肴的构成

中式宴席的结构有"龙头、象肚、凤尾"之说,既像古代军队中的前锋、中军与后卫,又像现代交响乐中的序曲、高潮及尾声。冷菜通常是开场菜,它就像乐章的序曲,将食者吸引入宴,可起到"先声夺人"的作用;热炒大菜是宴席最精彩的部分,就像乐章的高潮,引人入胜,使人感到喜悦和回味无穷;饭后甜点则像乐章的尾声,可起到锦上添花的作用。宴席菜肴的结构大致相同,至于差异,主要表现在原材料和加工工艺方面。如高档宴席,菜肴质量好,加工精细;地方风味宴席,突出地方名菜;国宴与专宴,重视社交礼仪。中式宴席必须把握三个突出原则和组配要求,即在宴席菜肴中突出热菜,在热菜中突出大菜,在大菜中突出头菜;宴席菜肴的组配必须富于变化,有节奏感,在菜与菜之间的搭配上,要注意荤素、咸甜、浓淡、酥软、干稀之间的和谐。掌握中式宴席菜肴的结构,有助于组配出符合宴席主题和满足顾客需求的菜肴。

1. 冷菜

冷菜又称"冷盘""冷荤"等,是相对于热菜而言的,有单盘、双拼、三拼、什锦拼盘等形式,都是佐酒开胃的冷食菜。冷菜的特点是讲究调味、刀面与造型,要求荤素兼备、质精味美。

---

① 1 寸 = 3.33 cm。

（1）单盘。一般使用 5~7 寸圆盘（或条盘）盛装冷菜，每盘只装一种冷菜，每桌根据宴席规格选择设六单盘、八单盘或十单盘，多为双数（西北一些地方习惯用单数）。装盘造型有"扇形""风车形""拱桥形""馒头形""条形""菱形"等，不论何种造型，刀面都应整齐。要注意各单盘之间的荤素搭配，要求单盘菜量少而精，用料、技法、色泽和口味皆不重复。单盘是目前中式宴席中最常用且最实用的冷菜形式。

（2）拼盘。每盘由两种原料组成时称为"双拼"，由三种原料组成时称为"三拼"，由十种原料组成时称为"什锦拼盘"。如潮州宴席的"卤水拼盘"，四川传统的"九色攒盒"（一种将底盘分成九格的、有盖盒子的、盛装冷菜的专用餐具）。农村举办宴席时，冷菜多采用拼盘形式。如今饭店举办中、高档宴席时，冷菜基本不采用拼盘形式，而是以单碟为主。

（3）主盘加围碟。这种形式多见于中、高档宴席。主盘主要采用花色冷拼的形式，即挑选特定的冷菜制品，运用一定的刀工和装饰造型技术，在盘中镶拼出花鸟、山水、建筑、器物等图案。花色冷拼的设计常反映办宴意图，即宴席主题，如婚宴多用"鸳鸯戏水"的图案，寿宴多用"松鹤延年"的图案，迎宾宴席多用"满园春色"的图案，祝捷宴席多用"金杯闪光"的图案。花色冷拼不仅制作过程烦琐，费工，费时，而且大多用便于切割的上好的整料，导致下脚料极多，造成严重的浪费。此外，当宴席的规模较大时，花色冷拼的制作时间会延长，容易带来卫生方面的安全隐患。尽管花色冷拼是以食用为前提拼制而成的，但上席后顾客往往只是"目食"，而不忍下箸，所以目前多数饭店举办宴席时都会舍弃花色冷拼，以风味独特、实用性强的冷菜替代，如"盐焗鸡""酱鸭""糟卤拼盘"等，这类冷菜经刀工处理后，拼摆成型，略加点缀，色、香、味、形俱佳，颇受顾客欢迎。

（4）各客冷菜拼盘。随着国际的交流日益增多，有外宾参与的重大宴会越来越多，而上述冷菜组合形式越来越不适应这类宴会的要求，一种新的各客冷菜拼盘应运而生。各客冷菜拼盘就是为每个客人都制作一份拼盘，较好地适应了"分食制"的要求。如 2001 年 10 月 20 日，在上海国际会议中心举行的 APEC 欢迎晚宴的菜谱是一份冷盘、四道热菜、一道点心加水果。冷菜名为"迎宾冷盘"，由烤鸭肉、芦笋、鹅肝、白煮蛋、大马哈鱼子等组成，用加银盖的 12 寸盘盛装。掀开银盖，跃入眼帘的是一副"画"："鲜花"植立于"泥"中，"泥土"是两片连肉带皮的烤鸭，"花枝"是植在"泥"上的三根芦笋，"花叶"是三角形的两片鹅肝，圆形"花盘"由三片白煮蛋的蛋白围成，"花蕾"由三四粒名贵的红、黑鱼子组成，这是产于乌苏里江的大马哈鱼子。这道冷拼堪称各客冷菜拼盘的经典之作。

2. 热菜

热菜一般由热炒、大菜组成，它们属于宴席的"躯干"，质量要求较高。排菜时，应注意将宴席逐步推向"高潮"。

（1）热炒一般排在冷菜后、大菜前，起承上启下的作用。热炒大多是速成菜，以色艳、味美、鲜热爽口为特点，一般是 4~6 道，有"单炒"（只炒一种菜）"拼炒"（炒两种菜拼装）等形式。热炒原料多为鲜鱼、畜禽或蛋奶、果蔬，主要取原料质脆鲜嫩的部位，加工成丁、丝、条、片或花刀形状，采用炸、熘、爆、炒等快速烹调方法，大多需要 0.5~2 分钟完成，常采用旺火热油、兑汁调味等方法，使成菜鲜美爽口。每道菜所用净料多为 300 g 左右，用 8~9 寸的平圆盘或腰盘盛装。可以连续上席，也可以在大菜中穿插上席，一般质优者先上，质次者后上，要突出名贵原料；清淡者先上，浓厚者后上，防止互相影响味道。

（2）大菜又称"主菜"，是宴席中的主要菜肴，通常由头菜、热荤大菜（包括山珍菜、海味菜、肉畜菜、禽蛋菜、水鲜菜）组成，根据宴席的档次和需要确定数量。大菜的成本一般占菜肴总成本的50%～60%，有举足轻重的地位和作用。

大菜原料多为鸡、鸭、鱼肉的精华部位，一般用整件（如全鸡、全鸭、全鱼、全蹄）或大件拼装（如10只鸡翅、12只鹌鹑），置于大型餐具（如大盘、大盆、大碗、大盅）之中，显得丰满、大方。烹制方法主要是烧、扒、炖、焖、烤、蒸、烩，需经多道工序，持续较长的时间方能制成，成品要求或香酥，或爽脆，或鲜嫩，或软烂，在质与量上都要超出其他菜肴。大菜一般讲究造型，名贵菜肴多采用"各客"的形式上席，可以随带点心、味碟。每盘用料一般在750 g以上，上菜有一定的顺序，菜名也较讲究。

（3）头菜是整席菜肴中原料最好、质量最精、名气最大、价格最贵的菜肴，它通常排在所有大菜前面，统率全席。头菜成本过高或过低，都会影响其他菜肴的配置。头菜的等级高，热炒和其他大菜的档次也跟着高；头菜的等级低，热炒和其他大菜的档次也跟着低，因此判断宴席菜肴的规格时常以头菜为标准。鉴于头菜的特殊地位，因此原料多选优良品种。另外，头菜应与宴席性质、规格、风味协调，照顾主宾的口味习好，与本店的技术专长结合起来；头菜出场应当隆重，盛器要大，要注意造型，服务人员要重点加以介绍。

（4）热荤大菜是大菜中的主要支柱，宴席中常安排2～5道，多由鱼虾菜、禽畜菜、蛋奶菜组成。它们与甜食、汤品连为一体，共同烘托头菜，构成整桌宴席的主干。热荤大菜的档次不可超过头菜，各道热荤大菜之间的搭配要合理，原料、口味、质地与制法要相互协调；应选容积较大的器皿，有些热荤大菜还需配置相应的味碟。此外，热荤大菜的量也要相称，通常情况下，每份菜肴的净料为750～1 250 g；有些热荤大菜由于是以大取胜的，因此用量一般不受限制，如烤鸭、烧鹅，越大越气派。

3. 甜菜

甜菜包括甜汤、甜羹，泛指宴席中一切带甜味的菜肴。甜菜的品种较多，有干稀、冷热、荤素的不同，需视季节和席面情况，并结合成本因素而定。甜菜的用料多为果蔬或蛋奶。其中，高档的有"冰糖燕窝""冰糖甲鱼""冰糖哈士蟆"；中档的有"散烩八宝""拔丝香蕉"；低档的有"什锦果羹""蜜汁莲藕"。甜菜的制法有拔丝、挂霜、蒸烩、煨炖、煎炸、冰镇等，每种都能派生出不少菜式。甜菜有补充营养、调剂口味、增加滋味、解酒醒目的作用。

4. 素菜

素菜是宴席中不可缺少的品种，包括粮、豆、蔬、果，其中有名贵品种，但大部分是普通蔬食。宴席中的素菜通常为2～4道，一般较晚上席。素菜的制法要视料而异，炒、焖、烧、扒、烩均可。宴席中，合理地安排素菜能够改善宴席的营养结构，保持人体的酸碱平衡，去腻解酒，增进食欲，促进消化。

5. 点心

宴席点心的特点是：注重款式和档次，讲究造型和配器，玲珑精巧，观赏价值高。宴席点心通常为2～4道，随大菜、汤菜一起编入菜单中，品种有糕、团、饼、酥、卷、角、皮、包、饺、奶、羹等，常用的制法为蒸、煮、炸、煎、烤、烘。一般需要将点心制作为某种造型（如鸟兽点心、果时点心、花草点心、器皿点心），点心的制作要精细，成品要具有较高的审美价值。一般在大菜之间上点心。配置宴席点心时，一要少而精，二须闻名品，三应请行家制作。

6. 汤菜

汤菜种类甚多，传统宴席中有首汤、二汤、中汤、座汤和饭汤之分。

（1）首汤又称"开席汤"，此汤在冷盘之前上席，多由海米、虾仁、鱼丁等鲜嫩原料制成，略呈羹状。首汤的味道清淡、鲜醇香美，多用于宴前清口润喉、开胃提神、刺激食欲。首汤多见于广东、广西、海南与香港、澳门地区，现在内地许多宾馆、饭店举办宴席时多将首汤以羹的形式安排在冷盘之后，作为第一道菜上席。

（2）二汤源于清代。由于满人宴席的头菜多为烧烤，为了爽口润喉，头菜之后往往要配一道汤菜，二汤因在热菜顺序中排列第二而得名。如果头菜为烩菜，那么二汤可以省去；如果二菜为烧烤，那么二汤可移到第三位。

（3）中汤又名"跟汤"。酒过三巡，菜吃一半，在热荤大菜后上席的汤就是中汤。中汤的作用是解前面的酒菜之腻，开启后面的品尝佳肴之旅。

（4）座汤又称"主汤""尾汤"，是大菜中最后上的一道菜，也是质量最好的一道汤。座汤的规格一般较高，制作座汤时，可用整只的鸡、鸭；可加名贵辅料；做成清汤、奶汤均可。为了不使汤味重复，若二汤为清汤，座汤就用奶汤，反之亦然。座汤一般用有盖的品锅盛装，冬季多用火锅代替。安排宴席菜肴时，座汤的规格应当仅次于头菜，给热菜一个完美的收尾。

（5）饭汤是宴席行将结束时，与饭菜配套的汤品，如"酸辣鱿鱼汤""肉丝粉条汤""虾米紫菜汤"等。饭汤的档次较低，多用普通原料，味道偏重，以酸辣、麻辣、微辣、咸鲜味型为主，制法有氽、煮、烩等。现代宴席中，饭汤已不多见，仅在部分地区受欢迎。

汤品的配置原则通常是：低档宴席仅配座汤；中档宴席加配二汤；高档宴席再加配中汤。总之，汤品越多，档次越高；汤品越精，越受欢迎。因此，有"唱戏靠腔，坐席靠汤""无汤不成席""宁喝好汤一口，不吃烂菜半盘"等说法。

7. 主食

主食多由粮豆制作，能补充以糖类为主的营养素，协助冷菜和热菜，保持宴席菜肴营养结构的平衡。主食通常包括米饭和面食，一般宴席不用粥品。

（1）米饭分为白米饭和炒饭。在白米饭中，大米饭是最常见的，还有麦米饭、小豆饭、小米饭、高粱饭等；炒饭是在米饭中添加鸡蛋、虾仁、葱花等辅料炒制而成的，一般用大盘或大盆盛装，上席后，客人们自取。

（2）面食包括汤团、馄饨、饺子、面条（如炒面、凉面、煮面）及大众化点心。我国面食品种多，以面条而论，就有数百种样式，颇耐品尝。宴席中配有当地的著名面食，既能展示乡土气息，又能体现宴席主题，如寿宴必备面条或桃型馒头，称"寿面"或"寿桃"。

8. 饭菜

饭菜又称"小菜"，它与冷菜、热炒、大菜等下酒菜相对，专指饮酒后用以下饭的菜肴，有清口、解腻、醒酒、佐饭等效用。饭菜多由酱菜、泡菜、腌菜以及部分炒菜组成，如卤黄瓜、玫瑰大头菜、榨菜炒肉丝、风鱼等，一般在座汤后入席。但是，有些丰盛的宴席由于菜肴较多，因此常常没有饭菜；而简单的宴席正菜较少，可将饭菜作为佐餐小食。

9. 辅佐食品

（1）手碟。即宴席正式开始之前接待宾客的配套小食，一般由水果、蜜脯、糕饼、瓜子、糖果等灵活组配而成。例如，举办婚宴、寿宴、满月宴时，席前每桌都会摆放瓜子、糖果和茶水。手碟要质优量少、干稀配套，它不仅能供宾主品茗谈心、缓解饥渴感，还能安抚开席前客人因等待而产生的烦躁情绪。西餐宴席开始前的鸡尾酒服务的作用也是如此。

（2）蛋糕。蛋糕用于中国宴席是受欧美习俗的影响，蛋糕上一般有花卉图案和中、英文祝贺词，如"新婚幸福""生日快乐"等。蛋糕的重量一般为 750～2 500 g，多用于生日宴席、结婚宴席等。蛋糕的图案要清秀，造型要别致，它不仅能烘托喜庆气氛，突出办宴宗旨，还能调节宴席食品的营养结构，提高蛋、奶、糖、面粉的供给比例。

（3）果品。宴席所配果品多为新鲜时令水果，如苹果、香蕉、橙子、梨、猕猴桃、哈密瓜等。一般对这些水果进行刀工处理后，将其摆成拼盘，插上牙签（高档宴席用水果叉），最后上席，表示宴席结束。高档宴席时兴水果切雕，即运用多种刀具，按一定的艺术构思，将瓜果原料加工成具有观赏价值和象征意义的食用工艺品，并给其命名，如"一帆风顺""春满华堂"等。水果切雕常为宴席锦上添花。

（4）茶品。宴席通常备一种茶，有时也可数种齐备，任宾客选用，开席前和收席后都可以上，一般都在休息室品用。上茶的关键：一是注意茶的档次；二是尊重宾客的风俗习惯，如华北多用花茶，东北多用甜茶，西北多用盖碗茶，长江流域多用清茶或绿茶，少数民族地区多用混合茶，接待东亚、西亚和中非外宾时宜用绿茶，接待东欧、西欧、中东和东南亚外宾时宜用红茶，接待日本外宾时宜用乌龙茶，并待之以茶道之礼。

（二）宴席菜肴的组配方法

1. 确定菜肴成本

怎样选择菜肴呢？要想菜肴与宴席规格相符，先要明确菜肴的取用范围、每类菜肴的数量、各个菜肴的档次等，这些都与宴席规格（用售价或成本表示）密切相关，只有确定每道菜肴的大概成本，才能决定选什么菜。

2. 确定核心菜肴

核心菜肴是每桌宴席的主角。哪些菜肴是核心，各地看法不尽相同。一般来说，主盘、头菜、座汤、首点是宴席的"四大支柱"，甜菜、素菜、酒、茶是宴席的基本要素，都应重视。头菜是"主帅"，主盘是"门面"，甜菜和素菜具有平衡营养、醒酒的特殊作用，酒与茶能显示宴席的规格，应作为核心优先考虑。设计宴席时要先选好头菜，头菜在用料、烹调、装盘等方面都要特别讲究。头菜定了以后，其他的菜肴、点心都要围绕头菜的规格来组合，这样才能起到衬托主体和突出主题的作用。

3. 确定辅佐菜肴

对核心菜肴而言，辅佐菜肴主要发挥衬托的作用。核心菜肴一旦确立，辅佐菜肴就要"兵随将走"，使全席形成一个完整的美食体系。

配备辅佐菜肴时，在数量上要注意"度"，既不能太少，也不能太多，它与核心菜肴应保持1:2或1:3的比例；在质量上要注意"相称"，其档次可稍低于核心菜肴，但不能相差太远。此外，辅佐菜肴还须注意弥补核心菜肴的不足。应尽可能安排客人喜欢的菜、能反映当地特色的菜、本店的拿手菜、应季的菜、能烘托宴席气氛的菜、便于调配花色的菜等，使菜肴丰富多彩。全部菜肴都确定之后，还要进行审核。审核的内容主要是所用菜肴是否符合办宴的要求，所用原料是否合理，整个席面是否富于变化，质价是否相符，等等。对于不理想的菜肴，要及时换掉。

4. 确定宴席菜目的编排顺序

宴席菜目的编排顺序决定了宴席的上菜顺序。一般是"先冷后热，先炒后烧，先咸后甜，先清淡后味浓"。各类不同的宴席，由于菜肴的搭配不同，上菜的顺序也不尽相同。传统宴席中的第一道热菜是最名贵的菜。主菜上桌后，依次上热炒、大菜、饭菜、甜菜、汤品、点心、水果。现代中餐宴席的上菜顺序与传统宴席的上菜顺序有所区别，各大菜系之间也略有不同，一般顺序是：冷盘、热炒、大菜、汤品、炒饭、点心、水果。上汤则表示菜已上齐，有的地方还有上一道点心再上一道菜的习惯。近年来，许多饭店都把宴席上汤的时间提前了，有的则先后上两道汤，以适应客人的习惯。总之，设计菜肴时多尽一份心，办宴时就会少花费许多气力。

(三) 影响宴席菜肴组配的因素

菜肴是宴席的重要组成部分，设计宴席时，必须先对宴席菜肴进行科学合理的组配。宴席菜肴组配是指对宴席菜肴的整体组配和具体每道菜的组配，而不是将单一菜肴随意拼凑成宴席套菜。传统的宴席菜肴组配偏向于只考虑宴席本身材料的供应情况和客人的消费层次，但这些考虑因素已不能满足现代宴席多元化的需要。现代宴席菜肴牵涉宴席成本、规格类别、宾主喜好、风味特色、办宴目的、时令季节等诸多因素，这些因素都会影响宴席菜肴的设计。因此，设计者不仅要掌握厨房生产管理知识、宴席服务知识、宴席菜肴规格标准、营养学知识、美学知识，还应了解顾客的心理需求，了解各地区、各民族的饮食习俗等相关知识。如图 6-1 所示。

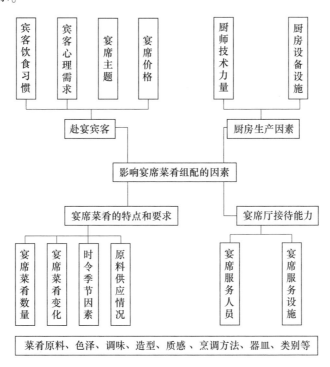

图 6-1 影响宴席菜肴组配的因素

1. 赴宴宾客对菜肴组配的影响

宴席菜肴组配的核心是以顾客的需求为中心，尽最大努力满足顾客的需求。准确把握客人的特征，了解客人的心理需求，是宴席菜肴组配工作的基础，也是首先需要考虑的因素。因此，菜肴的组配要以宴席主题和参加宴席的客人的具体情况为依据，充分考虑宴席的各种因素，使整个宴席气氛达到理想状态，参加宴席的客人都能得到最佳的物质享受和精神享受。

（1）宾客饮食习惯的影响。出席宴席的客人各有不同的生活习惯，对于菜肴的选择，也有不同的爱好。如果事先了解宴请对象的爱好，则有助于分析总结客人的总体共性需求和个别客人的特殊需求，从而组配出受赴宴者欢迎的菜肴，菜单安排的效果就会更好。特别是在招待外宾或其他民族和地区的客人时，更应该根据宾客（特别是主宾）的国籍、民族、宗教、职业、年龄、体质以及个人的饮食习惯，灵活安排宴席菜肴。随着改革开放的深入，食俗不同的赴宴者会越来越多，只有根据情况，区别对待，投其所好，才能充分满足宾客的需求。

（2）宾客心理需求的影响。了解客人饮食习惯的同时，还要分析举办宴席者和参加宴席者的心理需求。在进行宴席菜肴组配时，应该深入分析客人的心理需求，从而满足他们明显和潜在的心理需求。只有以客人的需求为导向，才能组配出宾主双方都满意的菜肴。

（3）宴席主题的影响。宴席都有明确的主题，有的是结婚、祝寿等喜庆宴席，有的是寻求合作的商务宴席。宴席菜肴的组配如同绘画的构图，要分清虚实，突出宴席的主题，不然就会杂乱无章。高明的组配者绝不会把宴席菜肴安排成无个性、无层次的"大杂烩"，而是遵循时代特点，根据人们的生活特点和饮食规律进行组配。菜肴的名字应与宴席主题相结合，从而形成一种独特的风格。

（4）宴席价格的影响。组配菜肴时，要根据顾客确定的价格范围，按照"质价相等""优质优价"的原则，合理组配宴席菜肴，既要保证饭店的合理利润，又不能让顾客吃亏。价格标准只能通过食物材料的使用来体现，不能因价格影响宴席的效果和品质，这正是宴席菜肴组配的巧妙之处。一般来说，规格较高的宴席要求菜肴精、巧、雅、优，要使用高级材料，并仅选用主料而不用或少用配料；中低档的宴席要求菜肴实惠、经济、可口、量足，可使用一般材料，并且增加配料用量，以降低食物成本，保证所有人都吃饱吃好。应本着粗粮细做、细菜精做的原则，对菜肴进行适当组配，以保证宴席效果。

2. 宴席菜肴的特点和要求对组配的影响

不管宴席售价的高低，其菜肴都讲究组合，数量充足，体现时令，注重原料、造型、口味、质感的变化。宴席菜肴具有这些特点是满足顾客需求的前提。因此，这些特点和要求是影响宴席菜肴组配的因素。

（1）宴席菜肴数量的影响。宴席菜肴的数量是指组成宴席的菜肴总数量与每道菜肴的分量。宴席菜肴的数量过多，宴后剩余也多，易造成浪费。如果菜肴数量过少，则会导致顾客不满，甚至投诉，从而影响饭店的声誉。只有数量合理，才能令顾客既满意，又回味无穷。宴席菜肴的数量一般以每人平均能吃到 500 g 左右的净料为原则，每道菜肴的分量及主菜的数目，可根据宴席的档次、规格、赴宴人数做灵活调整。

（2）宴席菜肴变化的影响。不论何种规格的宴席，都应根据不同的需要灵活组配菜肴。宴席菜肴就像一曲美妙的乐章，由序曲到尾声，应富有节奏感，无论是在原料、烹调方法，还是味道上都应富于变化，绝不能千篇一律；尽量避免工艺的雷同或者菜式的单调杂乱，要区分主辅、轻重，使宴席成为一个有层次、统一的整体，努力体现变化的美，这样才能满足宾客对美食的要求。宴席菜肴的变化表现在以下几个方面：

原料应多样化，如肉、豆、菜、果。原料是菜肴口味多样化的基础，不同的原料能提供多种不同的营养素。

烹调方法应多样化，如炒、烧、烩、烤、煎、炖、拌。一种烹法只能使菜肴具有一个特点,而多种烹调方法能使宴席的所有菜肴在口味上有浓有淡,色彩上有深有浅,质感上有脆有嫩,为客人提供多种不同风格的菜肴。

色彩搭配应协调,如赤、橙、黄、绿、青、蓝、紫的搭配。原料色彩的合理组合能最大限度地体现菜肴的美感,使菜肴既鲜艳夺目,又层次分明。

品类衔接需配套,如菜、点、羹、汤、酒、果、甜品的衔接。要根据宴席的档次组配不同种类的菜肴,以保证宴席的各类菜肴质量均衡。

此外,加工的形态要不同,如加工成丝、条、块、片、丁、球;调味要有变化,如酸、甜、辣、咸、复合味;质感要有变化,如软、烂、嫩、酥、脆、滑、糯、肥;器皿要交错使用,如盘、碗、杯、碟、盅、钵等。

宴席菜肴的形式是多种多样的,只有这样,宴席才会有节奏感和动态美,既灵活多样、充满生气,又能增加美感、促进食欲。

(3) 时令季节因素的影响。时令季节主要影响宴席菜肴的原料选择和味型、色泽的确定。结合季节特征组配宴席菜肴,不仅能体现特色,而且可及时取消因时节变化而价格上涨的菜肴,从而降低宴席成本。

不同季节应组配不同的宴席菜肴。如冬季菜肴色调应以深色,特别是红色为主,口味以醇厚浓重为主,多用烧菜、扒菜和火锅,以汁浓、质烂的菜肴为特色;夏季则以能给人带来清爽感受的色彩为主调,以清淡爽口为主味,多用炒菜、烩菜和冷碟,以汁稀、质脆的菜居多,可适当加以苦味。只有结合季节性材料,组配出一些符合时令的宴席套菜,才能给人一种新鲜的感觉。

(4) 原料供应情况的影响。组配菜肴时,除安排时令原料外,还应充分了解当地整个原料市场的供应情况及原料的质量、价格范围等,并掌握采购原料的最佳时机,即价格合理、质量符合采购规格的时机,避免菜肴组配好而无货源的现象。只有了解市场供应的变化情况,才能选用合适的原料,从而满足客人的需要,并且有利于降低成本。

3. 厨房生产因素对菜肴组配的影响

厨房的员工利用厨房设备对菜肴进行生产加工,因此,厨师的技术水平和厨房的设备条件直接影响宴席菜肴的组配。

(1) 厨师技术力量的影响。厨师的烹饪技能在组配菜肴时是必须考虑的问题,如若不然,组配了某道菜却无人会做,也就失去了组配的意义。因此,在组配菜肴时,应了解厨房生产人员的技术水平,以便根据他们的技术能力组配出切合实际的菜肴。一般情况下,要尽量组配厨师有能力生产的品种,也可选择一些能发挥出素质好、技术水平高的员工特长的菜肴,既可以确保宴席菜肴质量,又可以体现宴席的特色。除了考虑厨师的烹饪技能外,还应考虑生产部门的人员分工,因为分工直接影响生产,最终影响菜肴的质量。

(2) 厨房设备设施的影响。厨房现有的设备与设施限制着宴席菜肴生产的数量及种类。在组配菜肴时,一定要考虑设备与设施能否保质保量地生产出所组配的菜肴。换句话说,应根据设备与设施的生产能力筹划菜肴。如适用于 10 桌宴席的菜肴不一定适用于 100 桌的宴席,所以在组配菜肴时,某些菜肴需限制在一定桌数以内。厨房有独特的烹调设备,应发挥其优势,组配出独特的菜肴。注意避免过多地使用某一种设备,如有几款菜肴都要用蒸箱制作,而其他的设备用不上,会使厨房工作人员感到设备短缺。菜肴组配人员发现这个问题时,应及时对菜肴进行调整,充分利用所有设备。如果厨房没有制作条件,就不要组配复杂的菜肴。

4. 宴席厅接待能力对菜肴组配的影响

宴席厅接待能力的影响主要包括两个方面，即宴席服务人员和服务设施。

厨房生产出菜肴后，必须通过服务人员的正规服务，才能满足宾客的需求。如果服务人员不具备相应的上菜、分菜技巧，就不要组配复杂的菜肴。如果服务设施陈旧，则最好提供简单的膳食，但要服务周到。若某道菜肴需要某种服务设备，但暂时又买不到这种设备，无法按规定提供饮食服务，则不能组配这道菜肴。以上都是菜肴组配时应注意的问题，不能忽视。

组配宴席菜肴时，必须考虑服务的种类和形式：是采用中式服务，还是西式服务？是采用高档服务，还是一般服务？此外，还要注意上菜的顺序，一旦确定菜肴的顺序，就依照排菜的顺序上菜。大多数宴会厅档次较高，因此要组配高档宴席菜肴。有的宴会厅专营传统菜肴并配以相应的服务方式，宴席组配者必须明确宴席厅的特色。

三、菜肴营养组配及其对人员的要求

传统宴席的食物搭配多从色、香、味、造型的角度考虑，特别讲究菜肴的多样，以表达对宾客的情谊。现在人们的生活发生了质的变化，不管是吃的还是喝的，不论是主、副食品还是特殊食品，都应有尽有，因此越来越注重食物的营养搭配。合理的营养膳食已成为人们在饮食中追求的主要目标之一。

（一）宴席菜肴营养组配的依据

合理配膳要求食品种类齐全，保证营养素（即蛋白质、脂肪、糖类、矿物质、维生素、水）的比例和数量适当。2016年发布的《中国居民膳食指南》对人民的身体健康具有重要的指导意义，同时对宴席的营养组配也具有指导作用。参考《中国居民膳食指南》，结合实际，我们可以总结出宴席菜肴营养组配的宏观指导原则。

1. 宴席食品原料应多样

人类的食物是多种多样的，且各种食物所含的营养成分不完全相同。除母乳外，所有天然食物都不能提供人体所需的全部营养素，只有通过摄取多种不同食物，才能满足人体的各种营养需要，保证身体健康。因此，宴席食品原料应多样，通常包括以下五大类：

（1）谷类及薯类。主要提供碳水化合物、蛋白质、膳食纤维和B族维生素。

（2）动物性食物。主要提供蛋白质、脂肪、矿物质、维生素A和B族维生素。

（3）豆类及其制品。主要提供蛋白质、脂肪、膳食纤维、矿物质和B族维生素。

（4）蔬菜水果类。蔬菜与水果含有丰富的维生素、矿物质和膳食纤维。

（5）纯热能食物。主要提供能量，如植物油及酒精。植物油还可提供维生素E和必需脂肪酸。

此外，奶类除含丰富的优质蛋白质和维生素外，含钙量较高，且利用率也很高，是天然钙质的极好来源。

目前的宴席食物要注意控制动物性食物的比例，减少烹调时的用油量，增加蔬菜、菌类、水果、粗粮、奶类、豆类或其制品的比例，以实现营养素的互补，提高营养素的利用率。谷类和杂粮是制作点心的重要原料，应综合运用到宴席食品中去。

2. 宴席食物酸碱应平衡

组配菜肴时，各类食品之间的比例应适当，以便维持体内正常的酸碱平衡。事实上，原料多样（如多种动物原料）不一定会使食物酸碱比例平衡，人体的血液是弱碱性的，吃进去的食物酸碱比例应为1:4，吃后才会感到舒服。鸡、鸭、鱼、肉、蛋、啤酒等都是酸性食物，它们在体内代谢后形成酸性物质，可降低血液等的pH值；豆制品、水果、蔬菜、菌类、茶叶等都是碱性食物，在体内代谢后生成碱性物质，能阻止血液等向酸性方面变化。一般宴席上以酸性食物居多，人体血液也偏酸性，因此容易得高脂血症、高血压、肥胖症、糖尿病、胆石症、癌症等"文明病"和"富贵病"。在组配宴席菜肴时应注意，要尽量保持食物的酸碱平衡。保持这种平衡不是凭经验和感觉，而是以科学为依据的。

通常采取的方法为荤素搭配，即一盘菜里有荤有素，一组菜里有荤有素，一桌菜里更是有荤有素，且素菜要占有一定的比例。素菜在菜肴中出现的形式有两种：一种是作为主料在菜肴中出现，如"鱼香茄子""香菇菜心""海米珍珠笋"；另一种是作为辅料在菜肴中出现，"汤爆大蛤""板栗山鸡"等是以玉兰片、板栗为辅料烹制而成的。

3. 宴席菜肴的数量要适当

传统宴席讲究形式隆重、菜肴多样，容易导致人体摄入的脂肪与蛋白质含量过高，营养过量，就餐时间过长，既伤肠胃，又不符合现代饮食要求。人体需要的营养及热量是有一定量的，因此，应根据就餐人数合理、科学地组配宴席食品，从而使宴席食品的组合与数量符合营养需求。

4. 控制宴席食品的脂肪含量

脂肪含量高是目前宴席食品的突出问题，除动物原料所含脂肪较高外，主要是烹调用油，而烹调用油量过多又是烹饪技术造成的。如油炸、油煎、油爆、油氽、走油、划油等，甚至许多菜肴炒熟后，为了保持光泽度，还要淋油，厨师多把"明油亮芡"作为评判菜肴的标准之一，无视顾客的营养需求。《中国居民膳食指南》建议少吃肥肉和荤油，它们是高能量和高脂肪食物，摄入过多往往会引起肥胖和某些慢性病。宴席食品的脂肪含量一方面要在烹调时加以控制，另一方面要在组配宴席菜肴时，注意蒸菜、烧菜、煮菜、炖菜、烩菜、水氽菜的应用，因为这些菜肴的用油量相对较少。

5. 宴席食品应干净卫生、不变质

首先，在菜肴卫生方面应注意选择绝对安全的原料，即无毒、无病虫害、无农药残留物；其次，所配的各种原料应在盘中分别放置，便于烹调时有规律地下锅；最后，所用的配菜盘应与盛装菜肴成品的餐具区分开来，绝不允许用配菜盘盛放菜肴，不允许拿不干净的抹布揩拭餐具。

1998年，中国营养学会成立了"中国居民膳食营养素参考摄入量专家委员会"，经过专家们两年的共同努力，制定了"中国居民膳食营养素参考摄入量"（DRIs）。DRIs综合了国内外营养学与多个相关学科的最新研究成果，考虑到预防营养缺乏病和慢性病的双重需要，同时针对群众使用营养素补充剂逐渐增多的实际情况，对各种营养素制定出一系列参考值，包括平均需要量（EAR）、推荐摄入量（RNI）、适宜摄入量（AI）、可耐受最高摄入量（UL）等。这些参考值为许多重要营养素的平均每日摄入量界定了一个安全范围，把每日摄入量控制在这一范围之内，既可避免营养不足的危险，又可防止摄入过多的危害，同时还保证了各种营养素在体内的平衡协调。

根据DRIs，我们可以更科学地评价和指导中国居民的膳食消费，更合理地制订全民营养教育计划。此外，DRIs还可以作为计划食品的工业和农业生产的重要参考或依据。DRIs

的制定是中国营养学会自发布《中国居民膳食指南》以后的又一项重大活动,它的提出标志着我国在营养摄入量的研究方面进入了一个新的发展阶段。

(二) 计算机在宴席菜肴组配中的应用

为了满足普及营养知识、推广平衡膳食理念这一当今社会的迫切要求,北京医院营养室和北京市海淀营养信息研究会决定首先从医院营养科室入手,利用计算机运算速度快、信息存储量大的优点,开展了计算机在营养工作方面应用的研究。通过努力,积累了大量营养数据,与厨师密切合作分析了数百种菜肴的营养成分、制作方法,并制定了营养食谱和规范化操作方法,开发了"医院营养管理信息系统",并通过了中华医学会主持的科学技术成果鉴定。专家指出,该系统不仅适用于医院营养科室,也适用于机关食堂、饮食服务行业等。

根据营养专家们的建议和社会上,尤其是宾馆、饭店营养人员普遍不足的现状,又开发了"饭店营养咨询系统"。系统的设计原则是既要符合"营养、卫生、科学、合理"的膳食原则,又要兼顾人们的饮食心理和饮食习惯;既要满足人体对营养素的需要,又要保持中国传统的饮食文化(如色、香、味、造型及地方风味特色等),在保持饭店或宴会风格、品种、数量、以及保证宴会经济效益的前提下,做到营养全面平衡。该系统易学易懂,以人机对话方式随时指导操作,犹如营养师在指导配餐一样。该系统可用于宴席菜肴组配,以菜谱数据库为基础,可进行任意组合搭配,同时计算机会显示出整个宴席菜谱的营养成分,以及与营养标准值的比较、偏差值、人均营养平均值、热量来源、钙磷比例、氮热比等营养数据。根据这些数据,可调整菜谱搭配,并可打印输出含有这些数据的宴会菜谱营养成分表及下料单。

饭店营养咨询系统的成功开发,为在饭店普及营养知识、推广平衡膳食理念提供了简单易行的方法,借助信息手段,使人们对宴会饮食营养的追求从盲目到科学合理,做到了烹饪与营养的良好结合。

(三) 对宴席菜肴组配人员的要求

传统的宴席菜肴设计工作不是由厨师长完成,就是由懂行的餐厅经理来安排。随着饭店经营策略和顾客需求的不断变化,个人很难组配出既满足客人需求,又保证饭店盈利的菜肴。一桌完美的宴席菜肴往往由四类人员共同组配设计完成,即厨师长、采购员、宴席预订员和顾客。厨师长熟知厨房的技术力量和设备条件,能保质保量地生产加工菜肴,还能发挥专长、体现饭店特色;采购员了解市场原料行情,能降低菜肴原材料的成本,使宴席的利润增加;宴席预订员掌握预订客人的相关信息,能及时将客人的需求落实到位;顾客是上帝,若让顾客参与设计菜肴,就一定能够使顾客称心满意。宴席菜肴组配好之后,再通过宴席菜单予以陈列,并向宾客介绍。

随着我国餐饮消费层次以及需求的日趋多元化,具有现代文化科学知识的食客十分愿意接受营养保健的概念,有身份、有地位、有金钱的消费者更容易接受营养保健的观念,而这部分人数众多,又是最有消费能力的,他们希望饭店供应合理的营养膳食。满足这些顾客的需求,只靠厨师及餐饮管理人员是较难的,市场需要懂营养知识的配餐员。

在 1999 年 5 月我国颁布的《国家职业分类大典》中,将营养配餐员作为一个新的职业(工种)纳入大典。《国家职业分类大典》规定,营养配餐员是根据用餐人员的不同特点和要求,运用营养知识,配置符合营养要求的餐饮产品的人员。营养配餐员的职业等级分为三级,即国家职业标准三级(相当于高级工)必须能配置一餐、一日、一周的营养食谱;职业标准二级（相当于技师）必须能编制一般宴席及常见病人群的食谱；职业标准一级（相当于高级技师）必须能编制大型宴会、特殊人群（如运动员、飞行员、井下工作人员、病人等）的食谱。从事的工作包括：第一，根据用餐人员的不同需要和食物的营养成分编制食谱和菜谱；第二，配餐制作。

营养配餐员符合市场需求，发展前景较为乐观。营养配餐员从事的工作具有重要的指导作用，我国的营养配餐员应以营养配餐为核心，为我国人民形成和保持长期的饮食健康观念和方式做出相应的贡献。

认知二　装盘工艺原理

任务介绍

随着人们生活水平的不断提高，新的菜肴不断出现，优美且带有一定寓意的菜品造型，给人以意想不到的感觉，体现出丰富的烹饪文化艺术底蕴。本任务主要讲述菜肴装盘技艺的特点、构成学原理。

任务目标

1. 掌握菜肴装盘技艺的主要特点。
2. 熟悉菜肴色彩、平面及立体构成的相关原理。

相关知识

一、装盘技艺主要特点

（一）主次分明，和谐统一

强调原料的主次关系，主料与辅料层次分明、和谐统一。突出主料，让它占据盘子的主要部位，但一般不超过盘子的内边缘；根据主料的质地、色泽、味道，选择相应的配菜种类和数量，不能喧宾夺主。

（二）几何造型，简洁明快

几何造型主要是利用点、线、面造型的方法，也是常用的装盘方法。几何造型的目的是挖掘几何图形中的形式美，追求简洁明快的装盘风格。

（三）立体表现，空间发展

除了平面造型外，装盘时还可塑造立体造型。从平面到立体，菜肴的展示空间扩大了。立体造型是装盘的一大特色。

（四）讲究突破，回归自然

整齐划一、对称有序的造型，会给人以有秩序之感，但常常缺乏动感。厨师往往通过各种方法，力图将美感与动感结合起来，使菜肴的造型更加生动鲜活。此外，可将天然的花草树木作为点缀物，并且遵从点到为止的装饰理念，目的是回归自然。

（五）滋养身体，艺术表现

以可食用为前提，进盘的食品绝大多数都能食用，以滋养身体为目的。点缀物通常就是主菜的配菜。要控制好装盘的时间、温度等，以保持菜肴的颜色、味道和新鲜品质。如同绘画离不开用笔一样，现代装盘往往借助烹饪工艺技术。每次成功的装盘，都凝结着精湛的工艺技术和艺术之魂。

（六）美型美器，精彩纷呈

盛器对菜肴的整体造型起烘托陪衬作用，能充分地体现菜肴的观赏价值、艺术价值和经济价值。

装盘形式应多元化，合理使用各种不同的器皿。大型拼盘一般通过原料之间的合理搭配和整个盘面的合理布局，创造出更为大气的几何图形。而这种大型的立体拼盘再经过台面的整体布局，形成错落有致、精彩纷呈的景象。

二、装盘的构成学原理

（一）色彩构成

色彩构成（Interaction of Color），即色彩的相互作用，是从人对色彩的知觉和心理效果出发，用科学分析的方法，把复杂的色彩现象还原为基本要素，利用色彩在空间、量与质上的可变幻性，按照一定的规律去组合各构成之间的相互关系，再创造出新的色彩效果的过程。

色彩构成是艺术设计的基础理论之一，合理利用色彩构成的基本原理指导菜肴的制作和装盘，是从业人员必须具备的能力。

1. 光源色

本身会发光的物体产生的色彩效果，比如霓虹灯发出的光芒，以及太阳的光。

2. 固有色

物体本身的固有色彩，不透明物体的固有色是表面色，如红色的苹果。而透明的物体，如彩色玻璃，则是透过色。不过要记住，物体的颜色随着光线的强弱、环境的改变而变化，因此所谓的"固有"不是确定的某种颜色。

3. 环境色

一个物体受到周围物体反射来的色彩影响，其色彩会发生变化。环境色是光源色作用在物体表面上而反射的混合色光，所以环境色的产生与光源的照射分不开。物体的材质和表面肌理对环境的影响很大，表面光滑、颜色浅的物体对环境色的吸收与反射效果较明显，比如不锈钢或者玻璃品的表面。

菜肴设计不是孤立的行为，一定要考虑到周围的环境因素，并与周围的环境色彩相得益彰。

4. 色相

区别色彩的名称，即色彩的相貌，如红、黄、蓝等。

一般情况下，一道菜肴由3～5种颜色的原料构成，有时可能为烘托主题而着重使用一种色相，那么菜肴的色彩基调有可能是黄调子、红调子或蓝调子。

5. 明度

色彩的明暗程度，即色彩反射光量的多少。反射光量多时，色彩较亮，明度高；反射光量少时，色彩较暗，明度低。颜料本身具有明暗的差异，我们可以用眼睛仔细辨识，两种不同明度的色彩并列时，会使明色更明，而暗色更暗。将同明度的灰色分别置于白底和黑底上，会感觉黑底上的灰色较亮，而白底上的灰色较暗。

按照明度理论，可以将菜肴的色彩基调分为明调子和暗调子两种。

6. 纯度

色彩的纯粹度或饱和度，即色彩所包含的纯色的多少，纯色为各色相中纯度最高的。比如大红，在没有与任何颜料调和前，它的纯度是100%，与其他颜色调和得越多，纯度就越低。

按照纯度理论，可以将菜肴的色彩基调分为冷调子、暖调子和中性调子三种。

7. 色彩的互补

假如两种色光（单色光或复色光）以适当的比例混合而能产生白色时，则这两种颜色互为补色。补色并列时，两种颜色对比最强烈、最醒目、最鲜明，因此互补色又称对比色。红与绿、橙与蓝、黄与紫是三对最基本的互补色。

制作菜肴时运用这一理论，可以轻松选择颜色合适的原料进行配搭，产生好的视觉效果。

8. 色彩的情感与象征

色彩作为一种物理现象，本身是不具备情感因素的。但是人们在日常生活与生产过程中，会在许多感性认识的基础上积累各种体验，形成对不同色彩的情感联想，并赋予某种色彩特定的内容，即色彩的情感与象征。

蓝色：大海的颜色，给人以博大、宽广、深邃之感，象征理智、朝气、活力、高贵、尊严、真理、智慧。在西方，蓝色象征贵族，"蓝色血统"就是指出身名门贵族。

红色：火焰和鲜血的颜色，象征热烈、光明、兴奋、炽热、辉煌、喜庆、革命、胜利、警戒、鼓舞、光荣，可以使人充满力量和勇气。

黄色：最亮的色彩，是阳光和秋天的颜色，象征温暖、丰收、高贵、兴旺、欢乐。黄色是我国古代皇权的象征，西方国家则作为智慧、知识的象征。

绿色：春天的颜色，植物的颜色，意味着大自然的生长和发育，象征生机、活力、青春、希望、安宁、和平。

紫色：象征庄重、高贵、优雅、尊敬、委婉、孤傲、神秘。古今中外，紫色都是一种高贵华美、卓尔不群的颜色。西方的"紫色门第"意味着名门望族，在中国古代，只有高官才可紫袍加身。

在制作菜肴时，可以根据主题选择材料，以更好地表达主题的文化内涵。

（二）平面构成

菜肴装盘犹如摄影或作画，若将菜肴的主料和辅料安排在器皿合适的位置，就会构成一幅和谐秀美、主题突出的画面，让人虽垂涎却不忍触碰。这就需要出品装盘时用心研究琢磨，构建一个合理的构图比例，选择最佳位置盛放食材，以产生良好的效果。

1. 永恒的黄金分割定律

如同摄影构图中使用最多的黄金分割定律一样，装盘时，也应掌握这一定律。我们假想在画面上有横竖线各两条，构成一个"井"字。这个"井"字有四个交叉点，其中任何一个交叉点都是安排画面主体的最佳位置，因为这四个点都是最引人注目的焦点。

2. 三角形构图

三角形构图也称金字塔式构图，是指在画面中排列三个点或主体的外形轮廓形成一个三角形。三角形构图常用来表现构图对象的高大和伟岸，并能产生稳定感。倒三角形就像字母"V"，由两排对面平行的竖直物体，在近大远小的透视关系中汇聚而成，可给人一种雄伟、纵深的感觉。

3. L 形构图

画面中的物体经过摆放后，形成类似字母"L"的构图形式。具体来说，就是在画面上找出能成为竖线的物体和呈水平方向的物体，把画面分成不同的空间，只要在这些空间里加入景物，就能使画面生动起来。L 形构图给人以庄重、稳定的感觉。

4. S 形构图

这是一种变化最多的曲线构图，S 形给人以流畅、活泼的感觉，是最具美感的曲线。S 形的顶端能把人的视线引向远方，把有限的画面变得无限深远。而 S 形所构建的空间，给人的视觉以暂时的停顿，有一种过渡，同时又能使画面具有一种宽裕、舒畅的轻松气氛。

5. C 形构图

画面中的构图类似于字母"C"，这种构图柔和而完美，非常适合抒情的画面，而且画面很有活力。

6. 圆形构图

圆形是一种封闭式的曲线，给人一种周而复始的感觉。圆心是唯一可以安排在画面中央的构图形式，给人一种强烈的向心力。一般可用于圆形器皿的装盘构图。

（三）立体构成

立体构成也称为空间构成，是用一定的材料，以视觉为基础，以力学为依据，将造型要素按照一定的构成原则，组合成美好形态的构成方法。对立体形态进行科学、系统的分析和研究，有助于掌握立体造型的基础知识和表现手法，从而创造出美的艺术形态。

立体构成追求的是形式美，其形式美要素包括：

1. 重复构成

重复是指某一个单元有规律地反复或逐次出现时所形成的一种有秩序、节奏的统一效果，是构成中最基本、最和谐的一种表现形式。

（1）绝对重复。即基本形的大小、方向、位置、排列有序，重复构成。

（2）相对重复。分为相似单元重复和相异单元重复。

相似单元形重复，即对基本形的形状、大小、长短、高低、宽窄或排列的方向、位置进行渐变，统一中有变化，视觉效果较好。常见的有近似重复构成、渐变重复构成。

相异单元形重复是指采用一个以上形状或大小不同的基本形组成一个单元交替反复出现的形式。

2. 多样统一

多样统一又称"寓变化于整齐"，最终追求和谐的效果。在画面构图中，指画面既要多样、有变化，又要统一、有规律，要繁而不乱，统而不死。

3. 节奏与韵律

节奏：原指音乐中音响节拍轻重缓急的变化和重复，在构成上是指以同一视觉要素连续重复时在视觉上形成有规律的起伏和有秩序的动感。

韵律：在节奏的基础上深化而成的既富于情调，又有规律，还可以把握的属性。韵律近似节拍，是一种波浪起伏的律动，当形、线、色、块整齐且有条理地重复出现，或富有变化地重复排列时，就可获得韵律感。韵律包括渐变韵律、交错韵律、发射韵律、起伏韵律等。韵律的本质是反复。

（1）渐变韵律。如体量的高低、大小，色彩的冷暖、浓淡，质感的粗细、轻重，等等，做有规律的增减，以形成统一和谐的韵律感。

（2）交错韵律。由两种以上因素交替等距反复出现的连续构图。

（3）发射韵律。发射是一种特殊的重复。所有形象均向中心集中或扩散，有时可产生光学的动感，或产生爆炸的感觉，有较强的视觉效果。

① 中心点式发射：由中心点向外扩散或向内集中发射，分别叫离心式发射和向心式发射。

② 螺旋式发射：基本形以螺旋的排列方式进行，基本形逐渐扩大或缩小。

③ 同心圆式发射：以一个焦点为中心，层层环绕地发射，如同心圆。

④ 多心式发射：在一幅作品中，以多个中心为发射点，形成丰富的发射集团。

（4）起伏韵律。一种或几种因素出现较为规律的起伏变化。

4. 对比与调和

对比是指在一个造型中包含着相对的或相互矛盾的要素。在图案中常采用各种对比方法。一般是指形、线、色的对比，质量感的对比，刚柔静动的对比。对比使图案活泼生动，而不失于完整。调和就是适合，即构成美的对象各自之间不是分离和排斥，而是统一、和谐的。一般来讲，对比强调差异，而调和强调统一。

对比与调和是相对而言的，没有调和就没有对比，它们是一对不可分割的矛盾统一体。

5. 对称与均衡

对称是以物体垂直或水平中心线为轴，其形态上下或左右对应，又称均齐。对称给人以稳定、自然、沉静、端庄、整齐、典雅、大方的感觉，形成高贵、静穆之美，符合人们通常的视觉习惯。

均衡结构是一种自由稳定的结构形式，一个画面的均衡是指画面的上与下、左与右在面积、色彩、重量等方面大体平衡。

在画面上，对称与均衡产生的视觉效果是不同的，前者端庄静穆，有统一感、格律感，但如果过分均等就易显呆板；后者生动活泼，有运动感，但有时因变化过强而易失衡。因此，在设计中要注意把对称、均衡两种形式有机结合起来，灵活运用。

6. 联想与意境

构图的画面通过视觉传达产生联想，达到某种意境。联想是思维的延伸，它由一种事物延伸到另外一种事物上。例如图形的色彩：红色使人感到温暖、热情、喜庆等；绿色则使人联想到大自然、生命、春天，给人以平静感、生机感等。

意境是人们对形态外观认识的心理要求，即感情需要，是长期观察生活的综合结果。各种视觉形象及其要素都会产生不同的联想与意境，由此产生的图形的象征意义作为一种视觉语义的表达方法，被广泛地运用在设计构图中。

认知三 菜肴盛装造型工艺

任务介绍

中式菜肴向来以讲究色、香、味、造型、盛器而著称。在对菜肴属性的要求中,虽然"造型"排在色、香、味的后面,但菜肴的造型也是构成菜肴完美属性的重要条件。菜肴造型是指通过各种技法操作形成菜肴优美的整体形象。菜肴优美的造型不仅能使人赏心悦目、增加食欲,而且能提高人们的审美情趣,激发人们对生活的热爱。本任务重点讲述菜肴造型的影响因素、不同菜肴盛装的方法以及相关注意事项。

任务目标

1. 掌握不同菜肴的盛装方法。
2. 熟悉菜肴盛装的注意事项。

相关知识

一、菜肴的造型

菜肴的色、香、味来自菜肴中的微量成分,而菜肴的造型或形状取决于菜肴中大量成分分子的聚集形态和它们的变化及存在的环境,这是造型的物质基础。中国菜肴的造型丰富多彩,千姿百态,优美的造型可以凸显菜肴的原料美、技术美、形态美和意趣美。因此,菜肴的造型是刀工、火候和风味调配的综合体现,是评判菜肴质量的一项指标,也是体现厨师精湛厨艺的一个重要方面。

菜肴的造型和烹饪加工是分不开的,其成型方法贯穿原料的初步加工、切配、半成品的制作、烹调、拼摆装盘等全部过程,通常由以下因素决定菜肴的造型:

(1)利用原料的自然形态,即整型原料,如整鱼、整虾、整鸡、整鸭,甚至整猪(烤乳猪)、整羊(烤全羊)等。这是一种可以体现烹饪原料自然美的造型。

(2)刀工处理后的形状,有糜、末、粒、丁、丝、条、片、段、块、花刀料形等,具备这些料形的原料,或单一,或混合,直接加热成为菜肴,为菜肴的最终造型奠定了基础。

(3)生坯加工成型。采用独特的方法,将不同的原料组合在一起,成为具有一定造型的菜肴生坯,再加热成菜。

(4)通过加热定型。就造型而言,加热的作用主要是将加工好的原料定型,无论是整型原料、刀工处理后的原料,还是菜肴的生坯,通过加热处理后,都能使原料成熟,成为具有一定风味的菜肴,而且能使菜肴的形状确定下来。

(5)通过拼摆造型。采用原料的自然形态或原料经过刀工处理后,再进行一定的艺术处理,将菜肴制成特定图案。多用于冷菜拼盘制作。

上述五个方面,在前面的章节中都有详细的阐述。

(6)通过盛装造型。这是菜肴制作的最后一道工序。当菜肴制熟后,还需要将菜肴盛装在合适的餐具器皿中,才能让服务人员上菜,供客人进食。菜肴的盛装是对整个工艺流程的最后总结。盛装不仅关系到菜肴的形态,而且对客人的饮食情趣有很大影响。将同等质量的菜肴散乱地装盛或者有规则地装盛,其效果是完全不同的。菜肴好比一朵鲜花,怎样将这朵"鲜花"摆放在合适的"花盆"(餐具)中,才显得协调美观,这便是下面要解决的问题。

二、菜肴的盛装方法

一道完整的菜肴的质量指标除了色、香、味、造型和营养、卫生之外,还应包括选用的餐具是否协调,点缀、围边等装饰是否美观,等等,而这些都决定于菜肴的盛装技术。如果盛装时主料不突出,餐具选用不恰当,色调不明快,即使菜肴制作得再完美,也达不到满意的效果。

盛装的对象是菜肴,中国菜肴种类繁多,因此盛装的方式也各不相同。与盛装相关的因素主要是菜肴的类别(根据烹调方法分类)与原料形状。如"炒肉丝"与"炒鸡丁"同属炒菜,"榨菜肉丝汤"与"三鲜汤"同属汤类,它们的盛装方法是一致的。因此,这里根据不同菜肴的类别,结合原料的形状,介绍菜肴的盛装方法。

1. 油炸菜肴的盛装方法

将菜肴倒在漏勺中(或用漏勺捞出),沥油 5~10 秒后再盛装,也适用于部分炸、熘菜肴的盛装,方法如下:

(1) 直接倒入。即直接将菜均匀地倒入盘中,倒时用筷子或手勺挡一下,以防倒出盘外。

(2) 间接盛入。即将炸好的菜肴先盛在一种餐具中,去掉多余的糊屑粉末,再将菜肴装在新的餐具里,选择外观造型好的料块盖在表面。

(3) 整齐排入。对于大小一致的条状或块状原料,可用筷子整齐排列盛装,也可将成熟后的原料改刀排入盘中。摆放时要注意速度,防止盛装时间过长引起菜肴质感的变化。

2. 炒、熘、爆菜的盛装方法

(1) 分次盛入法。这是最常用的盛装方法之一,即在出锅时要翻锅,在锅内菜肴原料翻离出锅的一刹那,用手勺趁势接住一部分菜肴,然后盛到餐具中,再将锅中剩下的菜肴分次盛到餐具中。此方法适用于数量较少、不易散碎的菜肴原料。有一些主料和辅料差别比较显著的勾芡菜肴,可先将辅料较多的部分盛入盘中,然后将主料较多的部分铺盖在上面,使主料突出。

(2) 拉入法。将锅端临盛器上方,倾斜锅身,用手勺将锅内菜肴拉入盛器中,此方法适用于小料型菜肴的盛装,呈自然堆积造型。

(3) 滑入法。此方法适用于质嫩易碎的勾芡菜肴。如"炒鱼片",装盘前应先大翻锅,将鱼片全部翻身,再滑入盘中,速度要快,锅不宜离盘太远,滑时将锅迅速向左移动,这样才能保证鱼片不翻身,均匀滑入盘中。

(4) 筷子夹入法。盛装时不用手勺盛菜,而是用筷子一一将菜肴夹出盛在餐具中。如"九转大肠""蜜汁山药墩"等一般采用这种方法。

总之,这类菜肴的盛装既要注意造型圆润饱满,又要突出主料。

3. 烧、炖、焖菜的盛装方法

(1) 拖入法。适用于整条鱼或排列整齐的扒、烧类菜肴的盛装,装盘后仍保持原料本来的形状。先淋入明油晃锅，用手勺边缘勾住原料一端，再将锅移近盘边，把锅身倾斜，将原料拖入盘中。拖时锅不宜离盘太远，否则原料易碎；也不能太近，防止锅灰掉入盘中，不卫生。此方法与滑入法类似。

（2）盛入法。一般适用于由单一或多种不易散碎的块型原料组成的菜肴的盛装，先盛小块的原料放下面，再盛大的块，并将不同原料搭配均匀。勺边不可将菜肴戳破，盛装时注意防止汤汁淋落在盘边上。

4. 蒸制菜肴的盛装方法

（1）扣入法。此方法适用于蒸扣类的菜肴。用扣碗装料时，要把原料整齐地切好并摆放在碗内，将形状较好的放在碗底，形状稍差的放在上面，这样扣过来时，外形较为美观。盛装时，将盘反扣在碗口上，滗净蒸菜原料中的汤汁，然后迅速翻转过去，拿掉碗，将表面的形状调整好，一般要浇上芡汁或围素菜，再上桌，如"八宝饭""蛋美鸡"等。

（2）装盘淋芡法。原料经蒸制成熟后，放在新的餐具里，然后在锅内调制芡汁并加热，芡汁成熟后浇盖在原料上面。要注意调好芡汁的口味、量、稠度和颜色，浇芡汁时，以芡汁均匀盖住原料为好。

5. 煎制菜肴的盛装方法

一般采用手铲盛入法，适用于煎制类菜肴或原料造型整齐的菜肴的盛装。因为这类菜肴用手勺盛装不方便，如果不慎还会破坏菜肴的形状。用手铲盛菜时，手铲要贴着锅底铲下，但要防止将锅底的杂质带到菜肴上，同时不宜随意移动菜肴，防止芡汁的痕迹影响餐具的外观。

6. 烩菜、汤菜的盛装方法

（1）舀入法。将锅端临盛器一侧，用手勺逐勺将菜肴舀出盛入汤盘之中。此法适用于卤较多、黏稠的烩制类菜肴的盛装。

（2）倒入法。将锅端临盛器上方，倾斜锅身，使菜肴自然流入盛器。此方法适用于汤菜的盛装，倒时需用手勺盖住原料，使汤经过勺底缓缓流下。

（3）料汤分盛法。先将汤料分盛在小碗或小盅里，再将汤汁浇在里面。如制作10份"佛跳墙"（各客），此菜所用原料品种较多，要分盛在10个小盅里，各种原料都要分配均匀，所以一定要将原料分好，再浇汤汁。对于小型易散碎的原料，可先扣入碗中，再用勺将原料盖住，将汤从手勺上倒下，以保持菜肴的造型。

7. 整只、大块菜肴的盛装方法

（1）整鸡、整鸭。盛时应使原料的腹部朝上、背部朝下，因为鸡、鸭腹部的肌肉丰满、光洁；头应置于旁侧，由于颈部较长，因此头必须弯转过去紧贴在身旁。

（2）蹄髈。蹄髈的外皮色泽鲜艳、圆润饱满，因此应朝上。

（3）整鱼。单条鱼应装在盘的正中，腹部有刀缝的一面朝下；两条鱼应并排装在盘中，腹部向盘中，紧靠一起，背部向盘外。

8. 多份菜肴的盛装方法

在烹调实践中，有时一道菜肴要制作多份，数量多，分量重，盛装的方法是：将锅移到盛器旁的锅架上，然后用手勺或手铲分别将锅中的菜肴盛到餐具中。移动锅时，左手用垫巾包住锅柄握牢，右手用钩具钩牢另一个锅柄，然后端起移至锅架上，不宜用手勺卡住另一个锅柄，防止出现翻锅现象，造成不必要的损失和浪费。另外，锅柄处经灶火烧燎，用手勺接触，也不卫生。盛装应快速、准确、均匀。

9. 热菜拼盘的盛装方法

热菜通常一菜一盘，很少采用拼法，因为多数带汤汁，易串味，如果要拼制，仅限于无汤汁的炸、煎类菜肴，或同料不同味的菜肴，或同味的素菜拼盘。

两味菜肴同装一盘，应力求平衡、对称，不宜此多彼少，应界线分明，不能混合。例如，整鱼两吃，这道菜两片鱼肉，一边酸甜，一边咸鲜，中间可用绿色的黄瓜或油菜隔开，使人一目了然，给人以清新感。

10. 菜肴盛装方法的变化

同一菜肴的盛装方法不是固定不变的，通常可以采用多种不同的盛装方法。例如，"菊花鱼"加热成熟后，可以直接堆在盘（可用圆盘，也可以用腰盘）中，淋上芡汁；可以排入盘中，拼摆成菱形、方形或圆形等多种形状，淋上芡汁；也可以摆入象形围边中，如寿桃形、花形等；还可以加上炸好的鱼头、鱼尾，拼摆成整鱼形。

注意：有些菜肴不用盛装，例如，既是饮具又是餐具的砂锅菜肴、汽锅菜肴、煲制菜肴、部分笼蒸菜肴（连笼上桌）等，火锅菜肴则是用生菜盛装，上桌后供客人自行涮食。

三、菜肴盛装的注意事项

菜肴的盛装如同商品的包装，质量好还需包装好，因此菜肴盛装要新颖别致、美观大方，同时要注意下列事项：

1. 菜肴盛装的数量控制

菜肴的数量与盛装的大小要相适应。菜肴须盛装在盘中，不要装在盘边，更不能覆盖盘边的花纹和图案。一般盘子都有明显的"线圈"，这就是盛装的标准线；羹汤一般占盛器容积的90%左右，以盛装至离碗的边沿 1 cm 左右处为度。如果羹汤超过盛器容积的90%，就易溢出盛器，而且在上席时手指也易接触汤汁，影响卫生；但也不可太浅，太浅则显得量不够。

如果一锅菜肴要分装几盘，那么每盘菜必须装得均匀，特别是主料和辅料要按比例合装均匀，不能有多有少，而且应当一次完成。如果有的装得多，有的装得少，或前一盘装得太多，后一盘不够，重新分配，势必破坏菜肴的形态，影响美观。

2. 菜肴盛装的卫生控制

烹调具有杀菌消毒的作用。但如果装盘时不注意卫生，让细菌灰尘污染了菜肴，就失去了烹调时杀菌消毒的意义。

首先，要注意盛装器皿的卫生，使用前应严格杀菌消毒，目前主要是蒸汽消毒、沸烫消毒和药物消毒等。消毒后严禁手指接触、抹布擦抹，并严禁用配菜盘、碗作菜肴盛装器皿。

其次，要注意抹布的卫生。一般要备用两种布巾，一种是经过消毒的干净布巾，专供擦拭餐具用；另一种是擦拭案板或清洁卫生的布巾。两种布巾不可混用。

盛装时，不可用手勺敲锅，锅底不可靠近盘的边缘。菜肴盛装后，要用专用的筷子（或其他干净的工具）调整一下表面的形态，如盘边、碗盖上滴落的芡汁、油星应及时擦拭干净。

3. 菜肴盛器的选择

菜肴制成后，盛装在合适的盛器中才能上桌。要把菜肴装得美观，离不开菜肴与盛器的相互配合。一般来说，腰盘装鱼不易产生"抛头露尾"的现象，汤盆盛烩菜利于卤汁的保留，炖全鸡宜用大型品锅，紧汁菜肴宜装平盘（利于表现主料）。"双份菜"宜用大号餐具盛装；"一份菜"宜用中号餐具盛装；"半份菜"宜用小号餐具盛装。总之，要根据菜肴选择盛器。

另外，宴席菜肴的盛器要富于变化，多用有特色的特殊器皿，如瓜盅、面盏、花篮等，其中，面盏是用油、水和成的面，在圆形模具里制成盏形，然后在烤箱中烤熟的一种盛菜工具，多用于"各客"的盛具，适合盛装清淡素雅或是形状细小的菜肴；花篮是用土豆丝或煮熟的面条掺入生粉，码在不锈钢的小碗中摆成花篮形状，再经油炸成立体形态，也是盛装的用具，适合盛装清淡素雅、芡汁较少的菜肴（因为花篮中有空漏），如"西兰花鲜带子""珠光宝气""碧绿花枝片"等。

4. 菜肴盛装的温度控制

某些需保持较高温度的名贵菜肴（如鱼翅、鲍鱼等）在盛装前，餐具要在蒸箱中加温，然后用消过毒的布巾拭净水珠，才可盛装菜肴。某些过大、过厚的餐具，使用时也应加温。

用砂锅、铁板盛装的菜肴，要掌握上菜的时间，需将砂锅、铁板在烤箱或平灶上烧热，当菜肴烹制成熟后即可及时盛装。

对各种菜肴装饰品的使用要做到心中有数。厨师在烹调菜肴过程中，应当预先将所用餐具备好，装饰品也要摆在餐具的适当位置上。当菜肴出锅、盛装后，可马上端至前台，减少周转的时间。

5. 菜肴盛装的造型控制

菜肴应该装得饱满丰润，不可这边高、那边低，而且主料要突出。如果菜肴中既有主料，又有辅料，则主料应装得突出醒目，不可被辅料掩盖；辅料应对主料起衬托作用。此外，即使是单一原料的菜肴，也应当注意突出重点。例如"滑炒虾仁"，虽然这道菜肴没有辅料，都是虾仁，但要运用盛装技巧把大的虾仁摆在上面，以增加饱满丰富之感。

6. 菜肴盛装的色泽控制

盛装时，还应当注意菜肴整体色彩的和谐美观，运用盛装技巧把菜肴在盘中排列成各种适当的形状。同时，注意主料和辅料的配置，使菜肴在盘中色彩鲜艳、形态美观。例如"百花鱼肚"，应将鱼肚装在盘的正中间，百花放在鱼肚的外围，并用绿色小菜心点缀，使菜肴色泽鲜艳。菜肴盛装时，还应注意冷色、暖色的合理搭配，不能全冷或全暖。盛器的色彩应与菜肴的色彩相协调，单色彩的菜肴宜用颜色鲜艳的盛器烘托，白色盛器宜烘托深色或色彩复杂的菜肴。一份"五彩虾仁"装在白色的盘内，特别雅致，但如果装在一只红花边盘内就会显得不协调；"清炒虾仁"装在白色的盘内，色彩单调，但可通过装饰技术来美化色泽，如何美化？请参看本章认知四的内容。

认知四　菜肴装饰美化工艺

任务介绍

许多菜肴由于受原料、烹调方法或盛器等因素的限制，装盘后色、香、味、造型并不能和谐统一，因此需要对其进行美化处理。菜肴的美化就是将菜肴以外的物料，通过一定的加工方法摆放于菜肴旁或表面上，对菜肴色泽、形态等方面进行装饰的一种技法。本任务主要讲述菜肴美化的形式、方法以及需要遵循的原则。

任务目标

1. 掌握不同菜肴的美化表现形式。
2. 熟悉菜肴在美化时需要遵循的相关原则。

相关知识

一、菜肴的美化形式

菜肴的美化是人们对美食的一种追求，是制作菜肴必不可少的辅助手段。美化菜肴可以诱发人的食欲，提高菜肴的工艺观赏价值，给人以美的熏陶和享受，从而使品味与欣赏合为一体。在菜肴制作的过程中，装饰所占的比例不大，作用却不可忽视，如同一张精美的照片需要一个别致的镜框。但是，不能为了追求花式造型而忽略菜肴的质量。

菜肴美化的形式是多种多样的，可用可食的原料在盘中做出某种图案的边框（俗称"围边"），盘中央盛放菜肴，如"宫灯虾仁""扇形鱼卷"；可在熟料上面覆盖茸糊并摆出各式纹样或花式图形，如"南海晨航""百花豆腐"；大菜可配点心或水果，如"蛋梅鸭子""橘瓣樱桃肉"。这类菜肴有个共同点，就是用简单的装饰技法丰富菜肴，呈现美的艺术效果。由此可见，菜肴的装饰美化超出了简单的技术范畴，它不仅涉及烹饪本身，而且涉及图案、色彩、审美等其他方面的诸多问题，因此可以称为"菜肴美化艺术"。

不同的菜肴，美化形式往往不同，根据菜肴装饰美化部位的不同，可分为主体装饰和辅助装饰两类。这两类形式运用得恰当，能使菜肴呈现出"百菜百格"的艺术特色。

（一）主体装饰

主体装饰是将调料或其他可食性原料装饰在菜肴主体（或主料）之上的一类美化形式，一般在菜肴加热前或成熟后制作，装饰料都是可食的，并且大多口味较佳。主体装饰常见的方法有以下七种：

1. 覆盖法

将色彩艳丽、风味鲜香的原料有顺序地摆在菜肴表面。例如，将粉红色的火腿片、黑色的香菇片、浅黄色的冬笋片间隔排在清蒸的银白色鲳鱼上，对比分明；"什锦火锅"表面上的原料色彩和谐、排列有序。不论是在菜肴成熟前使用这种方法，还是在成熟后使用，都要做到"盖中有透""虚实结合"。

2. 扩散法

将细碎的原料或辅料放置于成熟的菜肴表面上，起增色或辅味的作用。扩散法与覆盖法不同的是装饰料零乱无序，但形散而意不散。这种装饰法一般在菜肴成熟后进行操作。例如，撒在"芙蓉鸡片"上的火腿末使鸡片色泽显得更洁白、更漂亮，不仅可以勾起食欲，而且能增加成品的风味；撒在"干烧鲤鱼"上的葱花，也使菜肴的色调更为活泼，让人更有食欲。

3. 牵花法

将不同颜色的原料制成小件放置于菜肴上，拼成各式各样的纹样或花式图形。这种装饰法较为复杂，只能在成熟前的菜肴上进行操作，且要求菜肴表面较平整，多用于肉糜菜肴的装饰。例如，"百花豆腐"上的各种"花卉"，"一品豆腐"上的"腊梅"，"彩色鱼夹"上拼摆的"小花"，可于单调之中见变化。

4. 图案法

在菜肴上用某些可食性原料拼成象形图案，使整个菜肴具有一定的物象特征。如"葵花四宝鸭"，整个菜肴如同向阳的葵花一样，美观大方。

5. 镶嵌法

镶嵌法多用于物象造型类菜肴的装饰，是在菜肴所表达物体的某个部位进行装饰。例如，"莲花金鱼"在成熟后，要给"金鱼"镶上两只"眼睛"，"鱼背"上镶上"鱼鳍"，"莲花"上嵌上"花蕊"，经过装饰，使此菜形象生动逼真；"麒麟鳜鱼""二龙戏珠"原来的"鱼眼"因油炸而灰暗，另用樱桃点睛能使菜肴变得神气活现。这种装饰法较简单，多在菜肴成熟后进行操作。

6. 间隔法

间隔法用于装饰排列整齐有序的一类菜肴，是在菜肴的空隙间进行装饰的方法。如"狮子头"这道菜肴中夹在两狮子头之间的青菜。

7. 衬垫法

与冷菜的垫底一样，将一原料垫于另一原料之下，起支撑作用。但与冷菜垫底不同的是，热菜垫物需有所见，既起到撑形作用，又起着色对比的作用，使菜肴更为赏心悦目。垫底还讲究荤蔬搭配，通常是蔬菜垫荤菜，如"冰糖扒蹄"下垫绿色生菜。

（二）辅助装饰

利用菜肴主料和辅料以外的原料，采用拼、摆、镶、塑等方法，在菜肴旁进行点缀或围边的一类装饰法。辅助装饰能使菜肴的形状、色调发生明显变化，如同众星拱月，使主菜更加突出，菜肴整体更加充实、丰富、和谐，以弥补菜肴分量不足或造型需要造成的不协调、不丰满等情况。辅助装饰花样繁多，与主体装饰不同的是，有些辅助装饰侧重于美化，有些辅助装饰侧重于食用，且大多在菜肴成熟后进行操作（复杂的装饰可提前进行操作）。辅助装饰常见的方法有点缀法和围边法。

1. 点缀法

将少量的经过一定加工的物料点缀在菜肴的某侧，与菜肴主体形成对比，使菜肴重心突出。点缀法简单、易操做，常见的用雕刻制品对菜肴进行装饰的方法多属于点缀法。根据是否对称，可分为对称点缀和不对称点缀。

（1）对称点缀。单对称，多用于腰盘盛装的菜肴，在菜肴两旁对称地点缀，特点在于对称、协调、稳重；中心对称点缀，多见于圆盘盛装的块状菜肴，将点缀物置于菜肴中间，如同花蕊，所以又称"花蕊式点缀"。如金黄色"凤尾对虾"尾朝外码于盘中，中间饰以鲜红色番茄花。此外，还有双对称、多对称和交叉对称点缀等。对称的点缀物应大小、色泽、形状一致。

（2）不对称点缀。三点式点缀，适用于圆形盛器盛装的菜肴，菜肴多是丝、片、丁、条或花刀块状。在烹调方法上，以炸、熘、爆、炒、煎为主。如"油爆乌花"盘边三侧辅以碧绿色黄瓜切成的佛手花，上置一颗红樱桃，赏心悦目。

另外，还有简单且最常见的局部点缀，一般将蔬菜、水果或食雕花卉等摆放在盘子的一边，用来点缀美化菜肴，弥补盘边的局部空缺，有时还能创造一种意境、情趣，如"松鼠戏果"中盘边用一串葡萄进行点缀。

2. 围边法

围边法也称"镶边"，是行业中对菜肴装饰美化的统称，《川菜烹饪事典》对其解释是：菜肴装盘后在周围摆上色彩鲜艳、形状美观的雕花或番茄、泡辣椒、芫荽、橘瓣等，用以美化菜肴、调剂口味的一种技法。围边法比点缀法复杂，也可以说是若干个点缀物的组合，因此具有一定的连续性。恰当的围边可使菜肴的色、香、味、造型、器皿有机统一，产生诱人的魅力，刺激食者产生强烈食欲。常见的方法有几何形围边和具象形围边。

（1）几何形围边。将某些固有形态或经加工成为特定几何形状的物料，按一定顺序、方向，有规律地排列、组合在一起，或连续，或间隔，排列整齐，环形摆布，呈现出曲线美和节奏美，如"乌龙戏珠"是将鹌鹑蛋围在海参周围。还有一种半围花边也属于此类方法，关键要掌握好被装饰的菜肴与装饰物之间的分量比例、形态比例、色彩比例等，其制作没有固定的模式，可根据需要进行组配，特点是：一边装饰，一边盛肴，协调一致，恰到好处。

（2）具象形围边。以大自然物象为刻画对象，用简单的方法提炼活泼的艺术形象。这种方法能把零碎散乱的菜肴整合起来，使菜肴整体变得统一美观，常用于丁、丝、末等小型原料制作的菜肴。如"宫灯鱼米"用蛋皮丝、胡萝卜等几种原料制成宫灯外形，炒熟的鱼米盛放在其中。具象形围边所用的物象通常有三类：

第一，动物类，如孔雀、蝴蝶等。

第二，植物类，如树叶、花卉等。

第三，器物类，如花篮、宫灯、扇子等。

需要指出的是，上述所有菜肴装饰美化方法都不是孤立使用的，有时可以用两种或两种以上的方法进行装饰美化。在许多场合，还要根据个人的经验和技巧，加以发挥和创造。

二、菜肴的美化方法

1. 实用性美化

将能食用的小件熟料、点心、水果等作为装饰物美化菜肴的方法，称为实用性美化。

采用此方法时，选择的装饰材料一般都是可食用的，如以菜围菜就是一种传统的美化方法，即把两种不同的有主次之分的烹饪原料制作成两种不同口味和色泽的菜肴，然后放在同一盘中，使一菜围着另一菜。围边的原料可以是植物性原料，如色泽红亮的"樱桃肉"用生扁豆苗围边，红绿相间；"红梅菜胆"用油菜心围边，整个菜肴形态饱满、色泽艳丽，不仅使人吃起来不感到油腻，而且植物性原料的营养能相互补充。

围边的原料也可以是动物性原料，通常要制作成一定的造型，如"明珠大乌参"，乌亮的海参用洁白的鸽蛋围边，每两只鸽蛋间插上一个橄榄形的胡萝卜，犹如串起的明珠；再如"兰花鱼翅"，将鸽蛋、火腿香菇、黄瓜在汤匙中摆成兰花状，上笼蒸熟，做出12只兰花鸽蛋，放在鱼翅的四周。

围边的原料还可以是各种造型的点心，这是一种菜点合一的方式。例如，"菊花鱼"是用面粉和入鸡蛋，擀皮切丝，入锅炸成菊花状，围在鱼的四周；"松鼠鳜鱼"是用澄粉加天然色素制成一串葡萄形，放在鱼的旁边，情趣盎然；"北京烤鸭"是在盘边放面粉制作的荷叶夹，既能起点缀作用，又能包上鸭皮、甜面酱、葱一起食用。

此外，还可将成熟的香菇、西兰花、玉米笋、鹌鹑蛋、鸽蛋、火腿及生鲜的芫荽、黄瓜、西红柿、水果等原料作为装饰物，都是可食的。

2. 欣赏性美化

将雕刻制品、琼脂（或冻粉）、生鲜蔬菜、面塑作为装饰物美化菜肴的方法，称为欣赏性美化。采用此方法时，选择的装饰物以具有观赏价值为主，虽然能食用（或者说符合卫生条件），但都不食用。

（1）雕刻制品美化。这是指将原料雕刻成型，然后进行美化，以点缀为主。雕刻制品以立体雕刻居多，常将芋头、胡萝卜、白萝卜等雕刻成盘龙、龙头、凤凰、孔雀、宝塔、仙鹤、雄鸡等。这类雕刻制品艺术价值高，且制作时操作讲究、难度较大，摆在盘中，栩栩如生，能激发顾客的欣赏雅兴。用立体雕刻艺术品装点的菜肴一般都是制作精湛的高档菜肴。如"江南百花鸡"，可在盘边摆上雕刻的立体"凤凰"；"芙蓉蟹斗"，可在盘边摆上几只用青萝卜雕刻的"青蟹"；"炸虾球"，可在旁边摆上两只用黄瓜雕刻的"虾"。上述做法均可起到突出菜肴主题的效果。

（2）蔬菜花卉美化。这是指对白萝卜、胡萝卜等进行修形、染色处理，再用切削机削成薄片，然后卷曲插制成各类花卉，如菊花、芍药花、玫瑰花等。这类蔬菜花卉颜色丰富，配在盘中，会使菜肴更加艳丽夺目，诱人食欲。在摆放蔬菜花卉时，旁边再点缀些香菜、胡萝卜丝，会起到更好的艺术效果。

（3）蔬菜点缀品美化。一般将青瓜（黄瓜）、柠檬、番茄、卷心菜、胡萝卜、心里美萝卜、红绿樱桃、青菜叶等制作成佛手、松叶、菜丝、花片、牵牛花等小巧精细的艺术品；有的是用小模具，如鹿、鱼、桃、梅花等形状的模具，在萝卜片、青瓜片上压出各种形状。这类蔬菜点缀品品种繁多，配色、形态各异，可以在盘中拼配出各种各样的图案、花边，能极大地增强菜肴的装盘艺术效果。

（4）拼摆造型美化。主要指几何形围边和具象形围边，如用黄瓜片在盘边摆成寿桃形，用橘子、番茄、香菜、黄瓜、玉米笋做成花篮形等。这种美化方式能增强菜肴的色泽美感并提高营养价值。

（5）琼脂（或冻粉）美化。一般将琼脂或冻粉与水加热后调成的不同色彩的汁液制成各种造型，常用于冷盘和甜菜，起调色和凝固的作用。如冷盘"金鱼戏莲"，先将琼脂、清水、色素加热熔化，倒入盘中制成"湖水"，另将凉菜原料制作成两条"金鱼"和"莲花"，犹如金鱼在湖水中游荡，形象逼真。

（6）面塑美化。即用面捏塑的各种古代人物、动物、植物来美化菜肴的一种方法。常用的面塑艺术品有老寿星、笑佛、渔翁钓鱼、古装美女、牧羊女、宫女、士大夫以及鹿、牛、羊、雄鸡、白菜等。如果是宫廷菜，就要捏塑皇帝、妃子等。面塑艺术品能烘托烹饪的艺术气氛，具有观赏价值。用面塑艺术品装点的菜肴一般都是品位高雅的，或是宴席中的主菜，如满汉全席中的"乾隆鲍鱼"，鲍鱼制好后在圆盘的边缘码一圈（鲍鱼旁边还可以配些西兰花），盘中间是面塑的乾隆皇帝。

另外，还有少数菜肴用非食品原料装饰美化。如"牡丹凤腿"，将纸花点缀在炸鸡腿上，使菜肴犹如一个小花园，且可垫着纸吃，手不沾炸鸡腿，食后不用擦手，干净方便。这类装饰品虽不可食，但据其效果来看，无疑是可用的。

三、菜肴美化要遵循的原则

尽管菜肴装饰美化很重要，但它毕竟是菜肴的一种外在美化手段，决定菜肴艺术感染力的还是菜肴本身。因此，菜肴的装饰美化要遵循以食用为主、美化为辅的原则，切不可单纯为了装饰得好看而颠倒主从关系，使菜肴成为中看不中吃的花架子。那么对需要美化的菜肴来说，如何装饰才算是恰到好处呢？这就要求遵循下列各项原则：

1. 卫生安全原则

卫生安全原则是摆在第一位的原则。装饰美化方法是制作菜肴的一种辅助手段，但会导致环境污染。菜肴的色彩、形状、口味、营养等都好，但若不符合卫生要求，就不能称为美食。有人因装饰物少而忽视必要的卫生保护措施，这是不妥的，特别是对成熟后不再加热的菜肴进行装饰，细菌或其他有害物质很有可能进入食物。

据有关调查显示，由于蔬果饰物的使用量较多，不少饭店从控制原料成本、节省配菜制作时间的角度出发，总是大批量集中加工蔬果饰物，然后再放到冰箱或淡盐水中存放，以保证其色泽，导致蔬果饰物的新鲜度受到影响。有些蔬果饰物甚至是在切配生料的场地制作的，且大多与切配肉的砧板混用，因此极易受到动物性原料带有的沙门氏菌、副溶血性弧菌等致病菌污染。此外，蔬果饰物的消毒也存在问题，大多数饭店的蔬果饰物在清洗后，切配、装盘过程中不做任何消毒处理，从而埋下致病的隐患。

因此，在入馔前，蔬果饰物一定要进行洗涤消毒处理，尽量少用或不用人工色素。总之，装饰美化菜肴时，每个环节都应重视卫生，无论是个人卫生，还是餐具、刀具卫生，都不可忽视。

2. 食用为主原则

菜肴装饰美化的实用性，实质上是指装饰物能够食用，方便进餐，而不是单纯作为摆设。所以，将可食用的小件熟料、点心、水果作为装饰物来美化菜肴的方法值得推广；而将雕刻制品、琼脂（或冻粉）、生鲜蔬菜、面塑作为装饰物来美化菜肴的方法应受到制约，杜绝会降低菜肴食用性的做法。

可食用的装饰物的口味与菜肴滋味应尽可能保持一致，甜肴应用水果相衬，煎炸菜肴宜配爽口原料，绝不能出现串味的情况。若在一盘咸鲜味菜肴上点缀几颗甜樱桃，咸、甜大相径庭，便会影响菜肴的质量。特别是选用一些水果作装饰物时，更要注意这点。此外，还要结合地方风味特色，如川味菜肴宜用红辣椒刻成花卉作装饰物。

3. 经济快速原则

首先，热菜进入宴席后往往被一扫而空，其装饰物没有长期保存的必要，加之价格、卫生等因素及工具的限制，不可能做得十分复杂，也不能过度地雕饰和投入太多的人力、物力、财力，以简单、生动、价廉为好，供短暂的观赏并可食用。倘若为了装饰左摆弄右摆弄，菜肴会因变凉而变形变味，造成该热的不热，该脆的不脆，该酥的不酥，没有好的口感。因此，装饰物应简单省时。同时，热菜又是宴席的高潮所在，这决定了热菜装饰物虽应简单，却不能草率；虽不耐久观，却要耐人寻味。复杂的具象形围边装饰（如宫灯、花篮、扇面等）物可提前制作，这样能缩短装盘时间，不会影响菜肴的质量。

其次，装饰物的成本不能大于菜肴主料的成本，否则就会影响整个菜肴的成本。有的食品雕刻所花时间比从切配到烹调一道菜肴所花费的时间都多，劳动量大，但最终被送进了垃圾箱。因此，装饰物应遵循少而精的原则。可装饰也可不装饰的菜肴绝不装饰，保持自然美；需要装饰的则尽量少装饰，不失本来面目。高档宴席强调菜肴的装饰物做工精细、质量好，但不要求装饰物的数量多。

当然，如果装饰物本身质量差，就失去了美化的意义。制作者只有具备基本的烹饪美学和工艺学知识,并有较好的刀功和烹调技术,才能使制作的装饰物达到较好的效果。

4. 协调一致原则

首先,装饰物与菜肴的色泽、内容、盛器必须协调一致,使菜肴的色、香、味、造型等形成统一的艺术体。从色泽上讲,装饰物色彩的选择应以菜肴(包括器皿)的色彩为依据,如菜肴是冷色,则可用少量暖色做装饰,以冲淡冷色,使菜肴的色彩变得明快;色彩单调的菜肴只有选用与之有一定对比度的装饰色,才能显得色彩鲜艳、相映成趣。菜肴的整体色彩要和谐,不可杂乱,重在体现菜肴的本色之美,既不能使人感到俗气,也不能使菜肴过于复杂。装饰物还应尽量结合菜肴的原料进行制作。如果是碎形(丁、丝、末等)原料烹制的菜肴,一般用围边的方法装饰;如果是整形原料烹制的菜肴,则多采用盘边点缀的方法装饰,如"炸虾球",在盘边放一只用黄瓜刻成的大虾,暗示这是用虾肉而非其他肉烹制的,这种装饰对烹饪原料经过加工失去原来面目的菜肴而言尤为重要。如果不管什么菜肴,都生硬地安上一朵花加以装饰,就会不和谐。

装饰物还要与盛器相统一。装饰物离不开盛器,一道菜肴如果选用合适的盛器,再进行适当装饰,就可以把菜肴主体衬托得更美观。需要注意的是,有精美图案的盛器不宜过多装饰,有的甚至不需要装饰。有些烹饪工作者用有精美图案、花边的瓷盘盛装菜肴后,往往嫌其艺术表现力不够,于是在这些图案上装饰了一些黄瓜或别的饰物,总体效果却很不理想。中国餐具风格迥异、品种繁多,许多盛器上的图案花纹同样可使菜肴倍添色彩,还可减少装饰料的使用量。如果无视盛器花边图案的存在而随意堆砌,不仅事倍功半,而且会让人有画蛇添足之感。

其次,宴席菜肴的美化还要结合宴席的主题、规格与宴者的喜好与忌讳等因素。如高档宴席要选用一些做工精细、质量好的装饰物,以烘托宴席气氛,提高菜肴质量;普通的宴席菜可选用简单的装饰物,倘若用复杂的高质量的装饰物,效果往往会适得其反。同一宴席,不要每道菜都有装饰物,要因菜而异,给食者以新鲜感,切忌千篇一律、生搬硬套。用萝卜刻成寿星摆在盘中表示"寿比南山",用于祝寿宴席;用哈密瓜制作船体,上面盛装各种水果球,表示"一帆风顺",用于饯行宴席。如果宾主是朴实的人,就不需要做太多的装饰。一盘装饰得过度的菜肴,可食的东西无几,讲实惠的人们会认为其华而不实。

上述四条原则是相互联系、统一的。利用装饰技艺美化菜肴时,要注意综合多方面的因素,分主次,讲虚实;重疏密,有节奏;提倡空、淡、雅、活,忌讳满、浓、俗、呆。要使总体规划与局部安排一致,使菜肴更加完美,给人以物质与精神的双重享受。

认知五 菜肴命名的规律原则

任务介绍

菜名是菜肴的组成部分。中国菜肴命名方法多样,特别是艺术菜名,古已有之,体现了中国饮食文化的博大精深。菜名与菜肴是共生且平行发展的,而烹饪技术的发展促使菜名更加丰富。对菜肴命名的研究,旨在揭示中国菜肴命名规律,有利于中菜命名的规范化、科学化,更有助于烹饪行业术语的标准化和研究工作的进行。本任务讲述菜肴命名的一般规律和中国菜肴命名的方法及存在的问题。

任务目标

1. 掌握中国菜肴命名的方法及规律。
2. 熟悉菜肴命名时需要注意的相关问题。

相关知识

一、菜肴名称的重要性

菜肴名称（下文简称菜名）具有一定的推销功能，是人们认识菜肴的主要依据。顾客可以通过菜名了解菜肴的某些特点，如原料组成、烹调方法、口味类型等。在中国人的餐桌上，没有无名的菜肴，一个合适的菜名既是菜肴的有机组成部分，又是菜生动的"广告词"：它能给人以美的享受，亦能以名造成"先声夺人"的效果，使菜肴"增色三分"；它会牢牢地印在顾客的脑海里，使顾客产生一连串的心理效应，发挥出菜肴的色、香、味、形所发挥不出的作用。

菜名具有潜在的商业价值，它给人留下的"第一印象"是消费者决定购买意向的一个重要因素。因此，要在重视菜肴质量的同时，给菜肴起个好名字。美国的"Coca-cola"公司为起"可口可乐"这一中文名称花费了350英镑，这一名称家喻户晓，其名称的商业价值不可估量；北京金三元酒家的"扒猪脸"、南京丁山宾馆的"丁香排骨"、北京全聚德的"北京烤鸭"也是如此。

菜名如同商品的商标名称，还具有产权价值。近几年，国内因菜名而引发的产权纠纷问题也不少，如四川名吃"夫妻肺片"，20世纪30年代初由郭朝华、张田政夫妻始创，如今此菜已被成都饮食服务公司申请注册，成了一个服务商标、一个品牌，产权归单位所有。已80岁的张田政老人认为"夫妻肺片"是自己独创的，现被其他公司无偿使用，应还自己"知识产权"，遂开店经营此菜，并重新恢复20世纪30年代的名称"夫妻废片"。此外，吉林李连贵风味大酒楼状告青岛7个未经许可而经营"李连贵熏肉大饼"的商家，天津名吃"狗不理包子"被日本一餐馆侵权而引发一场国际官司，等等。由此可见，菜名的作用不可小觑。要规范菜名，首先要探讨菜肴的命名规律和方法。

二、中国菜肴命名规律的探讨

菜肴命名就是根据一定的情况给菜肴起名，一定程度上反映菜肴的某些特征，使人们能根据菜名初步了解菜肴。

我们都知道，菜名是由大量的表意词汇组成的，大部分词汇表达的意思是人们熟知的，也有仅为专业厨师能理解的专业术语，如"稀露""五柳"等，还有少数由于方言土语之间的差别造成的同行也生疏的词汇，如"生炊鱼""瓦罉焗水鱼"中的"炊""焗"都是粤语方言。中菜名称词汇的复杂性是烹饪文化的特点之一，通过对众多菜肴名称词汇的研究整理，可以归纳出14类（见表6-1）。

表6-1 菜肴名称词汇分类表

属性	类别	具体分类
实指	一、菜肴原料词汇	1. 主料　　2. 配料　　3. 调料
	二、菜肴属性词汇	4. 色泽　　5. 香味　　6. 味型 7. 造型　　8. 盛器（炊具）　　9. 质感
	三、菜肴制作词汇	10. 加工方法　　11. 烹调方法
	四、菜肴纪念词汇	12. 人名　　13. 地名
虚指	五、菜肴美称词汇	14. 典故、成语、诗词、谐音等

从表6-1中我们不难得出菜肴命名规律：

（1）中国菜肴的名称由14类表达一定意义的词汇组合而成，只要掌握这14类词汇，就可以组成成千上万个菜名，菜肴命名问题便会迎刃而解。

（2）"主料"是使用频率最高的一类词汇，一看菜名就能了解菜肴的原料构成。以《中国名菜大观》为例，北京216个菜名中含有"主料"词汇的有205个，约占95%；江苏228个菜名中含有"主料"词汇的有216个，占94.8%。

（3）由两类词汇组合成的四字菜名是最多的，占90%以上；其次是三类词汇组合的菜名，如"口蘑炒青菜""东江盐焗鸡"等，这类菜名在宴席菜单中较常见；由三类以上词汇组合而成的菜名有"德州脱骨扒鸡""出骨母油八宝鸭"等，但这类名称极少。

由两类词汇或三类词汇组合成菜名，且都含有主料的命名方法有多少种呢？根据排列组合法则可知，有91种之多（不包括条件之外的其他命名方法）。命名方法的多样性是中国菜名的一个显著特点。

（4）美称词汇包括典故、成语、诗词、谐音等，或采用夸张、比喻、象形等手法的命名词汇，不反映菜肴的具体特征，目的是美化菜肴、渲染气氛或表达一定的情感。其中，采用比喻、象形手法的词汇相对较多，一般由菜肴原料组合构成菜名，对菜肴某一方面的特征进行美化。如表6-2所示。

表6-2 菜肴常用的美称词汇表

种类		常用词汇
美化菜肴色彩		翡翠（绿色）、白玉（玉白色）、珊瑚（红色）、水晶（无色、透明）、雪花（白色）、五彩（五种色泽）、金银（黄白两色）等
美化菜肴形状	动物类	凤尾、虎皮、金鱼、蛤蟆、螺丝、蝴蝶、松鼠等
	植物类	石榴、樱桃、菊花、百合、萝卜、枇杷、杨梅、莲蓬等
	器物类	荷包、绣球、琵琶、花鼓、响铃、马鞍、珍珠、如意、雀巢等
糕点造型		麻花、交切、寸金等
美化菜肴原料		一品、三元、三鲜、四生、四喜、四宝、五柳、八宝、八珍、什锦等

此外，还有一些名菜，如北京"它似蜜"、潜江"二回头"、福建"佛跳墙"、太原"头脑"、徐州"霸王别姬"、湖北"蟠龙卷切"等，这些菜名中有绝句妙语组成的趣名，

有生动传说构成的巧名，有历史典故形成的雅名，也有谐趣笑谈造就的俗名。从菜名中难以看出什么，但雅俗共赏、妙趣横生，大多是闻名遐迩的地方名菜，其名称早已被人们接受认可。此类菜肴数量虽少，但能较好地保存下来，其原因不仅是菜肴本身的魅力，也在于菜名。除地方名菜外，许多喜庆宴席和全席菜名更是文采飞扬，如蒙古族的全羊席，一盆一盏全用羊肉，共有100多款菜肴，名称却不露一个"羊"字。

三、中国菜肴命名方法的分类

根据所用词汇的虚实性质，可将众多的命名方法归纳成三大类。

1. 写实命名法

由实指词汇组合构成菜名的方法。这是中菜命名中最主要和采用最多的方法，观其名称就能了解菜肴的某些特点，如原料组成、烹制方法等。

2. 艺术命名法

主要采用美称词汇命名菜肴的方法。这是针对顾客的猎奇心理，抛开菜肴的具体内容而另立新意的一种命名方法。由此类菜名引发的趣谈或评述颇多，褒贬不一，大致可归纳为两种：① 肯定的态度，认为这类菜名虽不能直接反映菜肴的特征，但含义隽永深远，增加了菜肴的艺术感染力，可以引起人们的兴趣、启发联想、增进食欲，发挥出菜肴的色、形、味所发挥不出的作用；② 批评的态度，认为这些菜名太"花"、牵强附会，使人看了不知道菜肴是什么，如"古敦果狸"是古法炖果子狸，"老鼠斑"是石斑鱼，"吊片"都是大片的鱿鱼，等等。尽管评述的观点不一，但皆有一定的道理。

3. 虚实命名法

美化菜肴某一方面特征的命名方法。菜名由实指词汇（以原料词汇为主）和虚指词汇组合构成，其特点是：实中有虚，既能通过菜名知道原料，又有几分雅趣，因而受到厨师和美食家的推崇，如"松鼠鳜鱼"和"翡翠蹄筋"，"松鼠"表示"鳜鱼"成菜后的造型，这是对菜肴形状的美化；而"翡翠"表示配料的色泽，这是对色彩的美化。

对于艺术命名法和虚实命名法，厨师要弄清每一种名称的含义，以利于正确制作菜肴，如"翡翠"是对绿色原料的美称，而绿色原料的品种很多，必须根据不同风味菜肴确定绿色原料，北京菜"翡翠羹"用菠菜泥，徽菜"翡翠鸭"用苔菜，苏菜"翡翠蹄筋"用碧绿丝瓜条，"翡翠虾斗"是用青椒盛装主料虾仁，而"奶油翡翠菜心"是用菠菜汁。美化菜肴形状则必须做到形似神似，菜如其名。

四、中国菜肴命名存在的问题

如今，菜肴的命名仍存在不少问题，给中国菜名规范化造成很大的障碍。

1. 一菜多名或多菜一名问题

这类问题表现为同一道菜有多个名称，或者多道菜肴共用一个名称。造成这类情况的原因分析如下：

首先是烹饪原料的影响。在菜名中，原料名称使用率很高，由于原料种类繁多，以及地理、历史和社会等各方面的原因，在不同民族、地区、社会行业中，原料的名称极为混乱，表现为俗名太多，如长江三鲜之一的"长吻鮠"，在四川叫"江团"，在安徽叫"肥王鱼"，到了江苏则叫"鮰鱼"，另外还有"白吉""蓝鱼"等名称，这些俗名会导致一菜多名问题。再如山东将带鱼称"刀鱼",江苏将刀鲚称"刀鱼",民间将石斑鱼属的40多种鱼均称为石斑鱼,原料的多物一名又导致了多菜一名问题。原料名称的混乱给应用带来了困难,为了消除障碍,便于菜肴规范命名,必须给所有原料制定通用的科学名称。

其次是地区、方言土语的影响。方言、土语和风俗习惯使饮食文化具有强烈的地域特征,从菜肴名称上可见一斑,如炒鸡蛋在北方地区称"炒木樨",煎鸡蛋在济南称"摊黄菜"。济南还有一种常见的早点"窝果子",实质上就是煮荷包蛋,这是方言土语带来的差异,其原因是北方旧时"蛋"字做贬用,如浑蛋、坏蛋、捣蛋等。面点中的馄饨,四川称"抄手",广东称"云吞",江西称"清汤",新疆称"曲曲",江苏淮阴称"淮饺",同一品种有五个名称,让人眼花缭乱。

中国菜品众多,不同地区的菜肴出现同名现象不可避免,如"珍珠圆子"在江苏是用肉馅滚糯米蒸制而成的菜肴(在徽菜中称"徽州丸子"),在四川则是用糯米饭、豆沙、糯米制成的风味小吃。再如"猫耳朵",在上海是一种著名的大众化名点,即油炸馄饨,在晋中地区则是一种传统面食,形如猫耳朵,煮后浇卤,别具风味。另外,重名问题还影响饮食文化研究工作的进行,到目前为止尚未有确切的数字来表明中国菜肴的数量,多用虚数"成千上万"代之。

2. 胡乱命名问题

一方面,有错别字的菜名很多。一些厨师或餐饮管理人员文化水平低,编写菜单时出现了许多带有错别字的菜名,如"宫保鸡丁"写成"宫爆鸡丁","干烧鲳鱼"写成"干烧昌鱼","豆腐"写成"豆付","番茄蛋汤"写成"反茄旦汤"。这类问题在中小型餐饮企业尤为突出。

另一方面,泛起"艺术"菜名的现象严重。一些餐饮经营者为了抓住顾客的求异心理,在菜名上玩噱头,如南京一些餐馆将猪耳朵与猪舌头的凉拌菜称为"悄悄话",将花菜炒猪心称为"花心",甚至将人们的客气话"随便"作为菜名搬上菜谱。在一家咖啡屋中,"随便"是一个烘烤过的法式小面包,外加两片火腿和一盒黄油;而在另一家餐馆中,"随便"是"时令"菜,既可以是单炒某种蔬菜,也可以是双料配菜,根本没有标准和规范可言。有些经营者专门研究"菜名",似乎走火入魔,他们不在菜肴的质量上下功夫,而是用社会上庸俗的词语来为菜肴命名,如"情人眼泪"是芥末拌肚丝,"红灯区"是辣子鸡丁,这些庸俗的菜名大多会引起消费者的反感。

上述菜名突出的问题是影响交流,曾经有位江西顾客在上海某饭店要了一碗"清汤(馄饨)",不懂江西方言的服务员真的端上一碗清澈见底的"清汤"。可见,菜名也会影响餐饮业的服务工作。此外,庸俗的菜名会影响餐饮业的经营,餐饮经营虽然讲究"出奇制胜",但"出奇制胜"并不等于"怪名制胜",关键还在于菜肴的质量。

五、中国菜肴命名的注意事项

饮食文化的交流与传承离不开菜名,餐饮企业的生产与经营更离不开菜名,菜名的重要性决定了其不应该随意乱造或任意胡编,应符合命名规律。如何对菜肴进行规范命名呢?首先,必须规范用于菜肴命名的每一类词汇,尤其是要给原料制定通用的科学名称;其次,菜肴命名要排除方言的干扰,随着新原料的出现,新炊具、新技术的产生,一些创新菜不断问世,根据命名规律可以找出最能反映菜肴特征或特色的词汇,从而为菜肴命名,直至人们认可。在实际工作中，还需要注意以下五点：

1. 慎起艺术菜名

艺术菜名的随意性较大，运用不当会产生负面效果。有专家认为，对于那些以意为之或者有历史典故的菜名，诸如佛跳墙、霸王别姬、将军过桥、荣华富贵、头脑、文思豆腐等可以作为学名以外的俗名而予以保留，但数量不宜过多，而且以后也不能胡乱编造。只有少数符合"信、达、雅"原则的艺术性名称才能被承认，既要高雅脱俗，又要形象逼真，如果胡乱编造，就失去了艺术的真谛。

那些不健康和庸俗的菜名，是不良文化的一种新花样，应引起我们的重视并及时清理，这不管是对企业效益，还是对社会效益，都是有利的。

2. 菜单中不宜选用艺术菜名

餐厅中最基本的零点菜单是供顾客选择菜肴的依据，顾客仅凭菜名去挑选菜肴，真实的名称有助于顾客选择适合自己的菜肴。菜名要具有真实性，不能太离奇。以前曾流行过充满想象力、离奇和不精确的艺术菜名。国际餐馆协会通过对顾客进行调查发现，故弄玄虚、离奇的名字不容易被顾客接受，容易影响顾客的购买欲望。因此，餐厅应该采用真实的、顾客熟悉的菜名。

3. 宴席菜单中的艺术名称应结合正名

当前，艺术菜名频繁出现在宴会菜单中，为宴席增趣、活跃气氛。例如，婚宴上的菜名多用"连理""并蒂""鸳鸯""和合"等字样，表达了对新婚夫妻的美好祝福；寿宴上的菜名多用"蟠桃""银杏""白鹤""青松"等字样，寄托了期望老人洪福齐天的情感。欣赏这些菜名时，如不与菜肴相对应，很容易让人感觉不知所云。因此，开列菜单时应结合写实的名称，具体方式为艺术名称附加正名，如"霸王别姬（甲鱼炖鸡）"，或者正名附加艺术名称，如"南瓜童鸡（寿比南山）"，这样既一目了然，又不失高雅。

4. 仿荤素菜名要注意忌讳

过去素菜馆多用荤菜名称来命名素菜，本意是赞美厨师高超的手艺，却引起众多异议。江苏南京著名素菜馆绿柳居曾将沿袭已久的菜名做了一次大更改，请来餐饮烹饪界的专家、学者以及佛界高僧，对佛事宴席的三套菜单中的菜名全部做了更改。现在经营的素菜都不再用荤菜名了，如豆腐做成鸭子形状以前叫"绿柳大鸭"，现在叫"春江水暖"；盘中一堆香菇丝，四周是莲藕，以前叫"脆鳝素排骨"，现在叫"他山之石"；豆腐皮裹以土豆泥的"三丝刀鱼"，则成了"扬子精粹"。

5. 艺术菜名英译要准确

艺术菜名的不足之处是不便于翻译成相应的外国语言，影响中外饮食文化的交流及餐厅的经营。菜名反映着餐厅质量，如果菜名的外文名出现拼写错误，说明餐厅对菜肴的烹调根本不熟悉或对质量控制不严，这样会使顾客对餐厅产生不信任感。因此，在翻译时，仅根据字面上的意思翻译艺术菜名是不准确的，必须了解其制作的全过程，从配料到最后菜的成型都要做到心中有数，这样才能翻译出较为准确的菜名。总之，艺术菜名的英文翻译以意译为主，如直译，则需加上说明。

湖北名菜"二回头"就是烧鳝段，按字面意思直译不恰当，若知其主料及制作过程，意译为"Stewedeel Sections"较为妥当。再如江苏名菜"叫花鸡"，译成英文为"Beggars Chicken"，若不做介绍，会给客人留下一种不好的印象（乞丐食用的鸡），导致客人不点这个菜，因此应该加上一段英文说明："Roast Chicken stuffed with diced pork, ham and seafood wrapped in lotus leaves"，这样，客人不仅会清楚是什么菜，而且会产生兴趣，愿意去尝试此菜。

烹饪的科学化进程离不开一套经得起推敲的专业语言，菜名是烹饪专业语言之一。随着烹饪技术的发展，菜名通过适度改革，朝着科学化、规范化方向发展，是必然的趋势。

思考题

1. 为什么说菜肴的成型方法贯穿原料的初加工、切配、半成品制作、烹调、拼摆装盘等的全部过程？
2. 菜肴的美化装饰需要注意什么问题？
3. 对食品雕刻技术与点缀围边的制作进行比较。
4. 本教材对菜肴的命名规律与方法的叙述是在对许多中国菜名进行分析的基础上总结出来的，你认为是否合适？

项目七

菜肴和大众化膳食

项目分析

本项目根据家庭饮食的特点、习惯、营养摄入情况以及常食用的食物,阐述了大众化膳食的重要组成部分,着重阐述了饮食习惯方面存在的问题与解决办法。从快餐产品设计的要求和快餐产品特点的角度,引出了快餐产品设计的关键因素并阐述了快餐产品创新开发的思路。

学习目标

※知识目标

1. 掌握家庭饮食需求的特点。
2. 了解健康的饮食习惯。
3. 了解快餐产品创新开发的要求和方向。
4. 掌握餐饮标准化的内容。

※能力目标

1. 通过图书或网络等途径,以小组合作的方式总结归纳家庭饮食的特点,并根据需求制定三口之家的周食谱。
2. 根据快餐产品的特点,以小组合作的方式设计快餐产品。
3. 参观连锁快餐企业的中央厨房,了解中央厨房的功能。

认知一 家庭饮食需求

任务介绍

"民以食为天",这句话告诉我们食物对人的重要性。食物影响人的健康,普通家庭的一日三餐作为膳食的主要组成部分,对人体健康的影响很大。对家庭饮食的需求进行分析,有助于家庭一日三餐的安排。本任务主要介绍普通家庭的饮食需求及与之对应的膳食安排。

任务目标

1. 掌握《中国居民膳食指南（2016）》的主要推荐内容。
2. 熟悉普通家庭一日三餐的健康食谱。

相关知识

一、家庭饮食的主要特点

（一）《中国居民膳食指南（2016）》

1. 食物多样，谷类为主

每天的膳食应包括谷薯类、蔬菜水果类、畜禽鱼蛋奶类、大豆坚果类等食物。平均每天摄入 12 种以上食物，每周摄入 25 种以上食物。

每天摄入谷薯类食物 250~400 g，其中摄入全谷物和杂豆类食物 50~150 g，摄入薯类食物 50~100 g。食物多样、谷类为主是平衡膳食的关键。

2. 适当运动，保持健康体重

各年龄段人群都应天天运动、保持健康体重。食不过量，控制总能量摄入，保持能量平衡。

坚持日常身体锻炼，每周至少进行 5 次中等强度的身体锻炼，累计 150 分钟以上；最好每天走 6 000 步。

减少久坐时间，每小时起来动一动。

3. 多吃蔬菜、水果、大豆（及制品），多喝奶

蔬菜、水果、大豆（及制品）和奶是平衡膳食的重要组成部分。蔬菜和水果是维生素、矿物质、膳食纤维和植物化学物的重要来源，奶类和大豆类食品富含钙、优质蛋白质和 B 族维生素，对降低慢性病的发病风险具有重要作用。提倡餐餐有蔬菜，推荐每天摄入 300~500 g，其中，深色蔬菜应占 1/2；天天吃水果，推荐每天摄入 200~350 g 的新鲜水果，果汁不能代替鲜果；吃各种奶制品，每天的摄入量应相当于液态奶 300 g；经常吃豆制品，每天的摄入量应相当于大豆 25 g 以上，适量吃坚果。经常吃适量的鱼、禽、蛋、瘦肉，少吃肥肉和荤油。

4. 适量吃鱼、禽、蛋、瘦肉

鱼、禽、蛋和瘦肉可提供人体所需的优质蛋白质、维生素 A、B 族维生素等，有些也含有较高的脂肪和胆固醇。动物性食物优选鱼和禽类，因为鱼和禽类的脂肪含量相对较低，鱼类含有较多的不饱和脂肪酸；蛋类富含多种营养成分；吃畜肉应选择瘦肉，因为瘦肉的脂肪含量较低。过多食用烟熏和腌制肉类会增加肿瘤的发生风险，应当少吃。推荐每周吃鱼 280~525 g，畜禽肉 280~525 g，蛋类 280~350 g，平均每天摄入鱼、禽、蛋和瘦肉 120~200 g。

5. 少盐少油，控糖限酒

目前，我国多数居民食盐、烹调油和脂肪摄入过多，这是高血压、肥胖和心脑血管疾病等慢性病发病率居高不下的重要原因。因此，应当培养清淡饮食的习惯，成人每天摄入的食盐不得超过 6 g，每天摄入的烹调油在 25~30 g。过多摄入添加糖会增加龋齿和超重发生的风险，推荐每天摄入的添加糖不超过 50 g，最好控制在 25 g 以下。水在生命活动中发挥重要作用，应当足量饮水。建议成年人每天喝 7~8 杯（1 500~1 700 mL）水，提倡饮用白开水和茶水，不喝或少喝含糖饮料。儿童、孕妇、乳母不应饮酒，成人如果饮酒，男性一天饮酒摄入的酒精量不得超过 25 g，女性不得超过 15 g。要吃干净卫生、没有变质的食物。

6. 杜绝浪费，树健康饮食新风

勤俭节约、珍惜食物、杜绝浪费是中华民族的传统美德。应按需选购食物、按需备餐，杜绝浪费。选择新鲜干净的食物和适当的烹调方式，保障饮食卫生。学会阅读食品标签，合理选择食品。每个人都应该从自身做起，传承优良饮食文化，树健康饮食新风。

（二）一日三餐应该如何吃

民以食为天，实际上是民以三餐为天。想一日三餐吃得健康，还是要把注意力真正放在自然的、平衡的膳食上，保证荤素搭配、粗细搭配，形成一个基本的模式：每天吃一定量的主食、一个鸡蛋、500 g 蔬菜、100 g 肉、两三勺油、一瓶盖盐，喝一袋牛奶。两餐之间加一个水果，能享受这种真正自然的、和谐的生活。

1. 早餐的重要性

不吃早餐会导致以下症状：

（1）注意力不集中，工作效率降低：从入睡到起床是人们禁食最长的一段时间，如果不吃早餐，会导致脑部的血糖很低，这时就会出现疲劳、反应迟钝、注意力不集中、精神萎靡等症状。

（2）易患消化道疾病：早餐不吃，中餐和晚餐猛吃，饥一顿饱一顿，会打乱消化系统的生理活动规律，从而易诱发消化道疾病。

（3）胆固醇增高：不吃早餐者血液中胆固醇含量比每日吃早餐者高 33%，而胆固醇高的人，血管中有脂肪纹，它是动脉粥样硬化的早期表现。

（4）易患胆结石：人在空腹时，体内胆汁中胆固醇的浓度特别高，在正常吃早餐的情况下，胆囊收缩，胆固醇随着胆汁排出；如果不吃早餐，胆囊不收缩，长此以往容易患胆结石。

（5）肥胖：人在空腹时，身体储存热量的保护功能增强，因此吃进的食物容易被吸收，即使所吸收的是糖，也容易变成皮下脂肪，造成皮下脂肪聚集，使身体肥胖。

（6）皮肤干燥、起皱和贫血：不吃早餐，人体只能动用体内储存的糖原和蛋白质，久而久之会导致皮肤干燥、起皱和贫血，加速衰老。

（7）易患感冒、心血管疾病：营养不良会导致机体抵抗力下降，易患感冒、心血管疾病。

2. 吃早餐应注意的问题

人在睡眠时，绝大部分器官都得到了充分休息，而消化器官仍在消化吸收晚餐存留在胃肠道中的食物，到早晨才渐渐进入休息状态。吃早餐太早，势必会干扰胃肠的休息，使消化系统长期处于疲劳应战的状态，扰乱肠胃的蠕动节奏。因此，在早上 7 点左右起床后 20~30 分钟再吃早餐最合适，因为这时人的食欲最佳。早餐与中餐应间隔 4~5 小时，即早餐最好安排在 7:00—8:00。此外，吃早餐时还应注意以下问题：

（1）宜软不宜硬：早晨，人们一般都食欲不佳，老年人更是如此。因此，早餐不宜进食油腻、煎炸、干硬以及刺激性强的食物，否则易导致消化不良。早餐宜吃容易消化且温热、柔软的食物，如牛奶、豆浆、面条、馄饨等，最好能喝点粥。如果能在粥中加些莲子、红枣、山药、桂圆、薏米等食品，则效果更佳。

（2）宜少不宜多：饮食过量会导致食物不能被及时消化吸收，久而久之会使消化功能下降，因胃肠功能发生障碍而引起胃肠疾病。另外，大量的食物残渣储存在大肠中，被大肠中的细菌分解，其中蛋白质的分解物——苯酚等会经肠壁进入人体血液中，危害人体健康，使人们容易患血管疾病。因此，早餐不可不吃，但也不可吃得过饱。

3. 早餐宜选择的食物

富含优质蛋白质的食物，如鸡蛋、牛奶、香肠、豆浆等。

富含维生素 C 的食物，如果汁、蔬菜、水果等。

富含碳水化合物的主食，如面包、馒头、花卷等。

富含水分的液体食物，如米粥、牛奶、豆浆、果汁等。

开胃的、能增加食欲的食物，如果汁、番茄汁、小酱菜等。

早餐不宜选用的食物，如炸油饼、炸油条、炸糕、炸馒头片等。

4. 周一到周日的健康早餐

周一：牛奶 250 mL，燕麦片 25 g，咸面包 35 g，煮鸡蛋 1 个。

周二：豆浆 300 mL，馒头或者饼 50 g，茶鸡蛋 1 个。

周三：牛奶 250 mL，鸡蛋羹 60 g，烤馒头片 70 g。

周四：豆腐脑 100 g，烧饼 50 g，茶鸡蛋 1 个。

周五：龙须面 25 g，卧鸡蛋 1 个，小白菜 50 g，黑面包 35 g，豆腐干 25 g。

周六：皮蛋瘦肉粥 100 g，小笼包 100 g。

周日：小米粥 1 碗（小米 25 g），烤咸面包 35 g，煮鸡蛋 1 个。

5. 午餐定时定量，科学搭配

很多人为了快捷、省事、节约，中午只吃一碗面。这样的话，蛋白质、脂肪、碳水化合物这三大营养素的摄入量是不够的，尤其是一些矿物质、维生素等营养素更是缺乏。此外，面食很容易被身体吸收利用，饱的快，饿的也快，很容易产生饥饿感，对下午下班晚，或者下午工作强度大的人来说，面条提供的热量相对不足。

匆匆忙忙地吃午餐不利于机体对食物营养的消化吸收，从而会影响下午的脑力工作或体力工作。

吃午餐时应注意以下几点。

（1）最好不要经常吃洋快餐：洋快餐主要以油炸食品为主，明显存在着"三高三低"现象，即高热量、高蛋白、高脂肪和低矿物质、低维生素、低膳食纤维。

（2）定时吃午餐：在适当时间就餐十分重要。一般在每天 11:00—13:00 就餐最佳。同时要注意的是，最好在每天中午的同一时间吃午餐，以适应胃肠正常功能的发挥与调节。

（3）午餐不要吃得过饱：用餐后，身体中的血液将集中到肠胃来帮助消化吸收食物，在此期间，大脑暂时处于缺血缺氧状态。如果吃得过饱，就会延长大脑处于缺血缺氧状态的时间，从而影响下午的工作效率。

（4）营养搭配要科学：吃午餐要注意营养搭配，可以多吃蛋白质和胆碱含量高的肉类、鱼类、禽蛋和大豆制品等食物，因为这类食物能使头脑保持清醒，对增强理解和记忆功能有重要作用。另外，还可以多吃些瘦肉、鲜果等脂肪含量低的食物，要保证有一定量的牛奶、豆浆或鸡蛋等优质蛋白质的摄入，这样可以使人反应灵活、思维敏捷。

(5) 午餐宜选择的食物：充足的主食；富含优质蛋白质的食物，如鱼虾、瘦肉、豆类制品等；富含维生素 C 的食物，如绿叶蔬菜等。

(6) 午餐不宜选用的食物：各种油炸食物，如炸鱼、炸鸡、炸肉等；高脂肪、高胆固醇食物，如动物内脏、肥肉等。

6. 周一到周五的健康午餐

（主食以米饭为例，也可换成其他主食）

周一：番茄虾仁，清炒小白菜，皮蛋瘦肉粥，米饭。

周二：蒸冬瓜夹，西芹百合，绿豆粥，鸡蛋炒饭。

周三：麻油鸡，清炒西蓝花，番茄鸡蛋汤，米饭。

周四：红烧鱼，栗子扒白菜，红枣银耳莲子羹，米饭。

周五：冬瓜氽丸子，蚝油生菜，碎菜肉末粥，米饭。

7. 晚餐吃不好，疾病跟着跑

晚餐的热量与早餐应大致相同，要少于午餐，而在都市生活中，人们更习惯于午餐简单，晚餐丰富。这其实是人们日常生活习惯中给身体健康带来危害的一个最大因素——晚餐热量过剩是肥胖、高脂血症等多种疾病的直接诱因。

晚餐后，人们的活动量较白天大为减少，热量消耗也因此降低很多，所以"清淡至上"是人们必须遵循的晚餐原则。此外，还应注意以下几点：

(1) 晚餐宜选择的食物：适量主食；富含优质蛋白质的食物，如鱼虾、瘦肉、豆类制品等；绿叶蔬菜；适量的粥类或者汤类食物。

(2) 晚餐不宜选用的食物：各种油炸食品，如炸鱼、炸鸡、炸肉等；高脂肪、高胆固醇食物，如动物内脏、肥肉等；高热量食物，如奶油蛋糕等。

8. 周一到周五的健康晚餐

（主食以面食为例，也可换成其他主食）

周一：荷包鲫鱼，小白菜粉丝，紫菜蛋花汤，葱花饼。

周二：糖醋小排骨，清炒莴笋丝，玉米面粥，小花卷。

周三：白灼虾，番茄菜花，肉末茄丁卤面，小馒头。

周四：清炖蟹粉狮子头，香菇油菜，小笼包，番茄龙须面。

周五：罐焖牛肉，清炒芥蓝，鸡蛋玉米羹，千层饼。

9. 上菜顺序

现代饮食的热量基础有了变化，人们摄入的热量在无形之中一天比一天多，除此之外，还有一个令人担心的问题是，去吃饭也好，会餐也好，吃的顺序出现了问题。假设有人请你吃饭，到了餐厅，大家坐好后，先上什么菜呢？可能先给你倒一杯水，当你点完菜以后，再给你上饮料或者上酒，然后上点小菜（花生，油脂高；蜜枣，太甜；猪耳朵，油脂较高）。人们在刚开始吃饭的时候，是胃肠吸收效果最好的时候，这些糖跟油腻的东西便被先行摄入了。当上热菜时，都是先上肉菜，最后上的一道肉菜是鱼。当吃得差不多的时候，才上素菜，往往人们只是象征性地吃两筷子。然后上主食，菜单上的主食大多数都是炒饭、饼、韭菜盒子、水饺、煎包和葱油饼等。最后，大家都是挺着肚子回家的。

调查显示，到餐厅消费的顾客基本上都是这么吃的。为什么大家都这么吃呢？因为餐厅都是按这个顺序上菜的，形成了整个餐饮文化的社会氛围。其实这个顺序是错的。上菜的顺序会直接影响人们的饭量，直接影响人们身体的一些反馈机制，直接影响人们今后的健康，甚至寿命。正确的上菜顺序如下：

第一步，上汤。

上什么汤也是有讲究的，不能上猪骨头汤、浓的鸡汤、奶油汤等，这些汤的热量太高，会阻碍胃的消化吸收，淡淡的蔬菜汤是最好的选择。不管是热的汤，还是凉的汤，蔬菜汤的营养素在这个时候都是最好吸收的，而且蔬菜汤的热量比较低，饭前先来碗蔬菜汤，对身体好。

第二步，上主食。

把主食放在前面的道理是什么呢？在胃肠道有空余的情况下，应先进食人体所需要的能量底物，而人体需要的能量底物就是主食。

第三步，上素菜。

清淡的小菜可以为人体提供充足的维生素和矿物质。

最后，上动物性肉菜。

在动物性食品里，首选鱼虾，最后选择猪、牛、羊肉。

(三) 食物里的主要营养素

1. 产热营养素

三大产热营养素（蛋白质、脂肪和糖类）能为人体提供热量，热量本身不是营养素，它是由食物中的蛋白质、脂肪和糖类在体内经过分解代谢释放出来的。人类的一切生命活动都需要热量作为动力，可以说，没有热量就没有生命。太阳能通过光合作用进入植物体内，并通过"植物—动物—人"的食物链进入人体。

食物释放出的热量用来维持人体的体温和正常的生理活动。细胞的生长、繁殖和自我更新，营养物质的运输、代谢，废物的排出，等等，都需要热量。即使是在睡觉时，呼吸、消化、内分泌、循环系统的生命活动也需要消耗热量。

在三大产热营养素中，脂肪的单位所产热量最大，每克脂肪产热量为9千卡；蛋白质和糖类每克产热则均为4千卡。脂肪和糖类承担了热量供应的主要任务，这是因为蛋白质虽然也可提供热量，但由于其具有构成身体及组成生命活性物质（如各种酶、抗体等）的重要职责和它在人体内有限的含量，应尽量受到保护，而不是被作为热量消耗。

因此，三大产热营养素应有一个合适的比例。根据中国人的膳食习惯和特点，蛋白质占总热量的比例应为10%～15%，脂肪占总热量的比例应为25%～30%，糖类占总热量的比例应为55%～60%。

2. 蛋白质

蛋白质是遗传基因的主要物质基础。在遗传中占据重要地位的核蛋白、核糖核酸（RNA）、去氧核糖核酸（DNA）等都是由蛋白质参与合成的。此外，蛋白质还具有以下作用：

(1) 调节水盐代谢和酸碱平衡。当人体极度缺乏蛋白质时，水就不能回到血管，而是存留于细胞间液，由此出现水肿。

(2) 运输营养物质。蛋白质负责使细胞间液进入血液系统，给细胞提供营养。铁、维生素E等也是以蛋白质为载体进入人体的。当蛋白质缺乏时，很多营养素的吸收和运转效果都会减弱。

（3）促进生长发育和修补组织。人体组织是由细胞构成的，这些细胞要想不断更新，蛋白质就要不断地提供更新的"原料"。人体每天需要合成蛋白质 70 g 以上，如果不能满足需要，则体重会逐渐下降，生长发育会停滞。

（4）调节人体的生理功能。人体的新陈代谢活动需要酶作催化剂，如果没有酶参与反应，生命活动就无法进行；人体内的许多激素，如胰岛素、生长激素、肾上腺素等对机体的生长发育起着非常重要的作用；血液中的抗体能够抵抗外来细菌、病毒的侵害。这些酶、激素、抗体都是由蛋白质或其衍生物构成的，因此，蛋白质有调节人体生理功能的作用。

3. 维生素

维生素既不像蛋白质，可以构成身体和生命活性物质；又不像脂肪和糖类，可以为人体提供热量。但一旦缺了它们，身体构成和热量供给都会出现异常，甚至中断。

机体对维生素的需求量很小，通常用毫克，甚至微克这样小的单位来计算其数量。但人体内不能合成维生素，或合成量很少，因此必须经常由食物或维生素制剂作外源性补充。

食物是维生素的主要来源，但天然食物中维生素的含量并不高，并且很容易在储存或烹调过程中损失。

长期维生素摄入不足或因其他原因无法满足生理需要时，会影响机体的正常生理功能。如果维生素不足的状态持续发展下去，会导致一系列病症，如夜盲症、佝偻病、脚气病、癞皮病等。

有些维生素可在人体内储存，如维生素 A 等。若维生素摄入过量，还可能引起急性或慢性蓄积中毒。

4. 膳食纤维

膳食纤维通常是指植物性食物中不能被人体消化吸收的那部分物质。从化学结构上看，膳食纤维也属于糖类的一种，但以前人们一直认为它是食物中的残渣废料而未加重视。近年来的多项科学研究表明，不少疾病的发生与缺少膳食纤维有关，膳食纤维这才开始被人们重视，并随着人类进食的日益精细而越来越受到人们的青睐。

按照化学结构，膳食纤维分为纤维素、半纤维素、木质素和果胶四大类，它们不能被人体吸收，却在体内发挥着重要功能，担当了健康卫士的角色。膳食纤维有刺激肠道蠕动、增加肠内容物的体积、减少粪便在肠道中停留的时间等作用。增加膳食纤维摄入量，能有效地防治便秘、痔，预防结肠癌、直肠癌。膳食纤维还能减少脂肪、胆固醇在肠道的吸收量，并促进胆固醇和胆酸通过粪便排出，因此有降血脂、降胆固醇的作用。此外，膳食纤维中的果胶能延长食物在胃内停留的时间，延缓葡萄糖的吸收速度，从而降低过高的血糖，改善糖尿病症状。增加膳食纤维的摄入量，还具有减轻体重、预防乳腺癌和改善口腔牙齿功能等作用。

（四）一日三餐都应该吃什么

1. 每餐都应有菌类

食用菌之所以受到人们的青睐，除了味道非常鲜美外，很重要的原因在于它的保健功能。我国自古以来就把许多食用菌类列为保健药材，如灵芝、香菇、金针菇、茯苓、黑木耳、银耳等，认为多食菇类可"益气延年，轻身不老"。这也就是说，多吃食用菌能够补养身体、延缓衰老、增强体力、避免肥胖。中医对每一种食用菌都有很高评价，例如，黑木耳的补血效果很强；银耳的润肺效果非常好，对缓解肺热、肺燥引起的症状十分有效；香菇可益胃和血、化痰理气。

许多食用菌都有点柔滑黏软的口感，这是因为其中含有特殊的多糖类物质。最近的研究证明，菌类多糖具有较强的抗癌活性，可增强肿瘤患者的免疫功能。菌类多糖并没有直接杀伤癌细胞的作用，而是促进机体内抗体的形成，从而提高并调整机体内部的防御体系，也就是中医说的"扶正固本"的作用。例如，香菇中具有的抗癌的多糖成分，能促进人体产生干扰病毒合成的"干扰素"；猴头菌的抗癌效果受到重视；灵芝的免疫调节作用和抗衰老效果都很明显。

还有研究发现，香菇等食用菌所含的植物固醇有降低血糖、降低血胆固醇的效果。木耳所含的木耳胶质有巨大的吸附力，能够润肺涤尘，是尘埃污染行业工作者的良好保健品；同时，木耳还具有预防血栓形成和降血压的作用，也是高血压、动脉硬化病人的良好食疗食品。此外，还有研究证明，金针菇具有增强大脑活动能力的作用，被誉为"益智菇"。

正因为菌类蔬菜的高度营养价值，目前在各个高档餐馆中，常常可以见到用多种菌类制作的鲜美烫煲，以及和食用菌一起炒制的高档素菜。这些菜肴素而不淡、鲜而不腻，具有较高的养生价值，因此受到了食客的热烈欢迎。

2. 肉类

对于肉，现在有两种说法：一种说法认为肉含高脂肪，不应该吃，要多吃蔬菜水果，这样才不会得高脂血症；而另外一种说法认为肉中的核酸可以让人更加聪明，应该多吃。肉是人类必备的食物，如果完全不吃，就可能导致营养不良。此外，很多完全不吃肉的人会缺乏多种微量营养素，比如维生素 B_{12}，它在动物性食品中很丰富，但是在植物性食品里含量很少，所以有些完全吃素的人会因维生素 B_{12} 缺乏而恶心贫血。当然，也有一些人虽然吃素，但是他们在做菜时用蚝油烹炒，蚝油中含有比较多的维生素 B_{12}。

肉虽好，但是也不能无限制地吃，肉吃多了会导致体内脂肪偏高、血脂偏高、胆固醇偏高。正常的人一天可吃 100 g 瘦的猪、牛、羊肉（生肉做成熟肉约 70 g），如果体重偏重，那么还要减半。

鱼类也是我国自古就食用的传统食物，相对于其他肉类来说，鱼肉的好处在于它的蛋白质非常好消化。另外，鱼的脂肪总量很少，含不饱和脂肪酸，可以预防心脑血管疾病。

3. 水果

人会感到饿主要是血糖在起作用，身体里的血糖低了，就可能产生饥饿感。如果餐前吃了含糖量高的水果，血糖升上去了，身体就会有饱的感觉，食欲就会减弱。有些水果不仅不开胃，还会导致胃口变差。

柠檬的有机酸含量比较高，味道比较适中，含糖不多，可以促进胃酸的分泌。另外，苹果、橙子这些低糖、含有机酸的水果也具有开胃的效果。

水果含有有机酸和芳香物质，在促进食欲、帮助营养物质吸收方面具有重要作用，而且水果不需烹调，没有营养损失的问题。但水果中含有的矿物质和维生素的数量远远少于蔬菜，因此如果不吃蔬菜，只靠水果是绝对不足以为人体提供足够的营养素的。就维生素 C 的含量而言，廉价的白菜、萝卜比苹果、梨、桃高 10 倍左右；而青椒和菜花的维生素 C 含量是草莓和柑橘的 2~3 倍。所以，每天食用 500 g 左右的蔬菜是必需的。

不可用水果代餐，人体共需要近 50 种营养物质才能维持生存，特别是每天需要 65 g 以上的蛋白质，以维持组织器官的更新和修复。水果所含水分在 85% 以上，蛋白质含量却不足1%，几乎不含人体必需的氨基酸，远远不能满足人体的营养需要。水果只可作为正餐的补充，即使好吃，也不能多吃。

不可多吃水果减肥，实际上，水果并非热量很低的食品。水果具有令人愉快的甜味，其中糖分含量往往在80%以上，而且是容易消化的单糖和双糖。尽管水果按重量所含热量比米饭低，但因为水果味道鲜美，常让人"爱不释口"，很容易吃得过多，所以摄入的糖分往往超标。吃水果减肥并不可靠。

不可迷信高档进口水果，许多人以为昂贵的洋水果一定营养价值更高，其实不然。进口水果在旅途中便开始发生营养物质的降解，新鲜度并不理想。而且，因为要长途运输，往往不等水果完全成熟便采摘下来，通过化学药剂保鲜，可能影响水果的品质。因此，购买洋水果时务必擦亮眼睛，看清品质。

不可靠水果补充维生素，大多数水果的维生素C含量并不高，其他维生素的含量更加有限。维生素共有13种，来自多种食物，若想单靠水果提供所有维生素是极不明智的。比如，要满足人体一日的维生素C推荐量，需要摄入5 kg富士苹果，这是绝对不可能完成的任务。富含维生素C的水果有鲜枣、猕猴桃、山楂、柚子、草莓、柑橘等，而平时常吃的苹果、梨、桃、杏、香蕉、葡萄等水果的维生素C含量甚低。芒果是含胡萝卜素最多的水果，柑橘、黄杏、菠萝等黄色水果只含有少量的胡萝卜素。

蔬菜的安全性和有效性远强于水果，因为蔬菜里面有相对较低的糖分和热量，光这一点就比水果强，所以餐前可以吃蔬菜，但是餐前吃水果是不适当的。餐前吃水果相当于有更多的糖和热量到胃里去，然后增加人们的饱腹感，增加血糖的波动，导致食欲下降。当胃比较空时，尽量不要直接吃水果，水果里面的有机酸对空的胃是一种刺激。人们吃完饭后，食物全堆在胃里就吃水果，起不到马上消化吸收和利用营养素的作用。吃完饭之后，血糖的负担本来就比较重，尤其是老年人，再吃水果，糖分叠加，血糖的负荷更高，胰腺就更累了。因此，对老年人来说，餐后吃水果的做法不可取。吃水果最佳的时间应在两餐之间。

4. 蔬菜

每天的餐桌上应有绿色蔬菜。绿色蔬菜含有维生素C，并且是叶绿素、膳食纤维含量很高的菜。但是只有绿色蔬菜未免有些单调，可以搭配一些红、黄菜色，它们的叶黄素、β-胡萝卜素含量很高，这些营养素具有非常强大的抗氧化作用。当然还可以加点茄子、紫甘蓝这样的紫色蔬菜，因为其中的维生素P、花青素的含量很高。

另外，有些菜是吃叶子的，有些菜是吃根茎的，虽然不用每天都交替搭配，但是可以以7天为一个时间单位进行搭配组合。比如今天以叶菜类为主，明天以果菜类为主，后天以根茎类为主，尽量把自己的食谱丰富起来。

在生活中，有些人可能认为自己的食谱很丰富，如果将很长一段时间的食谱总结起来，可以弄成一本厚厚的书，但是仔细看这些人的食谱会发现，他们食用的菜的种类总是那几种，这样时间长了就会导致某些营养素的缺乏。吃蔬菜时，尽量保证颜色多种多样，这样才会使营养素的摄入均衡。

蔬菜是生吃还是熟吃主要与菜中的营养素和相关物质有关。比如容易流失的水溶性维生素——维生素C，生着吃就可以更大程度地保留，但是对于某些营养素或者相关物质，生吃不但人体不易吸收，还容易中毒。十字花科的蔬菜，比如卷心菜、西蓝花、菜花、甘蓝等，虽然抗氧化能力很强，但是其中有一种阻碍甲状腺素合成和代谢的物质，其阻止甲状腺吸收碘合成甲状腺素，从而造成甲状腺肿，也就是大脖子病。因此，需要对十字花科的蔬菜进行加热，把其中的抗甲状腺素的物质破坏掉。不过十字花科蔬菜凉拌少吃一些也没有关系，只是不能大量生吃。不能生吃的蔬菜不仅是十字花科，还有根茎类蔬菜，比如土豆、山药、红薯等，这些生吃后，其中的淀粉不易被吸收、消化；而适合生吃的蔬菜有黄瓜、番茄、萝卜等。

5. 主食

WHO 推荐的适宜膳食热量构成是：来自碳水化合物的热量为 55%～65%；来自脂肪的热量为 20%～30%；来自蛋白质的热量为 11%～15%。运动时，机体主要依靠碳水化合物来供能、维持运动强度，并为肌肉和大脑提供热量。与蛋白质和脂肪不同，身体中的碳水化合物贮备非常有限，如果运动时人体得不到充足的碳水化合物供应，会导致肌肉疲乏而无动力。不仅如此，如果膳食中长期缺乏主食，还会导致血糖降低，产生头晕、心悸、脑功能障碍等问题，严重者会出现低血糖昏迷。

通过对家庭饮食的分析，大多数食物有两大特点：脂肪和快速消化的碳水化合物含量高，粗膳食纤维早已被当成渣滓去掉了。这些食物成分的改变就是油多了、维生素少了、好消化了、膳食纤维少了。虽然许多新食品仍主要以谷类、小麦、大米、玉米和燕麦为基础，但是这种谷类早已"面目全非"，它们大都被加工成精致面粉，用来制作高品质的馒头、面包、蛋糕、早餐麦片和小吃食品。即便是我们常说的粗粮，经过现代加工或淀粉变性技术，也已经变得细腻、好吃了。这些可能就是问题所在。

现代饮食的另一个不可忽视的问题是高脂肪。西方厨师曾说过："只要你享受过脂肪的美味，你就再无法忍受无油食物的枯燥无味。"是的，餐馆内的主厨、食品工程师，甚至面包师都知道人类喜欢食用高脂肪和高油脂的食品，所以无论是购买超市食品、餐馆会友，还是家庭聚餐，都躲不开高脂肪和高油脂的食品。

粗粮是相对于精米白面等细粮而言的，主要包括谷类中的玉米、小米、紫米、高粱、燕麦、荞麦、麦麸以及各种干豆类，如黄豆、青豆、赤豆、绿豆等。虽然粗粮对人体大有好处，但也不是没有禁忌。有些人认为吃粗粮可以降血糖、降血脂，所以拼命吃粗粮，甚至进食粗粮的量为细粮的一倍多，结果出现粗粮型肥胖症状，这就是错误地吃粗粮导致的。粗粮的热量与细粮相似，如果加倍吃粗粮，热量就会翻倍，腹部就会发胖。

6. 鸡蛋

在家庭饮食中，鸡蛋是第一位的食品，是最接近完美的两种食物之一，另外一种是牛奶。溏心的鸡蛋里面是生的，生的蛋吸收效果反而不好，因为生蛋里面有一种类似生物素的物质，它会影响人体对蛋清中蛋白质的吸收。另外，溏心鸡蛋或者半生的鸡蛋中所含的沙门菌对人体也是有害的。焦状的鸡蛋也是不好的，因为鸡蛋中的蛋白质被破坏了，而且会产生致癌物质。也就是说，鸡蛋不能太生，也不能太老。

关于鸡蛋的进食量，正常人群一天吃一个完整的鸡蛋比较好。对于胆固醇高的人群，两天吃一个或隔一天吃一个完整的鸡蛋，相当于一天吃半个鸡蛋，也是可以的。

对鸡蛋里面任何成分过敏的人绝对不能吃，血胆固醇较高者应遵医嘱暂停食用鸡蛋。

认知二　快餐产品的创新开发

任务介绍

快餐在经济高度发展的今天，凭借其便利性已经成为大众饮食中一个重要的组成部分。但同时，随着快餐业的发展和消费者对快餐产品要求的不断提高，要想有效为顾客的不同需求服务，满足顾客对快餐产品的要求，从业者就要根据快餐产品的特点不断创新，设计出符合消费者需求的产品。本任务主要介绍快餐产品的特点以及如何根据快餐产品特点创新开发新品种。

任务目标

1. 掌握快餐产品的特点和设计要求。
2. 了解快餐产品设计的关键因素。
3. 掌握快餐产品创新的侧重点。

相关知识

一、快餐产品设计的特点

（一）快餐产品设计的概念

快餐产品设计首先要从大量的传统餐饮品种中筛选出适合快餐特点的产品，然后把烹饪技术与食品科学有机结合，通过技术转换成快餐产品。

（二）快餐产品设计的要求

1. 快餐产品设计是多元组合

餐饮产品是一个各类经营要素的有机组合，通常包括实物产品形式、餐饮经营环境和气氛、餐饮服务特色和水平、产品销售形式等四方面内容。因此，在设计与开发新产品时，要考虑这些因素，若一味地注重其中的某个环节而忽视其他内容，便会影响新产品设计与开发的整体运作。酒店高质量的餐饮服务和就餐环境是其在餐饮业中竞争的有力武器，需要改进的是企业在产品推广上的营销思路和策略。这一点恰恰被一些酒店所忽视，外延文化跟不上，餐饮产品内涵的拓展便无从谈起。

菜品创新作为餐饮产品设计与开发中的核心部分，一直是餐饮业不遗余力的主攻点。但究竟如何创新，应该遵循怎样的原则，餐饮从业人员中鲜有人能说出来。事实上，菜品创新是多种因素的组合，要兼顾菜品的色、香、味、造型、器、质等基本属性，同时要考虑新原料的开发运用、原料组配创新、营养功效配比平衡、投入市场后的发展潜力等生产经营要素。

2. 快餐的地位

随着社会经济的发展和人民生活水平的不断提高，人们的餐饮消费观念逐步改变，外出就餐更趋经常化和理性化，选择增多，对消费质量的要求不断提高，更加追求品牌质量、品位特色、卫生安全、营养健康和简便快捷。快餐的社会需求随之不断扩大，市场消费大众性和基本需求性特点表现得更加突出。现代快餐的操作标准化、配送工厂化、连锁规模化和管理科学化的理念，经过从探讨到实践的深化过程，目前已广为人们所接受和认同，并从快餐业扩展到餐饮业，成为我国餐饮现代化的重要发展目标与方向。快餐作为我国餐饮行业的生力军和现代餐饮的先锋军，成为现代餐饮发展的重要代表力量，对全行业的推动与带动作用突出，为社会和行业发展做出了积极的贡献。

3. 突出营造产品的个性和特色

餐饮新产品通常包括三种基本类型。一是全新的产品。由于新原料的开发使用往往要经历一个较长的时期，因此这类产品较为少见。二是改进的产品，即在原有产品的基础上进行改良，例如，在原料搭配、菜点口味以及色泽、形状和烹制工艺方面进行改进。这是目前餐饮业创新菜点的主体。三是引进的产品，也就是复制他人的产品，这是一种餐饮业普遍采用的方法。现阶段的餐饮产品很少有专利权，一旦某种风味的菜点经营成功，跟随者就会蜂拥而至、照抄照搬。虽然引进的产品缺乏自己的特色，但具备了成本低、风险小的优势。

各类平庸的餐饮产品形式使得餐饮产品日益同质化，市场上大多是千篇一律的产品、换汤不换药的经营招数。在这种状态下，不浮躁、静下心来设计开发餐饮产品，着力打造产品特色和企业个性便成为重中之重。百年老字号全聚德在一个多世纪的风雨洗礼中，始终将新产品的设计和适时地推向市场作为企业发展的主线；实施差异化连锁经营的"小蓝鲸"在不同的分店会不定期推出新产品，丰富自身的经营项目，完善产品的供应体系。这些做法都可以给酒店餐饮经营带来不少启发。新产品的设计要注重新原料的开发利用，注重尚未被注意的普通原料的利用。即便是这样的条件很难创造，也要有针对性地注重异地特产原料的使用，以及同类原料中有特色的品种、上乘品种的选用。一些有实力的企业完全可以将"古菜点"的设计开发作为产品更新的主要手段，这些"古菜点"并没有被历史和市场所淘汰，而是一类逐渐被遗忘的宝贵资源。同样，西式餐饮中的一些新式烹饪技法和原料利用方法都可以融入中餐产品的制作过程中，中西合璧是产品创新的另一种有效手段。

4. 系统论证产品创新方案

通过分析一些重视餐饮产品开发却难以产生理想效果的酒店，我们发现，这些酒店失败的一个重要原因就是急功近利，方案欠筛选、切入市场时机把握不准往往是产品创新难以实现经营初衷的根源。

首先，就产品的设计方案而言，先要充分了解创意阶段的市场信息和顾客需求情况，掌握最新的资料，在此基础上采取"走出去，请进来"和集思广益的做法进行多种方案的构想。然后根据这些设想确定开发的品种或更新改造的方案。最后才是在形成新产品概念的基础上进行试制和设计。产品创意是餐饮企业从自身角度去考虑，而产品概念是指餐饮企业站在消费者的立场上看待产品。餐饮企业要根据消费者的需求把产品创意发展成为产品概念，将产品概念通过文字、图画或实物等形式展示给消费者，观察他们的反映。进入产品的试销阶段后，可以通过推荐品尝的方式征求顾客的意见，或者将试制的菜点制成即时性菜单进行销售。一个新产品设计方案的完成通常都会经过这一系统程序。

其次，在产品营销上要把握新产品导入市场的时机。餐饮产品在其生命周期各个阶段的特点是不同的。在将新产品导入市场之前，要分析市场中该类产品是否已经出现，若已有同类产品出现，要分析其销售状态，判断自己的产品能否在这种态势下脱颖而出。

就一些季节性原料而言，如果都是在其生长时令里使用，那么显然在产品特色和利润空间上没有任何优势。如果是反季节、反时令使用，就有可能实现理想的效果。

5. 思想创新、资金投入和相关措施的结合

目前，不少企业将产品创新的任务放在厨房工作人员身上，往往采取一些激励性措施来提高厨师的创新能力，使出新品的速度和频率不断加快。但对产品创新的支持不够，用于新产品研制的资金投入不足。从企业的长远发展考虑，在新产品的研制和开发上投入必要的人力、财力和物力，这本身就是一种有丰厚回报的投资行为。

在产品创新的过程中，企业要兼顾实现创新效益的各种要素。在整个产品的设计和开发过程中，研制成功一道新菜品只是一种先导铺垫，创造效益更多的是需要进行有效的市场推销，餐饮营销由此被提到重要的议事日程上来，这一点恰恰是被众多经营者忽略的。开发新产品的骨干力量不仅是企业的生产技术人员，一支水平过硬的营销队伍同样不可或缺，这两类人员必须紧密配合，才能完成开发工作。酒店不仅要重视厨师创新能力的发挥，同样也要培养出一批合格的餐饮销售人员，这样才能形成完善的产品研发和推广体系。

（三）快餐产品的特点

1. 快餐产品的特点

（1）高油脂。

（2）高盐分。

（3）高糖分：快餐的饮品全都是高糖类制品，无论是冷饮，还是热饮，都是含大量糖分的甜品。

（4）含大量调味料：味浓是快餐的特征，使人食得快、食得多。这点是快餐的特色。

（5）选用低纤维的食物：快餐制作过程中选用低纤维食物，可使人们的进食速度变快。

（6）含较多的人工添加剂。

2. 传统快餐与现代快餐

传统快餐：利用传统的烹饪技术，通过手工或借助简单工具做出的能快速食用的简便饭菜。传统快餐的主要特点是经济实惠、单一经营、规模较小、品种单一等。

现代快餐：以制售时间短、菜品特色鲜明为特点，以现代化、流水化加工方式为基础，以科学化的管理方式为指导，以简单化、专业化、标准化为经营方式，满足人们快捷方便饮食需求的餐饮服务体系。

现代社会需要现代快餐。随着时代的迅猛发展，人们的生活水平不断提高，生活节奏不断加快，加上旅游、娱乐等对饮食的要求，现代快餐应运而生。现代快餐具备现代化特征，即产品制作标准化、生产配送工厂化、连锁经营规模化、管理科学体系化。只有满足以上特征，才能被称为现代快餐。

3. 快餐产品的优势

快餐产品以快而闻名，深受都市人喜爱，它的优势有以下几点：

（1）快速提供能量。当人们需要进食之时，通常是需要能量的时候，因此希望能快速进食。但一般的餐厅、饭店，当你点菜后，通常都需要等一段时间才有食物供应，所以不易满足人体即食的需求。

（2）刺激食欲。一般快餐店都采用一些能够刺激食欲的食物处理方法，对顾客的吸引力十足。对平日工作繁忙且胃口欠佳的人来说，快餐的色、香、味能增强他们的食欲。

(3) 易食。快餐的品种比较简单，进食方法非常方便，不用自己动手，随时随地都可以用膳，是快速填饱肚子的最好选择。

4. 快餐产品的缺点

(1) 营养失衡。只注重肉类、糖类及油脂类供应，缺乏维生素及矿物质等，所以会导致营养失衡。

(2) 热量过剩。快餐以油脂类及单糖类为主要的能量供应来源，所以人体可能轻易地吸取超过我们每日所需的能量。而动物油脂含有大量饱和脂肪，容易导致胆固醇过高，危害心脏健康。

(3) 盐分过多。大多数快餐的调味料都是很浓的，含有大量的盐分，对心脏、血管及肾脏都无益处，若长期食用，对身体的危害较大。

二、快餐产品设计的关键因素

(一) 快餐产品的分类

中式快餐产品主要有以下几类：①饭食类，如炒饭、冒饭、烩饭、盖浇饭等；②面条类，如汤面（包括炸酱面、煎蛋面、牛肉面等）、炒面以及类似于面条的肥肠粉、桂林米粉、云南米线等；③面点类，如包子、蒸饺、烧卖、煎饼等；④饮料小吃类，如南瓜饼、炸牛奶、蝴蝶虾、珍珠奶茶、果汁等。以上都是食用方便的食品，顾客下单以后可以快速制作。而面点可以事先成批制作好，顾客一到即可上桌，这样既可使顾客快速就餐，同时也能提高快餐店的餐桌利用率。

西式快餐的品种相对较少，具有标准化、工业化和连锁经营现代化等特点，规模庞大。

(二) 快餐产品设计的因素

1. 快餐服务是重要因素

顾客满意度是顾客满足情况的反馈，它是对产品或者服务的评价。快餐服务主要包括以下方面：

(1) 快餐盒定制。有权威的环保标志；有公司标志及公司口号；有订餐电话和订餐地址；贴送餐标签。

(2) 订餐。确定分类编号、口味、单点方式以及送餐时间等。

(3) 布菜。接收网络订餐信息的工作人员通过打印机打印送餐标签（菜品编号、菜名、送餐地址及联系电话等），打印一批标签时应同时有分类数量统计表，便于同时炒菜。也可提前印制好标签，直接粘贴，或直接将标签印制在饭盒上，布菜时直接把饭盒给厨师。

(4) 送餐。送餐时，需要有人调度，制定配餐与送餐的分店，这里要着重考虑送餐的便捷度。

(5) 网站。主要体现企业文化、企业动态、菜品介绍、订餐功能等。

2. 就餐环境是关键因素

如今人们对就餐环境的要求已不仅表现在餐桌、餐具的干净卫生和周到的服务上，还体现在环境的美化上。一个好的就餐环境不仅是指餐厅的地理位置优越，附近的交通便利，还体现在餐厅的建筑特色、外观、气氛、情调、装饰与家具、菜单、餐具、酒具与摆台，以及员工的服装和仪容仪表上等。人们现在就餐已不仅限于填饱肚子，而是开始注重提高家庭生活的质量。人们开始追求就餐时的精神享受，装饰美观、格调高雅、气氛和谐的餐厅越来越受欢迎。一个好的就餐环境使人们在享受物质满足的同时，身心也能得到愉悦的享受。

良好的就餐环境应由餐厅本身和就餐的客人一起营造。餐厅应满足以下要求：

（1）菜肴可口健康，品种齐全多样，价格合理。菜肴与酒水是餐厅最基本的产品，餐厅应为客人提供质量好的菜肴与酒水。好的菜肴与酒水应符合以下标准：首先，必须是卫生、有营养、优质且富有特色的；其次，餐厅聘用的厨师的烹饪技艺高超，他所烹调出来的菜肴在色、香、味等方面都能够达到顾客的要求，满足顾客的需求；最后，菜肴的投放量和价格是合理的，真正做到物有所值。

（2）硬件设施达到标准，保障客人人身安全。保证硬件设施的安全是餐厅必须做到的，它关系到客人的人身财产安全，因此餐厅的硬件设施、设备必须达到国家标准。餐厅要健全安全管理制度，做到"安全第一，预防为主"。设备要定期派专人维护，及时消除不安全因素，达到安全就餐标准。

（3）室内装修美观舒适，格调高雅和谐。餐厅的内部装修要典雅、整洁、温馨。餐厅的外观、建筑特色都应与餐厅的主题相呼应。餐厅的装潢应给人以亲切感，而且能营造出一种清新、优雅的氛围，以增加就餐者的食欲，给人以宽敞感，制造浪漫的气氛和神秘感。特别要注重餐厅的灯光效果。餐厅的灯具造型不要烦琐，但要有足够的亮度。光线应柔和，既限定空间，又可获得亲切的光感。餐厅的装饰也可以体现餐厅的主题，字画、壁挂、特殊装饰物品等可根据餐厅的具体情况灵活安排，用以点缀环境。但要注意，装饰物品不可过多，以免餐厅显得杂乱无章。

（4）卫生环境达到标准，干净整洁。餐厅应创造一个良好的生产经营环境，更好地为宾客服务。要保证日常卫生、餐具卫生、员工卫生与操作卫生。日常卫生是指每日要清理打扫餐厅，使地面、餐桌、门窗等干净明亮；餐具卫生是指餐具、茶具、酒具要定时清洗；员工卫生是指员工的衣着要整洁，妆容要得体；操作卫生是指员工的操作要规范，无违规操作现象。

（5）服务周到热情。餐厅员工要为客人提供好的服务，好的服务代表顾客满意，而真正含义的"顾客满意"是指企业所提供的产品、服务的最终表现与顾客的期望、要求相吻合，给顾客以舒适感、方便感、亲切感、安全感。提供好的服务不仅要求员工真诚待客、微笑服务，还要求员工的服务动作要快速敏捷，服务程序要准确无误。员工要讲究仪容仪表，讲究待人接物的礼仪。

（6）营造愉悦的就餐环境。餐厅可以利用音乐来营造愉悦的就餐环境，例如在餐厅角落安放一只音箱，就餐时，适时播放一首轻柔美妙的乐曲，可增加人们的食欲，还可以让人们在就餐的时候有个好心情。

客人应尊重服务人员和其他客人，辅助餐厅营造轻松的就餐环境。

我们经常看到有一些人在餐厅里吸烟、大声说话，他们认为这是他们应该享有的权利，没有什么不合理的地方。按理说，朋友间聚餐吃饭本来是件好事，但在公共场合只顾自己吃得高兴、聊得开心，不顾他人的感受，就是不道德的行为了。其实，注重维护良好的就餐环境也是一种文明行为。正如我国的古训所言："食不言、寝不语。"还有一些客人刻意刁难服务人员，令服务人员难堪。我们在外进餐是为了获得一份好的心情，而不是把自己内心的怒火发泄在别人身上，应该尊重他人。无论是家庭聚会，还是宴请客人，都需要安静、干净的就餐环境，所以每个人都应尽一份力。

3. 快餐产品是决定因素

快餐产品设计涉及两类基本要素，即科学性因素和非技术性因素。

（1）科学性因素。快餐产品的设计要科学合理，将食品科学和烹饪科学有机结合起来，对产品的选材、加工工艺、加工过程中产品性状的变化、机械设备的选用，以及成品的包装、贮运等做初步设计和可行性的分析，确保食品设计方向和路线的正确性。

（2）非技术性因素。首先，快餐设计要综合考虑政治环境、生产力经济发展状况、人民生活水平和消费水平，以及不同民族、不同地域、不同宗教信仰、不同传统风俗下，人们的饮食习惯和饮食心理所存在的现实差异；其次，产品只有找到市场，完成商品流通，才能实现其价值。

三、快餐产品创新

（一）现代快餐产品生产工艺要求

1. 产品制作标准化

快餐产品必须品质好、稳定。快餐连锁企业能否做得起来，关键要看它是否解决了产品制作的标准化问提，按工业化、标准化的方式制作传统菜品是现代快餐的本质特征。传统菜品制作的特点是具有手工随意性。将随意性的操作过程变成标准化、可复制的操作流程，是现代快餐产品面临的挑战和使命。做到这一点并不容易，短时间内完成上万个品种的制作标准化是不可能实现的，必须有所筛选，将易于标准化的品种进行标准化研发，通过标准流程和科技手段保证产品的稳定性。因此，产品制作标准化是快餐发展的核心特征。

2. 加工配送工厂化

快餐市场客流量大，要实现规模生产，只靠手工操作是不行的，必须在标准化前提下实现工厂化配送。比如，北京老家快餐的出餐速度可控制在 10 秒内，即顾客 10 秒内就可完成从点餐到取餐这一过程。因出餐速度提高，每天的翻台率也大大提高，最高能达到 25 次。日本吉野家的最高翻台纪录也是 25 次。快餐企业出餐速度快的根本原因在于店内加工的是半成品，甚至成品，简单加热后即可出售。若从切配开始进行初加工，就无法满足速度和规模的要求了。通过工厂化配送提高效率是现代快餐的显著特征。

3. 连锁经营规模化

现代快餐经营要在房租贵的地方卖最便宜的东西。要想生存，要赢利，就要破解这个难题。那么这个难题如何破解呢？必须通过连锁经营来实现，即快餐企业靠连锁经营扩大规模，靠规模取得效益。规模扩大，原材料采购量增加，经营成本才会随之降低。规模发展是渐进的过程，要根据企业发展环境来控制发展速度。规模发展要以建立严格和高水平的连锁管理体系为基础，以与相关供应商、投资商、科研院校等联合走产业化的发展道路为途径，以不断丰富品牌文化内涵、实施品牌战略和人才战略、提高企业核心竞争力为保证。

4. 管理科学系统化

快餐是社会发展、科学进步和工业文明时代的产物，快餐企业必须实现系统化管理。在系统化管理的企业中,每个人都像流水线机器上的一个部件,各自发挥作用,不管缺少哪个部件,机器都不能运转,但谁也不能完全决定和替代整体。快餐企业为维护大规模、标准化生产,要有自己的岗位分工、管理规范,形成完整的系统体系。麦当劳的系统管理堪称榜样,全球33 000家连锁餐厅靠营建、营运和配送三大主要系统有力支撑和保证了企业的平稳快速发展。麦当劳开店选址系统非常缜密,需要根据系列选址评估指标进行考察,通过区域开发部论证和总部论证、开店营业额预估、开店评定委员会审批等环节,严格控制开店程序和条件,确保开店成功率。在人才培养方面,麦当劳有"自我造血"机能:一个普通员工上岗前要接受培训,主要通过岗位培训系统来完成,有教材,有岗位培训标准和流程,有带训员辅导和考核,有培训光盘和工具,等等,形成了完整的人才培养系统。开新店的时候,经验丰富的店长出任新店店长,店里见习预备店长升任店长,骨干人才层出不穷。中式快餐连锁企业的系统管理也在不断完善和发展过程中。

(二)快餐产品创新

快餐产品创新应该以菜式创新、服务创新、环境创新、价格创新、营销创新这几方面为重点。

1. 菜式创新

中国烹饪历史源远流长,创新离不开基本功,没有对传统烹调的深刻领会和熟练技巧,就不可能完成菜式创新工作。菜式创新应从四个方面着手:

(1)挖掘:把失传已久的传统菜肴挖掘出来,让它们重放异彩,这也是创新。"烙酥糖粥""玉米粉馒头"都是挖掘出来后很受欢迎的菜肴。

(2)继承:继承的难度比挖掘小一些,但继承中也可以"创新"。如对煮茶叶蛋进行反复实验,发现熟后再煮四小时最好吃。又如现在吃猪肉的人少了,但这并不表示"酱猪肉""东坡肉"就没人吃了,如果猪肉入口即化、油而不腻,照样受欢迎。

(3)引进:各种菜系,甚至西餐中好的方法都可以引进。西餐的管理、计量是中餐应该学习的。如蒸鱼,苏菜也有,但比较起来,还是粤菜的方法好。粤菜蒸鱼先不放盐和调料,只蒸10分钟,鱼刚断生,骨头边还有一点点血丝,肉质鲜嫩;而苏菜蒸鱼时先放调料,且不控制蒸的时间,肉质较老。川菜的"鱼香肉丝"在江南一带要改成"鱼香鳜鱼丝",别具风味。

(4)改革:"烹饪之道,妙在变化;厨师之功,贵在运用。"菜肴改革从形式上说,有菜肴与点心相结合、中西相结合、荤素相结合、食物与药物相结合、水果与菜肴相结合等。"酥贴干贝"就是菜肴与点心相结合的一道新菜;"酥皮海鲜"则是中西相结合的一道新菜。荤素结合不是简单地指荤料和素料一起烧制,而是使荤素合为一体,荤中有素,素中有荤。如扁豆撕筋去豆,夹入火腿、虾、笋菜制成的馅,然后蒸制、浇葱油,口感很好。把新疆的烤羊肉串和西餐炸猪排的方法用来炸鳗鱼,做成"溜炸无刺鳗鱼串",蘸上调料,中外宾客都很喜欢,用此法制作的"五味凤翼""翡翠凤翼"更是别具风味。此外,改变制作方法也是改革之道。

2. 服务创新

服务创新应受到重视。快餐业的服务不能拘泥于固定的模式,要真正围绕"让顾客满意+惊喜=忠诚顾客"这个核心理念进行服务创新。

严格的质量管理制度是快餐业的立身之本，以此为基础，在服务方式、服务环境、器皿等方面尽可能创造出"卖点"和"亮点"来。可以打出"绿色餐饮"的旗号，在餐厅设立无烟区，采用绿色食品、无公害蔬果作原料，倡导绿色消费等。

3. 环境创新

长期以来，快餐业的环境创新是比较贫乏的，表现在重装修豪华、轻个性展现方面。真正有创意的环境未必是最豪华的，关键是"主题"突出，让顾客找到一种"感觉"。

（1）复古的感觉。古香古色的装修装饰能让顾客找到"从前"的感觉。如店内摆放八仙桌、长条凳，顾客围桌而坐，身边是着长袍马褂的"店小二"，仿佛回到了古代。

（2）新潮的感觉。在环境的塑造中，体现现前卫、新潮，常常对顾客有独特的吸引力。如让顾客在冷硬和黑白的简单环境中就餐，自然别有一番滋味在心头。

（3）中西交融的感觉。中西交融是指把中式的特色与西方的特色完美结合起来，取长补短，达到一种新的境界。

4. 价格创新

快餐产品价格创新并非意味着降价，而是要活化价格，形成多层次的价格。从大众消费角度出发，调整菜肴价格，增加中低档菜肴，高档菜肴可提供半份，甚至小份出售。采用低成本、高毛利率和高成本、低毛利率相结合的方法，扬质量过硬之长，避价格昂贵之短，做到人无我有、人有我优、人优我变，始终通过物有所值吸引客人。

5. 营销创新

营销工作可以说是酒店经营的龙头，从某种意义上讲，它的创新力度对酒店的整体运作起关键性的作用。下面简单介绍一下关于营销创新的几个要点，以供参考：

（1）借力造势，制造商机。

（2）菜肴的多样化。随着需求的多样化，人们已不再满足于吃一个菜系的菜肴，品尝天下美味的想法已成为一种趋势。

（3）绿色健康营销。利用绿色和健康的时尚理念，营造卖点，吸引顾客。武汉小蓝鲸的迅速发展与其倡导"吃出健康来"的绿色健康营销理念是分不开的。

认知三　餐饮产品标准化

任务介绍

本任务主要中国餐饮业的现状进行分析，根据餐饮业的现状，提出餐饮企业标准化的重要性，将餐饮企业标准化系统分为理念标准化、行为标准化和视觉标准化，并对三个方面的标准化内容进行介绍。此外，本任务还详细介绍不同餐饮业态标准化的主要内容。

任务目标

1. 了解中国餐饮业的现状。
2. 掌握标准化的概念和主要内容。
3. 熟悉不同业态的标准化要求。

相关知识

一、中国餐饮业发展现状及特点

（一）中国餐饮业发展现状

1. 餐饮业的定义

随着社会的发展、人们生活水平的提高、生活方式的变化和东西方饮食消费文化的融合渗透，餐饮业类别的内涵和外延都发生了巨大的变化。餐饮业是指在一定场所，对食物进行现场烹饪、调制，并出售给顾客，主要供现场消费的服务行业。

2. 中国餐饮业的分类情况

目前，我国餐饮业根据不同的分类标准有不同的分类情况，具体如下：按经营内容可以分为中餐、西餐、日本料理、东南亚料理等；按经营方式可以分为独立餐饮、连锁餐饮和饭店餐饮；按服务方式可以分为餐台式餐饮、柜台式餐饮、外卖式餐饮、自助式餐饮；按生产、服务的复杂程度和价位档次之间的对应关系可以分为高档美食餐厅、饭店餐饮、特色餐饮、大众餐饮、快餐、小食摊，其生产的复杂程度依次递减，其价格排列也是如此。

3. 中国餐饮业发展现状

（1）品牌管理能力差。一个企业要想做大做好，就必须树立自己的品牌，但是品牌不是万能的。很多企业过分夸大品牌的作用，认为品牌好就能赚钱，利用品牌效应盲目扩张，导致业务虚而不实；在广告、形象宣传方面投入过多的精力，而在企业管理方面没有实质性的改革和创新。

（2）没有完善的管理体系，盲目追求发展速度。管理跟不上会导致整个连锁经营体系处于混乱状态，难以控制局面。很多投资人在加盟之后，不按照特许经营统一的方式运作，而是在实际操作过程中，加入了自己很多的想法，很多管理条款形同虚设，使得加盟店的饭菜风味、服务管理都与特许店相去甚远，破坏了整个品牌的声誉，对品牌发展造成不好的影响。

（3）产品标准化和可复制程度差，重形式而轻实质。中式餐饮的关键在于口味和特色，很多企业没有形成工业化的生产标准，完全依靠厨师的手艺和经验，一个厨师教出来的不同徒弟可能因为个人的喜好、口味，甚至知识的领会程度不同而使做出来的同一菜肴味道截然不同，这也是很多企业无法成功复制菜肴味道的一个重要原因。很多连锁店只能做到店面装修风格统一、服务员服装统一，而很难做到管理统一、味道统一，常常与顾客的期望和需求产生偏差。

（4）运作模式大多数是传统的餐饮业模式，产品本身并不以专利权为保护手段，任何一道特色食品、任何一种好的服务方式都容易被其他企业效仿，技术含量不高。

（5）餐饮业是市场高度细分的行业。我国幅员辽阔，不同地区有不同的风味和饮食习惯：粤菜甜、川菜辣、东清淡、北咸重，即不同地区有不同的市场，即使是同一地区，相同的市场也有不同的消费阶层。

（二）中国餐饮业发展趋势

20世纪末期，中国的餐饮业已出现了一些巨大的变化，比如快餐和休闲餐饮兴起，洋快餐大举进入中国，西餐逐渐被人们接受，传统餐饮和烹饪受到很大挑战，传统八大菜系的概念越来越模糊，各地的菜系相互融合，烹饪原料和产品更加丰富多彩，餐饮的标准化、工业化生产正在兴起，等等。21 世纪，我国的餐饮业还会发生更大的变化，中国的餐饮业面临着巨大的发展机遇，同时又面临着前所未有的挑战和考验。

1. 激烈的竞争局面

社会将通过市场竞争继续对现有餐饮企业进行筛选。市场的调节与配置作用更加充分，通过对企业的进一步整合，不断推动行业的持续发展。

2. 餐饮业结构调整

饭店餐饮突出精品战略，特色餐饮体现中国美食文化，休闲餐饮适应假日消费和休闲消费的需要，中西式快餐适应大众生活快节奏的需要。厨房工程提供餐饮食品和简便菜肴，成为家务劳动社会化的新型服务方式，大众化餐饮成为市场的主流。

3. 餐饮品种的变化

WTO 缩短了国与国之间的距离，增强了国与国之间的交流与合作。对餐饮市场来说，随着 WTO 的加入，各国餐饮文化的交流更加频繁，各种文化的交融性又使得代表不同国家、不同地区和不同民族文化的餐饮业，在中国餐饮市场上都有生存空间。因此，未来的餐饮品种会更加丰富，除了洋快餐外，法国菜、俄罗斯菜、意大利菜、土耳其菜、日本料理、韩国料理等都会逐渐被人们所接受。同时，我国的八大菜系在这种大的宏观交流背景下，也会互相融合、互相吸收，从而出现各种各样的创新菜肴，极大地推动中国餐饮业的发展。

4. 创新经营

在行业由品种向品牌、由数量向质量、由单店经营向规模经营的方向转化中，企业要在市场上占据一席之地，就必须加大创新经营力度，不断增加品牌文化的内涵，进一步突出特色。加强创新、树立品牌、注重营销是广大餐饮企业面临的重要课题。

5. 传统餐饮向现代化餐饮转化

传统餐饮的手工随意性生产、单店作坊式经营、人为经验型管理为主的特点，将随着餐饮市场需求的不断扩大和餐饮社会化、国际化、工业化与产业化的进程而不断改变。在传统的烹饪文化与烹饪技艺发展的基础上，以快餐为代表的大众餐饮将逐步向标准化操作、工厂化生产、连锁规模化经营和现代科学化管理的目标迈进，不断加快现代餐饮业的发展步伐。

6. 追求营养均衡及卫生安全

随着社会的进步，尤其是人们生活水平的不断提高，人们吃饭不仅追求口感、口味，而且讲究色、香、味、造型，讲究膳食的合理和科学，讲究营养与搭配，讲究食品安全。高脂肪、高热量、高蛋白的三高食品会导致肥胖，以及由肥胖引发的很多疾病，这会严重损害人们的身体健康，因此，人们对健康饮食的需求日益增大。中国餐饮业以此为突破口和切入点，在注重安全卫生的同时，将膳食平衡纳入其核心竞争力中。同时，营养餐饮、保健餐饮的大量出现，将会对餐饮业提出更高的要求。

7. 餐饮连锁经营发展迅速

以连锁经营、品牌培育、技术创新为代表的现代餐饮业加速替代手工随意性生产、单店作坊式经营、人为经验型管理的传统餐饮业，向产业化、连锁化、集团化和现代化的方向迈进。

8. 管理与人才的作用更加突出

科学管理和人才素质水平将成为制约餐饮企业今后发展的重要因素。一个企业仅有技术优势,很难保证企业在竞争中立于不败之地,因此必须加强企业的现代化科学管理。

(三) 中国餐饮业的特点

1. 劳动力密集

餐饮业是劳动力最密集的服务业之一,不论是厨房还是卖场,都需要投入大量人力,以维持各项工作的开展。虽然少部分有中央厨房的企业能够以自动化设备取代人力,但对绝大多数的经营者而言,厨房仍是劳动力密集区。

在卖场部分,即使是顾客参与程度最高的快餐业,其卖场的劳动力密集度与其他服务业相比,仍然很高。因此,劳动力在餐饮业是不可或缺的投入要素,人力资源的调配安排成了餐饮业的重要课题。

2. 产业关联性大

餐饮业的关联产业众多,但与食品加工业的关联最大。随着新业态的外餐企业的加入,与其他企业的关联会更大,周边关联企业也会进一步增多。

3. 餐饮业多属经营者自营方式

餐饮业基本的设备,在硬件方面,以卖场的装潢、设施及厨房的设备为主,其资本大多来自股东,因此多属经营者自营方式。

资金主要来自经营者,其优点在于资金的取得不难,但缺点在于取得的金额有限,在扩大产出、增加设备与连锁经营方面,不易在短期内完成。

4. 产销同时进行

餐饮业的原料采购、加工制作、销售交易、消费都同时进行,有异于一般工业产品的依规格大量订制,因此较难通过预估销售量控制生产量。餐饮业生产量受顾客数量与季节气候影响,在顾客购买前不可预知,同一原料要制作成适合不同顾客的商品,且都是在极短时间内完成的交易。因此,餐饮业兼容了生产与销售。

然而,近年来由于部分大型连锁店有中央厨房,食物可先在中央厨房做好,再运到卖场,因此,生产与销售也可分离。

5. 商品易腐性

餐饮业一般是顾客上门来才有生意,若顾客不及时购买商品,很快就会腐坏。

6. 商品也包括座位环境

就餐饮业而言,其所提供的商品除食物外,还包括座位。座位周转率对营业收入有很大的影响,因此,座位的安排、规划与设计,或不必使用桌椅卖场的外带、外卖、外送设计等,都是餐饮业商品规划管理的重要内容。

7. 餐厅的选址要适当

餐厅的位置与经营的关系重大,如果位置选得合适,位于集客力较好的地区,在经营上势必占尽优势。所谓集客力良好的地区,应是交通便利、人口集中、流动量大的地区。交通便利,使得人们便于临店;人口集中或流动量大,可带来大量的消费者。

同时,应综合考虑各地区的特殊因素,如人口密度与性别比率、职业与平均收入,以及工商企业、机关单位、学校、娱乐场所等的发展趋势,这些都是影响餐厅经营的重要连带因素。另外,还要考虑市场的接近程度,如临近社区,为社区居民提供真诚的服务,以获得他们的好感。当他们有餐饮聚会的需求时,必定选择附近有特色且体面的餐厅。在交通便利但停车不易的情况下,餐厅的选址也是决定其成功与否的关键因素之一。

7. 营业有明显的高峰时段

餐饮业每日有明显的营业高峰时段，因此，在经营上需要有特殊的安排。这种高峰现象可分两方面说明。在一天之内，由于受到人们一日三餐饮食习惯的影响，一般来讲，营业时间通常分为三段：早餐为7—9时，午餐为11—14时，晚餐为17—21时。而如今消费市场发展迅速，一日24小时，除早、午、晚的三次正餐时段外，还有下午茶、消夜、午夜点心等消费时段。

营业时段对顾客来说是一种信约，不能失信，必须调整员工的作息时间来配合营业时间。在正餐的高峰时段，顾客不断涌入，又很快离去。此时，对场地的需求量较大，但一般餐厅的空间与餐桌的数量有限，无法同时容纳过多的顾客，尤其是快餐店，因此要加快上菜速度，尽量满足顾客需求。如何突破这种购买时限是发展的关键，而且需要针对不同时段提供不同商品。

在全年经营中，有明显的淡、旺季。例如火锅业、冷饮业，在旺季时，卖场面积可达数百平方米，但在淡季不到一百平方米。经营者大多通过延长营业时间、调配人手、雇用兼职人员等方法，来解决旺季的大量餐饮作业问题；在淡季，则减少雇用人员或关闭某部分卖场，以减少费用的支出。

二、餐饮产品实施标准化管理的主要方式

可将餐饮企业标准化系统分为理念标准化、行为标准化和视觉标准化。

（一）理念标准化

理念标准化通过行为和视觉的标准化来体现，是最深层的标准化，是餐饮企业标准化的灵魂，包括企业战略目标、价值追求和行为准则标准化。首先，为了实现长远经营与竞争力提升，餐饮企业必须确立明确、统一的战略目标；其次，餐饮企业的全体成员要有一致的价值追求。在这两方面的指导下，餐饮企业要制定详细明确的行为准则，以规范全体成员的市场行为和社会行为，保证企业经营战略的顺利实施，从而实现企业的经营目标和价值追求。

（二）行为标准化

企业行为包括员工对内和对外的各种行为，以及企业的各种生产经营行为。行为标准化是标准化的重要组成部分，决定着产品和服务的质量与水平，对顾客的满意度有重要影响，对企业的发展有重要作用。它具体包含以下三个方面：

1. 内部管理制度标准化

内部管理制度标准化，即餐饮企业的人、财、物管理有一致的标准可依。在该标准的规范下，应实现原料采购、产品制作、产品质量及服务的标准化。在此又可细分为三点：

（1）原料及采购途径标准化。烹饪原料是餐饮产品的基础，没有好的原料就不可能生产出安全优质的菜肴。因此，企业必须以国家和行业标准为依据，制定自己的原料采购标准和采购方法，对原料的质量、数量、规格、采购时间、供货商的确定做出合适的规定。对于一些大型企业，为了确保原料的质量和数量，还可以建立自己的原料生产基地，建立现代化的仓储和物流配送系统，从源头和配送的各个环节控制原料的质量、原料采购配送的成本和损耗。

（2）菜肴品种及加工方法的标准化。烹饪加工过程是实现从原料到成品转变的一个决定性过程。餐饮产品制作标准化是指餐饮产品制作的程序和方法遵循统一、量化的标准。比

如制定标准菜谱，对产品用料种类、数量及产成品规格等进行详细规定。过去在个体作坊或单店经营的模式下，烹饪加工过程都是由厨师依靠个人的经验来控制的，特别是"大厨"，更是一个酒店菜肴的灵魂，经营的菜肴品种由大厨来决定，菜肴的制作方法由大厨来言传身教，菜肴的质量由大厨来控制。如此一来，一旦失去了大厨，酒店就失去了经营的所有菜肴，即使大厨不流失，这样的菜肴也无法进行复制，无法进行规模化生产。因此，酒店一定要制定标准化的菜谱和菜肴制作程序，按照标准对所有新招收的厨工进行短期培训，保证酒店菜肴的质量，使特色菜肴和其制作方法成为酒店的"专利技术"和核心竞争力。这正是肯德基、麦当劳等西式快餐称雄世界的秘密武器，运用这种标准化的方法，肯德基可以在只有30%固定员工的情况下保证产品和服务质量。

（3）菜肴质量标准化。所有标准化的目的都是保证菜肴质量的标准化，保证企业的每家店面每次提供的同一种餐饮产品都具有相同味道、外观、卫生状况及营养成分。即无论在哪个餐饮门店生产，不论使用哪里采购的原料，也不管是谁负责制作的，只要是同一种菜肴，它的色、香、味、营养成分、卫生指标等都必须是相同的，绝不能让顾客感到上次吃的与这次的不一样，总店的与分店的不一样。这也是经营者最早认识到的中餐标准化的重要意义之一。但要制定这样一个标准并不容易，因为这些指标大多是感官方面的，本来就具有较大的模糊性，这就要求我们加大中餐标准化的投入，努力进行实践研究。

质量标准化中还需包含餐饮产品制作过程中的卫生条件及半成品、制成品的保存和处理要求的标准化规定。服务标准化是指对企业的服务种类、内容、程序和标准做出明确、详细的规定，以向顾客提供持续一致、高质量的服务。

2. 营销标准化

营销标准化，即餐饮企业制定统一的营销目标和营销策略，采用统一的营销手段，努力塑造和维护企业整体的营销形象。它一般体现在产品、定价、渠道和促销四个方面。产品标准化要求餐饮企业拥有统一的基本产品目录，所有店面都提供相同种类的基本产品。定价标准化则表现为同一区域（比如同一国家）各店面的产品实行统一价格。渠道标准化是餐饮企业针对不同产品分别选择最优渠道并固定成企业标准，形成统一的渠道策略。比如，即食产品在餐饮店面中销售，而速冻产品在超市中销售。促销标准化主要指餐饮企业对促销活动在促销方式、促销费用、促销时间等方面进行标准化规定，以保证其在适当的费用投入下获得既定的良好效果。比如，规定新店开张时要通过当地媒体进行一定程度宣传。

3. 扩张方式标准化

此处的扩张方式包括开发新产品、开设新店。新产品开发标准化是指新产品的提出、研制、审批、试销，成为正式产品的程序、期限，以及物质、人力投入等都具有明确详细的规定。新店设立的标准化则要求企业设立新店时，设立方式（如特许经营、直营等）、店面规模、选址、加盟者资格（如果采用特许经营方式）、原店与新店间关系等都遵循明确的标准。

（三）视觉标准化

企业视觉是指通过企业标识、商标、产品包装、企业内部环境和员工着装等媒介塑造和展现企业形象。视觉标准化是标准化的外显层，直接影响顾客对餐饮企业形象的感知。它主要包括以下三方面：第一，经营环境标准化，主要指不同的中式餐饮企业要有不同的硬件设施标准和软件标准，特别是要规定厨房设备的配备标准，如同星级酒店评定标准中规定有音响、电视一样。不同菜系、不同风味特色的酒店还应该建立并充分利用自己的形象识别系统，从外部形象到装修风格，从餐桌、餐具到宣传用品等，各个方面都要表达统一的经营理念和企业文化。第二，设施设备和工具标准化，主要指餐饮企业的器具、餐具、菜单、饮品单、卫生及安全保障设备和工具等物品的质量、性能、样式、数量等要符合统一的标准。第三，员工着装标准化，即根据企业内不同职位的特征与需要，为各岗位员工（尤其是直接为顾客提供服务的员工）分别设计不同的工作服，使员工的着装整齐划一并体现企业形象。

三、如何实现产品标准化

（一）火锅的标准化

火锅的标准化最容易实现，近年来火锅发展得很快，也在于火锅几乎没有产品标准化的壁垒，只要通过中央厨房生产出火锅料，再配送到各个分店，然后每个店再雇一些负责切菜的厨工，就可以了。可以说，培养厨师对火锅企业规模化发展来说，并不那么重要，重要的是培养出合格的店长和经理，这样才能够培训并管理好服务员。如何实现服务标准化，又不显得服务很做作，这才是火锅企业最头疼的问题。

（二）快餐标准化

产品标准化的先锋军非快餐莫属。说到快餐的标准化，大家可能比较熟悉的就是麦当劳、肯德基这些洋快餐。半成品的牛肉饼、薯条等，可以设定温度和时间的炸炉，细化到撒盐撒几下的流程要求，一个毫无厨房经验的新员工，不到半天就可以熟练操作了。这就是神奇的标准化，它让麦当劳成为餐饮界的"巨无霸"。有人认为，中式菜肴博大精深，全靠火候和技术，很难实现标准化。其实，中式快餐的标准化并没有那么难，下面介绍中式快餐实现标准化的方法。

1. 中央厨房

中央厨房是快餐企业的"心脏"和"血管"，它将产品输送到每一个连锁店，保障整个快餐连锁企业的生存和发展。中央厨房最大的好处就是通过集中采购、集中生产来实现产品的质优价廉，在需求增大的情况下，采购量的增长相当可观。中央厨房的好处主要有四点：一是集中批量生产、分工提高效率，比传统配送节约30%的成本；二是生产出半成品，降低了一线厨房里厨师的工作难度；三是方便集中采购和配送；四是保证配方掌握在少数人手中。

中央厨房又称中心厨房或配送中心，是指将食品工业向餐饮业渗透，满足广大民众日常饮食需要，应用专业的机械化、自动化设备，大量生产营养均衡、美味可口、即食便利的快餐食品的生产场所。

中央厨房的主要功能包括集中采购、生产加工、严格检验、统一包装、冷冻贮藏、运输和商品信息处理。

2. 烹饪机械设备

中式快餐很早以前就开始使用烹饪机械设备了。一些经营大型食堂、团膳的餐饮企业，中央厨房里都有硕大的烹饪机械设备，把原料和调料放进去，按一些按钮，过一段时间就炒好了几百道菜肴。广州的一家中式快餐企业，大多数产品都是蒸出来的，他们专门研发了一种大蒸箱，把中央厨房的半成品送到餐厅里，放入蒸箱蒸熟就行。而在另外一些快餐企业，小型的烹饪机械设备已经开始试用了。

3. 现场制作流程控制

重庆的一家快餐企业，目前还保留着用炒锅来制作菜肴的加工方式，中央厨房负责配送调料包，一个调料包炒 1.5 kg 菜肴，也就是说，厨师不需要自己调味了，炒一锅菜放一包调料包就行了。炒之前，厨房小工按照员工手册上的标准，给菜肴的主料和辅料称重，称好后递给炒菜的厨师。这样，厨师只需要掌握好火候就可以了。相对来说，菜肴标准化就容易多了。

4. 快餐产品工艺科学化

快餐产品工艺科学化主要体现在加工过程定量化、加工过程合理化、加工设备专门化，即产品生产工艺标准化，是指在工艺标准中对产品的原料粗加工、精加工、加热调理、计量分装、保温保鲜、包装存储等工艺进程进行定量的、准确的、可操作的规定。因此，在快餐工艺标准的制定和实施过程中，必须通过中央厨房及专门化设备来达到快餐品种的质量标准要求。

（三）传统的酒楼式中餐的标准化

这种餐厅的生命力在于高品质和特色风味，这是快餐取代不了的。但当他们开分店时，也要实现标准化。它们更依赖在企业工作时间长、忠诚度高的厨师。首先，标准化是指同一种食物有相同的标准，品种还是会呈现多样化；其次，手工制作的食物当然好，但不能满足人们的多种需求。

思考题

1. 食物中含有的主要营养素有哪些？
2. 快餐产品的特点是什么？相对于传统餐饮产品的优缺点是什么？
3. 餐饮企业的标准化包含哪些方面的内容？

项目八

地方菜系

项目分析

中国幅员辽阔，由于自然条件、物产、人们生活习惯、经济文化发展状况的不同，各地形成了众多的地方风味流派。它们大多具有浓郁的地方特色和不同的烹饪艺术风格，体现着精湛的烹饪技艺。本项目主要阐述中国最著名和最具代表性的地方风味流派，即山东菜系、四川菜系、江苏菜系、广东菜系。

学习目标

※知识目标

1. 了解地方菜系的形成与发展过程。
2. 掌握地方菜系的风味特色。
3. 掌握地方菜系的组成与代表品种。

※能力目标

1. 能够简单地介绍地方菜系的形成与发展过程。
2. 能够熟练地写出地方菜系的风味特色。
3. 能够准确地列出地方菜系的组成与代表品种。

认知一 山东菜系

任务介绍

山东菜系也称鲁菜，产生于齐鲁大地，素有"北食"代表的美誉。齐鲁大地依山傍海、物产丰富、经济发达，为烹饪文化的发展、鲁菜的形成提供了良好的条件。山东菜系影响着黄河中下游及其以北广大地区，是我国覆盖面最广的地方风味流派之一。

任务目标

1. 了解山东菜系的形成与发展过程。
2. 掌握山东菜系的风味特色。
3. 掌握山东菜系的组成与代表品种。

相关知识

案例一： <center>经典山东菜——"油爆双脆"</center>

"油爆双脆"是山东历史悠久的传统名菜。相传此菜始于清代中期，为了满足当地达官贵人的需要，山东济南地区的厨师以猪肚头和鸡胗片为原料，经刀工精心操作和沸油爆炒，使原来必须久煮的猪肚头和鸡胗片快速成熟，口感脆嫩滑润、清鲜爽口。该菜问世不久就闻名于市，原名为"爆双片"，后来顾客称赞此菜又脆又嫩，所以改名为"油爆双脆"。到了清代中末期，此菜传至北京、东北和江苏等地，成为中外闻名的山东名菜。

"油爆双脆"的制作方法

[原料]：猪肚头200 g，鸡胗150 g，绍酒5 g，精盐1.4 g，葱末2 g，姜末1 g，蒜末1.5 g，味精1 g，熟猪油500 g（约耗50 g），湿淀粉25 g，清汤50 g。

[做法]：

（1）将猪肚头剥去脂皮、硬筋，洗净，用刀划上网状花刀，放入碗内，加盐、湿淀粉拌和；将鸡胗片洗净，剥去内外筋皮，用刀划上间隔2 mm的十字花刀，放入另一只碗内，加盐、湿淀粉拌和待用。

（2）另取一只小碗，加清汤、绍酒、味精、精盐、湿淀粉，拌匀成芡汁待用。

（3）炒锅置旺火上，放入猪油，烧至八成热，放入猪肚头、鸡胗片，用筷子迅速划散，倒入漏勺沥油。炒锅内留油少许，下葱末、姜末、蒜末煸出香味，随即倒入鸡胗片和猪肚头，并下芡汁，颠翻两下，即可出锅装盘。

[特点]：脆嫩滑润，清鲜爽口。

分析：

山东菜是中国饮食文化的重要组成部分，作为中国四大菜系之一，其味鲜咸脆嫩，风味独特，制作精细，享誉海内外。古书云："东方之域，天地之所始生也。鱼盐之地，海滨傍水，其民食鱼而嗜咸。皆安其处，美其食。"（《黄帝内经·素问·异法方宜论》）齐鲁大地就是依山傍海、物产丰富。经济的发达提供了丰盛的物质条件。庖厨烹调技术全面，巧于用料，注重调味，适应面广，其中尤以"爆、烧、塌"最有特色。正如清代袁枚所言："滚油炮（爆）炒，加料起锅，以极脆为佳。此北人法也。"

"油爆双脆"的制作关键：一是必须将鸡胗片和猪肚头洗刷干净，去除异味；二是要掌握火候，要用旺火热油爆炒，一般在八成油温时下锅，至鸡胗片由红转白、猪肚头挺起断生即可捞起。

一、山东菜系的形成与发展

山东是中国古文化的发祥地之一。在新石器时代，山东地区已有较先进的饮食文明，大汶口文化、龙山文化遗址出土的灰陶、红陶、蛋壳陶等饮食烹饪器具造型优美。春秋战国时期，山东地区的政治、经济、文化有了新的发展，孔子、孟子都提出了自己的饮食主张，还出现了善辨五味的易牙、俞儿，他们的饮食理论与实践活动在全国居于领先地位。从秦汉至南北朝时期，山东菜逐渐形成了独特的风格和一定的体系。受民族迁移和食俗、食物交流融汇的影响，山东菜在原来比较单一的汉族饮食文化基础上吸收了北方各民族饮食文化的精华，增添了不少新技法和新菜品。北魏贾思勰的《齐民要术》对此做了比较系统的整理和介绍，表明山东菜已基本形成了代表黄河流域饮食文化风貌的技术体系和风味特色。从隋唐到两宋，山东菜烹饪技艺和风味菜品的流通性和开放性均得到增强。唐朝段成式的《酉阳杂俎》等古籍就介绍了这个时期山东与中原地区、西北地区进行土特产交流，市肆食物品种丰富、多样等方面的内容。明清之际，山东菜的烹饪原料日益增多，烹饪方法不断完善，经过几次大融合后，山东菜已形成独特而完整的风味体系，不仅满足了齐鲁人民的饮食需求，而且流传到京津、华北和东北各地，成为明清宫廷御膳的主体，影响黄河流域及其以北地区，因此又被称为"北方菜"。20世纪80年代后，随着社会生活和市场经济的快速发展，餐饮业受到前所未有的重视，成为第三产业的重要支柱，餐饮市场空前繁荣，使得山东菜在基础传统的基础上不断创新，呈现出越来越好的发展局面。

二、山东菜系的主要特点

（一）取材广泛，选料精细

山东地处黄河下游，气候温和，胶东半岛突出于黄海、渤海之间，境内山川纵横、河湖交错、沃野千里，因此山东的海、陆物产品种丰富、质量上乘。其中，山东的水产品产量位居全国前列，海味珍品较多，有鲍鱼、对虾、海参、鱼翅、干贝、加吉鱼等；淡水产品中著名的有黄河的刀鱼、鲤鱼，微山湖的季花鱼、螃蟹等。此外，山东的蔬菜、瓜果和粮食等品种多，产量也很高，如山东的寿光是全国著名的蔬菜之乡，一年四季都出产大棚蔬菜。丰富的物产为精细选料、烹饪佳肴提供了良好的条件。

（二）调味纯正醇浓，精于制汤

受儒家"温柔敦厚"思想与中庸之道的影响，山东菜在调味上极注重纯正醇浓，咸、鲜、酸、甜、辣各味皆有，却很少使用复合味。例如，在调制酸味时，重酸香，常常将醋与糖、香料等一同使用，使酸中有香，味道较为柔和；在调制甜味时，重拔丝、挂霜，将糖熬化后使用，使甜味醇正；在调制咸味时，常将盐加清水溶化后使用，也特别擅长使用甜面酱、豆瓣酱、虾酱、鱼酱、酱油、豆豉等，使咸味中带有鲜香；对于鲜味的调制，则多用鲜汤。汤是鲜味之源，用汤调制鲜味的传统在山东由来已久，早在北魏时的《齐民要术》中就有相关记载。如今，精于制汤、用汤已成为山东菜的重要特征，其清汤、奶汤名闻天下，有"汤在山东"之誉。

（三）烹法多样，注重火功

山东菜的烹饪方法众多，据孙嘉祥、赵建民主编的《中国鲁菜文化》等书籍记载，山东菜的常用烹饪方法达24种，其他地方风味流派"不曾或较少使用，或虽有使用，但山东菜与其有明显差别"的独特技法有11种，包括酥、软炸、糟熘、酱爆、芫爆、醋烹、煸、汤爆、拔丝、琉璃、挂霜。其中，酱爆、芫爆、汤爆等都属于爆这一类烹饪方法，是将小型原料用旺火热油快速加热、调味成菜的烹饪方法。它充分体现了山东菜在用火上的功夫，成菜速度快，不仅可保持原料内的营养素，而且使菜肴能够最好地呈现鲜嫩香脆、清淡爽口的本色，如油爆双脆、爆鸡肫、油爆海螺等。它与熁法合称为山东菜烹饪方法中的"两绝"。

（四）善制海鲜和面食

各种海产品，无论是参、翅、燕、贝，还是鳞、虾、蟹，经山东厨师妙手烹制，都可成为味道鲜美的佳肴。仅胶东沿海生长的比目鱼（当地俗称"偏口鱼"），运用多种刀工处理方法和不同技法，就可烹制成数十道美味佳肴，其色、香、味、形各具特色，集百般变化于一鱼之中。用小海鲜烹制的"油爆双花""红烧海螺""炸蛎黄"以及用海珍品制作的"蟹黄鱼翅""扒原壳鲍鱼""绣球干贝"等，都是独具特色的海鲜珍品。此外，无论是小麦、玉米、红薯，还是黄豆、小米等，经过一番加工制作，也都可以成为风味各异的面食品，如"高桩馒头""硬面馒头""福山拉面""周村烧饼""煎饼"等都是驰名海内外的面点食品。

三、山东菜系的组成及代表品种

山东菜系主要由济南菜、胶东菜和相对独立的孔府菜三部分组成。

（一）济南菜

济南菜是指济南、德州、泰安一带的菜肴。泉城济南自金朝、元朝以后便设为省治，济南的烹饪大师们利用丰富的资源，全面继承传统技艺，广泛吸收外地经验，将当地的烹调技术推向精湛完美的境界。济南菜为山东内陆地区菜肴的代表，取材广泛，烹饪方法为爆、炒、炸、烧、扒、熁等，菜肴具有清、鲜、脆、嫩等特点，素有"一菜一味，百菜不重"的盛誉。济南菜尤以制汤见长，清汤、奶汤的使用及熬制都有严格的规定。清汤鲜美、清澈透明，奶汤色白而味鲜醇。济南菜尤其注重用汤调味。济南菜的代表品种有"糖醋黄河鲤鱼""油爆双脆""九转大肠""锅烧肘子""双色鱿鱼""鱼米油菜心""扒二白""锅煸豆腐""琉璃苹果"等。

（二）胶东菜

胶东菜是指青岛、烟台、威海一带的菜肴。靠海吃海，胶东菜以烹制海鲜见长，尤其对海珍品和小海味的烹制堪称一绝。烹饪方法多为蒸、煮、扒、炒、熘等，菜肴讲究鲜活清淡，口味以鲜嫩为主，注重本味。此外，胶东菜讲究花色、造型美观。胶东菜的代表品种有"油焖大虾""盐水大虾""葱烧海参""奶汤鱼翅""红烧海螺""雪丽大蟹""扒原壳鲍鱼""四味大虾"等。

（三）孔府菜

孔府菜在中华人民共和国成立以前基本处于相对封闭状态，仅限于孔府内部，由家常菜和宴席菜两部分组成。家常菜是府内家人日常饮食的菜肴，由内厨负责烹制，注重营养，讲究时鲜，技法多而巧，并具有浓厚的乡土气息。宴席菜是为来孔府的帝王、名族、官宦祭孔和拜访举办的各种宴请活动的菜肴，由外厨负责烹制，有严格的等级差别，名目繁多，豪华奢侈，讲究排场，注重礼仪，代表菜肴有"当朝一品锅""带子上朝""一卵孵双凤""诗礼银杏"等。改革开放以后，对孔府文化的挖掘整理使许多孔府菜点被重现，并迅速在市场上传播。由此，孔府菜逐步成为山东菜重要的组成部分。

近年来，山东菜的代表品种除了以上所述的传统名菜外，还有许多创新菜肴。其中，具有代表性的创新菜肴有"百花大虾""炒虾片""清汤菊花鲍鱼""玉手白灵鲍""杞红虾片""酥皮鲍鱼""金丝灌汤虾球""太极鱼翅羹""文思血燕""金葱烧极品刺参""鲍汁扣极品刺参""清风参伴鲍""麒麟大虾""葱烧双参""蜜汁莱阳梨"等；具有代表性的创新名点有"如意金银卷""泰山野菜窝窝头""青岛大鸡包""莲藕酥""桂花山药""山芋卷""黄金地瓜"等。

认知二　四川菜系

任务介绍

四川菜系又称川菜。四川地处长江上游，因此川菜具有典型的内陆性，而四川历史上的社会变动和人口变迁又使川菜拥有和其他内陆地区不一样的开放性。经过长期发展，四川菜系逐渐形成取材广泛、调味多变、技法多样、成品普适的特点，其风味以清鲜醇浓、善用麻辣为特色。四川菜系影响着长江中上游地区，除在国内南北各地普遍流行外，还流传到东南亚及欧美等三十多个国家和地区，是中国地方风味中辐射面最广的地方风味之一。

任务目标

1. 了解四川菜系的形成与发展过程。
2. 掌握四川菜系的风味特色。
3. 掌握四川菜系的组成与代表品种。

相关知识

案例一：　　　　　经典川菜——"宫保鸡丁"

"宫保鸡丁"是四川菜系中的传统名菜，用鸡丁、干辣椒、花生米等炒制，色泽诱人，肉嫩味美，醇香适口，很受欢迎。有些餐馆的菜单上写成了"宫爆鸡丁"，有人据此认为烹制方法为"爆炒"，其实这是一种误解。

据传，"宫保鸡丁"这道菜和清朝重臣丁宝桢有直接关系，是丁宝桢创制了这道菜。丁宝桢对烹饪颇有研究，喜欢吃鸡和花生米，尤其喜好辣味。他在四川总督任上的时候创制了一道将鸡丁、红辣椒、花生米下锅爆炒而成的美味佳肴。这道美味佳肴本来只是丁家的"私房菜"，但后来越传越广，尽人皆知。

但是为什么用"宫保"命名这道菜呢？所谓"宫保"，其实是丁宝桢的荣誉官衔。明清两代各级官员都有"虚衔"，高级的虚衔有"太师""少师""太傅""少傅""太保""少保""太子太师""太子少师""太子太傅""太子少傅""太子太保""太子少保"。这些虚衔都是封给朝中重臣的，没有实际的权力，有的还是死后追封的，通称为"宫衔"。在咸丰以后，虚衔不再用"某某师"，而多用"某某保"，所以这些虚衔又有了一个别称——"宫保"。丁宝桢治蜀十年，为官刚正不阿，多有建树，于光绪十一年死在任上。清廷为了表彰他的功绩,追封他为"太子太保"。如上文所说,"太子太保"是"宫保"之一,于是他发明的这道菜由此被命名为"宫保鸡丁"。

"宫保鸡丁"的制作方法

[原料]:鸡脯肉250 g,酥花生50 g,干辣椒20 g,花椒5 g,姜10 g,葱20 g,蒜10 g,精盐3 g,料酒5 g,酱油20 g,醋10 g,白糖12 g,味精3 g,鲜汤30 g,水淀粉30 g,精炼油70 g。

[做法]:

(1) 将鸡脯肉切成丁,干辣椒切成节,姜、蒜切成薄片,葱切成丁,酥花生去皮;将鸡丁、精盐、酱油、料酒、水淀粉拌匀待用。

(2) 另取一只小碗,将精盐、料酒、酱油、醋、白糖、味精、鲜汤、水淀粉调成荔枝味芡汁待用。

(3) 炒锅置火上,放油烧至四成油温,放入干辣椒、花椒炒香后,放鸡丁炒至断生,加姜片、蒜片、葱丁炒香,倒入调味芡汁,待收汁亮油,放入酥花生仁颠簸均匀,装盘成菜。

[特点]:色泽棕红,麻辣香鲜,甜酸可口,鸡肉滑嫩。

分析:

川菜是中国饮食文化的重要组成部分,作为中国四大菜系之一,取材广泛,调味方法多变,菜类丰富,口味清鲜醇浓并重,以"尚滋味,好辛香"和善用麻辣著称,并以别具一格的烹调方法和浓郁的地方风味享誉世界。

"宫保鸡丁"的制作关键:一是干辣椒、干花椒提麻辣味时,注意控制油温,防止炒制过程中出现焦糊现象,味道发苦,影响菜肴质量;二是将鸡丁炒至断生即可加入配料,以保持其滑嫩程度;三是调味时一定要体现出糊辣味的风味特点,辣而不燥,浓厚清淡兼之,互不冲突,互不压抑。

一、四川菜系的形成与发展

四川自古有"天府之国"之称,江河纵横,沃野千里,高山峻岭,水源充足,物产丰富,这些都为其饮食的发展提供了条件。从现有资料和考古研究成果看,川菜的孕育、萌芽应该在商周时期。成都平原是长江流域文明的发源地之一,奴隶制的巴国、蜀国早在商朝以前就已建立。当时陶制的鼎、釜等烹饪器具已比较精美,也有了一定数量的菜肴品种。从秦汉至魏晋时期是川菜初步形成的阶段。《华阳国志·蜀志》写道:"始皇克定六国,辄徙其豪侠于蜀,资我丰土。家有盐铜之利,户专山川之材,居给人足,以富相尚。"良好的物质条件,再加上四川土著居民与外来移民在饮食及习俗方面的相互影响与融合,直接促进了川菜的发展。到了唐宋时期,川菜进入了蓬勃发展阶段。当时,四川(尤其是成都平原)的经济相当发达,人员流动较为频繁,川菜与其他地方菜进一步融合。四川地区的菜肴制作更加精巧,宴席形式也独具特色,将饮食与游乐有机结合的游宴和船宴已经普遍出现于四川各地,成都更是一年四季都有游宴,场面壮观。明清时期,川菜开始成熟定型。特别是在清代前期,"湖广填四川"的移民政策和经济的复苏使川菜继承了巴蜀时形成的"尚滋味,好辛香"的调味传统,并增添了善用辣椒调味的新特点。清代末年,川菜在已有的基础上博采各地饮食烹饪之长,进一步发展,逐渐成熟定型,最终形成了一个特色突出且较为完善的地方风味体系。中华人民共和国成立后，尤其是20世纪80年代后，川菜进入了繁荣创新时期。

二、四川菜系的主要特点

(一) 取材广泛

四川境内沃野千里、江河纵横，优越的自然条件为四川菜系提供了丰富且优质的烹饪原料。淡水鱼中的佳品有江团、雅鱼、石爬鱼、鲶鱼、鳙鱼、鲫鱼等；蔬菜中的名特产原料有葵菜、豌豆尖、莴笋、韭黄、红油菜薹、青菜头、藠头、红心萝卜、甜椒等；干杂品如通江、万源的银耳，宜宾、乐山、凉山的竹笋，青川、广元的黑木耳，宜宾、达县的香菇，渠县、南充的黄花菜，均堪称佼佼者。就连生长在田边地头、深山河谷中的野蔬，如侧耳根、马齿苋、苕菜、茼蒿等，也是川菜的好原料。川菜取材广泛，但不以食材的古怪和稀缺为号召力，而是以普通、绿色、健康为选材的基本原则，这一点在当今社会尤其值得赞赏和提倡。

(二) 调味多变

川菜的基本味为麻、辣、甜、咸、酸、苦，在此基础上，又可调配变化为多种复合味型。中华人民共和国成立之前，四川历史上大规模的人口迁移共有6次，对四川社会产生了重大影响。人口迁移使各地区和各民族的人在四川共同生活，五方杂处，既把外来人口原有的饮食习俗、烹调技艺带进了四川，又受到四川原住居民饮食习俗的影响，互相交流，口味融合，形成并发展为四川地区动态、丰富的口味。同时，讲究饮食滋味的四川人十分注重培育优良的种植调味品和生产高质量的酿造调味品，自贡井盐、内江白糖、阆中保宁醋、中坝酱油、郫县豆瓣、永川豆豉、汉源花椒、叙府芽菜、南充冬菜、成都二荆条辣椒等，这些质地优良的调味品为川菜的烹饪及其变化无穷的调味提供了良好的物质基础。至今，川菜常用的复合味型已达25种，居全国之首，有清爽醇和的咸鲜味、荔枝味、糖醋味、酱香味、五香味、烟香味，也有麻辣浓厚的家常味、麻辣味、鱼香味、怪味、酸辣味、煳辣味、红油味，因此有"一菜一格，百菜百味"之誉。而在调制众多味型方面，麻辣味调料的使用极为讲究，仅以辣椒为例，家常味型必须用郫县豆瓣，取其纯正鲜香的微辣；红油味则用辣椒油，使菜肴色泽红亮，风味香辣；鱼香味必须用泡辣椒，取其辣及泡菜的风味。川菜在调味上的多种变化使得川菜形成了清鲜醇浓并重、善用麻辣的风味特色。但值得注意的是，在川菜中虽然有近一半的菜肴不含麻辣味，但是如果没有花椒、辣椒，川菜的个性就会大打折扣，花椒、辣椒也因为附丽于调味多变的川菜而在全国更加流行。

(三) 烹法多样

川菜的烹饪方法很多，火候运用极为讲究。据统计，川菜的基本烹饪方法大约有30种，如炒、爆、熘、煎、炸、炝、烘、汆、烫、炖、煮、烧、煸、烩、焖、煨、蒸、烤、卤、拌、泡、渍、糟醉、冻以及油淋、炸收等方法。而一些烹饪方法又可以细分，如炒法又可细分为生炒、熟炒、小炒、软炒，蒸法又可细分为清蒸、旱蒸、粉蒸等。因此，川菜常用的烹饪方法有50多种。众多的川味菜式是用多种烹饪方法烹制出来的，每一种技法在烹制川菜时都能各显其妙。其中，最能表现川味特色的烹饪方法当数小炒、干煸、干烧和家常烧。小炒的经典菜肴有"鱼香肉丝""宫保鸡丁"等,干煸的代表菜肴有"干煸牛肉丝""干煸四季豆"等,常见的干烧菜肴有"干烧岩鲤""干烧鲫鱼"等,常见的家常烧菜肴有"家常海参""大蒜鲢鱼"等。

(四) 成品普适性强

现代川菜主要的三大类型是菜肴、面点小吃、火锅,各具风格特色,又互相渗透配合,形成一个完整的体系,对各地、各阶层的食客有着普遍和广泛的适应性。据专家保守计算,在20世纪末,川菜的品种已不低于5 000种。21世纪以来,随着川菜行业的发展,菜品的创新速度越来越快,新菜源源不断地涌现,因此川菜的数量更加可观。从制作精细程度与消费层次相结合的角度来划分,有制作精细、适合高档消费的精品川菜,也有制作相对粗犷、适合中低档消费的大众川菜;从技术特点与形成历史相结合的角度来划分,有正宗川菜、传统川菜,也有创新川菜、现代川菜;从技术规范角度来划分,有学院派川菜与江湖派川菜等类型。品类众多的现代川菜能够更好地满足各消费群体的饮食需求,具有很强的普适性。

三、四川菜系的组成及代表品种

对于传统的四川菜系,人们通常从功能和食用性质等角度看,习惯上认为是由宴席菜、大众便餐菜、家常菜、三蒸九扣菜、风味小吃五大类组成完整的风味体系。无论是宴席大菜,还是面点小吃,都以质朴明快的烹饪艺术风格为正宗。而如今,人们改变视角,通常从地域分布的角度看,认为现代的四川菜系主要由川东、川西、川南、川北四个地方风味组成。

(一) 川东风味

川东风味主要包括直辖市重庆以及四川的巴中、达州和广安地区,尤以重庆菜为代表。川东菜具有选料广泛、火候讲究、制作新颖、构思巧妙等特点,烹调方法擅长炒、煲、炖等,口味方面追求香浓味厚,尤重麻辣。川东菜的代表品种有"重庆火锅""水煮鱼""酸菜鱼""老鸭汤""酸辣粉""辣子鸡""泉水鸡""灯影牛肉"等。

(二) 川西风味

川西风味主要包括成都、德阳、绵阳一带,尤以成都菜为代表。川西菜具有原料广泛、取材讲究、制作精细等特点,烹饪方法擅长炒、烧、煸、煎、蒸、炖等,口味方面追求滋味丰富、清鲜香醇。川西菜的代表品种有"回锅肉""麻婆豆腐""开水白菜""夫妻肺片""龙抄手""大蒜鲶鱼""鸡蒙葵菜""锅巴肉片""绵阳米粉"等。

(三) 川南风味

川南风味主要包括宜宾、自贡、内江、泸州、乐山等地,其中,自贡盐帮菜在目前较为著名。川南菜具有严谨取材、讲究原料入味、善用椒姜的特点,烹饪方法擅长水煮、炖、炸、熘,追求口味香浓、鲜辣刺激。川南菜的代表品种有"水煮牛肉""浓味冷吃兔""菊花火锅""火爆黄喉""金钩冬寒菜""豆瓣鱼""富顺豆花""棒棒鸡""宜宾燃面"等。

(四) 川北风味

川北风味主要包括南充、广元所辖范围。川北菜具有就地取材、讲究火候的特点,烹饪方法擅长炖、炒、煮、蒸、炸等，口味方面追求制作鲜美清爽、香醇细腻。川北菜的代表品种有"芙蓉蛋""豆皮蒸肉""椿芽炒蛋""川北凉粉""顺庆羊肉""原汤酥肉"等。

除了以上传统的代表品种外，川菜不断创新，涌现了许多具有代表性、影响较大的创新菜点。其中，代表性创新菜肴有"开门红""香辣蟹""水煮鱼""石锅三角峰""荞面鸡丝""泡椒墨鱼仔""藿香鲈鱼""香辣鸭唇""麻辣小龙虾""川椒牛仔骨""藤椒肥牛""酸汤牛柳""鹅掌粉丝""干锅鱼头""冷锅鱼""干锅鸡""金沙玉米""串串香"等，代表性的创新面点小吃有"雪媚娘""萝卜酥""老妈兔头""怪味面""钵钵鸡""老麻抄手""葱煎海参包""巧克力蛋泡盏"等。

认知三 江苏菜系

任务介绍

江苏菜系也称淮扬菜、苏菜。江苏地处中国东南部，气候温和，雨水充足，江湖河海纵横，物产丰富，加上交通便利，经济、文化十分发达，市场极为繁荣，因此江苏菜系发展成为中国最著名的地方风味流派之一。江苏菜系影响着长江中下游广大地区。

任务目标

1. 了解江苏菜系的形成与发展过程。
2. 掌握江苏菜系的风味特色。
3. 掌握江苏菜系的组成与代表品种。

相关知识

案例一：经典江苏菜——"蟹粉狮子头"

"狮子头"是久负盛名的扬州、镇江地区的传统名菜。据传，此菜始于隋朝。当年隋炀帝杨广来到扬州，饱览了扬州的万松山、金钱墩、葵花岗等名景之后，心里非常高兴，回到住处，仍然余兴未消。随即唤来御厨，让他们以扬州名景为题，做出几道菜来。御厨们费尽心思，终于做出了"松鼠鳜鱼""金钱虾饼"和"葵花斩肉"这三道菜。杨广品尝后，十分高兴，于是赐宴群臣。一时间，朝野为淮扬佳肴所倾倒。到了唐代，一天，郇（xún）国公韦陟（zhì）宴客，府中的名厨也做了扬州的这几道名菜。当"葵花斩肉"这道菜端上来时，只见那用巨大的肉圆子做成的葵花心精美绝伦，有如雄狮之头。宾客们乘机劝酒道："郇国公半生戎马，战功彪炳，应佩狮子帅印。"韦陟高兴地举杯一饮而尽，说："为纪念今日盛会，'葵花斩肉'不如改名为'狮子头'。"从此扬州"狮子头"流传镇江、扬州地区，成为淮扬名菜。"狮子头"有很多烹调方法，既可红烧，又可清蒸。因清蒸后味道鲜嫩，因此清蒸比红烧出名，如"蟹粉狮子头"。

"蟹粉狮子头"的制作方法

[原料]：去皮精五花肉 800 g，蟹肉 125 g，蟹黄 50 g，虾籽 1 g，白菜叶 6 g，青菜心 12 棵，葱、姜米各 5 g，胡椒粉 3 g，盐 15 g，料酒 5 g，淀粉 25 g，清汤 500 g。

[做法]：

（1）将五花肉细切粗斩成米粒状，加蟹肉、虾籽、葱、姜米、胡椒粉、料酒、味精、盐、淀粉搅匀，直至"上劲"为止。

（2）取砂锅装入菜心，放清汤调好味，上火烧开，把肉馅做成鸡蛋大的丸子，下入砂锅，缀上蟹粉，盖上白菜叶，改用微火焖约 3 小时即可。

[特点]：口感松软，肥而不腻，入口即化，营养丰富。

分析：

江苏菜是中国饮食文化的重要组成部分，作为中国四大菜系之一，选料严谨，注意刀工和火候，尤其擅长炖、焖、蒸、炒，重视调汤，保持原汁原味，风味清鲜，以浓而不腻、淡而不薄、酥松脱骨而不失其形、滑嫩爽脆而不失其味享誉中外。

"蟹粉狮子头"的制作关键：一是选料严谨，制肉馅的肉要选用精五花肉，其肥瘦之比以肥七瘦三者为佳；二是细切粗斩，分别将肥肉、瘦肉切成细丝，再各切成细丁，然后粗斩成米粒状，再混合起来粗略地斩一斩，使肥、瘦肉丁均匀地黏合在一起；三是将混合后的肉馅中加入各种调料，在钵中搅拌，直至"上劲"为止；四是重视火功，在烹制肉圆时要恰当用火。将"狮子头"放入砂锅的沸汤之中烧煮片刻，待汤再次沸腾后，再改用微火焖约 3 小时，这样烹制出的"狮子头"肥而不腻、入口即化。

一、江苏菜系的形成和发展

江苏菜起源于新石器时代。在江苏境内许多新石器时代的文化遗址中，出土了一些动植物残骸和大量的炊煮器、饮食器，说明先民赖以生存的饮食与烹饪条件已基本具备。上古时期，彭铿善于制作的"雉羹"是古代典籍中记载的最早江苏菜肴。春秋战国时期，江苏菜有了较大发展，出现了"全鱼炙""臑胹""吴羹"等名菜。汉魏南北朝时期，江苏的面食、素食和腌菜类食物有了显著的发展。隋朝时期，京杭大运河的开凿使扬州、镇江、淮安及苏州的经济得以繁荣，促进了江苏菜的发展，制作出了许多"东南佳味"。唐朝时期，扬州已是"雄富冠天下"的"一方都会"，苏州繁华热闹的程度相当于半个长安，城中酒楼、饭馆、茶肆、货摊比比皆是，江苏菜得到更大的发展。到了宋代，大批中原士族南迁，江苏菜因此发生变化，将中原风味融于其中，并开始注重甜味，出现了许多制作精美的著名菜肴。宋代陶谷的《清异录》中就载有"广陵缕子脍""吴越玲珑牡丹鲊""越国公碎金饭""吴中糟蟹""镇江寒消粉""建康七妙"等著名菜肴，遍布江苏的扬州、镇江、南京、苏州等地。宋代浦江吴氏的《中馈录》中也载有"醉蟹""瓜荠""蒸鲥鱼""糟茄子"等江苏名菜。其中，不少海味菜、糟醉菜被列为贡品。明代时期，南京一度是全国的政治、经济、文化中心，加上中外物资交流增多，江苏的食物原料更加丰富，烹饪方法日趋完善，菜肴品种数以千计。到了清代，江苏菜又出现了许多新因素，蒙食、满食进一步融入汉食，在清代中叶的苏州、扬州市上出现了"满汉席"，江苏菜南北沿运河、东西沿长江发展，不断走向鼎盛,最终形成特色突出并且完整的风味体系。据徐珂在《清稗类钞·各省特色之肴馔》中的记载,全国菜肴各有特色者共 10 处,其中江苏占了 5 处。与此同时,还出现了一批在中国烹饪历史上具有重要意义的饮食烹饪著作,如《随园食单》《调鼎集》等,对推动江苏菜烹饪技艺、扩大江苏菜影响都起到了很大的作用。到了现代,尤其是 20 世纪 80 年代后,江苏菜进入更加繁荣与创新的时期。

二、江苏菜系的主要特点

(一) 用料广泛而精良

江苏东临大海,西傍洪泽,南临太湖,长江横贯于中部,运河纵横于南北,素有"鱼米之乡"之称,物产极为丰富,烹饪原料应有尽有。江苏的水产品众多,鱼、鳖、虾、蟹四季可取,太湖的银鱼、南通的刀鱼、两淮的鳝鱼、镇江的鲥鱼、连云港的河蟹等均为名品。江苏的优良佳蔬有太湖莼菜、淮安蒲菜、宝应藕、板栗、茭白、冬笋、荸荠等。可以说,江苏"春有刀鲚,夏有鲖鲴,秋有蟹鸭,冬有野蔬",一年四季水产品、禽类、蔬菜、野味不断,因此江苏菜用料广泛,并且特别喜欢用品质精良的鲜活原料。

(二) 调味清鲜而醇和

江苏菜在调味上注重原汁原味,力求使一物呈一味、一菜呈一格,形成了清鲜醇和、咸甜适宜的特征。江苏许多菜肴都各呈一味,如扬州的"狮子头""将军过桥",苏州的"白汁元鱼""油爆大虾",镇江的"清蒸鲥鱼",无锡的"镜箱豆腐",宜兴的"气锅鸡",等等。江苏菜常用的调味品有淮北海盐、镇江香醋、太仓糟油、苏州红曲、南京抽头秋油、扬州斯美三伏酱、玫瑰酱等当地名品,也有厨师精心制作的花椒盐、葱姜汁、红曲水、鸡清汤、老卤、清卤等调味品,同时注重用糖。江苏各地的厨师用这些调味料调味,不仅能使菜肴呈现出江苏各地的地域风味差异,如扬州菜淡雅、苏州菜略甜、无锡菜更甜,也能展示出江苏菜清鲜醇和的整体风味特色。

(三) 烹饪方法多样而精细

江苏菜的烹饪方法多种多样,特别擅长炖、焖、煨、焐、蒸、炒、烧等,同时又精于泥煨、叉烤等。在使用焖法时,常常要用专门的焖笼、焖橱。江苏菜制作精细,重视调汤,其汤清可见底,汤浓时则呈乳白色。在火功的把握上强调浓而不腻、淡而不薄,酥烂脱骨而不失其形,滑嫩爽脆而不失其味。此外,江苏菜特别强调刀工精细,有"刀在扬州"之誉。无论是工艺冷盘、花色热菜,还是瓜果雕刻,或脱骨浑制,或雕镂剔透,都显示出精湛的刀工技术。例如,一块 2 cm 厚的方干,能切成 30 片薄片,切丝如发。

(四) 成品美观精巧

由于在刀工上讲究精细,在造型上注重精致、美观,因此江苏菜成品具有美观精巧的特点。古代扬州用鲫鱼肉、鲤鱼子和碧笋或菊苗制成的"缕子脍",当今著名的"三套鸭""无刺刀鱼全席"以及瓜雕、花色冷拼、船菜、船点等,都是其中典型的代表。花色冷拼通过精湛的刀工处理,造型精美别致。太湖的船点模仿果蔬、禽畜、鸟兽、花草树木等形态,精巧至极,常常有以假乱真的奇效。

三、江苏菜系的组成及代表品种

江苏菜系主要由淮扬、金陵、苏锡、徐海等四大地方风味组成。

（一）淮扬风味

淮扬风味以扬州、淮安为主，以大运河为主干，南至镇江，东至里下河地区及沿海南通等地。淮扬风味选料严谨，注重刀工和火候，强调本味，突出主料，色调淡雅，造型新颖，瓜灯雕刻尤为精美，口味清鲜，咸甜适中。在烹饪方法上擅长煨、焐、炖、焖、叉烤等。淮扬菜的代表品种有"清炖蟹粉狮子头""大煮干丝""三套鸭""松鼠鳜鱼""将军过桥""炒软兜""水晶肴蹄""清蒸鲥鱼""文思豆腐""文楼汤包""黄桥烧饼""三丁包子""翡翠烧卖"等。

（二）金陵风味

金陵风味主要以南京为中心。南京为六朝古都，又有"金陵天厨"的雅名。金陵菜的原料讲究鲜活，刀工细腻，火功纯熟，菜肴滋味醇和，鸭肴久负盛名，花色菜点精巧细致。在烹饪方法上擅长焖、炖、烤等。金陵菜的代表品种有"盐水鸭""香酥鸭""黄焖鸭""松子熏肉""五柳青鱼"及夫子庙小吃等。

（三）苏锡风味

苏锡风味以苏州、无锡为中心，旁及常州、常熟、昆山等地。苏锡菜的用料广取江河湖鲜，口味偏甜，无锡尤甚，十分注重造型美观、色调绚丽。在烹饪方法中，白汁、清炖独具一格，特别擅长制作虾、蟹、鳝、鲈类菜肴以及糕团小点、茶食小吃。苏锡菜的代表品种有"雪花蟹斗""松鼠鳜鱼""鸡茸蛋""香脆银鱼""虾仁锅巴"等，苏州糕团小点有"玫瑰方糕""小元松糕""青团"等。

（四）徐海风味

徐海风味主要是指自徐州沿东陇海线至连云港一带的地方风味。徐海风味接近齐鲁风味，水产品以海味取胜，利用当地野味、狗肉、羊肉制菜远近有名。菜肴色调偏浓重，口味以咸鲜为主。在烹饪方法上多用炸、熘、爆、炒，擅长蒸、烩、炖等。徐海菜的代表品种有"霸王别姬""沛公狗肉""白汁狗肉""荷花铁雀""凤尾对虾""坛子狗肉""拔丝搅糕"等。

除了以上传统的名菜点外，江苏当今的创新名菜点还有许多。其中，具有代表性的创新名菜有"三香蹄髈""香芋扣肉煲""冬粒牛肉羹""生烤羊排""卷筒鸡""鸡粥干贝""鸭柳炒年糕""八宝石榴鸭""蟹黄鱼面""翡翠珍珠鱼""香芒银鱼卷""菠萝虾球""十三香小龙虾""麦香小龙虾""酥皮海鲜""鸳鸯鳕鱼""香炸竹荪卷"等，代表性的创新名点有"雨花石汤圆""豆茸煎饼""菊叶饼""香煎荠菜角""莲茸洋芋泥""三丁雪梨""榴莲酥饼""葱油酥卷"等。

认知四 广东菜系

任务介绍

广东菜系又称粤菜。广东地处中国南部，属于热带、亚热带气候，雨量充沛，动植物繁盛，食物原料异常丰富，加上广州是中国最早的通商口岸之一，较早吸收借鉴西方烹饪文化与技术之长，因而形成了独具特色、影响极大的广东菜系。广东菜系影响着珠江流域地区，辐射到中国台湾及南洋群岛。随着华侨的足迹,广东菜馆遍布世界各地,特别是在东南亚及欧美各国的唐人街,广东菜馆占有重要的地位。

任务目标

1. 了解广东菜系的形成与发展过程。
2. 掌握广东菜系的风味特色。
3. 掌握广东菜系的组成与代表品种。

相关知识

案例一: 经典广东菜——"东江盐焗鸡"

"东江盐焗鸡"是广东的一款经典名菜,它首创于广东东江一带。据传300多年前在东江地区的一些盐场,有人把熟鸡用纱纸包好放入盐堆腌储,这种鸡肉鲜香可口、别有风味。后来东江首府盐业发达,当地的菜馆争用最好的菜肴款待客人,于是创制了鲜鸡烫盐焗制的方法现焗现食,因此菜始于东江一带,所以称这种鸡为"东江盐焗鸡"。

"东江盐焗鸡"的制作方法

[原料]:肥嫩仔母鸡1只,粗盐2 500 g,姜片10 g,葱条10 g,精盐10 g,味精5 g,香料粉2 g,沙姜粉5 g,香油2 g,猪油100 g,花生油10 g,纱纸2张。

[做法]:

(1) 将鸡削宰整理干净,晾干水分,在鸡翅两边各划一刀,在颈骨处剁一刀(骨断而皮肉相连),鸡爪处切断关节,然后加入精盐3 g、香料粉、姜、葱充分拌匀,将鸡整理成小团状,先用一张已刷过猪油的纱纸包裹,再用一张未刷油的纱纸包裹好。

(2) 锅置旺火上加热,放入粗盐炒至温度较高、盐略呈暗红色时,先倒出1/4铺在砂锅底部,把包裹好的鸡放在盐上,余下的盐倒在鸡上,使热盐包裹鸡,盖上锅盖,用小火加热20分钟,使鸡在盐的传热下慢慢受热焗至成熟。

(3) 锅内加入精盐炒至热烫,放入沙姜粉拌匀,再加猪油、少许味精、香油,调匀后分盛两碟,作为佐食盐焗鸡用。

(4) 将焗熟后的鸡在食用前取出,去掉纱纸,剥下鸡皮,取下鸡肉,将皮肉撕成块,加少许精盐、香油、味精拌匀,鸡骨拆散垫在盘下,肉装中间,皮盖鸡肉表面,尽可能恢复鸡形,与配好的跟碟同上成菜。

[特点]:色泽微黄,皮脆肉嫩,骨肉鲜香。

分析:

广东菜是中国饮食文化的重要组成部分,作为中国四大菜系之一,吸取各菜系之长,烹调技艺多样善变,用料奇异广博,以炒、爆等烹调方法为主,兼有烩、煎、烤,菜品以清而不淡、鲜而不俗、嫩而不生、油而不腻享誉中外。

"东江盐焗鸡"的制作关键:一是鸡的整理成型及包裹良好;二是鸡加热焗制时,受热要缓慢、均匀;三是鸡骨拆散垫在盘下,肉装中间,皮盖鸡肉表面,尽可能恢复鸡形,使菜肴美观。

一、广东菜系的形成与发展

广东菜起源于七八千年前的岭南地区。在三四千年前，广东的先民已聚居于珠江三角洲，其中大部分形成了南越族，并与中原保持着物资交流。秦汉时期，朝廷采取南迁汉族人的方式，通过"杂处"达到"汉越融合"的目的。中原汉族人带来的科学知识和饮食文化、烹饪技艺也迅速与岭南独特物产和饮食习俗融合在一起，去粗取精，不断升华，形成了以南越人饮食风尚为基础，融合中原饮食习惯、烹饪技艺精华的饮食特色，从而奠定了广东菜吸收包容、不断进取创新的风格。唐宋时期，广东菜逐渐成长壮大，人们能针对不同原料，恰如其分地运用煮、炙、炸、蒸、炒、烩等不同烹饪方法制作菜肴。其中，尤以烧腊方法为多，如今广东的腊肠、烤乳猪等食品便是继承烧腊法发展而来的。宋代"靖康之乱"以后，中原人士南迁，广东菜又一次受到中原饮食文化的影响。南宋时期，广州地区的名肴美馔已明显增多，或由内地传来，或为本地创制，其烹饪技艺比唐代精细。明清时期，广东菜系得到快速发展。广州成为对内对外贸易十分发达的地方，商贾云集，各地名食流入，西洋餐饮相继传入，饮食市场十分兴隆。广东菜在内外饮食文化的滋润下快速发展，最终形成了特色突出的地方风味体系。到了民国时期，仅广州就有较大的饮食店200多家，而且家家都有自己独特的招牌名菜，这时候的广东餐饮市场可谓名菜荟萃、争奇斗艳，拥有"食在广州"之誉。中华人民共和国成立后，广东菜系进入了繁荣时期。

二、广东菜系的主要特点

(一) 用料广而精

清代屈大均的《广东新语》中写道："天下所有之食货，粤东几尽有之；粤东所有之食货，天下未必尽有也。"广东地区地形复杂，气候炎热多雨，十分适合动植物生长，物产丰富，北有野味，南有海鲜；珠江三角洲河网纵横，瓜果蔬菜四季常青，家禽家畜质优满栏；同时，广东又处于中国对外贸易的南大门，引进国外原料十分方便，这些因素造就了广东菜用料广的特点。广东自古有杂食的习惯，除了鸡、鸭、鱼、虾外，还善用蛇、狸、鸟、龟、猴、蜗牛、蚂蚁、蚕蛹等制作佳肴。由于可选原料多，因此有条件精选。广东菜讲究原料的季节性，除了注意选择处于最佳肥美期的原料外，还特别注意选择原料的最佳部位。如今，为了保护野生的珍稀动植物、维护人体健康，广东菜在用料上更加精细。

(二) 调味注重清而醇

广东菜具有清淡、嫩滑、爽脆、讲究时令的特点。广东冬暖夏长、炎热潮湿，人们在口味上必然追求清淡、爽滑，因此广东菜的调味注重清而醇。广东常常以生猛海鲜为原料，活杀后烹食，在调味上讲究清而不淡、鲜而不俗、嫩而不生、油而不腻，既重鲜嫩、滑爽，又兼顾浓醇。一般而言，夏秋力求清淡，冬春偏重浓醇。广东菜对调味的讲究也促进了调味料和调味技巧的发展。广东菜的调味品独特，不同季节和不同菜品常常选用不同的调味品，而且有许多调味品是其他地方菜不用或很少用的，如蚝油、柱侯酱、沙茶酱、柠檬汁、鱼露和果皮。此外，广东菜善用现成的单味调味品调制极具竞争力的复合调味品。这种做法现已辐射到全国各地，调味品厂也陆续将成熟的复合调味品开发成产品，以满足市场的需要。

（三）烹饪方法博采中外

由于长期的人口南迁，水陆交通方便，对内对外贸易发达，广东菜博采中外烹饪方法之长，并结合岭南烹饪习惯加以变化，形成了自己十分擅长的烹饪方法，如烧、烤、炙、焗、蒸、扣、泡、灼、煲、焖、烩等。其中，最典型的烹饪方法是焗法。焗法本是西餐常用的烹饪方法之一，随着西方饮食文化进入中国，广东厨师积极吸收借鉴，并结合岭南烹饪习惯，发展出多种多样的焗法，包括盐焗、炉焗、原汁焗、汤焗、酒焗等，制作出了"东江盐焗鸡""果汁肉脯"等著名菜肴。

（四）品种多样新颖

自唐代起，广东经济逐步繁荣，物质资源比较丰富，食风得以盛行，广东人十分讲究菜点的新颖和滋味。在历史上，广州长期是商业活动十分活跃的地方，饮食业十分发达，从而引发了食肆间的激烈竞争，竞争的结果是造就了许多名厨，打造了许多名店，创造许多名菜、名点。今天，随着饮食业的发展，菜点的更新与开发速度呈现加快的趋势。仅以广东点心为例，其种类之多是其他地方少见的，有长期点心、星期点心、四季点心、席上点心、节日点心、旅行点心、早上点心、午夜中西点心、原桌点心、精美点心、宴席点心等，名目繁多，精小雅致，款式常新，应时应景。

三、广东菜系的组成及代表品种

广东菜系主要由广州菜、潮州菜和东江菜组成。

（一）广州菜

广州菜也称广府菜，涵盖的范围最广，包括顺德、中山、南海、清远、韶关、湛江等地。广州菜有用料广泛、选料精细、配料奇异、刀工讲究、火候适当等特点，烹饪方法擅长炒、煎、炸、焗、煲、炖、扣等，在炒法上讲究"镬气"，即火候及油温，并讲究现炒现吃，以保持菜肴的色、香、味、形，口味讲究清鲜、爽嫩、脆滑。广州菜的代表品种有"挂炉烧鸭""麻皮乳猪""龙虎斗""油泡虾仁""红烧大裙翅"，以及清蒸海鲜、蛇肴。

（二）潮州菜

潮州菜也称潮汕菜，发源于潮汕平原，覆盖潮州、汕头、潮阳、普宁、揭阳、饶平、南澳、惠来和海丰、陆丰等地，以及说潮汕话的地方。潮州菜的特点是选料严格，讲究刀工和造型，口味偏香醇、甜、鲜。潮州菜的烹饪方法多为焖、炖、烧、炸、蒸、炒、泡，其中焖、炖及卤水的制品与众不同，以烹制海鲜、汤类和甜菜、素菜最具特色。潮州菜的代表品种有"炸虾枣""红炖鱼翅""烧雁鹅""护国菜""清汤蟹丸""油泡螺球""绉纱甜肉""太极芋泥"等。

（三）东江菜

东江菜又称客家菜。这里的客家是指古代从中原迁徙到广东东江一带山区的汉人，他们烹制的菜点被称为客家菜。因为东江山区的地理、气候和物产条件与中原有相近之处，东江一带的客家人在饮食习俗上大量保留了中原的饮食风貌，所以客家菜也基本保持了中原特色。总体而言，客家菜的特点是菜品主料突出、朴实大方，善烹畜禽肉料，口味偏浓郁，重油，主咸，偏香，善烹砂锅菜，具有浓厚的乡土气息。东江菜的代表品种有

"东江盐焗鸡""玫瑰酒焗双鸽""扁米酥鸡""东江豆腐""东江鱼丸""梅菜扣肉""爽口牛肉丸"等。

除了上述的传统代表性品种外,广东菜在当代还创制了众多著名的创新菜点。其中,代表性的创新名菜有"鲍汁扒百灵菇""金牌乳鸽皇""鲍汁鹅掌扣关东参""烧汁鱿鱼筒""鲍汁酿茄子""椰子花旗参炖竹丝鸡""红烧金钩翅""香酥糯米鸭""芝士焗龙虾""潮式反沙芋头""铁板脆瓜鸳鸯鱿"等,代表性的创新名点有"雪蛤枣泥糕""芝士甘薯挞""榴莲千层糕""香芒冻布甸""忌廉水果挞""榄仁马拉糕""黑米山薯卷""香菇玉米果"等。

项目九

面点制作工艺

项目分析

面点制作工艺是我国人民膳食结构的重要组成部分,其制作技术有着悠久的历史渊源。数千年的发展使中西式面点的制作技术形成了一门具有严谨的选料规范、复杂的操作程序、科学的成品配方等特点的工艺学科。

学习目标

※知识目标:
1. 了解面点的概念。
2. 掌握面点常用工具的使用方法。
3. 了解面点的常用原料及其作用。
4. 掌握中式面点及西式面点的制作工艺,并能够将面点理论知识与实际品种相结合。

※能力目标:
1. 能够将面点原料运用到实践操作中。
2. 能够正确使用面点常用的工具和设备。
3. 能将理论和实践更好地融合。

认知一 面点工艺概述

任务介绍

面点是中国烹饪的主要组成部分,素以历史悠久、制作精致、品类丰富、风味多样著称于世。面点又称"白案",它与菜肴制作(即"红案")构成了餐饮业的全部生产工艺内容。面点制品包括面食、米食、点心、小吃等,就其作用而言,它既是人们日常生活中不可缺少的主要食品,又是人们调剂口味的补充食品。

任务目标

1. 掌握面点的含义，熟悉面点工艺的概念。
2. 熟悉面点三大风味流派的特色。

相关知识

一、面点的概念

面点分为中点和西点，从广义上讲，泛指以各类粮食、豆类、果品、鱼虾及根茎菜类为坯皮原料，配以各种馅心（有的不配馅心）的各种主食、小吃和点心；从狭义上讲，特指用面粉、米粉及其他杂粮粉料调成面团制成的面食小吃、各式点心。

我国的面点制作技术历史悠久，春秋战国时期已经出现了油炸蒸制的面点，汉代面点制作技术有了很大的发展，出现了饼、粽、包（烙、蒸、煮）等名吃。

二、面点的流派

中式面点在制法、口味选料上，形成了不同的风格和浓厚的地方特色，通常分为"南味""北味"两大风格，具体又分为"苏式""广式""京式"。

1. 苏式面点

苏式是指长江流域下游地区"苏浙"一带，以江苏为代表，苏式分为"宁沪""苏州""镇扬""淮扬"等流派。具有制作精细、讲究造型等特点，主要代表品种有三丁包、黄桥烧饼、蟹黄汤包等。

2. 广式面点

广式是指珠江流域及南部沿海地区制作的面点，以广州为代表，具有品种丰富、季节性强、馅心用料广泛等特点，主要代表品种有虾饺、叉烧包、粉果等。

3. 京式面点

京式泛指黄河以北的大部分地区（包括山东、华北、东北），以北京为代表，具有品种众多、制作精细、馅心风味独特等特点，主要代表品种有狗不理包子、驴打滚、艾窝窝等。

三、西式面点

西式糕点简称西点，是指来源于西方国家的面点。传统西点主要包括面包、蛋糕和点心三大类。从广义上讲，某些冷点（冰激凌）也属于西点的范围。

从西点的发展来看，面包历史最为悠久，是西方人的主食，也是销量最高的食品之一。除主食面包外，各种风味的花式小面包也相继问世。蛋糕也是最具代表性的西点之一，海绵蛋糕和油脂蛋糕是两种基本类型，变化而来的还有水果蛋糕、果仁蛋糕、巧克力蛋糕、装饰大蛋糕和花色小蛋糕。西点品种较多，甜酥点心（塔、排）和起酥点心是两类主要的西点，此外还饼干、布丁等。化学发酵类点心和蛋白类点心也属于西点。

西点在英文中的意思是烘焙食品，所以西点又称为西式烘焙食品。西方人将糖果点心统称为甜点，多数西点是甜点，咸味较少，带咸味的主要有咸面包、三明治、汉堡包、咸酥馅饼。西点与中点相比最突出的特征是它使用的油脂主要是奶油、乳品、巧克力。西点用料十分考究，不同品种往往要求使用不同的面粉和油脂，以使产品更具特色。西点注重装饰，有多种馅料、装饰料，装饰手段极为丰富，品种变化层出不穷。

认知二　面点常用设备和工具

任务介绍

面点制作中必须掌握设备和工具的使用知识，只有真正掌握这一方面的知识，才能更好地掌握各种设备、工具的使用技术，使面点产品更加规范化，从而提高面点产品的质量和产量。

任务目标

1. 熟悉各种设备、工具的知识。
2. 掌握每一种设备、工具的使用技巧。

相关知识

一、面点常用设备

1. 烤箱

烤箱的热源有气、微波、电能、煤等，目前大多数采用电热式烤箱，因结构简单、产品卫生、温度调节方便、自动控温而备受青睐。最新的分层式烤箱优于早期的大开门烤箱，这种烤箱性能稳定，温度均匀，可调节底火和面火，各层制品互不干扰。

2. 搅拌机（又称打蛋器）

搅拌机是西点的常用设备，其用途广泛，既可用于蛋糕浆料的搅拌混合，又可用于点心及面包的（小批量）面团调制，还可打发奶油膏和蛋白膏以及混合各种馅料。

搅拌机一般带有圆底搅拌桶和三种不同形状的搅拌头（桨），网状搅拌头用于低黏度物料，如蛋液与糖的搅打；桨状（扁平花叶片）搅拌头用于中黏度物料，如油脂和糖的打发，以及点心面团的调制；勾状搅拌头用于高黏度物料，如面包面团的搅拌，搅拌速度可根据需要进行调控。

此外，台式小型搅拌机可用于鲜奶油的搅打、馅料的混合及教学演习，既方便，效果又好，更适合家庭使用。英国的凯伍德、美国的厨宝是世界知名的台式搅拌机品牌。

3. 和面机

和面机就是面包面团搅拌机，专门用于调制面包面团，有立式和卧式两种。生产高质量的面包应使用高速搅拌机（每分钟转速在500转以上），使面筋充分扩展，缩短面团的调制时间，如果有普通的和面机，则需要配一台压面机，将和好的面团通过压面机反复加工，以帮助面筋扩展。

4. 饧发箱

饧发箱是面包最后饧发的设备，能调节和控制温度、湿度，如无条件购置，也可自建简易饧发室，采用电炉烧水的方法来产生蒸汽和升温。

5. 油炸锅

目前多采用远红外电炸锅，能自动控制温度，有效地保障了制品的质量，如没有条件购买，也可用普通的平底锅代替。

二、面点常用工具

1. 烤盘

用于摆放烘烤制品，多为铁制，清洗后需擦干，以防生锈。铝制品容易清洗。现已有表面作防粘处理的铁氟龙烤盘。

2. 焙烤听

焙烤听是蛋糕、面包（土司）成型的模具，由铝、铁、不锈钢或镀锡等材料制成，有各种尺寸形状，可根据需要选择。

3. 刀具

（1）菜刀：用于制馅或切割面剂。

（2）锯齿刀：用于蛋糕或面包切片。

（3）抹刀（裱花刀）：用于裱奶油或抹馅心。

（4）花边刀：两端分别为花边夹和花边滚刀，前者可将面皮的边缘夹成花边状，后者通过圆形刀片滚动将面皮切成花边。

此外，还有一些专用制品的刀具。

4. 印模

印模能将点心面团（皮）按、切成一定形状。印模的形状有圆、椭圆、三角等，切边有平口和花边两种，如月饼模、桃酥模、饼干模等。

5. 挤注袋、裱花嘴

挤注袋又称裱花袋，与不同形状的裱花嘴配合使用，用于点心的挤注成型、馅料灌注和裱花装饰。挤注袋可用尼龙、帆布、塑料制成，裱花嘴有铜、不锈钢、塑料等品种，有平口、牙口、齿口等几十种不同形状。

6. 转台

可转动的圆形台面，主要用于装饰大蛋糕。

7. 筛子

用于干性原料的过滤，有尼龙丝、铁丝、铜丝等。

8. 锅

锅可分为两种，一种为加热用的平底锅，用于馅料炒制、糖浆熬制和巧克力的水浴溶化（炒制果酱必须用铜锅，切忌用铁锅，因为铁制品遇到果酸易氧化变色）；另一种为圆底锅（或盆），用于物料的搅打混合。

9. 走槌

用于擀制面团。制作走槌的材质有木制、塑料和金属三种，形状有平面、花齿和圆锥体之分。

10. 铲

有木、竹、塑料、铁、不锈钢等制品，用于混合、搅拌或翻炒原料。

11. 漏勺

在油炸原料时，往往和灌浆料同时操作，最少配备两把以上，以便于操作。

12. 长竹筷

用于油炸原料时的翻滚操作。

13. 汤勺

有塑料、不锈钢、铜等品种，用于挖舀浆料，如乳沫类蛋糕浇模用。

14. 羊毛刷

用于生产时油、蛋液、水、亮光剂的刷制。

15. 打蛋钎

用于蛋液、奶油等原料的手工搅拌混合。

16. 衡、量具

秤、量杯、量勺等。面点制作一定要有量的概念，尤其是西点，不能凭手或眼来估计原料的多少，必须按配方用衡器来称量各种原料，注明体积的液体原料可用量杯来量取。

17. 金属架

摆放烘烤后的制品，便于透气冷却或便于表面浇巧克力等物料。

18. 操作台

大批量制作可采用不锈钢、大理石或拼木面的操作台，小批量生产（如家庭）可在面板或塑料板上进行。

认知三　面点常用原料

任务介绍

我国制作面点的原料种类非常丰富，几乎所有的主粮、杂粮，以及大部分可食用的动、植物等原料都可以使用。要保证面点的质量，首要因素是必须保证原材料的质量。

任务目标

1. 掌握原料的种类及性质、用途。
2. 熟悉同一种原料不同品牌原料的区别。
3. 能够在实践操作中正确使用原料。

相关知识

一、面粉

面粉的化学成分因小麦的种类、产地、气候及制粉方法不同而有着较大的变化范围。面粉中含量最高的是糖类（主要是淀粉），约占面粉量的75%，蛋白质占9%~13%（主要是面筋蛋白质），维生素和矿物质相对集中在坯芽和麸皮内，脂质含量较少。

在面点制作中，面粉通常按蛋白质含量来分类，一般分为三种类型。

（1）高筋粉：又称强筋粉、面包粉，蛋白质含量为12%~15%，湿面筋含量在35%以上（加拿大的春小麦最好），主要用于面包、起酥点心、巧克力的制作。

（2）中筋粉：蛋白质含量为9%~11%，湿面筋含量为25%~35%，市场出售的标准粉、普通粉都属于这类面粉。中筋粉主要用于重型水果蛋糕、饼类、面食类及一些对面粉要求不高的点心的制作。

（3）低筋粉：又称弱筋面粉、蛋糕粉、糕点粉，蛋白质含量为7%~9%，湿面筋含量在25%以下，适合制作蛋糕、甜酥点心和饼干等。

另外还有一些专用的特制粉，经过氯气漂白处理，颗粒非常细，因而吸水量大，适合制作含液量和含糖量较高的蛋糕、面包，即高比蛋糕、高比面包，因此又称高比粉。

二、油脂

油脂是油和脂的总称，一般将在常温下呈液态的称为油，呈固态的称为脂。多数动物油及氧化油在常温下呈固态，具有较高溶点、良好的起酥性和可塑性，加工性能优于植物油。

油脂在西点制作中具有起酥、充气、可塑、乳化等功能作用，烘焙中还能产生特有的香气，并能增加制品的色泽。

油脂加入面粉中，由于其流变性，会在面粉颗粒周围形成油膜，阻碍蛋白质对水的吸收和面筋网络的形成，导致面团的弹性和韧性降低，但可塑性得到提高。

一般来说，在一定的范围内，油脂越多，起酥性越强，动物性油脂优于植物性油脂。

油脂引入空气的能力称为充气性，油脂因充气而膨松（搅打），充气性越好，打发的体积越大，油脂的充气性与结晶状态有关。另外，细粒糖也有助于油脂的充气。

油脂的可塑性是指像面团一样经揉捏、擀制，然后成型。可塑性与环境、温度及溶点有关，也与固体脂和液态油的比例有关。

油脂还具有乳化性，在乳化剂存在的条件下，它能与水形成稳定的分散体系。油脂的乳化性能越好，分散性也就越好，从而使制品的质地更加均匀。

1. 奶油

奶油又称白脱油、黄油、牛油，具有特殊的芳香，是西点的传统油脂。奶油就是牛奶中的脂肪，含脂量在80%左右，有16%的水分，有含盐、无盐两种，溶点在28~30℃，具有良好的起酥性、可塑性和乳化性，但价格较高，储存稳定性较差。国内除涉外宾馆外，天然奶油使用较少。

2. 麦淇淋（忌廉）

麦淇淋就是人造奶油，由植物油氢化而成，其质地类似于奶油，含脂量为80%，有16%的水分，起酥性、可塑性、乳化性较好，储存稳定性好，价格低，但是缺乏天然奶油的风味。

3. 起酥油

起酥油是指精炼的动植物油脂，氢化油或上述油脂的混合物，含脂量为100%，分为全氢化和混合型两类，有固态和液态（适合做面包、糕点）两种。起酥油多呈白色，加色加香的则呈黄色。

4. 猪油

猪油具有良好的起酥性和乳化性，但不及奶油和忌廉，可塑性、稳定性较差，在西点中主要用于制作咸酥类点心，在中点中主要用于制作酥皮类点心。

5. 牛羊油

牛羊油具有良好的可塑性和起酥性，但溶点高，可达45℃左右，不易消化，在国外多用于制作布丁类点心。

6. 植物油

植物油的起酥性和乳化性均比动物油差，西点类使用量较少，常用于中点制作。

花生油在植物油中质量较好，色、香、味俱全，是首选用油。棕榈油色泽清亮，口感较好，也是上选用油。豆油生产出的制品颜色好，但易起沫，且有豆腥味，宜煎不宜炸。卫生油（棉花油）炸制品呈金黄色，但没脱毒的卫生油长期食用对人体有害，所以不提倡使用。菜籽油、茶油的色泽较好，并含有淡淡的天然植物香味，在南方使用较多，北方因环境、口感等原因使用较少。

三、糖

糖除了作为甜味剂的功用外，同时还能阻碍面筋的吸水和生成，因此能调节面筋的胀润度，提高糕点的酥性。糖的吸湿性能使糕点保持柔软，渗透压能抑制微生物的生成，焦糖化反应和美拉德反应能促使制品上色增香，在蛋糕制作中，增加蛋液的黏度和气泡的稳定性。在发酵制品中，糖又是酵母的食物。

1. 白砂糖

白砂糖从形态上可分为细粒、中粒和粗粒三种，从产品的来源上又可分为蔗糖和甜菜糖两种，蔗糖的质量、口感优于甜菜糖。

细粒糖（绵糖）容易溶解，协助制品膨胀效果好，多数糕点制作时均使用，因此用量也较大；中粒糖不仅性能略差于细粒糖，而且含水量低于细粒糖，适合制作海绵蛋糕；粗粒糖不易溶化，含水量最少，甜度较高，适合熬浆、装饰制品的表面和加工糖粉。

2. 糖粉

糖粉是由结晶糖碾成的粉末，主要用于制品的表面装饰，还可用于塔皮、饼干、奶油膏、糖皮的制作，可增加光滑度。

3. 赤（红）砂糖

赤砂糖是未经脱色精制的蔗糖，用于某些要求呈褐色的制品，如农夫蛋糕、苏格兰水果蛋糕、中点月饼馅、点心馅等。

4. 葡萄糖

葡萄糖又称淀粉糖，是淀粉经酶水解制成的，主要含葡萄糖、麦芽糖和糊精，加入在糖制品中能防止结晶返砂。

5. 蜂蜜

蜂蜜含有较多的葡萄糖和果糖，带有天然的植物花香，营养丰富，吸湿性强，能保持制品的柔软性。

6. 化工甜味剂

化工甜味剂包括糖精、甜蜜素等，从某种意义上讲，它们并不是糖，只是一种甜味剂，无营养价值，在制品加工过程中除增加甜度外并不起其他作用，因此高档产品中很少使用。

四、蛋

鸡蛋是糕点制作中常用的原料,因为鸭蛋、鹅蛋含有异味,所以在糕点制作中很少使用。

1. 鲜蛋的化学成分

(1) 蛋壳占全蛋的 10%。
(2) 蛋白占全蛋的 60%。
(3) 蛋黄占全蛋的 30%。
(4) 去壳净蛋为 50~55 g,其中蛋白占 66.5%,蛋黄占 33.5%。
(5) 蛋清中的水分约占 87%,还有 10% 的蛋白及少量的脂肪、维生素、矿物质。
(6) 蛋黄中的水分占 50%,脂肪占 30%,蛋白质占 16%,其余为少量的矿物质。

2. 冻蛋

−20 ℃ 储存,冷水解冻后要尽快用完。将蛋用分蛋法(蛋清蛋黄分离法)冷冻 1~2 天后比鲜蛋更容易起泡,这是因为 pH 值从 8.9 降到了 6.0。

3. 全蛋粉

按一份蛋粉、三份水的比例配成蛋液,但起泡性不好,不宜做海绵类蛋糕。

4. 蛋清粉

将 90 g 蛋清粉、600 g 水调配好后放置 3~4 小时再使用,延长搅打时间,可用于制作皇家糖霜、蛋白膏等。

五、乳品

西点常用的乳品主要是牛奶,牛奶不仅是常用辅料,还可用来制作馅料和装饰料,也是制作奶粉、鲜奶油、奶油、酸奶、奶酪等乳制品的原料。

1. 牛奶的化学成分

牛奶中的水分约占 87%,其他为蛋白质、乳脂、乳糖、维生素和矿物质。牛奶中的蛋白质是完全蛋白质,营养价值高,其中以酪蛋白为主,占蛋白质的 80%,呈胶体颗粒状悬浮于乳清中。乳清中溶解的是乳清蛋白质,乳脂以脂肪球状态分散在乳清中,因此牛奶是一种水包油的乳状液。

2. 牛奶在糕点中的作用

牛奶含水量高,是糕点常用的润湿剂,能够提高制品的营养价值,赋予制品奶香味,乳糖在烘焙时与蛋白质发生美拉德反应,使制品上色快。牛奶中的酪蛋白和乳清蛋白是良好的乳化剂,能帮助水油分散,使制品的组织均匀细腻。

3. 中西点常用乳品

(1) 鲜牛奶:在制作中低档蛋糕时,蛋量减少往往用鲜牛奶补充。鲜牛奶有全脂、半脂、脱脂三种类型,脱脂加工分离出的乳脂可用来加工新鲜奶油和固态奶油。

(2) 奶粉:由鲜牛奶浓缩干燥而成,使用方便,如果配方中为鲜牛奶,可用奶粉按 10%~15% 的浓度加水调制。

(3) 炼乳:牛奶浓缩的制品,分甜、淡两种,甜的保存时间长,能较好地保持鲜奶的香味,可代替鲜奶使用,用来制作奶膏效果更佳。

(4) 乳酪（奶酪）：牛奶中的酪蛋白经凝乳酶的作用凝集，再经过适当加工、发酵制成，营养丰富，风味独特，可做乳酪蛋糕和馅料。

六、可可粉和巧克力

可可粉是西点的常用辅料，用来制作各类巧克力蛋糕、饼干和装饰料。可可粉是可可豆的粉状制品，呈棕褐色，香味浓，略带苦涩味。可可粉中有54%的香浓可可脂、14%的蛋白质、14%的淀粉，还含一种苦味可可碱。烘焙时，可可粉的苦味减少、香味增加。

巧克力是西点装饰的主要材料之一，色泽、香味均来源于可可成分。巧克力是天然可可脂加糖和可可粉经乳化而成的，质感细腻且滑润。

质量好的巧克力入口会慢慢融化，香味浓郁，口感细腻，无嚼蜡感。

加牛奶的称为牛奶巧克力，不加牛奶的称为纯巧克力。有经脱色处理的白巧克力和加色加味的各种巧克力制品，装饰用的有巧克力酱及软质巧克力。

巧克力溶点低、质地硬且脆，有时用约 40 ℃ 的温水水浴法溶化。

七、水果和果仁

糕点使用的水果有多种形式，包括果干、糖渍水果（蜜饯）、罐头水果和鲜水果，果干和蜜饯主要用来制作水果蛋糕、月饼馅等。鲜水果和罐头用于较高档次的西点装饰和馅料，中点不常用。

果仁是指坚果类的果实，广泛用于糕点的配料、馅料和装饰料的制作，如杏仁、核桃仁、榛子、栗子、花生、椰蓉及各类瓜子仁，国外用量最多的是杏仁。

八、食品添加剂

食品添加剂能改善面点的加工性能、质地、色泽和风味。

(一) 生物膨松剂

1. 酵母

酵母不含或含少量杂菌，发酵力强，发酵时间短，不会产生酸味，所以不需加碱中和，是首选的发酵原料。

酵母有液体鲜酵母（酵水）、压榨鲜酵母、活性干酵母三种。

(1) 液体鲜酵母的含水量为90%，效力强，但易酸败变质。

(2) 压榨鲜酵母的含水量为75%，效力强，也易变质，须冷藏。

(3) 活性干酵母（即发酵母）是由鲜酵母脱水干燥处理而成的，约含10%的水分，不易变质，更容易保存，但发酵力差。

2. 面肥（老面、面种、糟头）

面肥中含酵母，同时也含有较多的醋酸等杂菌。在面团发酵过程中，杂菌繁殖会产生酸味，须加碱中和。

(二) 化学膨松剂

1. 发粉

(1) 碳酸氢钠（食粉、苏打、小起子）：在热空气中缓缓分解出二氧化碳气体，使制品膨胀暄软、疏松。（凉水溶解）

（2）碳酸氢铵（氨粉、大起子、臭粉、食用化肥）：水温在35 ℃以上时产生氨气（挥发）和二氧化碳气体。（凉水溶解，禁用温热水）

（3）泡打（发粉、发酵粉、焙粉、灸粉）：由碱剂（苏打）、酸剂、添加剂配合而成的复合膨松剂，需加入干面粉中拌匀。

2. 碱、矾、盐

三种配合加在温水中溶解，从而产生化学反应，使制品蓬松。

（三）水

调节面团稠稀度，便于淀粉膨胀糊化，促进面筋生成，促进酶对蛋白质、淀粉的水解，生成利于人体吸收的多种氨基酸和单糖；溶解原料传热介质；制品含水可使其柔软湿润。

（四）盐

（1）调味，用于制馅。

（2）增强面团的筋力，"碱是骨头，盐是筋"，盐能促进面筋吸水，增强弹性与强度，促进质地紧密，使面团延伸、膨胀时不易断裂。

（3）改善色泽。面团加入盐后，组织会变得更细密，光线照射制品时暗影小，显得颜色白且有光泽。

（4）调节发酵速度。发酵面加盐比例占面粉的3‰以下，盐能提高面团的保气能力，从而促进酵母生长，加快发酵速度。如果用量多，盐的渗透力就会加强，从而抑制酵母生长，使发酵速度变慢。

（五）调节剂

（1）碱：与酸性中和，改变酸性。

（2）白醋、矾：与碱性中和，改变碱性。

（3）塔塔粉：与酸性、碱性中和。

（六）防腐剂

（1）丙酸钙：广泛用于点心的制作。

（2）山梨酸钾：主要用于肉类制品的制作。

（3）苹果酸：用于点心制品、饮料、糖浆的制作。

（4）柠檬酸：用于点心制品、饮料、糖浆的制作。

（七）面团改良剂

面团改良剂又称面包改良剂，主要用于面包面团的调制，以增强面团的搅拌耐力，加快面团成熟的速度，改善制品的组织结构，其中包含氧化剂（氧化钠用于面包类）、还原剂（焦亚硫酸钠用于月饼类，起减弱面筋作用）、乳化剂（利于水油乳化）、酶、无机盐等成分。

（八）乳化剂

乳化剂属于表面活性剂，一般具有不同程度的发泡和乳化双重功能，作为发泡剂使用时能维持泡沫体系结构的稳定，使制品获得一个致密的疏松结构；作为乳化剂使用时能维持水油分散体系（即乳液）的稳定，使制品组织均匀细腻。

（九）香料

香料分为脂溶性和水溶性两种性质，按来源分为天然和人工合成两类，天然香料对身体无害，合成的香料用量为原料总量的 0.15% ~ 0.25%。

除奶油、巧克力、乳品、蛋品等自然风味外，西点制作还用某些香料来增加风味，但用量不宜过多，否则会掩盖或损害原来的天然风味。

水溶性香料容易挥发，耐热性低于脂溶性香精，须在冷却或加热前加入。西点用得最多的是橘子、柠檬等果味香料，以及香草、奶油巧克力等香料，有时还用烹调香料，如茴香、豆蔻、胡椒等。

食品中直接使用的合成香料仅有香兰素，也是用得最多的香料，常与奶油、巧克力配合使用。使用奶油香料时需要注意的是，不要和玫瑰香料混合使用，否则会产生胶臭味。

中点用的香料用途较为广泛，如果香、花香和各种花酱类香料。

目前，中西点常用的香料有香草、可可、柠檬、薄荷、椰子、杏、桃、菠萝、香蕉、杨梅、苹果、橘子、奶油、玫瑰、桂花、山楂、草莓等，根据需要选购。

除上述原料外，还有酱油、各类酒、味精、糖浆、可可粉、吉士粉、花生、芝麻等辅料。

（十）色素

色素分天然和人工合成两大类。

合成色素较天然色素稳定，着色力强，调色容易，价格低，西点用量较多的色素是胭脂红和柠檬黄。但是，合成色素大多对人体有害，我国卫生部规定，目前只准使用胭脂红、柠檬黄、亮蓝、靛蓝四种人工合成色素，使用量不许超过原料总量的万分之一，因此提倡使用天然色素。

附1：色素组合。

胭脂红 + 靛蓝 = 紫红

靛蓝 + 柠檬黄 = 果绿

胭脂红 + 柠檬黄 = 橘黄

柠檬黄 + 苋菜红 = 蛋黄

红 + 绿 = 综黑（果沾）

附2：制作天然色素。

（1）菠菜绿：菠菜叶洗净后捣烂，加少许石灰水澄清，倒掉清水即可，特点是色泽青绿、味清香。

（2）苋菜红：苋菜捣汁和面即可，多用于中点染色。

（3）南瓜黄：南瓜去皮蒸烂后掺入面粉揉制，即可得到橙黄或黄色面团。

（4）微生物：红曲、栀子黄。

（5）可可、咖啡（利用本色）。

（十一）增稠剂

增稠剂一般属于高分子物质，黏度高且能凝胶。

（1）冻粉：琼脂，是海藻石花菜萃出物。（制作果冻类制品）

（2）明胶：又称骨胶，动物骨头、皮熬制脱水制成。

（3）果胶：各类水果汁加热浓缩而成。（制作果冻、镜面胶等）

（4）淀粉：地瓜、土豆、玉米、小麦、绿豆等。

目前，上述原料所制成的馅料、装饰料产品已面市，如各类风味、色泽的果沾，上光果胶等。

认知四　中式面点面团调制工艺

任务介绍

面团调制工艺是由原料组配到将配方中的原料用传统技法搅拌，调制成适合各类面点所要求的不同性质的面团的整个过程。为了进一步研究面团，需要对面团进行系统划分。

任务目标

1. 熟悉面团的分类及作用。
2. 理解面团的调制原理。
3. 掌握典型面团的制作技术、操作要领。

相关知识

一、面团概述

1. 面团的概念及作用

面团是指在粮食的粉料或其他原料中，加入水或油、蛋、乳、糖浆等液态原料和配料，经过调整形成的用来制作半成品或成品的坯料的总称。面团具有便于面点成型、适合面点制品特点的需要、发挥原料特性、保证成品质量等特点。

2. 面团形成的原理

（1）蛋白质溶胀作用形成面团的原理。
（2）淀粉糊化作用形成面团的原理。
（3）吸附作用形成面团的原理。
（4）黏结作用形成面团的原理。

3. 影响面团形成的因素

1）原料因素
（1）糖：具有渗透性和反水化作用。
（2）油脂：含有大量的疏水烃基，面团中用油量越多，吸水率就越低。
（3）蛋：蛋黄具有乳化性能，蛋白具有发泡性能。
（4）盐：增加面筋弹性。
（5）碱：软化面筋，降低面团弹性，增加延伸性。
（6）乳品：促进面团中水与油的乳化，调节面筋胀润度。

2）水的因素
（1）水量：糖、蛋用量多，用水量就少些，面粉干燥，吸水量则多。
（2）水温：30 ℃，蛋白质的最大胀润度；70 ℃，淀粉因吸水膨胀而糊化。

3）操作因素
（1）投料次序。
（2）调制时间和速度。

(3)静置时间。

二、水调面团工艺

(一)水调面团的成团原理

1. 冷水面团的成团原理(特殊的冷水面团,如稀糊面团除外)

面粉在冷水(30℃以下)的作用下,淀粉不能够膨胀糊化,蛋白质吸水胀润形成致密的面筋网络,把其他物质紧紧包住,形成面团。

2. 热水面团的成团原理

面粉在热水(80℃以上)的作用下,不仅蛋白质会变性,而且淀粉会膨胀糊化产生黏性,大量吸水并与水溶合形成面团。

3. 温水面团的成团原理

面粉在温水(50~60℃)的作用下,部分淀粉会膨胀糊化,蛋白质接近变性,还会形成部分面筋网络。温水面团的成团,蛋白质、淀粉都在起作用。

(二)水调面团的调制方法及要点

1. 冷水面团的调制方法及要点

(1)冷水面团的调制方法:将面粉倒在案板上,中间开窝,加入一定量的冷水,将中间面粉略调,再从四周慢慢向里抄拌,至呈"面穗"状后,再加水揉成面团,揉至面团光滑有筋性为止;盖上洁净的湿布饧面。

(2)冷水面团的调制要点:加水量要适当。要根据制品要求、温度、湿度、面粉的含水量等灵活掌握。在保证满足成品软硬需要的前提下,根据各种因素加以调整:①水温适当,必须用低于30℃的水调制,才能保证面团的特点。冬季可用微温水,夏季可加点盐增强面筋的强度和弹性。②分次掺水,一是便于调制,二是能随时了解面粉吸水性能等。一般第一次加70%~80%,第二次加20%~30%,第三次只是少量地洒点水,把面团揉光。③使劲揉搓,面筋网络的形成依赖揉搓的力量,揉搓还可促使面筋较多地吸收水分,从而产生较好的延伸性和可塑性。④静置饧面,使面团中未吸足水分的粉粒有一个充分吸收的时间,这样面团就不会再有白粉粒了,反而会光滑、具有弹性。一般饧置10~15分钟,也有饧30分钟左右的。饧面时必须加盖湿布,以免风吹后发生面团表皮干燥或结皮现象。

2. 热水面团的调制方法及要点

(1)热水面团的调制方法:把面粉倒在案板上,中间开窝,把一部分热水倒在窝中,然后边浇水边拌和。搅拌均匀后,摊开晾凉,最后洒上少许冷水,揉制成面团。盖上湿布稍饧。

(2)热水面团的调制要点:水要浇匀,使淀粉糊化产生黏性,使蛋白质变性,防止生成面筋;加水搅匀后要散尽热气,否则积在面团中,制成的制品不但容易结皮,而且表面容易粗糙、开裂;加水量要准确,该加多少水,在和面时要一次加足,不能成团后再调整;揉面时间要适度,揉匀揉光即可,多揉容易生筋,会失掉热水面团的特性。

3. 温水面团的调制方法及要点

(1)温水面团的调制方法:把面粉倒在案板上,中间开窝。可直接用温水与面粉调制成温水团。

(2)温水面团的调制要点:揉面的时间要适度,揉匀揉光即可,然后盖上湿布饧面。

（三）水调面团及其制品的特点

1. 冷水面团及其制品的特点

冷水面团的特点有色白、筋力足、韧性强、延伸性好、拉力大；冷水面团制品的特点有爽口、筋道、不易破碎。冷水面团适合制作水饺、手擀面等。

2. 温水面团及其制品的特点

温水面团的特点有色较白、筋力较强、柔软、有一定韧性、可塑性较强；温水面团制品的特点有较柔糯、成熟过程中不易走样。温水面团适合制作烙制的各种饼类。

3. 热水面团及其制品的特点

热水面团的特点有色暗、无劲、可塑性好、韧性差；热水面团制品的特点有吃口细腻、柔糯、易于人体消化吸收。热水面团适合制作蒸饺、烧卖、春饼等。

三、膨松面团工艺

膨松面团就是在调制面团的过程中加入适量的膨松剂或采用特殊的膨胀方法，使面团发生生化反应、化学反应或物理变化，从而改变面团的性质，形成具有许多蜂窝空洞、体积膨大的面团。

面团膨胀需要具备两个条件：

（1）面团内部要有能产生气体的物质或有气体存在。

（2）面团要有保持一定气体的能力。

根据面团内部气体产生的方法，膨松面团可分为生物膨松面团、化学膨松面团、物理膨松面团。

（一）生物膨松面团的特性及工艺

1. 生物膨松面团的原理

生物膨松面团就是发酵面团，在面粉中加入了适当温度的水和酵母菌后，在适宜的温度条件下，酵母菌生长繁殖产生气体，使面团膨松柔软，这种面团就叫生物膨松面团。

发酵过程中淀粉的变化：

$$(C_6H_{10}O_5)_n + nH_2O \longrightarrow nC_{12}H_{22}O_{11} \quad \text{①}$$
$$\text{淀粉} \qquad \text{水} \qquad \text{双糖}$$

$$C_{12}H_{22}O_{11} + H_2O \longrightarrow 2(C_6H_{12}O_6)_n \quad \text{②}$$
$$\text{双糖} \qquad \text{水} \qquad \text{单糖}$$

注：$C_6H_{12}O_6$ 是酵母菌繁殖所需要的养分。

面坯发酵中气体的来源：

第一，有氧呼吸：

$$C_6H_{12}O_6 + O_2 \longrightarrow CO_2 + H_2O + Q \quad \text{③}$$
$$\text{单糖} \quad \text{氧气} \quad \text{二氧化碳} \quad \text{水} \quad \text{热}$$

第二，酒精发酵：

$$C_6H_{12}O_6 \longrightarrow C_2H_5OH + CO_2 + Q \quad \text{④}$$
$$\text{单糖} \qquad \text{酒精} \quad \text{二氧化碳} \quad \text{热}$$

淀粉的一系列变化说明面坯具有产气性能。

发酵中面坯酸度的变化：

$$C_6H_{12}O_6 \longrightarrow CH_3CHOHCOOH + Q \quad ⑤$$
单糖　　　　乳酸　　　热

$$C_2H_5OH + O_2 \longrightarrow CH_3COOH + H_2O + Q \quad ⑥$$
酒精　氧气　　　醋酸　　水　热

兑碱去酸：

$$CH_3COOH + Na_2CO_3 \longrightarrow CH_3COONa + H_2O + CO_2 \quad ⑦$$
醋酸　　碳酸钠　　　醋酸钠　　水　二氧化碳

2. 生物膨松面团的性质和用途

（1）性质：体积膨大松软，面团内部的组织结构呈蜂窝状，吃口松软、有弹性。

（2）用途：制作面包、包子、馒头、花卷。

3. 生物膨松面团的工艺要点

严格把握面粉的质量；控制水温和水量；掌握酵母的用量；面团一定要揉透揉光。

（二）化学膨松面团的特性及工艺

化学膨松面团就是把一定数量的化学膨松剂加入面粉中调制而成的面团，利用化学膨松剂在面团中受热后发生化学变化产生的气体，使面团疏松膨胀。

1. 化学膨松面团的原理

把化学膨松剂调入面团中，膨松剂会发生化学反应，产生大量的二氧化碳气体，使制品内部形成多孔组织，变得膨大、疏松，这就是化学膨松的基本原理。

2. 用途

制作桃酥、萨其马、油条等。

3. 工艺要点

严格掌握各种化学膨松剂的用量；调制面团时不宜使用热水；和面时要揉透揉匀；选择适合的膨松剂。

（三）物理膨松面团的特性及工艺

1. 物理膨松及成团原理

物理膨松面团是指利用鲜鸡蛋或油脂做调搅介质，依靠鸡蛋清的起泡性或油脂的打发性，通过高速搅打来打进和保持气体，然后加入面粉等原料调制而成的面团。

物理膨松有两种：一是以鲜鸡蛋为调搅介质；二是以油脂为调搅介质。

性质：柔软，呈海绵状，成品质地暄软、口味香甜。

用途：主要适合制作各种蛋糕。

2. 物理膨松面团的调制工艺

（1）选用新鲜鸡蛋；用低筋粉；注意打发时间；搅打速度适当；注意搅打程度。

（2）选择可塑性强、融合性好、熔点较高的油脂；注意搅拌桨的使用；正确选择搅打温度；选用颗粒小的糖。

四、油酥面团工艺

油酥面团是指以面粉和油脂为主要原料，再配合一些水、鸡蛋、白糖、化学膨松剂调制而成的面团。成品具有膨大、酥松、分层、美观的特点。

(一) 油酥面团的分类

油酥面团分为混酥面团和层酥面团两大类。

(二) 油酥面团的性质及形成原理

1. 混酥面团的性质和特点

混酥面团是由面粉、油脂、糖、蛋和少量清水等原料混合调制而成的。制品不分层,具有酥、松、香等特点。

2. 层酥面团的性质和特点

层酥面团的起酥是水油面包上干油酥后,经过包、擀、叠等开酥方法制成的具有酥松层次结构的制品。成熟时油脂的流动和水分的气化使层次中形成空隙,从而使制品分层。

3. 起酥

起酥就是把酥面包入皮面内,经不同的擀制,使其形成层次的过程。起酥方法一般有大包酥和小包酥。

4. 酥皮的种类

常见的有明酥、暗酥、半暗酥三种。

(1) 明酥:制品酥层明显呈现于外,包括圆酥和直酥。

(2) 暗酥:酥层藏在里面、不外露的酥皮类制品。

(3) 半暗酥:部分酥皮外露的制品。

5. 起酥时应注意的问题

(1) 皮面与酥面的比例要恰当,软硬一致。

(2) 酥面一定要包在皮面中间。

(3) 擀制时双手用力均匀,力的方向向前,不能向后。

(4) 擀制时尽量少用干粉。

(5) 卷筒时尽量卷紧。

(6) 开完酥后要立即制作,不能放置太长时间。

五、米粉面团工艺

(一) 米粉面团的性质及形成原理

米粉面团的组成成分主要有蛋白质和淀粉,蛋白质的类型主要是谷蛋白和球蛋白,它们不能形成面筋;淀粉主要是支链淀粉,很难为单糖提供酵母养分,不能产生气体,不能用冷水调制,要用热水调制,使米粉中的淀粉膨胀、糊化,从而因产生黏性而成团。

(二) 米粉面坯与面粉面坯性质不同的原因

米粉面坯与面粉面坯性质不同的原因如表 9-1 所示。

表 9-1 米粉面坯与面粉面坯性质不同的原因

项 目	蛋白质	淀粉	结 论	
米粉	吸水不能形成面筋的谷蛋白、谷胶蛋白	支链淀粉(胶淀粉)较多	① 无持气性 ② 产气性较弱	一般不能发酵
面粉	吸水能够形成面筋的麦胶蛋白、麦谷蛋白	直链淀粉(糖淀粉)较多	① 有持气性 ② 产气性强	可以发酵

注:糯米含 100% 的支链淀粉,粳米含 83% 的支链淀粉,籼米含 70% 的支链淀粉。

认知五　中式面点制作实例

任务介绍

中式面点的实例制作能够将理论和实际操作更好地结合起来，更好地将油酥面团、水调面团、生物膨松面团与实际品种相结合，理论联系实际。

任务目标

1. 掌握层酥类面团的调制方法及工艺要点。
2. 掌握水调面团的调制方法及工艺要点。
3. 掌握生物膨松面团的调制方法及工艺要点。

相关知识

实例一：菠萝酥、榴莲酥

（一）实训课时：4 课时。

（二）实训目标：使学生了解制作菠萝酥的原料性质，掌握制作的工艺原理、工艺流程；掌握调制面团和开酥的方法；培养学生热爱专业、养成良好职业道德习惯和勤学苦练的优良学风。

（三）实训任务：掌握面团调制和开酥的方法。

（四）实训条件：理实一体化教室、烤箱、烤盘。

（五）实训要求：要求学生认真填写实操报告。

（六）实训操作步骤

1. 原料配方

皮面：面粉 500 g，黄油 50 g，鸡蛋 1 个，温水适量。

酥面：低筋面粉 300 g，猪油 300 g，黄油 300 g。

馅料：菠萝馅，榴莲馅。

2. 制作过程

（1）首先调制皮面饧 20 分钟，然后擦酥放入冰箱待用。

（2）开酥：采用 3×3×4 的开酥方法，每开一次酥放冰箱冻 15 分钟。

（3）菠萝去皮切丁，然后加入砂糖，放入锅中炒，最后勾芡；榴莲去皮、去籽，搅成茸状，加入适量白糖即可。

（4）成型：将开好酥的面坯擀成 0.3 cm 厚的大片，然后切成 8 cm 的正方形，也可以按成圆形，一头抹馅心，另一头抹蛋液，然后卷起，表面刷蛋液、沾芝麻。

（5）烤箱预热 200 ℃，色泽金黄即可。

3. 质量标准

质量标准：色泽金黄，酥层清晰，香甜适口。

创新点：黄油和猪油混合使用。

4. 操作要点

（1）开酥时，每开一次要放冰箱冻15分钟。

（2）擦好的酥要冻硬以后再开酥。

（3）注意馅心的用量。

实例二：京都肉饼

（一）实训课时：4课时。

（二）实训目标：使学生了解制作京都肉饼的原料性质，掌握制作的工艺原理、工艺流程；能够独立制作；培养学生热爱专业、养成良好职业道德习惯和勤学苦练的优良学风。

（三）实训任务：掌握馅心的调制和成型方法。

（四）实训条件：理实一体化教室、电饼铛、擀面杖。

（五）实训要求：要求学生认真填写实操报告。

（六）实训操作步骤

1. 原料配方

主料：面粉200 g，热水110 g，肉馅150 g。

辅料：小葱，香菜。

2. 制作过程

（1）烫面。3分凉水，7分热水，摊开晾凉。

（2）调馅。在猪肉馅中加入姜末、小葱、香菜调制成馅心。

（3）成型。将面团下剂4两[①]一个，擀成圆片，厚2 mm，直径25 cm左右，在右下方用刀切一刀，将肉馅抹在1/4处，然后对折，再抹肉馅，最后成扇形，边缘捏花边即可。

（4）成熟。电饼铛预热180 ℃，烙制金黄即可。

3. 质量标准

质量标准：色泽金黄，形似扇形，咸香适口。

4. 操作要点

（1）面团要散热。

（2）抹馅要均匀。

实例三：奶香大花卷

（一）实训课时：4课时。

（二）实训目标：使学生了解制作奶香大花卷的原料性质，掌握制作的工艺原理、工艺流程；能够独立调制面团，使面团独立成型；培养学生热爱专业、养成良好职业道德习惯和勤学苦练的优良学风。

（三）实训任务：掌握面团调制和成型的方法。

（四）实训条件：理实一体化教室、蒸箱、擀面杖、搅拌机、压面机。

（五）实训要求：要求学生认真填写实操报告。

（六）实训操作步骤

[①] 1 两 = 0.05 kg。

1. 原料

高筋粉 250 g，白糖 40 g，蛋清 25 g，牛奶 120 g，温水 100 g，奶香粉适量，椰浆 25 g，酵母 3 g，泡打粉 3 g。

2. 制作过程

（1）将糖倒入高筋粉里，加入泡打粉、酵母、奶香粉、牛奶、椰浆、蛋清用手抓拌，加入温水，和成面团，将面团揉透，盖上塑料膜，饧发 10 分钟。

（2）取出面团，揪成面剂，案板表面刷上色拉油，面剂表面盖上塑料膜，将面剂搓成长条，放在案板上，将其余的面剂做完，表面刷上色拉油，盖上塑料膜。

（3）将长条面搓长、搓细，放在案板上，四根长条面为一组，摆在一起，表面刷上色拉油，盖上塑料膜，将其余的做完。取出一组长条面，押长，压平，从一端向另一端卷起。

（4）蒸屉表面刷上色拉油，将蒸屉放入锅内，将花卷放在上面，盖上锅盖，饧发 30 分钟左右；蒸制大约 20 分钟，掀开锅盖，将蒸屉取出，将花卷放入盘内，这样奶香大花卷就制作好了。

3. 质量标准

质量标准：色泽洁白，暄软可口。

4. 操作要点

（1）严格控制面团的软硬度。

（2）严格控制饧发的时间和温度。

认知六　西式面点制作工艺

任务介绍

西式面点简称西点，是由国外引入的一类糕点。制作西点的主要原料是面粉、糖、黄油、牛奶等。由于西式面点的脂肪、蛋白质含量较高，味道香甜而不腻口，且式样美观，因而近年来销售量逐步上升。西式面点主要分为面包、蛋糕、点心三大类。

任务目标

1. 掌握西式面点的分类方法。
2. 掌握面包类、蛋糕类、点心类的分类方法。
3. 熟悉西式面点的特点。

相关知识

一、西式面点分类

西式面点主要是指来源于欧美国家的糕饼点心。它以面粉、糖、油脂、鸡蛋和乳品为主要原料，辅以干鲜果品和调味品，经过调制、成型、成熟、装饰等工艺过程制成的具有一定色、香、味、形的食品。烘焙食品的英文名称是 Baking Food，它表明了烘焙食品熟制的主要方法是烘焙。

目前,西式面点的分类尚未有统一的标准,按照温度可分为常温烘焙食品、冷点和热点;按照口味可分为甜点和咸点;按照干湿特性可分为干点、软点和湿点;按照用途可分为主食、餐后甜点、茶点和节日喜庆糕点等;按照传统可分为面包、蛋糕、点心三大类,每一类又可进一步细分出很多种类,这种分类方法较普遍地应用于行业中。

(一) 面包

面包是一种发酵的烘焙食品,它是以面粉、酵母、盐和水为基本原料,添加适量糖、油脂、乳品、鸡蛋、果料、添加剂等,经搅拌、发酵、成型、饧发、烘焙制成的组织松软、富有弹性的制品。目前,国际上尚无统一的面包分类标准,分类方法较多,主要的分类方法有以下几种:

1. 按面包柔软程度可分为软式面包和硬式面包

(1) 软式面包:配方中使用较多的糖、油脂、鸡蛋、水等柔性原料,糖、油脂的用量都在4%以上,组织松软,结构细腻,如汉堡包、热狗、三明治等。我国生产的大多数面包都属于软式面包。

(2) 硬式面包:以小麦粉、酵母、水、盐为基本原料,糖、油脂的用量少于4%,表皮硬脆,有裂纹,内部组织柔软,咀嚼性强,麦香味浓郁,如法国面包、荷兰面包、维也纳面包等,以欧式面包为主。

2. 按面包内外质地分类

按面包内外质地可分为软质面包、硬质面包、脆皮面包和松质面包。

(1) 软质面包:具有组织松软而富弹性、体积膨大、口感柔软等特点,面团含水量较高,如白吐司面包、甜面包等。

(2) 硬质面包:组织紧密,有弹性,耐嚼,面包的含水量较低,保质期较长,如菲律宾面包、杉木面包等。

(3) 脆皮面包:具有表皮脆且易折断、内部较松软的特征。原料配方较简单,主要有面粉、食盐、酵母和水。在烘烤过程中,需要向烤箱中喷蒸汽,使烤箱中保持一定湿度,有利于面包体积膨胀爆裂和表面呈现光泽,以达到皮脆质软的要求,如法国长棍面包、农夫面包等。

(4) 松质面包:又称起酥面包,是以小麦粉、酵母、糖、油脂等为原料搅拌成面团,冷藏松弛后裹入奶油,经过反复压片、折叠,利用油脂的润滑性和隔离性使面团产生清晰的层次,然后制成各种形状,经饧发、烘烤而制成的口感特别酥松、层次分明、入口即化、奶香味浓郁的特色面包,如丹麦牛角面包。

3. 按用途分类

按用途可分为主食面包、餐包、点心面包、快餐面包。

(1) 主食面包:又称配餐面包,食用时往往佐以菜肴、抹酱,如吐司面包。

(2) 餐包:一般用于正式宴会和讲究的餐食中。

(3) 点心面包:多指休息或早餐时当点心的面包,配方中加入了较多的糖、油、鸡蛋、奶粉等高级原辅料,又称高档面包,如甜面包。

(4) 快餐面包:为适应工作和生活快节奏应运而生的一类快餐食品,如三明治、汉堡包。

4. 按成型方法分类

按成型方法可分为普通面包和花式面包。

（1）普通面包：以小麦粉为主制作的成型比较简单的面包。

（2）花式面包：成型比较复杂、形状多样化的面包，如各种动物面包、辫子面包、夹馅面包、起酥面包等。

5. 按用料特点分类

按用料特点可分为白面包、全麦面包、黑麦面包、杂粮面包、水果面包、奶油面包、调理面包、营养保健面包等。

6. 按地域分类

按地域分类具有代表性的有法式面包、意式面包、德式面包、俄式面包、英式面包、美式面包等。

（1）法式面包：以棍式面包为主，皮脆心软。

（2）意式面包：面包式样多，有橄榄形、棒形、半球形等。有些品种加入了很多辅料，营养丰富。

（3）德式面包：以黑麦粉为主要原料，多采用一次发酵法，面包的酸度较高，维生素C的含量高于其他主食面包。

（4）俄式面包：以小麦粉面包为主，也有部分燕麦面包，形状有圆形和梭子形等，表皮硬且脆（冻后发韧），酸度较高。

（5）英式面包：多数产品采用一次发酵法制成，发酵程度较小，典型的产品是夹肉、蛋、菜的三明治。

（6）美式面包：以长方形白面包为主，松软，弹性大。

（二）蛋糕

蛋糕是以鸡蛋、糖、油脂、面粉为主料，配以水果、奶酪、巧克力、果仁等辅料，经过一系列加工制成的具有浓郁蛋香味、质地松软或酥散的制品。蛋糕与其他烘焙食品的主要区别在于蛋的用量多，糖和油脂的用量也较多。制作中，原辅料混合的最终形式不是面团，而是含水较多的浆料（又称面糊、蛋糊）。浆料装入一定形状的模具或烤盘中，烘焙而成。蛋糕根据使用的原料、搅拌方法和面糊性质一般分为三种类型，即乳沫类蛋糕、面糊类蛋糕和戚风蛋糕，它们是各类蛋糕制作和品种变化的基础。

1. 乳沫类蛋糕（Foam Cake）

乳沫类蛋糕又称海绵蛋糕（Sponge Cake），因其组织结构类似于多孔的海绵而得名，国内称为清蛋糕。海绵蛋糕一般不加油脂或仅加少量油脂。海绵蛋糕充分利用了鸡蛋的发泡性，与油脂蛋糕和烘焙食品相比，具有更突出的、致密的气泡结构，质地松软而富有弹性。

乳沫类蛋糕根据使用的鸡蛋的成分可分为蛋白类和全蛋类。蛋白类乳沫蛋糕将蛋白作为蛋糕组织形成及膨大的全部原料，如天使蛋糕（Angel Cake）；全蛋类乳沫蛋糕是将全蛋或者全蛋加蛋黄的混合物作为蛋糕的基本原料，如普通的海绵蛋糕（General Sponge Cake）、巧克力海绵蛋糕（Chocolate Sponge Cake）、瑞士卷（Swiss Roll）等。

2. 面糊类蛋糕（Butter Cake）

面糊类蛋糕又称奶油蛋糕、油脂蛋糕，是一类在配方中加入较多固体油脂，主要利用油脂的充气性蓬松的蛋糕。其弹性和柔软性不如海绵蛋糕，但质地酥散、滋润，带有油脂（特别是奶油）的香味，且具有较长的保存期。奶油蛋糕有重奶油蛋糕和轻奶油蛋糕之分，其区别主要在组织结构上。前者组织紧密，颗粒细小；后者组织疏松，颗粒粗糙。前者用油量较大，蓬松主要依靠油脂的作用；后者的蓬松既有油脂的作用，还有膨松剂的作用。

3. 戚风蛋糕（Chiffon Cake）

戚风蛋糕是采用分蛋搅拌法，即蛋白与蛋黄分开搅打再混合制成的一种海绵蛋糕。通过蛋黄面糊和蛋白泡沫两种性质面糊的混合，改善乳沫类蛋糕的组织和颗粒状态，其质地非常松软，柔韧性好。此外，戚风类蛋糕水分含量高，口感滋润爽嫩，存放时不易发干，且蛋糕风味突出，因而特别适合高档卷筒蛋糕机及鲜奶油装饰的蛋糕坯。

（三）点心

西式点心主要包括油酥、起酥、饼干、泡芙、布丁、冷冻甜点等类型。

1. 油酥类（Short Pastry）

油酥类点心是以面粉、奶油、糖等为主要原料（有的需添加适量疏松剂），调制成面团，经擀制、成型、成熟、装饰等工艺制成的一类酥松而无层次的点心，国内称为混酥或松酥。油酥类点心的主要类型是派（Pie）、塔（Tart）等。派俗称"馅饼"，有单皮派和双皮派之分；塔是欧洲人对派的称呼。比较两个名称的用途，可以发现派的含义多用于双皮派，并且是切成块状的；塔多用于单皮的馅饼，或比较薄的双皮圆派，或整只小圆形及其他形状（如椭圆形、船形、带圆角的长方形等）的派。这一类型的点心主要通过馅心来变化品种。

2. 起酥类（Puff Pastry）

起酥类点心又称帕芙点心，在国内称为清酥或麦酥，与油酥类点心一起被认为是传统西式点心的两个主要类型。起酥类点心具有独特的酥层结构，通过用水调面团包裹油脂，经反复擀制折叠，形成了一层面与一层油交替排列的多层结构，制成品体轻、分层、酥松而爽口。

3. 饼干类（Biscuit）

饼干类点心又称干点、小西饼，通常体积小、重量轻，食用时以一口一个为宜，口感香酥、松脆，适合酒会或餐后食用。饼干类型主要有蛋白类饼干、甜酥类饼干、面糊类饼干等。

4. 泡芙类（Puff or Eclair）

泡芙又称空心饼、哈斗、气鼓，圆形的英文名为 Puff，长形的英文名为 Eclair。泡芙是将奶油、水或牛奶煮沸后，烫制面粉，再搅入鸡蛋制成面糊，通过挤注成型、烘焙或油炸而成的空心酥脆点心，内部夹入馅心后方可食用。

5. 布丁类（Pudding）

布丁是以淀粉、油脂、糖、牛奶和鸡蛋为主要原料，搅拌呈糊状，经过水煮、蒸或烤等不同方法制成的甜点。

6. 冷冻甜点类（Frozen Dessert）

冷冻甜点是通过冷冻成型的甜点总称，它的种类繁多、口味独特、造型各异，主要的类型有果冻（Fruit Jelly）、慕斯（Mousse）、冰激凌（Ice Cream）等。

二、西式面点特点

西式面点以其用料讲究、造型艺术、品种丰富等特点,在西餐饮食中起着举足轻重的作用。无论是一日三餐还是各种类型的宴会、酒会,烘焙食品制品都是不可缺少的。

1. 用料特点

西式面点多以乳品、蛋品、糖类、油脂、面粉、干鲜果品等为主要原料,其中蛋、糖、油脂的比例较大,配料中干鲜水果、果仁、巧克力等用量大。

烘焙食品用料十分考究,特别是在现代烘焙食品制作中,不同品种的面坯、馅心、装饰、点缀等用料都有各自的选料标准,各种原料之间都有着恰当的比例,而且大多数原料要求称量准确。

2. 工艺特点

烘焙食品制作多依赖于设备与器具,工艺严格,成品规则、标准,容易实现生产的机械化、自动化和批量化,需要保证生产场地和制品的清洁卫生。烘焙食品的制熟以烘焙为主要方式,讲究造型、装饰,给人以美的感受。

3. 风味特点

烘焙食品最突出的特点是它使用的油脂主要是奶油,乳品巧克力使用得也很多。烘焙食品带有浓郁的奶香味以及巧克力特殊的风味。水果(包括鲜果和干果)与果仁在制品中的大量应用是烘焙食品的另一重要特点。水果的拼摆和点缀给人以清新、鲜美的感觉。由于水果与奶油相配合,清淡与浓重相得益彰,吃起来油而不腻、甜中带酸,别有风味。果仁烤制后香脆可口,在外观上与风味上也为烘焙食品增色不少。

三、西式面点在西方饮食中的地位

1. 西式面点的发展

西式面点是西方饮食文化的重要组成部分,在世界上享有很高的声誉。欧洲是烘焙食品的主要发源地,烘焙食品制作在英国、法国、德国、意大利、奥地利、俄罗斯等国家已有相当长的历史,并在发展中取得了显著的成就。

据史料记载,古代埃及、希腊和罗马已经开始了最早的面包和蛋糕制作。埃及人最早发现并采用了发酵的方法来制作面包。

现在人们知道的英国最早的蛋糕是一种称为西姆尔的水果蛋糕,据说它来源于古希腊,其表面装饰的12个杏仁球代表罗马神话中的众神,今天欧洲有的地方仍然用它来庆祝复活节。

古罗马制作了最早的奶酪蛋糕。迄今为止,最好的奶酪蛋糕仍出自意大利。古罗马的节日一度十分奢侈豪华,以致公元前186年罗马参议院颁布了一条严厉的法令:禁止人们在节日中过分放纵和奢华。从这以后,烘焙糕点成了妇女日常烹饪的一部分,男人从事烘焙业会十分受尊敬。

初具现代风格的烘焙食品大约出现在欧洲文艺复兴时期,这一时期烘焙食品制作的方法不仅有了很大的改进,而且品种不断增加。烘焙业成为一个独立的行业,进入一个新的繁荣时期。现代西点中两类最主要的点心——油酥类和起酥类点心相继出现。1350年出版的一本关于烘焙的书中记载了派的5种配方,同时还介绍了用鸡蛋、面粉和酒调制成能擀开的面团,并用其来制作派的方法。法国和西班牙在制作派的时候,采用了一种新的方法,即将奶油分散到面团中,再将面团折叠几次,使成品具有起酥层。这种方法为现代起酥点心的制作奠定了基础。大约在17世纪，起酥点心的制作方法进一步改善，并开始在欧洲流行。

进入18世纪以后，烘焙业发展到了一个崭新的阶段。欧洲工业革命蓬勃发展，家庭主妇纷纷离开家庭走进工厂，酵母发酵原理的发现和酵母的生产、运用，使面包制作技术得到极大提高，促进了面包工业的兴起。同时，制作面包的机械开始出现，使面包生产得到了飞速发展，出现了一些大面包厂和公司。烘焙食品制作从作坊式生产步入现代化的工业生产阶段，并逐渐形成一个完整和成熟的体系，烘焙食品品种更加丰富多彩。

当前，烘焙业在欧美十分发达，烘焙食品制作不仅是西餐烹饪的组成部分，而且是独立于西餐烹饪之外的一个庞大的食品加工行业，成为西方食品工业的主要支柱之一。

2. 西式面点在西方饮食中的地位

烘焙食品在西方人的生活中占有重要的地位，作为主食的面包在西方人的一日三餐中几乎每餐都需要。主食面包多为咸面包。法国人喜欢棍式的脆皮咸面包（即法式面包），它完全不含糖。早餐面包通常是涂有果酱和奶油的烤面包片（Toast）。正餐中的面包常和汤一起吃。由于西方生活的节奏快，因此人们的午餐十分简单。夹有蔬菜、鸡蛋、奶酪或火腿肠的面包成了不少人午餐的主要食品。

在西方国家，甜点（Desserts）几乎成了人们每日饮食中不可缺少的食品。甜点在正餐中相当于最后一道"菜"，一个正式的西餐宴会不能没有甜点，缺乏甜点的一餐是不完整的或非正式的一餐。

喝下午茶是西方人，特别是英国人传统的生活习惯。18世纪，美国就形成了饮茶的风气，饮茶似乎成了一项全国性的娱乐活动，并沿袭至今。传统的午茶时间大约在下午4点。与下午茶相伴的有各种花式蛋糕和一类专供午茶时间享用的点心，即茶点应运而生。

在欧美国家，几乎每一位家庭主妇都会做蛋糕和点心，每当亲朋好友聚会时，主妇往往为客人献上自制的大蛋糕或苹果派。当你漫步于大街小巷时，你会发现前店后厂、自产自销的烘焙食品房比比皆是，随时可以买到新鲜的面包、蛋糕和点心。超级市场的货架上摆满了琳琅满目的各式烘焙食品。遍及城镇的快餐店、自助餐厅和咖啡厅也是品尝烘焙食品的好去处。

世界上许多国家都有为了庆祝节日和喜庆之事制作糕点的习惯，就像我国"中秋节"的月饼、"端午节"的粽子一样。在西方，不同的节日也有相应的节日糕点。这些节日大多是宗教性质的，其中最重要的是圣诞节，其次是复活节。著名的节日糕点有米兰的帕拉堂圣诞蛋糕、英国的圣诞水果蛋糕、法国的圣诞巧克力卷蛋糕、德国的基督果子甜包等。

除了节日糕点外，西方人每逢婚礼、生日等喜庆事也要制作蛋糕来表示祝贺。考究的婚礼蛋糕往往有好几层高。英国似乎是最注重传统习惯的西方国家，节日喜庆糕点至今仍恪守传统样式，即有一定的配方、制作方法和装饰风格。近年来，欧美其他国家在这方面则体现了更多的灵活性，人们可以选择任何一种他们喜爱的蛋糕作为节日喜庆蛋糕，并可以由自己来随意装饰。

认知七 西式面点制作实例

任务介绍

西式面点的实例制作能够将理论和实际操作更好地结合起来，更好地将面包类、蛋糕类、点心类与实际品种相结合，理论联系实际。

任务目标

1. 掌握面包的调制方法及工艺要点。
2. 掌握蛋糕的调制方法及工艺要点。
3. 掌握点心的调制方法及工艺要点。

相关知识

实例一：菠萝包

一、教学目标

(1) 使学生了解制作菠萝面包的原料性质。
(2) 掌握菠萝面包的成型和饧发方法。
(3) 培养学生热爱专业、养成良好职业道德习惯和勤学苦练的优良学风。

二、作品内容

1. 原料配方

种面：高筋粉 700 g，砂糖 150 g，酵母 10 g，改良剂 5 g，鸡蛋 100 g，奶粉 60 g，水 300 g 左右。

主面：高筋粉 300 g，糖 50 g，盐 10 g，水 200 g 左右，黄油 100 g。

菠萝皮：黄油 150 g，糖粉 150 g，全蛋 100 g，奶粉 30 g，面粉 300 g。

2. 制作过程

(1) 面团的调制：将面粉倒入搅拌机，先将干性原料加入，再将湿性原料加入，搅拌成团，最后加入盐、黄油，直至面团能抻出薄膜状态，松弛 15 分钟。

(2) 菠萝皮制作：将黄油和糖粉搅至糖融化，分次加入鸡蛋搅打均匀，最后将面粉和奶粉过筛加入，采用复叠法成团即可。

(3) 分割：每个 60 g。

(4) 中间饧发 15 分钟。

(5) 将面团放在案板上反复揉搓，至表面光滑包入豆沙馅。将菠萝皮下剂每个 20 g，包裹在面团表面，用菠萝皮模具压型即可。

(6) 最后饧发温度为 38 ℃，湿度为 75%，饧至 2 倍大小即可。

(7) 表面刷上蛋液。

(8) 烘烤：上火 200 ℃，下火 190 ℃，呈金黄色即可。

3. 质量标准

质量标准：发酵正常、口感暄软、香甜。

4. 操作要点

(1) 注意中间饧发的时间。
(2) 严格控制最后饧发的时间和温度。

实例二：戚风蛋糕

一、教学目标

（1）使学生了解制作戚风蛋糕的原料性质。
（2）掌握戚风蛋糕的面糊调制和制熟方法。
（3）培养学生热爱专业、养成良好职业道德习惯和勤学苦练的优良学风。

二、作品内容

1. 原料配方

蛋白部分：蛋白 1 600 g，白砂糖 700 g，塔塔粉 20 g。

蛋黄部分：蛋黄 900 g，低筋粉 700 g，绵白糖 200 g，清水 320 g，色拉油 320 g，盐 15 g，泡打粉 5 g。

2. 制作过程

（1）首先，将蛋黄与蛋清分开，将鸡蛋清倒入搅拌机中，加入白砂糖，搅拌均匀，然后加入塔塔粉，快速打发成鸡尾状。

（2）将绵白糖倒在容器内，加入清水，用打蛋器搅拌均匀；加入盐，继续搅拌；加入色拉油，搅拌均匀；将低筋粉倒入筛子内，加入泡打粉，筛到容器内，搅拌，加入一半量蛋黄，搅拌均匀；加入剩余蛋黄，搅拌均匀。

（3）将打发蛋清的 1/3 倒入面糊内，搅拌均匀，再倒回剩余的蛋清内，搅拌均匀。烤盘内刷上色拉油，铺上油纸，将蛋糕浆倒入烤盘内，用刮板刮平。

（4）打开烤箱，放入烤盘，将烘烤温度设置为上火 180 ℃、下火 160 ℃，烘烤 20 分钟即可。

（5）打开烤箱，取出烤好的蛋糕，将蛋糕放在案板上，在案板上铺上油纸，然后将蛋糕倒扣过来，揭去油纸，将蛋糕翻面，表面抹一层果酱，卷成筒状，将油纸打开，把蛋糕切开，放入盘内，这样戚风蛋糕就制作好了。

3. 质量标准

质量标准：绵软有弹性，味道香甜可口。

4. 操作要点

（1）鸡蛋必须新鲜，搅拌器干净无油。
（2）打发时间不能太长。
（3）严格按照操作顺序来操作。

实例三：花式曲奇

一、教学目标

（1）使学生了解制作花式曲奇的原料性质，能够正确使用原料。
（2）掌握花式曲奇的配方和制作过程，以及品种的变化。
（3）培养学生热爱专业、养成良好职业习惯和勤学苦练的优良学风。

二、作品内容

1. 原料配方

黄油 500 g，低筋粉 1 300 g，色拉油 500 g，鸡蛋 500 g，白糖 500 g，香草粉 10 g，奶粉 50 g。

2. 制作过程

（1）将黄油、色拉油、糖放一起打发。
（2）将鸡蛋分次加入，每加一次要充分搅匀。
（3）将面粉、香草粉、奶粉过筛，和油脂搅匀。
（4）将面糊装入挤花袋内，挤成 S 形或螺旋形即可。
（5）将烤箱预热温度设置为上火 180 ℃、下火 170 ℃，烤至金黄色即可。

3. 质量标准

质量标准：色泽金黄，大小一致，香甜酥化。

4. 操作要点

（1）黄油要打发。
（2）鸡蛋要分次加入。
（3）面粉要过筛。

项目小结

烹饪是科学，是文化，也是艺术。因此，餐饮从业人员应学习中西式面点相关理论并运用到实际操作中，在实践中研究面点，从中寻找和发现各种规律，从而进一步深化对面点制作的理论认识。这就是学习本项目的最终目标。

拓展任务（案例讨论/实践与训练）

（1）通过图书或网络等途径，以小组合作的方式，每组同学制作出一款中式面点和一款西式面点。
（2）去农贸市场进一步了解面点原料。

思考题

1. 水调面团的调制工艺及代表品种是什么？
2. 膨松面团的形成原理及代表品种是什么？
3. 西式面点的具体分类有哪些？
4. 面点常用的原料有哪些？

项目十

烹饪原料在成菜过程中的变化和菜品质量评价体系

项目分析

通过烹饪原料学的学习，我们应该知道无论是动物性原料还是植物性的原料，在烹饪过程中，其化学成分和存在状况都要产生质的变化。这些变化和一般意义上的分解或腐败不同，经过烹饪加工的食物原料从不可食的生鲜状态，变成了可食的、易被人体消化吸收的、对人体安全无害的菜肴和面点，其间的变化有一定的规律性。这些变化规律便是菜肴或面点质量评价体系建立的物质基础和理论依据。尽管人们对这些变化的认同有很大的个体差异，但共性大于个性。

学习目标

※知识目标
1. 掌握控制菜肴质量的基本原则。
2. 理解烹饪原料在成菜过程中的变化规律。
3. 掌握菜肴评价的基本方法。
4. 掌握菜肴感官检测数据的处理方法。

※能力目标
1. 能对菜肴质量进行评价。
2. 能解释菜肴在烹调中的一些变化原因。

认知一　烹饪原料在成菜过程中的变化

任务介绍

烹饪原料在鲜活状态、宰杀或离体状态、烹调制熟状态和形成菜肴状态中，经历了代谢状态的变化和因烹调而引起的一系列变化，对于不同来源的原料，情况完全不同。本任务按肉类原料、鱼贝类水产原料、乳类和蛋类原料、粮食和蔬果类植物性原料等四个方面分别进行讨论。

任务目标

1. 掌握肉类在烹调过程中主要成分和感官的变化。
2. 掌握鱼贝类水产原料在烹调过程中主要成分和感官的变化。
3. 掌握乳类和蛋类原料在烹调过程中主要成分和感官的变化。
4. 掌握粮食和蔬果类植物性原料在烹调过程中主要成分和感官的变化。

相关知识

一、肉类原料在烹调过程中的变化

食用肉类可分为畜肉和禽肉两种。食用肉类不仅能提供人体需要的蛋白质、脂肪、无机盐和维生素,而且滋味鲜美、营养丰富,是食用价值很高的食品。虽然食用肉类的化学组成因禽畜种类的不同而不同,但它们的蛋白质在组成氨基酸的比例上,与人体的氨基酸比例接近,因此生理营养价值较高,多为完全蛋白质或优质蛋白质。食用肉类的蛋白质根据肌肉组织的位置和对各种离子强度的盐液的溶解度,分为肌浆蛋白质、肌原纤维蛋白质和肉基质蛋白质。

(1) 肌浆蛋白质就是球状蛋白质,分布在肌原纤维之间的肉浆中,呈溶解状态,包括肌红蛋白、血红蛋白以及多数的糖解酶蛋白等。

(2) 肌原纤维蛋白质是指存在于肌原纤维中的蛋白质和肉基,统称为肌肉组织蛋白质。肌原纤维蛋白质在整个肌肉蛋白质中占有50%左右的份额,与新鲜肌肉的收缩、肌肉死后僵硬和食用肉类的持水性、紧密度有密切关系。肌肉纤维有粗丝和细丝之分,存在于粗丝中的蛋白质叫肌凝蛋白,存在于细丝中的蛋白质叫肌动蛋白。肌凝蛋白的主要功能是起ATP酶的作用,即把ATP分解为ADP和磷酸;另一功能是与肌动蛋白结合成为肌动球蛋白的复合物。由此可见,肌原纤维蛋白质是肌肉运动的基础物质。

(3) 肉基质蛋白质中由属于硬蛋白的胶原蛋白、弹性蛋白、网硬腺蛋白等构成结缔组织。胶原蛋白易受胃蛋白酶消化,胰蛋白酶不能消化它;而弹性蛋白质正好相反,易受胰蛋白酶消化,胃蛋白酶不能消化它。

食用肉类也含有脂肪,肥肉的脂肪含量大大高于瘦肉。动物脂肪中饱和脂肪酸含量居多,而且熔点较高,所以不易为人体消化吸收。脂肪熔点与食品的口感有密切关系,肉类脂肪的熔点越接近人的体温,则肉的口感越好。各种食用肉类所含脂肪的性质如表10-1所示。

表10-1 各种食用肉类所含脂肪的性质

种 类	熔 点/℃	碘 价
牛	40~50	32~47
马	30~43	71~86
猪	33~46	46~66
羊	44~50	31~46
鸡	30~32	58~80

食用肉类的色泽主要受肉中含有的肌红蛋白影响,所以血红素的氧化-还原反应与肉类菜肴的色泽有重要关系。

食用肉类在成菜过程中,其生物组织和化学成分都因为加热和调味而产生变化。这些变化可以归纳为以下四个方面:

(一) 化学成分的变化

这方面的变化最突出的是肌肉蛋白质的变化,即经过加热以后,会有一定量的液汁渗出,原料体积缩小。这是肌原纤维蛋白质因加热变性凝固而引起的,主要特征为瘦肉在烹调时出现的蜷缩现象。这种热变性一般开始于 40~50 ℃,到 55 ℃时达到高峰。对皮、骨、结缔组织中的胶原蛋白的变性来说,形成外观呈棒状的三股螺旋形的胶原蛋白分子组成明胶冻,它们原先由许多胶原分子横向结合成胶原纤维存在于结缔组织中。胶原纤维具有高度的结晶性,加热到一定程度时便会突然收缩,导致结晶区域出现"熔化"现象。胶原分子因热分解而形成明胶,带皮的食用肉类在加热后产生黏胶状物质就是形成明胶的证明。同时,因蛋白质的变性而引起的肉类持水性的变化,造成了原料质感的变化。

食用肉类在受热时,原先包裹着脂肪的结缔组织因收缩而给脂肪细胞比较大的压力,造成脂肪细胞膜的破裂,使溶化的脂肪流出组织,同时也带出了某些挥发性的化合物,形成肉类特有的风味。因此,一块完全不含脂肪的肉经过加热以后,很难判断它属于哪一种禽畜的肉类。但是只要含有哪怕百分之几的脂肪,就可以准确无误地判断肉的来源。有人做过实验:一块含有 10% 脂肪的牛肉经过加热后,判断为牛肉的比率达 90.2%;可是对于不含脂肪的牛肉,这个判断率只有 45.2%。长时间的加热或加热的温度过高都会导致肉类组织中的脂肪分解,从而产生不良后果。例如,用水煮肉时,长时间的沸腾翻滚会使脂肪乳化,形成白色的乳汤,此时脂肪易被氧化形成不应有的羟基酸类,使肉汤带有不良气味;高温油炸更容易造成脂肪的分解,生成具有苦味且刺激性的丙烯醛,而某些不饱和脂肪酸的分解产物又互相聚合,生成一些对人的肝脏有损害作用的低聚物,并且降低了脂肪的营养价值。

不言而喻,在加热时渗出的肉汁主要是肌浆蛋白受热后产生的。肉汁中的浸出物能溶于水,易分解,是熟肉和肉汤鲜味的物质基础,这时的鲜味物质主要是谷氨酸和肌苷酸。

加热对维生素有显著的破坏作用,维生素 A、维生素 C 和维生素 D 都会受到破坏,维生素 B_1 在碱性和中性条件中也易被破坏,只有在酸性环境中较稳定。

所有的矿物质在水煮过程中都有较大的损失,如进行预熟处理时,猪肉中矿物质的损失为 34.2%,羊肉为 38.8%,牛肉为 48.6%。但如果在油中加热,其平均损失只有 3% 左右。

(二) 风味的变化

这里的风味主要指香气和滋味,其中表现最明显的是香气,即习惯上所说的香味。对生肉而言,几乎无香味可言。但是对于加热制熟以后的肉,尤其是有脂肪的肉,不同的肉类有各自的特征香味,这说明它们的香气成分是有差异的。气相色谱的分析结果告诉我们,牛肉的香味主要受噻吩、噻唑、硫醇、硫醚和二硫化物等含硫化合物影响,其中噻吩的影响最大,另外呋喃类化合物也有一定的影响;猪肉香味的前体是 4 位或 5 位羟基脂肪酸,这些脂肪酸在加热时生成的内脂是猪肉香味的特征成分,其他参与成分为 $C_5 \sim C_{12}$ 脂肪酸热分解产生的羰基化合物以及呋喃类化合物;羊肉香味的特征成分为羟基化合物。

需要指出的是:不同的加热方式对风味特征有很大的影响,煮肉、炒肉、烤肉、熏肉有不同的风味效果是众所周知的。对于煮肉的香味,主要成分是硫化物和呋喃类化合物;烤肉香味的主要成分是吡嗪类、吡咯类和含有苯环的稠合杂环化合物，其中以吡嗪类为主，这显然是α-氨基酸的缩合反应的结果；炒肉的香味介于煮肉和烤肉之间；至于熏肉的香味，显然是由熏烟的成分所决定的，这些成分以酚类、醇类和酸类化合物为主。因为香味物质是食物原料受热后分解的初级物质再受热产生的次级物质，所以与加热时间和加热温度有密切关系。以北京烤鸭为例，在250℃时烤30分钟便有诱人的烤鸭香味；但低于250℃时，鸭肉夹生，缺乏香气；而高于250℃时，鸭肉因烘烤过度而碳化、出现焦糊味。

至于肉类的鲜味，如前所述，不再重复。

根据经验，人们认为肉类的味道与禽畜的年龄有关，大龄禽畜的味道浓，而幼龄禽畜的味道淡。同一动物体不同部位的肌肉的味道也有一定差异，这也是常识。

(三) 肉色的变化

肌肉的变色反应是蛋白质的变性造成的。具体的加热方法、加热温度和加热时间对肌肉变色有很大的影响。以加热温度为例，当肉内部温度在60℃以下时，肉色几乎没有变化；在65~70℃时，肉内部变为粉红色，再提高温度则为淡粉红色；在75℃以上，肉内部变为灰褐色。这种变化是肌红蛋白的受热变性造成的。肌红蛋白中非蛋白成分为血红素，血红素中的铁在受热时由二价变为三价，最后的灰褐色则是由高铁血红素和变性球蛋白结合的高铁血色原的颜色。此外，在加热过程中还会发生美拉德反应和焦糖化反应。

火腿、腌肉、灌肠等的红色是亚硝酸盐与血红素的作用造成的，由此可见，肉色的变化除加热因素外，调料的染色作用也是非常重要的。

(四) 质构的变化

食用肉类在加热过程中的质构变化源于肌原纤维蛋白的变性和蛋白质持水能力的变化。短时间加热，肉中的肌原纤维蛋白尚未变性，组织水分损失很少，所以肉质比较细嫩；加热过度，肌原纤维蛋白深度变性，肌纤维收缩脱水，造成肉质老且粗糙。若继续加热，肉中胶原水解，分布在肉中的脂肪也开始溶化，组织纤维软化，肉又会变得酥烂松软。和变性反应同步，肉的持水性也发生变化，一般在20~30℃时持水性没有变化；在30~40℃时持水性开始降低，在40℃以上时持水性急速下降，在50~55℃时基本停止，在60~70℃时基本结束，持水性降至最低值。由此可见，除了肉类品种之外，持水性和结缔组织、肌纤维含量是我们在烹调实践中选择加热温度和加热时间的主要依据。例如，结缔组织含量较少的猪肝、腰子等，应用高温快速的烹调方法，以保证菜肴成品的质感软嫩；而结缔组织较多的原料要用低温长时间加热的烹调方法。像蹄爪之类的原料，经过70℃以上的长时间水煮，反而更加软嫩。

二、鱼贝类水产原料在烹调过程中的变化

鱼贝类水产原料种类很多、营养丰富、味美可口，是提供动物性蛋白质的重要来源。对鱼类而言，其蛋白质含量相对稳定，不同品种之间的变化不大，一般都在20%左右；水和脂肪之和为80%左右，大多数品种的水和脂肪含量成反比关系，并且随季节而变化。牡蛎等贝类所含的糖原也因季节不同而有很大的变化，冬季糖原最多，因此味道最好。

鱼肉的可食部分由横纹肌组成，肉质细嫩，是比较细的肌纤维的聚合体，肌纤维由被遮蔽在肌鞘里的肌原纤维及充满其间的肌原质组成。肌原纤维蛋白主要由肌球蛋白和肌动蛋白组成，肌球蛋白存在于肌原纤维的粗丝中，肌动蛋白存在于肌原纤维的细丝中。肌原质的蛋

白质约占整个蛋白质的20%，它属于可溶于水或低离子浓度的盐溶液中的清蛋白类，其主要成分是肌浆蛋白，也含有能分解糖类物质的酶类和肌红蛋白等。鱼肉的肉基质蛋白中的胶原蛋白和弹性蛋白含量比禽畜肉少，所以其组织柔软，如硬骨鱼的鱼肉约含3%，鲨鱼软骨也不到10%，而牛肉有15%。鱼贝类水产原料蛋白质的氨基酸组成与食用肉类相似，生理营养价值较高，属于优质蛋白质，尤其是含有较多的赖氨酸，这对以粮谷类为主食的人群来说，更显出其重要性。

鱼贝类水产原料的脂肪含量如前所述，随季节、鱼龄的变化而变化，它与肉类脂肪和食用植物油相比，含有更多的不饱和脂肪酸，因此鱼油容易被氧化。鱼油的主要成分为甘油三羧酸酯，但也含有磷脂、固醇、蜡、维生素A、维生素D、维生素E，特别是鱼肝油。

鱼肉中的色素为水溶性的色素蛋白（如肌红蛋白）和脂溶性的类胡萝卜色素两大类，普遍存在于甲壳类原料，如蟹、虾等体中的虾青素也属于类胡萝卜色素，受热后变为红色的虾红素。

鱼贝类水产原料中存在的鲜味物质主要是谷氨酸和核苷酸，对贝类来说，还有琥珀酸。

凡是动物性原料，不论是禽畜等大型动物，还是鱼贝类动物，在宰杀以后，其生物化学和物理变化的过程大致可分为尸僵前期、尸僵期和尸僵后期三个阶段：① 尸僵前期的特征是ATP和磷酸肌酸含量下降，无氧呼吸及酵解作用活跃。肌肉表现为组织柔软、松弛、无味。② 尸僵期的特征是磷酸肌酸消失，ATP含量继续下降，肌肉中肌动蛋白和肌球蛋白逐渐结合成没有弹性的肌动球蛋白。肌肉呈现僵硬状态，持水性减弱，即尸僵状态。一般哺乳动物死亡后3~12小时开始僵化，15~20小时后终止。鱼类死后1~2小时开始僵化，5~20小时后终止，因鱼种不同而有很大的差异。处于尸僵期的猪肉肉质坚硬干燥，没有香味，不易烧烂，吃起来不香且粗糙，也不易消化。③ 尸僵后期的特征是组织蛋白酶呈现活性，使肌肉蛋白质发生部分水解，水溶性肽和氨基酸等非蛋白态氮增加，肌肉表现为尸僵状态缓解，再度软化，持水性增强，肉的食用质量最佳，适口度最高，即通常所说的成熟肉，烹调时有肉香味，也容易被烧烂和消化。

动物死亡后经历的这三个阶段的关键是呼吸途径的变化，从鲜活状态的以有氧呼吸为主转变为单纯的无氧呼吸，呼吸作用的最终产物由CO_2变为乳酸，伴随着多种生物活性物质，如ATP、磷酸肌酸等减少，甚至消失。但是ATP的降解使肌苷酸增加，蛋白质自溶使游离氨基酸增加，从而使肉的风味更佳。乳酸和无机磷酸的增加导致肉的pH值下降。温血动物在宰杀后24小时内肌肉组织的pH值由正常生活时的7.2~7.4降至5.3~5.5，随着乳酸的生成积累，pH值下降至极限值5.3。鱼类死后肌肉组织的pH值大都高于温血动物，在完全尸僵时甚至可达6.2~6.6。宰杀后动物肌肉保持较低的pH值有利于抑制腐败细菌的生长和保持肌肉的色泽。

肌肉蛋白质在尸僵前期具有较强的持水性，当肌肉pH值降至5.3时，持水能力降至最低点。可是在尸僵的缓解过程中，肌肉中的钠、钾、钙、镁等离子的移动造成蛋白质分子电荷增加，从而有助于水合离子的形成，于是肌肉的持水能力又有所增强。

从上述内容可知，鱼贝类水产原料的可食部分也有最佳的烹调期，过了最佳时间便会腐烂变质，不到最佳时间肉质不会鲜美。只有在最佳时间烹调，才能取得良好的成菜效果，这时的变化包括以下四方面：

（一）化学成分的变化

正常的鱼体肌肉中的蛋白质是水分子分散在蛋白质中的凝胶状态，并且有一定的弹性和形状，呈半固体状态。鱼体肌肉含水量高于其他肌肉组织，当鱼体加热到 60~80 ℃ 时，肌肉中的蛋白质凝胶开始变性，水分子与蛋白质分离，部分水分子渗出，鱼体软化。但这时蛋白质并未凝固，所以松散易碎，因此烧鱼时总要先把鱼体放在高温油脂中煎一下，目的在于使鱼体表面的肌肉蛋白质因高温而骤然凝固，相当于形成一个保护性外壳，以保证在以后的烹调操作中鱼体不易松散破碎。

鱼体在水中加热时，其一部分皮下脂肪会从组织中渗出浮在水面上，这个上浮油脂的量和鱼的肥嫩度有密切的关系。烧鱼忌用硬水，因为钙、镁离子能促进脂肪水解，并形成不溶性的皂化物，附着在鱼体表面，影响菜肴的外观。

（二）风味的变化

生鲜鱼肉存放时间稍长之后，便会产生明显的腥臭气味，其主要成分为氨、三甲氨、硫化氢、甲硫醇、吲哚等。它们都是蛋白质分解后产生的各种氨基酸进一步分解的产物，由于分子量较小，很容易挥发，所以经烹制加热后味道扩散很快。在放料酒的情况下，因蒸气分压下降，更有利于这些腥臭成分的挥发。生鲜鱼肉在熟化后含有较多的核苷酸，再加上加热导致蛋白质水解产生的低聚肽和各种游离氨基酸，一方面形成鱼肉菜肴的特殊香气、独特的鲜味，另一方面低聚肽还能协调鱼肉菜肴中各种呈味物质的风味效果，如鱼肉在熟制过程中因美拉德反应、氨基酸热降解、脂肪的热氧化降解、硫胺素的热降解等反应而生成的挥发性羧酸、含氮化合物和羰基化合物，产生诱人的鱼香味。高温油炸能增加炸油和鱼体中脂肪的热氧化降解产物，使风味特征更为明显。此外，油炸又产生焦脆松软的口感，风味更好。至于烤鱼和熏鱼，如果事前不调味，则仅有鱼皮和部分脂肪及肌肉在热作用下产生非酶褐变，其香气成分比较贫乏。因此，在烤、熏之前，鲜鱼应先用调味汁调味，使汁中的乙醇、酱油、食糖等同时参与受热反应，则风味成分浓度会大大增加，也会有良好的风味效果。

（三）鱼贝肉色泽的变化

鱼贝类水产原料中的肌肉在受热以后，其色泽由透明逐渐变为白色混浊。这个过程和禽畜肉类的变化相似，主要是由肌红蛋白的变性引起的。至于虾、蟹等甲壳的变色，前面已多次提及，是虾青素被氧化成虾红素造成的。

（四）质构的变化

通常情况下，鱼贝类水产原料加热到 50~60 ℃ 时，肌肉组织收缩，重量减轻，含水量下降，硬度增加。一般硬骨鱼在 100 ℃ 时加热 10 分钟，重量减少 15%~20%，墨鱼和鲍鱼可减少 35%~40%。如果鱼体大、鲜度好，重量减轻程度可稍好些。显然，这种变化会导致鱼贝类水产原料的口感老，所以烹调鱼贝类菜肴时，一定要控制好加热温度和时间。有人做过实验，500 g 的鳊鱼在 100 ℃ 的蒸笼中蒸 8 分钟可完全成熟，且水分损失较少、肉质细嫩，如果继续加热，鱼肉质地显著变老。同样，用 6 g 食盐将 500 g 鳊鱼腌制 1 小时，在 100 ℃ 蒸笼中蒸 9 分钟，鳊鱼也可以完全成熟且肉质细嫩。而对墨鱼、章鱼而言，加热时间更为重要，短时间爆炒可使原先柔软的墨鱼肉和章鱼肉变得脆嫩爽口，若延长加热时间，则会导致组织强烈脱水，鱼肉变硬变老。

三、乳类和蛋类原料在烹调过程中的变化

哺乳动物的乳和鸟类的卵细胞——蛋，都是优质蛋白质的重要来源，在蛋白质的氨基酸

组成上,与人体组织蛋白质的氨基酸组成最为接近,而且都含有水、蛋白质、脂肪、糖类、维生素和无机盐,六大营养素齐全。在素食信奉者和多种宗教食禁中,都允许食用它们,但是在中国的烹饪菜谱中,对乳类的利用明显不够,这一点值得重视。

(一) 乳类

由于国际上对乳类的食用非常普遍,所以国际食品学界对乳类,特别是牛乳的研究相当详尽,因此以牛乳为例说明它的成分组成和在烹调过程中的变化。

牛乳就是从乳牛乳腺中分泌出来的白色不透明液体。鲜乳的 pH 值为 6.50~6.65,总固形物为 11.91%~14.15%,无脂固形物为 8.35%~9.19%,蛋白质为 3.05%~3.66%,脂肪为 3.56%~4.97%,乳糖为 4.61%~4.70%,灰分为 0.73%~0.77%。

牛乳中的蛋白质主要是酪蛋白,它是一种磷蛋白,呈酸性,在乳中主要以酪蛋白钙的形式存在,热稳定性较好,但如果在 130 ℃ 时加热几分钟,则会造成酪蛋白粒子因凝固而沉淀。酪蛋白沉淀以后的上层清液就是乳清蛋白,牛乳加热时散发出来的气味就是由它产生的。

在牛乳的脂质中,甘油三酯约占 99%,其余 1% 主要是磷脂、微量的胆固醇和其他脂类。在牛乳的脂肪酸组成中,酪酸是其特征,牛乳变质时特有的刺激味就是由它引起的。乳脂受机械撞击时,其脂肪球粒会聚集成奶油,奶油的主要成分是脂肪。

牛乳中的糖类主要是乳糖,东方人常有乳糖不耐受现象。

牛乳中所含的维生素 A 和胡萝卜素甚多,但与其饲料有密切关系,以夏季吃青饲料时最多。

牛乳中的矿物质主要是钾、钠、钙、镁的磷酸盐、氯化物和柠檬酸盐,还有微量的重碳酸盐。此外还有少量的铁、铜、钴、碘、锰和锌等。矿物质主要来自血液,在营养学上有重大价值。

在丰富多彩的中国菜谱中,以乳和乳制品为原料的菜肴很少,这是一个缺陷,值得我们积极发展。

(二) 蛋类

蛋类的生理营养价值很高,常用的是鸡蛋,其蛋黄和蛋白的化学组成如表 10-2 所示。

表 10-2　鸡蛋的蛋黄和蛋白的化学组成　　　　　　　　　单位:%

成　　分	水　　分	蛋白质	糖　类	脂　　类	矿物质
蛋黄	48.7	16.6	1.0	32.6	1.1
蛋白	87.9	10.6	0.9	微量	0.6

蛋黄中的蛋白质大部分是脂蛋白,主要有脂黄磷蛋白和脂蛋黄类黏蛋白两种。蛋黄中的脂类含有 62.23% 的甘油酯、32.8% 的磷脂(其中卵磷脂占 58%、脑磷脂占 42%)、4.9% 的固醇。蛋黄的颜色是其所含的叶黄素类物质决定的。蛋黄的颜色和数量都和饲料有很大关系。

蛋白中所含的蛋白质主要是卵白蛋白类,其中卵黏蛋白为糖蛋白,与浓厚蛋白组织的维持和蛋白起泡性有密切关系。值得注意的是蛋白中含有的抗生物素蛋白和抗胰蛋白酶,前者能够在肠道内与生物素结合成难以被人吸收的化合物,后者能够抑制胰蛋白酶的活力,从而妨碍蛋白质的消化吸收。因此,生食蛋类对人体没有好处。

从消化生理的角度讲,蛋类最合理的烹调方法是带壳水煮,其消化率可达百分之百,但是与中国烹饪的风味要求大相径庭,所以各地的风味蛋菜以炒和煮为主,蒸也常用。这些方法的共同特征都是利用蛋白质的热变性性质,使浓稠的蛋液凝固,这可以说是蛋类菜肴在制熟过程中的主要变化,包括用蛋清和全蛋液做保护性胶体。

腌蛋、糟蛋、变蛋等蛋制品的制作过程涉及的也是蛋白质的变性反应,属于食品制作工业,因此不再讨论。

四、粮食和蔬果类植物性原料在烹调过程中的变化

我国很早就进入了农耕社会,所以稻米、黍米、麦类种子磨成的小麦面粉和以大豆为主的豆类种子一直是中国人民主要的食物资源,被称为主食。由于它们是面点制品的主要原料,因此讨论它们在烹调过程中的各种变化主要是面点工艺学的任务,这里就从略了。当然,也有些相关的加工制品,例如,来源于小麦麸皮的面筋,来源于大豆的豆腐及其相关制品,来源于富含淀粉的蚕豆、豌豆和绿豆等的粉丝和粉皮,以及用大豆或绿豆发制的豆芽,等等,这些都是菜肴的常用原料。特别值得提出的是,由于过去中国缺乏肉类食品,因此豆腐及其相关制品是中国人膳食结构中重要的蛋白质来源。大豆因品种不同,其粗蛋白质含量也不同(在 $25.5\% \sim 58.9\%$),变化幅度很大。近90%的大豆蛋白可以用水提取出来,其中球蛋白占 84.25%、白蛋白占 5.36%、消化蛋白占 4.36%、非蛋白质占 6.03%。提取的大豆蛋白溶胶就是俗称的豆浆,可以用调节等电点的方法,使其中的蛋白质沉淀,也可以用钙盐(石膏)或镁盐(卤水)使蛋白质沉淀,这种性质便是做豆腐的理论根据。

人类喜爱的植物性原料以蔬菜和水果为主,我国各地常食用的蔬菜有近200种,常食用的水果有数十种,它们是维生素、矿物质、果胶、糖类以及膳食纤维的主要来源之一。

蔬菜和水果在采收以后,继续进行着有氧呼吸,这和动物性原料显著不同。此外,温度对蔬菜和水果呼吸强度的影响非常明显,水分不可没有(否则会使组织萎缩),但也不可太多(否则会使蔬菜和水果迅速腐烂)。经过研究测定,对于大多数蔬菜和水果,最适宜的储藏条件是:含氧3%左右,含二氧化碳 $0 \sim 5\%$;温度在0℃左右,但也有些在 $11 \sim 13$℃;至于水分的多少,应主要考虑蔬菜、水果汁液的冻点(一般在 $-4 \sim -2.5$℃),低于冻点会造成蔬菜和水果因组织破坏而腐烂。另外,机械损伤是蔬菜、水果腐烂的重要原因,不可不防。

首先,大多数蔬菜、水果在采收后都有一个成熟期,并不是越新鲜越好。在这个成熟过程中,蔬菜和水果会发生一系列的生物变化,其中包括以下几点:

(1) 色素的变化。在蔬菜和水果的成熟过程中,因叶绿素降解而失去绿色,胡萝卜素和花青素呈现,从而显红色或橙色,如番茄、辣椒、苹果等的这种变化都很明显。

(2) 鞣质的变化。幼嫩果实因鞣质过多而有强烈的涩味,但在成熟过程中涩味逐渐消失。

(3) 形成芳香物质。这可能与水果、蔬菜一直进行有氧呼吸有关,因为这些芳香物质多为醛、酮、醇、酸、酯等含氧化合物。

(4) 维生素。主要是维生素C的大量积累,这也和成熟过程中的呼吸作用有关。

(5) 果胶类物质的分解,使得果肉变软。

（6）糖酸比升高。即淀粉在有氧呼吸过程中不仅不能继续贮存，而且会分解为己糖，提供呼吸作用所需的能量。而组织中的有机酸优先作为呼吸底物被消耗掉，因此糖分和有机酸的比例上升。糖酸比是衡量水果风味的重要指标。

其次，成熟的蔬菜、水果在烹调过程会发生各种变化，这些变化才真正影响成菜的质量，主要包括以下几点：

（1）化学成分的变化。蔬菜、水果在烹调过程中最容易损失的营养成分是维生素，特别是在碱性条件下，破坏作用尤为显著，其中维生素 C 的损失率最高，因为维生素 C 是水溶性的，溶解性损失和热分解性损失同样不可忽视。

蔬菜、水果中另一类重要的营养物质是碳水化合物，其中的多糖形态为淀粉，它在受热过程中易分解成糊精，这就是糊化反应。这种平均分子量低于淀粉的糊精易被人消化吸收。另外就是单糖或双糖形态的果糖、葡萄糖和蔗糖、麦芽糖，它们在烹调加热过程中容易脱水形成焦糖素，即糖色，虽然可以改善菜肴的色泽，但会导致营养价值下降，所以烹调加热的温度不宜太高。

（2）风味的变化。蔬菜、水果中的许多品种本身就具有生食的条件，而且具有良好的香、甜、酸等风味。但是有时因成菜的需要，还是要对它们进行加热处理，往往造成相应的风味物质损失，所以对于这一类原料，加热的时间和温度要严格控制，否则会适得其反。此外，也有许多种蔬菜并不显现什么特别的风味，甚至还含强烈的刺激性的辛辣味，如洋葱、大蒜等经过加热，不仅不良气味变弱，而且味感会变甜，这是含硫化合物分解转化所致。再如马铃薯，在经过烹调之后，不仅香气增加，而且可以感觉到甜、苦、酸、咸四种基本味，这是马铃薯所含的酸性氨基酸和核苷酸分解释放所致，而且它所含的淀粉也会因加热而产生香气和微甜味。至于芝麻、花生等独特的香气，也都是在烘炒时产生的。

（3）色泽的变化。生鲜蔬菜和水果一般都有诱人的天然色泽，但这些色泽并不稳定，遇到光和热都容易变色，而且这些变色现象大多数不是人们所希望的，如绿叶变黄、水果变黑，所以我们在加热时要尽可能设法保护生鲜蔬菜和水果的色泽。但是也有些蔬菜和水果，如胡萝卜、南瓜等加热以后，原来的色泽反而变深，这当然很好。

（4）质构的变化。对于粗纤维含量较多的原料，只能采取旺火速成的烹调方法，从而尽量防止其水分外溢，以保持组织的脆嫩程度，否则纤维组织脱水变得粗了，会让人无法咀嚼、难以下咽，韭菜、芹菜等都是常见例证。但是对于富含淀粉的蔬菜和水果，如马铃薯、芋头、莲藕、荸荠等，既可以用旺火速成的烹调方法，以保持其脆嫩，也可以用长时间加热的方法，使其质地软糯松黏。后者主要得益于淀粉的糊化。

认知二　菜肴成品的质量控制

任务介绍

在讨论菜肴成品质量控制问题时，往往只讲风味和成熟程度的控制，这当然是很必要的，但是忽视了食品安全卫生和营养平衡的控制，这是很不应该的，说明了我国餐饮行业在这方面的管理是很不到位的。在原料选择方面的生态观念淡薄已成了一大公害。此外还有菜肴成本的控制，也不应该忽视。为此，本任务将从上述方面来讨论菜肴的质量控制。

> **任务目标**
>
> 1. 掌握安全卫生是菜肴的第一质量指标。
> 2. 熟悉菜肴质量的其他指标。

> **相关知识**

一、树立坚定的生态平衡观念，餐饮行业绝对不应该成为破坏地球生态的罪魁祸首

长期以来，我国烹饪学术界一直宣扬中国烹饪选料广泛，行业中更有"大荤死人不吃，小荤苍蝇不吃"之类的调侃语言，不知羞耻地把猎杀野生珍稀动植物作为炫耀自己及满足口腹之欲的得意行为，餐饮业经营者则以此为敛财的手段，许多厨师对此麻木不仁，甚至以自己能够烹制野生珍稀动植物而自豪。在那些辗转抄录的菜单食谱中，许多已被明令禁止猎杀采集的野生珍稀动植物被当成珍稀原料，"物以稀为贵"的价值取向在这里收到了立竿见影的效果，尽管各级行政主管部门三令五申，可是效果甚微。有人把这些现象归咎于人们的猎奇心理，但是并不确切，实际上这是人们的社会责任感和公共道德观念缺乏的具体表现。尽管有些食客可能身居高位，也可能满腹经纶，但并不等于他们的道德高尚。我们曾经不止一次见到国外的饮食专家拒食青蛙和蛇肉，当别人告诉他们，这些是人工饲养的，他们反问："既然需要人工饲养，为什么不让它们回归大自然？"这就是高尚的道德。

道理是清楚的，无须多讲。必须形成政府明令禁捕禁售、饭店拒绝经营、厨师拒绝烹制、顾客拒绝食用野生珍稀动植物的文明态势，把猎杀采集珍稀野生动植物的不良势头压下去。要把与此相关的菜点和原料名称从烹饪教育课堂上、教科书中、烹饪出版物和影视媒体中清除出去，明确禁止在烹饪比赛、厨师考核、餐饮技术表演和其他公共场合将野生珍稀动植物作为烹饪原料，凡是使用这些原料制作的菜点一律归入质量最低劣的产品，把已经颠倒了的观念纠正过来。

二、菜肴的安全卫生是第一质量指标

过去关于菜肴的安全问题，通常都是禁止使用锋利坚硬的铁丝、竹签等来固定菜肴的造型，或野味肉体中不得带有捕猎火药中混入的铁砂子，如此等等。预防危害顾客身体健康的各种化学品污染和生物污染虽然也被当作一项常规，但实际上并未引起足够的重视，以致最近几年，食品安全问题越来越严重，注水肉、瘦肉精、毒大米、泔脚油等各种涉及食品安全卫生的事件不断发生。此外，国际贸易和人员往来引发的涉及食品安全卫生的事件也时有发生，因此国家把食品安全问题列入科技攻关规划。餐饮行业处于食品消费的一线，更应该对此进行大力宣传，并坚决防止一切有害人民健康的菜肴进入市场。特别要注意把好原料质量关，餐饮行业的经营者不可见利忘义，菜肴的制作者不可为了迎合顾客的口味而违规使用有害健康的辅助材料和烹饪原料。对于中国烹饪中的一些并不十分合理的烹调技法，如烟熏、过度的高温油炸、卫生得不到保障的生炝水产品等要控制使用，餐饮行业的经营者要鼓励厨师开展研究，用新技术、新工艺取代旧技术、旧工艺。对于用不合理的烹调技法烹制的菜

肴应控制供应,并且要给顾客知情权,就像"吸烟有害健康"一样的警示,由顾客自己决定消费与否。对于那些并不科学的传统做法,一定要积极地加以引导,不可盲目宣扬传统。

三、营养平衡是衡量菜肴质量的基石

营养平衡的重要性经过近20年来的不断宣传,已经陆续为城市居民所承认。在餐饮行业的从业人员中,不少人已受到营养学原理的普及教育,但是距离完全按营养平衡原理指导人们日常饮食活动的要求还很远,其中一个重要的原因是嫌麻烦,从思想上讲有抵触情绪,认为顾客到饭店吃饭,吃一顿就走,哪会有什么了不起的影响。顾客和从业者都有同样的心态,饭菜半生不熟、价格偏高,或者口味不合要求,顾客都会据理力争、不依不饶,至于营养问题,可以说从未有人提出异议,也不会就此提出任何个性化的要求。这些都说明营养平衡的基本原理远没有真正走进我们的日常生活。最近几年的营养调查结果表明,我国目前肥胖和营养不良现象同时存在,虽然我们的祖先早就有"五谷为养、五果为助、五畜为益、五菜为充"的合理的饮食思想,但始终没有按科学化的要求让它走向现代化。10年前,中国营养学会才将这种思想具体化为金字塔式的食物结构,但传统的"以味为核心"的思想观念根深蒂固,追求口腹之欲导致人们营养过剩,肥胖人数日益增多。另一方面,目前出现的营养不良者和食物贫乏年代的营养不良者有着完全不同的发病原因。现在的营养不良者多为不接受营养平衡原理指导的饮食偏嗜者,他们不良的饮食习惯造成了代谢的紊乱。针对上述两种情况,进一步普及现代营养知识,用营养平衡原理指导人们的日常饮食生活,已经到了刻不容缓的地步。餐饮行业在这方面责无旁贷,菜肴营养质量必须提到议事日程上来,无论是制作单个菜肴,还是设计宴席菜单,都应该按照营养学原理进行综合平衡。各种烹饪比赛活动和厨师考核活动都应该增加营养学知识的内容,要形成全民讲营养的文明态势。

四、掌握火候是保证菜肴质量的关键

菜肴的制熟过程就是火候的控制过程,它是食物原料从不可食的生鲜状态,到可食的菜肴成品转变的关键。这个过程是食品卫生和营养素消化吸收的前提条件。即使同一种原料的加工和调味工艺完全相同,但如果火候控制条件不同,菜肴的质量也会有显著的差别,这与传热介质的种类及加热方法有密切关系。下面进行具体分析。

(一) 油传热的最佳成熟标准

以油脂为传热介质时最适用的温度范围已在前文中详细讨论过了,一般分为温油锅和热油锅两类:温油锅的温度在 90~130 ℃,主要适用于预熟加工中的过油、松炸、软炸等特殊的油炸工艺;热油锅的温度在 150~200 ℃,适用于多数油炸、油煎的工艺。用温油锅制作的菜肴,由于并非一次加热,所以很难确定最佳的成熟温度和加热时间。而热油锅制作的菜肴,以油炸法为例,其最佳的成熟温度和加热时间与油料比例、料块大小、原料的导热性能等有密切关系。但是不同的菜肴,这些关系又有很大的变化,如果要比较准确地控制这些变化,最好根据对最终的菜肴的感官评定和营养素测定的结果做出评价,而且应该反复多次实验,要做的工作很多,在这里只介绍以油为传热介质时部分菜肴的火候控制,如表10 - 3所示。

表 10-3　以油为传热介质时部分菜肴的火候控制

菜　名	初炸温度/℃	复炸温度/℃	时　间/分钟	油料比	挂糊品种
炸春卷	140~160		4	1:15	
炸猪排	170	180	合计25	1:8	拍面包粉
椒盐鱼片	170	190	合计6	1:10	挂全蛋糊
脆皮鱼条	175		2	1:18	挂脆皮糊
醋熘鳜鱼	175	200	合计1	1:3	挂水粉糊
香炸鸡腿	165	200	合计10	1:6	挂薄糊
炸菜松	150~160		1	1:5	
炸土豆条	160	175	合计4	1:8	
炸豆腐泡	180		6	1:5	

注：表中所列时间是指单个料块的成熟时间。

（二）水传热的最佳成熟标准

以液态水为传热介质的烹调方法有煮、焖、汆、涮、炖、煨、烩等，加热温度一般在30~100 ℃，使用高压锅可达100 ℃以上，已有的实例数据如表10-4所示。

表 10-4　以水为传热介质时部分菜肴的火候控制

菜　名	温度/℃	时　间	料水比	质　量/g	备　注
水汆鱼片	90~100	2 分钟	1:5	200	先上浆，原料厚度0.5 cm
水汆腰片	95	80 秒	1:6	150	先上浆，原料厚度0.2 cm
白斩鸡	90~95	25 分钟	1:4	1 500	整只鸡加热到100 ℃出锅
汆鱼圆	30~90	8 分钟	1:5	100	直径3 cm，从30 ℃升至90 ℃
汆肉圆	70~100	9 分钟	1:5	350	直径3 cm，入锅30 ℃，出锅100 ℃
水爆羊肚	100	20 秒	1:7	500	原料为丝状，爆2次，每次10秒
汤爆双脆	100	12 秒	1:6	共重300	原料剞刀，在汤中的时间不计
清炖狮子头	95	2 小时	1:2	750（10只）	入锅先加热至100 ℃，3分钟
卤牛肉	100	100 分钟	1:3	1 500	料块规格为2.5 cm×3 cm，卤中有调料
红烧肉	95~100	90 分钟	1:1	1 000	肉块为方块
鲫鱼汤	100	30 分钟	1:2.5	450	成汤后汤料比为1:1.5

（三）热空气辐射传热的最佳成熟标准

明炉烤菜肴的火候控制如表10-5所示。

表10-5　明炉烤菜肴的火候控制

方　式	菜　名	部　位	料　形	火　力	时　间/分钟
加网烧烤	猪肉烧烤	后腿肉	薄片	强火	2~3
	鸡翅烧烤	鸡翅	整只（剞刀）	中火	15
	牛肉烧烤	腿肉	薄片	强火	1
	鱼肉烧烤	整条	整条	中火	12
火熘烧烤	烤乳猪	整只	整只	180 ℃	40
	烤鸡肉串	鸡排	薄片	中火	3
	烤羊肉串	净羊腿肉	薄片	中火	44
铁板烧烤	猪肉烧烤	腿肉	厚片	中火	4
	鱼片烧烤	中段净肉	厚0.5 cm	强火	1
	鱼片烧烤	中段净肉	厚2 cm	强火→弱火	6
	牛排	牛腿肉	厚3 cm	强火→弱火	8~10

通常所说的明炉和暗炉烤都属于热辐射传热，但并不是在真空中进行，所以仍有热空气作为传热介质。暗炉烤都是在烤箱或特别的密封烤炉中进行的，所以温度和时间都比较容易控制；明炉烤的热量损失很大，中心和边缘存在明显的温度差，原料受热并不十分均匀，成熟度也是不均匀的，因此温度和加热时间不容易控制。

五、优良的风味效果是菜肴质量的灵魂

就目前的情况而言，风味仍是菜肴质量评定的主要标准。但在实际执行中并没有标准，是受人为因素干扰最严重的质量范畴。在许多场合，风味（有时简称为"味"）就是餐饮文化的代名词，而"文化"在这里是"人文"范畴，不是科学范畴，人文科学不同于社会科学，是没有可量化的评定标准的。因此，只有把风味的概念限定在科学的范畴内，才能制定相应的质量标准。具体来说，就是色、香、味、形、质五个方面。

菜肴的色泽是一种视觉效果，是人们判断菜肴质量的第一要素。所有菜肴在设计时，就应该规定它的色泽，因为它是由原料的色泽和烹调方法所决定的，这就是菜肴色泽标准的确定依据。例如，如果在禽畜类原料表面上抹上饴糖，然后在热油锅中加热，随着温度的升高，其色泽会出现浅黄→酱红→深红→焦黑的变化。如果我们设计某一种菜肴，如香酥鸭，其色泽要求为深红，则在鸭体呈酱红后不久，就要从油锅中捞出，因为此时的温度仍很高，鸭体色泽会继续加深，当冷却到进食温度时，刚好为深红色；如果在油锅中加热到呈深红色再出锅，则鸭体将呈焦黑色，这是我们不希望看到的。再如绿叶蔬菜，当然不宜用油炸的方法，否则不仅色泽变暗（如制作菜松），而且其他指标也达不到标准。

菜肴的香气或香味与烹调方法有密切的关系，也是诱人食欲的重要手段，所有人类都青睐油炸食品，就是由于油炸食品的浓郁香气。即使是不能用油炸方法烹制的菜肴，也都有它们特有的香气，纯粹的糠醛气味并不诱人，但当烤热的黑面包散发出糠醛气息时，便特别诱人。因此，香气浓郁与否并不是一项孤立的风味指标。

菜肴的滋味是风味要素的核心。在人们对菜肴的文化选择要素中，滋味具有决定性的影响。长江以南地区是甜，黄河流域以北是咸，西南地区是辛辣，有时一省之内不同地区的滋

味也不相同,所以才有"适口者珍"的说法。但是任何口味都有个"度",太过和不足的标准大体上比较接近,特别是"百味之将"的咸味,在这方面体现得最为明显。现在已有人对不同烹调方法的用盐量做了研究,其结果如表10-6所示。

表10-6 不同烹调方法调味用盐的比例

菜肴类别	比较对象	用 盐/%	备 注
汤菜	汤汁	0.8~1.1	根据汤汁计算盐量
烘烤菜	主料	1.5~2	
煮菜	整盘菜	0.9	汤汁和干料合并计算盐量
蒸蛋	蛋液	1.2	加水量约为1:1.5
炒蔬菜	主料	1.5~2.0	

菜肴的形是指料块的形状和大小,以及整个菜肴的造型和装盘技术、点缀、围边等的综合体现,其中还包括色彩的搭配,完全是工艺美术创作构思的结果,可以诱人食欲,最近几年几乎是烹饪界的一种时尚,尤其是在烹饪技术比赛和厨师考核中创作的菜肴,几乎达到了登峰造极的地步,从早先的花色冷盘延伸到了热菜,似乎有些过了。过度的雕琢堆砌不仅难以保证食品卫生,而且费工费时,反而忽视了菜肴的食用价值。

菜肴的质是指质构或质地,从科学定量的角度来看,质构是最容易用仪器测定的风味特征,菜肴成品的弹性模量和抗张、抗压强度是两组最易测定的数据,食品科学在这方面已有了一些测定结果,很值得烹饪界借鉴。

声音也可以看作菜肴的一种风味效果,如铁板类菜肴、糖醋鳜鱼、锅巴菜等,都有声响效果。另外,温度也是体现菜肴质量的一种因素,不管是冷吃,还是热吃,都有一定的规律,同时温度也是色、香、味、形、质的保证条件。因此,每一道菜肴都应该有最佳的食用温度,可惜这方面的技术数据还很少。

六、菜肴的价格和成本是菜肴的生命

这个问题既是经营问题,也是质量标准,即必须物有所值。5元一盘的红烧肉和100元一盘的红烧肉在餐饮经营中都是合法的,它和饭店的规模档次、制作厨师的技术水准等有密切的关系。因此,两种价格的质量标准是不同的,可惜目前这方面尚未引起人们的重视,常见的是把中级厨师的作品按技师甚至高级厨师的作品定价,而后者实际上并不做菜,这是很不应该的。

认知三 菜肴质量的评价方法

任务介绍

应该根据化学分析、物理常数测定、微生物培养等科学方法和直接的感官检测全面评价菜肴质量。对大量生产的产品和新产品的综合评价,科学检测方法的采用今后将越来越多,但对于人们日常食用的菜肴,主要根据食用者的接受程度(即好吃与否)进行综合评价。

因此，通常采用感官检测方法，就是通过人们的视觉、味觉、嗅觉和触觉来判断菜肴质量。这种方法在烹饪技术比赛、厨师等级考核，甚至烹饪专业学生的成绩评定中，都是常用的方法，因此下文专门介绍这种评价方法。至于餐饮企业对其菜肴的市场认可程度的评价方法，这里不做介绍。但要指出的是，目前国内餐饮行业往往以特定人员的感官检测方法代替市场调研的方法，实际上是不全面、不真实的，用这个结果指导经营有时会失败，这一点值得大家注意。

任务目标

1. 熟悉菜肴感官检测要求的环境条件。
2. 熟悉检测人员的选择条件和干扰因素。
3. 掌握感官检测数据的处理方法。

相关知识

一、菜肴感官检测的环境条件

菜肴感官检测方法不可避免地要受到人的主观影响，为了将这种影响降至最低程度，提供一个良好的检测环境变得非常重要。

（1）检测场所的位置要选择得当，要尽可能避免外界因素（如声响、人员往来和日常生活）的干扰，同时又要便于检测人员因正常生理需要的进出。

（2）理想的检测场所最好是检测人员一人一室，以便进行独立评价，避免他人（包括其他检测人员和服务人员）的干扰，同时又要有利于菜肴样品的摆放和传递。但目前国内几乎没有这种检测场所，通常都是若干名检测人员共处一室、共坐一桌。在这种情况下，检测人员能否独立判断、服务人员是否严守纪律是评价公平、公正、公开与否的关键因素，如果能采用艺术比赛中用大屏幕公布评分结果、接受场外监督的方法，则会更客观一些。

（3）菜肴的味觉和嗅觉是评价质量的核心指标，因此消除检测场所外来的气味干扰十分重要。通风情况良好是起码的条件，如果能装有空气过滤设备的调节装置是最好的。

（4）用白光和自然光照明，避免其他反射、透射颜色或是光的干扰。

（5）保证检测人员有舒适的工作环境，避免产生疲劳、过度兴奋或烦躁等不良情绪。

二、检测人员的选择

中国烹饪协会和若干地方的烹饪协会曾经认定了一批烹饪技术比赛的评委资格，也颁发过评委资格的认定条件，在过去的工作中起过良好的规范作用。但随着时代的进步，这项工作有必要根据科学性、文化艺术性和"老中青"搭配等原则加以改进和提高，特别要注意提高评委的科学文化素养和技术创新能力。因为评委的水平直接关系到评价结果的准确性和公正性，因此要考虑到以下几点：

（一）检测人员（评委）的一般条件

（1）良好的职业道德是确保检测活动公平、公正、公开的先决条件。

（2）年龄不宜太大，也不宜太小，既要具有一定的专业经验，又要有足够的精力和敏锐的感觉生理功能，因此年龄在 35～55 岁最合适。

（3）人们对色、香、味、形、质的感知具有一定的性别差异，因此检测人员最好男女各半。

（4）检测人员的数量当然是越多越好，但也有一定的条件限制，因此以 5～10 人为宜。

（二）检测人员应具备的专业条件

（1）对菜肴的色、香、味、形、质等风味要素有较强的识别能力。

（2）具有较丰富的烹饪专业知识。

（3）具有对菜肴进行检测的工作经验。

（4）工作态度认真负责，能秉公办事。

（5）具有良好的心理素质，能够自觉排除外界的干扰。

（6）身体健康，具备符合食品行业各项工作规定的健康素质。

（三）风味检测中，检测人员最容易出现的自身干扰因素

（1）神经系统因连续工作而疲劳，特别是因为味觉和嗅觉的疲劳而失去敏感能力，因而对某些气味和味道产生短暂的适应现象，从而失去判断能力。所以一次检测的时间不宜过长，菜肴数量不宜过多，要有间歇性的休息，呼吸新鲜空气或漱口。

（2）单调的程序会造成大脑对某些机械性变化的适应，从而造成检测人员对某些数字或符号、某些特定的位置、冷菜和热菜的出现顺序等产生偏爱，影响评分的准确性。所以菜肴的编号或出现顺序、放置位置都应该是随机的，避免检测人员产生规律性的错觉。

（3）味觉的对比效应和变调效应是常见的干扰因素，前者如微量的食盐会使蔗糖的甜味更强，或先尝低浓度的盐水，再尝糖水会觉得糖水更甜；后者如在尝了盐水的咸味或某些物质的苦味后，再饮清水便有甜味的感觉。对比效应或变调效应都会影响对菜肴质量的准确判断，所以检测人员一定要经常用清水漱口。

总而言之，为了将干扰因素降至最低程度，要求检测人员在进餐后的 1 小时内停止检测；过度饥饿时不要参与检测；严禁吸烟喝酒，也不得喝其他刺激性饮料和进食有气味的食品；生病状态不得参与检测，尤其是伤风感冒；不得使用化妆品；不得进食香辛味原料和调料烹制的食品；一道菜评完后要略事休息并漱口，再参与下一道菜的检测。这里提出的这些苛刻的要求与目前行业的现状大相径庭，主要是因为目前菜肴评价工作并未走上正轨，那种认为"好吃"便打分的做法是不正确的。相比之下，食品工业（尤其是酿酒业）的做法值得我们借鉴，不应该让不科学的习惯长期延续下去。

三、菜肴感官检测数据的处理方法

目前，中国餐饮业对检测数据的处理方法最常见的是平均法，有时候也用去偶法，因此这里主要介绍这两种方法。

（1）平均法：将所有评委所评的个人分数逐一相加，然后除以评委人数，所得数值就是菜肴的实际评价值。这个方法简单易行，评分者无须较高的文化水平或科学素养。但所得结果受主观因素的影响较大，在一些正式比赛中最好不要用这种方法。

（2）去偶法：即大家熟知的"去掉一个最高分，去掉一个最低分"，然后将其他检测人员打的分数逐一相加，再平均的方法。例如，某道菜的评委有 6 人，分别打出如下 6 个分数：

75 分、80 分、81 分、82 分、85 分、87 分

计算时，去掉一个最高分 87 分，去掉一个最低分 75 分，则这道菜的最后得分是 (80 + 81 + 82 + 85)/4 = 82（分），这个方法与平均法相比更加准确，但并不是最好的。

更精确的评分方法还有很多，如加权平均法、模糊关系法、多点识别实验法、顺序法等，在阎喜霜所著的《烹调原理》和李里特所著的《食品物性学》中都有较详细的介绍，不过由于餐饮行业的现状，对于这些方法，目前尚不具备采用的条件，因此不予介绍。

思考题

1. 通过学习，你能否领悟到烹饪原料在烹调过程中所产生的各种变化都可以用物理变化、化学变化和生物变化进行分类？试选三道菜肴加以论证。
2. 为了保证菜肴质量评价的客观与公正，请查阅相关资料自行设计若干可靠的评判标准并加以说明。
3. 你对菜肴的评分方法有什么积极性的建议？
4. 不同的进食者对菜肴的质量有不同的认识，这是为什么？

项目十一

菜点选择与开发创新

项目分析

设计、建造厨房为厨房生产提供了舞台；选择、组建队伍使厨房生产具备了动能；选择菜点、制定菜单为厨房生产找准了落脚点。因此，本项目是厨房由筹划组织到生产运作的战略转移，是由宏观驾驭到技术层面的必要衔接。合理选择菜点和对菜点进行开发创新是对烹饪学习者的基本要求，也是烹饪学习者活学活用和学以致用的最终目的。本项目主要介绍：顾客需求分析，菜点选择与结构平衡，制定菜单，菜点定价，菜点组合评估，菜点创新精神与策略，菜点创新原则、方法和程序，创新菜点的后续管理，厨房与相关部门的沟通联系。

学习目标

※知识目标

1. 了解顾客需求。
2. 理解菜点的结构平衡内容。
3. 掌握菜单的制定方法。
4. 掌握菜点的定价方法。
5. 掌握菜点组合评估的办法。
6. 熟悉菜点创新的策略。
7. 理解菜点创新的原则。
8. 掌握菜点创新的方法。
10. 熟悉菜点创新的程序。
11. 掌握菜点创新的后续管理内容。
12. 理解厨房与相关部门沟通的重要性，了解沟通方法。

※能力目标

1. 能进行餐饮顾客需求分析。
2. 能理解菜点选择与结构平衡内容。
3. 能制定不同类型的菜单。

4. 能给菜点定价。
5. 能进行菜点组合评估。
6. 能设计创新菜点。
7. 发散思维能力、协作能力、沟通能力。

认知一　顾客需求分析

任务介绍

"顾客就是上帝",这句话告诉我们要尽力满足顾客的需求。但"一百个读者就有一百个哈姆雷特",如何有效为顾客的不同需求服务呢?对顾客和其需求进行分类分析,有助于服务的恰当性。本任务主要介绍餐饮消费者类型和餐饮消费者需求。

任务目标

1. 掌握餐饮消费者的几大类型。
2. 熟悉不同类型餐饮消费者的需求。

相关知识

一、案例:中远集团老板来了——个性化的,才是超值的!

净雅酒店是商务宴请的首选之地。

一天,净雅酒店迎来了几位特别尊贵的客人。服务员小李得知,这几位客人是中远集团的高层领导。中远集团可是国内外知名的大企业,小李心想:我一定要为客人做好超值服务,让客人牢牢记住我们净雅酒店。于是,小李忙让同事在网上查找中远集团的简介。得知中远集团的物流横跨多国时,小李立即让厨房师傅刻了一艘带航帆的"大船",在"大船"上刻上了中远集团的标志,并将"大船"命名为"中远胜利号"。

餐尾,小李将这艘精心制作的"大船"放到餐桌上。"大船"在众人眼前转动一圈,犹如远行归来,所有人都饶有兴致地注视着这艘"中远大船"。此时,小李适时地说:"中远是中国远洋物流的骄傲,下设的八大地区企业更是业绩辉煌。祝愿魏总带领这艘大船航海远洋,驶向更远的成功彼岸。"小李的一番话赢得了客人的掌声。

分析:

食无定味,适口者珍。菜点口味如此,菜点组合也如此。顾客的心理需求不一定写在脸上,餐饮企业在生产与服务中密切沟通、配合,善于分析、发现顾客的需求并能及时给予满足,则可以创造惊喜、打动顾客。

当然,除了好的菜点以外,还要有细致得体的服务,这样才能真正把企业的心意、菜点的内涵和真谛传达、奉献给顾客。正如《大长今》中所说:"每一道菜都出自我的心意,希望将我的心意通过菜肴传递给对方。"

餐饮企业经营定位、餐饮风味选择、厨房菜点组合等都必须围绕特定市场进行,以满足目标顾客的需求。只有这样，餐饮企业才可能存在和发展。

二、餐饮消费者类型

整理、分析餐饮消费者类型，对有针对性地选择餐饮经营市场和有目的性地选择组合菜点是十分有益的。综观餐饮市场，消费者大致可分为以下几种类型：

1. 简单快捷型消费者

简单快捷型消费者追求的是服务方式简便、服务速度快捷。简单快捷型消费者在接受服务时，希望能方便、迅速，并确保质量。他们大多时间观念强，最怕排长队或长时间等待，讨厌服务人员的漫不经心、动作迟缓、不讲究效率。针对这一类型的消费者，在餐饮经营中要处处方便客人，生产简单、快捷且高质量的菜点。

2. 经济节俭型消费者

经济节俭型消费者是注重餐饮消费价格低廉的一类消费者，目前比较普遍的大众化消费群体就属于这种类型。这类消费者一般都具有精打细算的节俭心理，他们非常注重菜点的规格、数量和价格，而对质量不十分苛求；对用餐环境并不在意，但要求卫生整洁。随着餐饮市场向大众化方向发展，经济节俭型消费者群体越来越庞大。因此，餐饮经营者、厨房管理人员针对此类消费者选择菜点、设计菜点结构、确定菜点售价时，必须将经济实惠作为一个重要原则来考虑，否则，将事倍功半。

3. 追求享受型消费者

追求享受型消费者是注重物质生活和精神生活享受的消费者群体。这种类型的消费者一般都具有一定的社会地位，或者具有较强的经济实力。他们大多把餐饮消费当成显示自己地位和实力的活动。因此，对菜点的档次、服务的规格、用餐的环境等都有很高的要求，不但希望品尝名贵的佳肴，还希望享受优质的服务，以彰显自己高贵的身份地位。针对这种类型的客人，餐饮经营者不但要为其提供高雅的设施环境和精致的菜肴、点心，而且要提供全面、优质的服务。只要菜点、服务、环境都能令其满意，这样的客人成为回头客的可能性就很大。

4. 标新立异型消费者

具有标新立异需求的消费者一般比较注重菜点或服务是否新颖、刺激，追求与众不同的感觉。这类消费者主要以青年人和外出用餐频率高的消费者为主。他们对新开发的菜肴，特别是一些用较少见的原材料制作的菜肴或者制作方式独特的菜肴，对新奇别致的服务方式都很感兴趣，对价格并不十分计较。目前，这类消费者群体在都市为数不小，这也激发了一些餐饮经营者不惜代价地钻研开发新品的动力，投其所好。

5. 期望完美型消费者

期望完美型消费者对餐饮企业的信誉、服务和环境等的要求很高，希望在餐饮消费过程中获得轻松、愉快、良好的心理感受。这类消费者属于完美主义者，他们具有丰富的就餐经历，对餐饮市场变化和菜肴、服务等都很熟悉。他们将餐饮企业的信誉作为选择就餐场所的依据，对餐饮企业的设备设施、价格等并不过分苛求。但是，他们不能容忍餐厅的脏、乱、差，不能接受菜点摆放零乱、不够新鲜，更不能忍受服务员的怠慢服务。在他们心目中，用餐的整个过程都应该是快乐、完美的，他们希望获得满意、愉快、舒畅的心理感受和美好的回忆。他们非常注重餐厅的综合实力、经营氛围和信誉，对餐厅的社会形象也十分在意，任何经营上的错误或瑕疵都可能使这类客人却步。

现实生活中,单一类型的消费者并不多见,大多消费者是兼备型的。追求服务的方便、快捷,注重菜肴的质量和价格的合理性,希望获得良好的心理感受等,实际上是大多消费者的共同追求。因此,设计餐饮产品、选择组合菜点时必须考虑充分。

三、餐饮消费者需求分析

餐饮消费者的需求主要包括生理方面的需求和心理方面的需求,即物质需求和精神需求。这两方面的需求对消费者选择就餐场所和菜点都有很大影响,餐饮管理者对这两方面的需求都必须认真加以分析。

(一)生理需求

生理需求是人类最基本的需求,包括营养健康、风味、卫生安全等内容。

1. 营养健康需求

现代餐饮消费者的营养意识越来越强,越来越重视饮食营养的均衡和合理搭配,关注菜点的荤素搭配、粗细结合。合理的营养来自每一天、每一顿的餐饮膳食,大多数外出就餐的客人希望餐厅提供的菜点科学合理、营养均衡,甚至希望餐饮经营者将每道菜的营养成分及其含量在菜单上标注出来,方便客人自主选择。餐饮管理者,尤其是菜肴设计者,必须具备基本的营养学知识,并能结合客人特点进行菜点组合,以科学的态度给消费者真切的关心和爱护。

2. 风味需求

风味是指客人就餐时,对菜点的色、香、味、形等诸方面产生的总体感受和印象,它是刺激消费者选择菜点的重要因素。

消费者对风味的需求因人而异,且各不相同,有的喜爱清淡爽口,有的希望色浓味重,有的追求原汁原味。经营者、厨房管理者必须对本餐厅主要客源市场的风味需求有一定的了解,这样才能有的放矢地设计出适合消费者需求的菜点。一所门店、一个餐厅可以经营单一风味的菜肴,也可以同时经营数种不同风味的菜肴,以适应和满足不同口味需求的客人。

3. 卫生安全需求

(1)消费者对餐饮卫生方面的需求是立体的、多方面的,既包括餐厅提供的各类食品的卫生、器具的卫生、就餐环境的卫生,也包括生产、服务人员自身的卫生和操作行为的卫生。

食品卫生关系到就餐客人的身体健康,所有消费者对食品的卫生都极为关注,餐饮管理者必须严格执行《中华人民共和国食品安全法》,严把食品卫生关,防止食物中毒事故发生。厨房生产人员、餐厅服务人员、外卖销售人员都应该养成良好的卫生习惯。

(2)在安全方面,大多数客人对餐厅是信任的。他们认为在就餐过程中发生安全事故的可能性极小,尽管如此,经营者对于客人的安全问题也不可忽视。在餐饮生产经营过程中,蔬菜残留农药,菜点裹带杂物,汤汁滴洒在客人的衣物上,破损的餐具划伤客人,地面打滑致人摔跤,甚至吊灯或餐厅悬挂物掉落击伤客人之类的事故偶尔也会发生。一旦这些事故发生,造成的后果往往都非常严重,不但会给经营者带来经济损失,更重要的是可能会造成企业名誉、形象上的损失。因此,安全管理、安全环境的营造同样至关重要。

（二）心理需求

心理需求主要表现为顾客的心理舒适程度，包括以下五个方面：

1. 感受欢迎需求

客人光顾餐厅都希望能受到餐厅应有的礼遇，希望一走进餐厅就有迎座员、服务员礼貌的问候，处处受到热情的接待，这些都是客人感受欢迎需求的具体表现。客人的感受欢迎需求还表现在希望得到一视同仁的服务方面。餐厅服务员在接待客人时，不能因为优先照顾熟客、关系户或高消费客人而忽视、冷落其他客人。在做好重点客人服务的同时，应同样兼顾餐厅里其他的客人，任何的顾此失彼都会引起部分客人的不满，甚至尖锐的批评。因此，餐厅在服务过程中必须做到一视同仁，不能让任何一位客人感受到自己被冷落和怠慢。

感受欢迎需求同时表现为客人愿意被认识、了解。当客人听到服务员带着客人的姓称呼自己时，会很高兴。特别是发现服务员记住了自己喜欢的菜肴、习惯的座位，甚至习好时，客人更会觉得自己受到了重视和感受到无微不至的关怀。

2. 受到尊重需求

受到尊重是消费者普遍的心理需求。在服务中，客人追求的主要是对个人人格、风俗习惯和宗教信仰的尊重，以获得心理和精神上的满足。餐厅服务员的举止是否得体，语言是否亲切，是否讲究礼貌礼节，推荐的菜点是否合适，是否顾及客人的信仰和消费心理，以及是否做到主动服务、微笑服务，等等，都关乎能否满足客人受到尊重的心理需要。

3. 享受舒适需求

很多消费者在品尝美味佳肴的同时，更希望得到紧张工作之余的轻松，希望餐厅提供的服务设施、服务项目等带给自己身心上的满足和享受。客人的需求能否被满足，取决于餐厅的硬件和软件。因此，就餐客人不仅寻求美味佳肴、追求优质服务，还注重餐厅的设计、装饰以及设备设施等给其视觉、听觉、嗅觉、味觉等带来的舒适感受。一次完美的就餐应当能给消费者带来全身心的愉悦。

4. 感觉值得需求

感觉值得、追求物有所值是绝大多数餐饮消费者的普遍心态。在高档饭店、高档会所、高级餐厅，消费者期望餐厅提供的一切实物产品与服务都要豪华气派，都要与店家的规格档次相吻合。他们不怕价格昂贵，只要求钱花得值得。他们希望在这些高档餐厅能够享受到地道原料制作的精美菜肴，享受到餐厅豪华典雅的气氛，以及优质、规范的服务。

相反，对一些追求物美价廉的消费者来说，他们更多的是希望餐饮产品经济实惠，对菜肴的价格比较关注，对服务人员的服务态度也比较敏感。因此，餐饮经营者必须根据不同客人的不同需求，设计出相应的餐饮产品。销售员、点菜员、服务员在向客人推荐、介绍菜点时也要注意针对性。

5. 获得愉悦需求

顾客在消费时，普遍希望服务人员热情、诚恳、文明礼貌、关心客人、理解客人，自己能够获得精神和心理上的愉悦。餐厅服务员的服务态度对满足顾客的精神和心理需要有着决定性的作用。一般来说，优质的服务由优质的功能服务和优质的心理服务构成。为客人介绍食品或饮料时，能否准确得当，这是功能方面的问题；能否在介绍时始终保持微笑并彬彬有礼，则是心理方面的问题。心理学家费洛姆说："谁能自动'给予'，谁便富有。'给予'并不是丧失、舍弃，而是因为我存在的价值正是给予的行为。"餐厅服务员的服务应能够满足顾客的心理需求，使客人觉得自己的服务热情周到，从而使客人感到愉悦。

除上述心理需求以外，客人的心理需求还包括显示气派需求、追新求异需求等。餐饮管理者在生产、经营和服务过程中，必须认真研究顾客心理，设计有针对性的产品和服务方式，努力使顾客在生理和心理上都获得最大程度的满足。

认知二　菜点选择与结构平衡

任务介绍

菜点品种数以千计。一家企业、一个餐厅，不加选择，显然不切实际。而选择哪些、生产什么，这既是厨师队伍技术的展现，同时也是企业经营成功的关键。因此，菜点选择必须从战略上切入，最终在菜单上彰显新颖别致和魅力。本任务主要介绍四类菜肴的结构平衡和菜点的组合要素。

任务目标

1. 掌握餐饮消费者的几大类型。
2. 熟悉不同类型餐饮消费者的需求。

相关知识

一、案例：盐水鸭 1 年为酒店进账 500 万

记者采访金陵饭店花总厨。花总厨不假思索地告诉记者，金陵饭店开业 20 年来最好卖、最赚钱的就是南京王牌特色菜——盐水鸭。金陵饭店平均一天能卖出 100 只左右盐水鸭，每只盐水鸭 128 元。记者当即算了一笔账，不禁大吃一惊，一年进账近 500 万元！20 年来，南京人再熟悉不过的盐水鸭竟然为金陵饭店这座老牌五星级酒店进账近 1 亿元人民币。

花总厨说，虽然盐水鸭在南京的街头巷尾随处可见，属于标准的南京家常菜，感觉上难登大雅之堂，但金陵饭店 20 年来不断地开发改进制作盐水鸭的工艺，使得这个普通的南京家常菜成为金陵饭店最赚钱的一道菜。

为了让盐水鸭从"小家碧玉"变身"大家闺秀"，金陵饭店每天早晨都要进行一场轰轰烈烈的"鸭子选美"运动。选中的鸭子全身光洁，不允许有半点瑕疵，且体重都要一模一样，在 1 900～2 000 g，误差必须控制在 150 g 之内。

当然，金陵饭店对盐水鸭的制作工艺也很讲究，比普通做法多出了十几道工序，十分精细，甚至精确到列出盐水鸭春夏秋冬、晴雨天等不同时期的腌制时间，以及不同部位腌制用盐的分量等。20 年来，金陵饭店每只盐水鸭的制作都要花费 2～3 天时间（按照 30 多道工序严格制作），成品出来后，每只盐水鸭都皮白肉嫩。

花总厨说，金陵饭店制作盐水鸭 20 年，创造出近 1 亿的销售额，是南京菜能做好、能出效益的最好证明。目前，在金陵饭店里的南京传统菜所占比例超过 20%，扁大枯酥、凤

尾虾、白玉虾圆等南京餐饮界已经普遍废弃或者做不出来的传统南京菜，在金陵饭店的继承改良后依然焕发着蓬勃的生机，金陵饭店每年20%以上的餐饮销售额仍旧由它们创造。最后，花总厨总结，南京传统菜不是没有生命力，关键是要有人用心去做。

分析：

推陈出新、创新菜点固然重要，这是厨师的责任、烹饪者的使命，但千万不要忘记经典菜点的流芳百世还需要手艺人的传承。人对烹饪产品有怀旧、依恋的情结，有时一道久违了的菜点、深藏于心底的口味，能激起人的无限联想，甚至产生超越时空的感动。毕竟，烹饪艺术属于非物质文化遗产的范畴。因此，对传统菜点的发扬光大同样是烹饪者的历史使命。一个饭店几类菜点的有机组合，则构成了餐饮的内核，展现了餐饮的实力，彰显了餐饮的活力。

二、四类菜点结构平衡

菜点选择与结构平衡是餐饮企业经营战略与战术结合的表现。菜点选择组合得当、亮点突出，饭店经营就会春风得意。菜点结构均衡合理，顾客选择轻松如意，饭店经营同样能得心应手。反之，店方销售困难，顾客购买困难，饭店经营自然会举步维艰。

一个饭店，尤其是不以新颖独特风味为旗号的综合性饭店，其菜点结构一般由传统菜、创新菜、看家菜、时行菜等四类构成。四类菜点各占一定比例，结合经营，更能体现服务顾客的店旨，最终实现经营目标（表11-1）。

表11-1 四类菜点平衡结构、结合经营举例

类型	实例	特征	生产、管理要点
传统菜	清炖蟹粉狮子头、大良炒奶、夫妻肺片、佛跳墙	有历史性、地方性、文化性；有出处、典故、内涵	形神兼备，把握要领，传承文化，福泽后人
创新菜	金枪鱼油梨卷、雨花石汤圆	造型新颖，口味独特，器皿别致	把握创新节奏，引领时尚潮流，提炼完善内涵，追求极致经典
看家菜	因店而异	口味地道，质感好，在当地具有良好口碑和话语权；是饭店赢利的主打菜	提炼菜品精华，打造立体系统，定型定性生产，建立实用规范
时行菜	因地而异	当地时令、季节原料；普遍受欢迎；味道可口；出品及时	适合时令季节，平衡菜单结构，丰富菜式品种，咸淡老嫩适中

三、菜点选择组合要素

菜点的选择既要反映饭店或餐厅的经营特色和风格，又要满足目标消费群体的就餐要求。因此，在构思餐厅经营品种、选择组合菜点时，要通盘考虑以下要素：

1. 体现餐饮特色

为了适应日趋激烈的餐饮竞争，必须使本企业、本餐厅的菜肴有别于其他餐饮企业和餐厅，设法在顾客心目中树立起鲜明独特的形象。所谓形象，就是公众对本企业餐饮的看法。

在确立餐饮形象时，要清楚把握目标市场，分析企业的位置、装修效果、技术力量、服务和价格的特点，充分认识自身的长处和弱点，扬长避短，确定并彰显自身形象。尽量选择能反映本餐饮企业特色和本厨房擅长制作的菜点，以增强竞争力。专心研制，推出人无我有、人有我精的"看家菜"。

2. 把握市场需求

餐饮市场既有变化，又相对稳定。选择菜点时，必须审时度势，根据顾客的真正喜好、需求，选择组合菜点。

3. 核算成本、盈利能力

凡列入菜单的菜点，厨房应无条件地保证供应。这是一条相当重要，但极易被忽视的餐饮管理原则。在选择某道菜点时，首先，必须充分掌握各种原料的供应情况，同时，应该核算该菜点的原料成本、售价和毛利，检查其成本率是否符合预期目标，即该菜点的盈利能力如何；其次，要测算该菜点的畅销程度，即可能的销售量；最后，还要分析该菜点的销售对其他菜点的销售所产生的影响，即有利于或妨碍其他菜点销售的因素。

4. 控制菜点数量

菜点的总数过多，势必增加保障供应的难度；菜点过少，又不便客人选择，容易影响餐厅销售。因此，要在厨房生产硬件条件具备、生产人员及技术许可，以及餐厅服务力所能及的前提下，综合平衡选择菜点，确定生产经营品种，以供常规经营。

5. 分析营养搭配

选择菜点时，不仅要知道各种食物所含的营养成分，了解各类顾客每天的营养和热量摄入需求，还应当懂得如何选料、怎样搭配才能使营养均衡。要分析、区别客人，有针对性地组合菜点，以满足不同客人的营养需求。这是烹饪发展的主要方向。

6. 兼顾技术力量

菜点选择和组合不可忽视厨房设备和技术力量的局限性。厨房设备条件和员工技术水平在很大程度上影响和制约着各类菜点的质量。以各种烹饪方法制作的菜点，其数量比例必须合理，以免造成厨房中某些设备使用过度，而某些设备得不到充分利用、闲置的现象。即使厨房拥有生产量较大的设备，在菜点选择时仍应留有适当余地，以免在营业高峰时段出菜不及时。与此同时，各类菜点数量的分配要适度，避免造成一些厨师负担过重，而另一些厨师无事可干的情况。

7. 平衡原料搭配、烹调方法和技术难度、菜点口味、售价

（1）平衡原料搭配。每种菜点都有各自的主料、配料，不同菜点的主料和配料尽量有所区别，以满足顾客对品尝不同原料制作的菜点的需要。

（2）平衡烹调方法和技术难度。在使用同类原料制作的菜点中，应有不同烹调方法制作的菜点。无论是中餐还是西餐，用炒、烧、炸、焗、煮、蒸、炖、烤等烹调方法制作的菜点均应有一定的比例。一组菜点，其加工制作的难易程度也应搭配均衡，既充分体现餐饮企业的实力，又难易有度。

（3）平衡菜点口味。菜点的口味应有所区别，这样可以满足不同年龄、不同地区消费者的需求。口味是餐饮消费者对购买产品的主要需求指针。不同消费群体对菜点风味、口味的需求取向不尽相同。

（4）平衡售价。同一目标市场的顾客因不同目的，其消费水平也有高低之分。因此，每类菜点的价格应尽量在一定范围内有高、中、低的搭配,以满足不同顾客的需求。

认知三 制定菜单

任务介绍

不论是对顾客需求进行的分析,还是对菜点进行的合理选择、组合,最终都需要以"菜单"的方式呈现。顾客只有通过菜单,才能了解餐厅经营的特色,才能找到适合自己的菜点。可以说,菜单的质量体现了制定者的综合水平。一份好的菜单能对餐厅起到良好的宣传作用。本任务主要介绍制定菜单需要考虑的因素,制定零点菜单,制定套餐、宴会菜单,制定团队与会议菜单,制定自助菜单,制定客房送餐菜单。

任务目标

1. 理解菜单制定的各方因素。
2. 掌握制定菜单的方法。

相关知识

一、案例:金马大酒店举办"德国美食节"活动计划

(一)主题:德国美食节

(二)日期:2009年5月8—28日。

(三)活动形式:自助餐

(四)地点:酒店咖啡厅

(五)基本消费定位:88元/位

(六)举办目的

借酒店店庆之际,创新氛围,推出具有西式风味的美食节活动,增添酒店的异国风情,给常住酒店的德国专家及其他外宾以亲切感,扩大酒店知名度,创造良好的经营业绩。同时,借此机会培训本店厨师,进一步丰富西餐菜点知识,为以后制作中西合璧的产品创造条件。

(七)活动内容与安排

1. 制定美食节自助餐菜单

(1)冷肉盘:烟熏鱼盆、青椒粒银鱼鹅肝酱、火腿蜜瓜卷、什香肠盆、红鱼子酿鸡蛋。

(2)沙拉:牛肉沙拉、鸡肉沙拉、肠仔沙拉、土豆沙拉、圆白菜沙拉、扁豆沙拉、白芸豆沙拉、红菜头沙拉、黄瓜沙拉、橙味胡萝卜沙拉、番茄沙拉、生菜沙拉。

(3)汤:茄味牛尾清汤、鸡粒薏米汤、土豆泥汤。

(4)主菜:鞑靼牛排、啤酒烩牛肉、烤猪腿、煮咸猪蹄、香焖肋排、香煎里脊肉、煎牛仔肠、椰菜酸鱼卷、鲜菇烩鸡丝、烤羊肉青椒串、咸肉土豆饼、燕麦玉米饼、鲜蘑菇鸡汁饭、咸肉炒土豆、奶酪焗三文鱼面、面包肉馅饼、现场烧烤。

（5）甜品：黑森林蛋糕、鲜果啫喱、南瓜派、酸乳酪布丁、鲜果塔、曲奇饼干、什饼盘、巧克力慕斯蛋糕、草莓慕斯蛋糕、炖蛋。

（6）时令鲜果篮。

（7）面包篮：德式农夫包、麦包、硬餐包、小圆包。

（8）现场特质奶昔等饮品。

2. 制定原料采购清单

略。

3. 添置美食节自助餐餐具

冷肉盘（金属制，长方形），装沙拉玻璃碗，自助餐保温锅，自助餐取菜用菜夹、长勺，自助餐餐台装饰物，其他。

4. 菜肴制作与培训

5月5日，聘请店外3名厨师到酒店指导、参与自助餐菜点制作。

5. 餐厅环境与自助餐餐台布置

（1）餐厅环境围绕德国风土人情布置，营造美食节热闹的氛围（装饰品有旗帜、水彩画、啤酒桶等）。

（2）服务员服饰：男性与女性的打扮各具风格。

（3）自助餐餐台：冷菜台、主菜台、甜品台、现场烹饪操作台。以上自助餐餐台分别设计。

（4）餐台装饰品（如新鲜果蔬、德国肠、黄油雕或自制面食展品等）、餐台的桌裙、台布、特别装饰小件等，另行设计。

6. 营销宣传

略。

（八）费用预算

（九）活动评估

分析：

美食节是餐饮企业、餐饮部门开展灵活多变的餐饮促销活动的主要方式，其既可扩大餐饮企业对外经营的范围，巩固市场份额，还可以激活厨房团队氛围，增加活力和向心力。成功举办美食节的关键是正确选择、组合菜点，要使美食节菜点既与平日经营菜点风格迥异，又要做到菜肴与点心、辅菜与主菜、传统与时尚的结构均衡。美食节菜点既要类别完整，还要具有某种独特的风味，具有足够的代表性。因此，上述案例通过制订计划选择、组合、明确菜点，应该说抓住了关键。当然，美食节的成功举办，还必须有广告宣传和就餐环境氛围的营造。否则，时间有限的美食节很可能匆匆走过，给顾客的印象和市场反响都难以达到预期效果。

二、菜单制定考虑的因素

菜点是由厨师长（组织）及其厨房核心技术人员设计、厨师制作的产品，是技术和艺术的结合体。菜点是餐饮企业销售的实物产品，菜单是餐饮企业向消费者展示、介绍产品的载体。不论顾客以零点、宴会、自助餐等何种方式消费，其消费的产品都是以组合形式出现的。尽管有些组合是根据顾客即时用餐的目的和标准现场搭配的（如宴会、套餐），有些是根据企业的市场定位，预先选择产品进行较大范围的组合，待顾客用餐时再做挑选搭配的（如零点、自助餐），但是这一切组合的前提，无疑都是厨房管理者将可能和有必要提供给顾客的菜点设计安排在各种菜单之内。因此,厨房产品组合不仅贯穿菜单的设计、管理始终,而且交织在整个餐饮经营管理活动的每个环节之中。

菜单是餐饮生产、服务、原料组织等相关业务运转工作的指挥棒,菜单的设计制定是厨房计划管理主要和常规性的工作。菜单的种类很多,不同菜单针对不同的消费对象,适合不同的消费方式,其制定程序及难易程度也不完全相同。在总的结构、步骤相似的前提下,针对各种消费方式的菜单制定程序也各不相同(图11-1)。

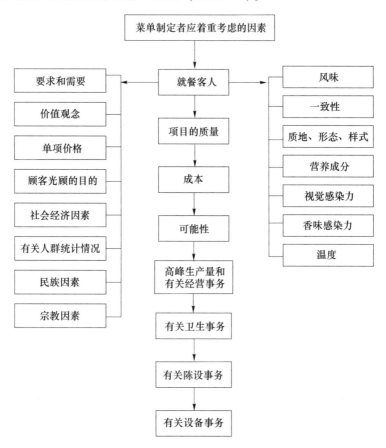

图11-1 菜单制定者应着重考虑的因素

三、制定零点菜单

零点菜单是供顾客自主、随意选择菜点的菜单,是餐饮企业最常用的菜单。零点菜单的特点是菜点种类全、品种多,按一定顺序分类排列,菜名、价格清晰直观。大部分中餐零点菜单的排列顺序依次为:冷菜类、海河鲜类(海鲜产品、河鲜产品)、家禽类(鸡、鸭、鹅、鸽)、畜肉类(牛、羊、猪)、蔬菜类、羹汤类、主食点心类等,分别按例份、中份、大份定价(一般例份可供1~3人食用,中份可供4~6人食用,大份可供7~9人食用)。零点菜单上通常有足够的可供选择的类别和品种,既能保证客人本次选择的余地较大,又可使客人再次光顾时还有喜欢的品种可挑选。不管是中餐还是西餐,零点菜单中的品种都应该比较丰富。

零点菜单又分为早餐、午餐、晚餐零点菜单。早餐零点菜单最简单,因为客人早晨时间比较紧张,客人要求点菜快、出品快。因此,早餐供应的饭菜种类比较少,菜点制作也相对简单,出品快,规格不大,价格便宜。午餐和晚餐通常合用一份菜单。由于午餐、晚餐,特别是晚餐是一天中相对重要的,顾客不仅对用餐环境十分重视,而且希望吃得营养、舒服。因此,午餐和晚餐的菜单中菜点品种繁多、种类齐全,除固定经营的菜肴外,还常备有时新菜品作为特别推荐,供客人选用,以增加新鲜感。设计零点菜单应注重持久供应、方便销售。零点菜单的优点及相应内涵如表11-2所示。

表11-2 零点菜单的优点及相应内涵

优　　点	内　　涵
特色鲜明	风味明确,看家菜、招牌菜醒目
主推品种明确	一目了然,主推品种打开菜单就可看见
结构合理	冷热、荤素、咸甜等搭配得恰到好处
分类清楚	功能分类、原料分类等方便顾客选择
数量适中	菜点品种总数、分类数量掌握得体
菜名直观	观其名,知其料,识其味
品种相对稳定	列入菜单的品种保证供应,通常不断档
方便特选菜点宣传	特选菜点、创新产品有宣传空间

(一)零点菜单标准

(1)零点菜单中的菜点品种通常不少于120种(具体数量视餐饮企业规模和经营需要而定)。

(2)产品类型多样,冷菜、热菜、汤类、面点齐全。

(3)各类产品结构比例合理。

(4)各类产品高档、中档、低档搭配适当。

(二)制定零点菜单的程序

制定零点菜单的程序如表11-3所示。

表11-3 制定零点菜单的程序

步　　骤	内　　容
1	根据经营风味特点,拟定菜单结构(西餐零点菜单结构见表11-4)
2	根据餐饮企业规模和生产能力,确定菜点品种总数
3	针对客源市场和消费层次,确定由具体口味和原料组成的菜点品种
4	确定具体菜点的主料、配料用量,落实盛器,规定例份、中份、大份的不同规格
5	核算成本,确定具体菜点的成本及售价,保证目标利润的实现
6	分类平衡,调整完善菜单结构
7	规定菜点质量标准,购买原料,对厨房生产人员、餐厅服务人员进行培训,准备生产推出零点菜单
8	交相关部门编排印刷

表 11-4 西餐零点菜单结构

早 餐	午 餐	晚 餐
（1）水果或果汁 （2）谷类（煮的或配制的） （3）正菜 （4）面包和黄油等 （5）饮料	（1）开胃品 （2）高淀粉食品 （3）正菜 （4）蔬菜 （5）沙拉 （6）餐后甜点 （7）面包和黄油等 （8）饮料	（1）开胃品 （2）高淀粉食品 （3）蔬菜 （4）正菜 （5）餐后甜点 （6）沙拉 （7）面包和黄油等 （8）饮料

注：一般不需改变的项目，如面包、黄油、饮料等通常列在菜单的最后。

四、制定套餐、宴会菜单

（一）套餐菜单的特点与价格

套餐菜单的特点为：冷菜与热菜、开胃菜与主菜搭配，有些还配有点心、甜品；结构完整，有固定顺序；品种有限，售卖方式以套为单位；整套菜点的价格相对固定。

套餐菜单主要适用于快餐，有些餐饮企业在一些普通宴会也采用套餐菜单形式对外销售产品。设计产品、组合套餐时，既要便于集约化生产，又要方便顾客选择点膳。

中餐、西餐套餐菜单在价格形式上存在一些差别。西餐套餐菜单中每组菜点的价格由其中的主菜决定，即主菜的价格就是该套餐的价格。一旦客人选择了主菜，只要按主菜的价格付费即可。中餐套餐价格一般根据菜点数量、规格，结合就餐人数而定。

（二）制定套餐菜单的程序

制定套餐菜单的程序如表 11-5 所示。

表 11-5 制定套餐菜单的程序

步 骤	内 容
1	根据市场拟定套餐档次、销售价格阶梯
2	设计套餐用餐人数与菜点、冷热数量结构
3	根据季节调整菜点的原料、质地和口味，开列具体菜点品种
4	平衡、计算成本
5	配备餐具，固定盘饰，制定标准食谱
6	培训厨房生产人员、餐厅服务人员，准备生产推出套餐菜单
7	交相关部门编排印刷

（三）制定宴会菜单要注意的几个方面

宴会菜单是按照宴会主办者的要求，根据宴请客人的特点、宴请规格和标准、宴请主办单位等诸多因素设计制定的专用菜单。宴会菜单一般比零点菜单的消费标准更高，制作更加精细，服务更细致周到。宴会菜单的制定要注意以下方面：

1. 宴会菜单是根据客人预定的消费标准设计的一组菜点

不管消费标准如何,都应该让客人吃饱。因此,宴会菜单制定更需要技巧。

2. 以客人的需求为依据

了解设宴主人及宴请对象的意图,尽量满足客人的需要。

3. 定价合理

宴会是以每位顾客或是以每桌(席)为计价单位的,宴会菜单在设计时要仔细考虑成本与利润,定出合理的价格。

4. 菜点搭配要符合用餐习惯

宴会菜单中冷菜与热菜的比例、出菜顺序等要符合就餐习惯,同时应考虑季节性变化,进行合理组配。

5. 菜点品种多样化,避免重复

制定宴会菜单时,应根据不同的就餐标准选择菜点品种,要讲究品种的多样化,同时要尽量避免品种及原料雷同。菜点的雷同常表现为用料、营养成分、味型、色彩等几个方面重复、相似。例如,在一份宴会菜单上先后出现东坡方肉、江米扣肉、米粉蒸肉这三道菜,用料基本相同,口感油腻,脂肪超标。另外,菜单里的主菜虽然美味可口,但配菜千篇一律,也会增加客人单调乏味的感受。

6. 切忌菜点分量过大和华而不实

7. 加强对生产和服务人员的培训

宴会菜单制定以后,应针对菜点的名称、营养、简要制作工艺等内容对厨房生产人员和餐厅服务人员进行培训,以利于生产和服务的顺利进行。对于一些由艺术菜名组合而成的菜单,更需要安排详细的培训。

(四)宴会菜点的组合结构

宴会菜点既要讲究规格顺序,又必须考虑菜点的组合及品质、身价结构,同时还需要按照季节的变化来安排时令菜点。大多宴会消费档次较高,都有特定的目的或主题,并且用餐进程较慢,欣赏、评价菜点的机会较多。因此,宴会菜单需精心设计制作,力求将菜单艺术与生产、服务技术完美结合。宴会菜点组合结构分析如表 11-6 所示。

表 11-6 宴会菜点组合结构分析

功用/目的	次序/身价	品种/内容	组合要领
开胃 佐酒	前菜引导	烧烤、卤水 冷菜、沙拉	避让热菜
鉴赏 果腹	大菜(热菜)造势	荤素菜点 羹汤	突出主菜 巧配辅菜
果腹 解酒 玩味	甜点谢幕	饭、面、点心 甜品	注重时令 体现反差

(五)宴会标准菜单

在选择宴会菜单中的具体菜点时,首先要考虑大菜,然后再安排其他辅菜及汤、点心等。西餐宴会菜单在首选主菜之后,一般程序是先安排开胃菜和汤,接下来是高淀粉食品和蔬菜（不属于主菜部分），然后是沙拉，最后是餐后甜品、面包和饮料等。

为了方便宴会销售和顾客选择，饭店通常要有针对性地设计、制定一系列宴会标准菜单，交给宴会预定部或放到订餐台，以便与顾客沟通。

宴会标准菜单是餐饮企业根据市场定位，面向目标顾客群设计组合的菜点结构完整、价格明确、有具体（主料等）用量说明的不同消费规格的系列菜单，为顾客订餐提供参考、选择。

1. 设计宴会标准菜单时，要注重特色、强化卖点

宴会标准菜单的优点及相应内涵如表 11-7 所示。

表 11-7 宴会标准菜单的优点及相应内涵

优　　点	内　　涵
显示用料分量	列明主料、配料名称与数量，使顾客一目了然
宣传时令菜点	根据季节，翻新推出宴会标准菜单、时令菜点，以吸引顾客
彰显技艺风尚	穿插特色菜点，体现厨师技艺，展现饭店特色
顾客订餐参考	顾客可以直接选用标准菜单，也可以调换部分菜点品种
员工作业指导	一段时期内围绕标准菜单准备原料、加工生产、准备服务

2. 制定宴会标准菜单的程序

制定宴会标准菜单的程序如表 11-8 所示。

表 11-8 制定宴会标准菜单的程序

步　骤	内　　容
1	根据市场消费水平确定不同宴会的标准
2	落实菜单结构，确定菜单中的菜点数量
3	根据原料，结合技术力量和设备用具，确定菜点品种
4	结合菜单特点，落实盛器，确定装盘规格
5	规定每道菜点的用料，确定标准食谱
6	核算整桌成本，进行相应调整
7	印交宴会预定部（或放到订餐台），对厨房生产人员、餐厅服务人员进行培训，准备使用宴会标准菜单

注：宴会标准菜单一般由冷菜、热菜（包括汤菜、炒、烩、炸类菜）、点心、甜品及水果等组成。菜点数量根据情况而定：盛器小，菜点数量应多一些；盛器大，菜点数量则可少一些；面向家庭市场的婚宴、寿宴等，习惯上菜点数量需多一些。

例：宫廷菜美食节宴会标准菜单（800元/位）

干果四品

五彩虾皮

蜜饯海棠

挂霜腰果

水晶花生

慈禧御点

豌豆黄

如意凉卷

菠萝冻

翡翠糕

前菜

金鸡报晓

鸡油冬瓜

桂花海蜇

红曲鹿肉

如意蛋卷

水晶虾仁

五彩黄瓜卷

怪味鸡条

姜汁扁豆

品锅御宴汤

芙蓉燕菜

御宴大菜

佛手鱼翅

抓炒大虾

绣球干贝

鸳鸯戏水虾

佛手卷

掐菜鸭丝

金蟾海参

三鲜鸭包

连珠千连福

龙须草菇

醋椒鳜鱼

素炒鳝丝

宫廷点心

小窝头

佛手酥

金丝烧卖

绒鸡待脯

肉末烧饼

黑米膳粥

锦绣水果拼盘

告别香茶

3. 制定高规格宴会菜单的程序

高规格或重要宾客宴会的菜单制定方法既与宴会标准菜单相似，又有所不同。为保证菜单突出重点，强化针对性，更具权威性，在制定菜单时需要征求宾客意见。制定高规格宴会菜单的程序如表 11-9 所示。

表 11-9 制定高规格宴会菜单的程序

步 骤	内 容
1	充分了解宾客组成情况和宾客的需求，落实就餐方式，如共餐或分餐等
2	根据接待规格标准确定菜点总数和菜（冷菜、热菜）、点心、汤等的结构比例
3	结合客人饮食喜好、设宴者的地方特色拟定菜单中的具体菜点品种
4	根据菜点品种确定加工规格、配份规格和装盘形式
5	确定用料标准、盛器，初步核算成本
6	报领导审批、签字，调整完善菜单
7	将确定后的菜单交给宴会预定部（或放到订餐台）及厨房，精心组织生产

五、制定团队与会议菜单

团队菜单适用于旅游团队等大型活动用餐，菜品经济实惠，搭配合理有序。制定团队菜单时，既要考虑团队或特定群体用餐的特点，又要兼顾客人的具体情况；既要注意花色品种的组合搭配，又要考虑成本。

团队用餐与会议用餐有很多共同点，如就餐人数多、消费标准大多不高、口味要求多种多样等。除此之外，会议菜单还要考虑客人在饭店连续多次用餐的特点。因此，制定团队、会议菜单时要统筹兼顾、反复推敲。

（一）制定团队与会议菜单的程序

制定团队与会议菜单的程序如表 11-10 所示。

表 11-10 制定团队与会议菜单的程序

步 骤	内 容
1	根据团队、会议人员构成确定菜点风味
2	根据接待标准确定菜点数量和菜、点心、汤等的比例
3	结合季节和原料库存情况交叉用料，选择不同品种的菜点
4	列出原料，确定盛器，制定标准食谱
5	核算成本，调整完善菜单
6	征询旅行社、会议会务组意见，落实菜单，筹备原料
7	菜单打印分发，依照执行

(二) 某大酒店经贸洽谈会中西合璧自助餐菜单

某大酒店经贸洽谈会中西合璧自助餐菜单如表 11-11 所示。

表 11-11 某大酒店经贸洽谈会中西合璧自助餐菜单

冷菜	盐水嫩鸭、水晶肴肉、葱油双脆、龙须牛肉、芝麻鱼条、咖喱茭白、凉拌腐丝、蒜泥黄瓜、酸辣白菜、滋补醉枣、陈皮兔丁、棒棒鸡丝、香菜拌花生仁
沙拉	华尔道夫沙拉、冷芦笋火腿盆、什锦沙拉、莫斯科沙拉
调味	酱黄瓜、荞头、四川泡菜、雪菜毛豆
热菜	乳猪、香草烤鸡腿、匈牙利牛腱、茄汁意面、白脱西兰花、蛋煎鳜鱼、白灼基围虾、丁香排骨、菠萝古老肉、板栗焖仔鸡、椒盐炸肉蟹、明炉烤鸭、蚝油牛柳、西芹炒百合、蘑菇菜心、干烧四季豆、豉汁河鳗
现场切割	烤猪排
羹汤	奶油蘑菇汤、西湖牛肉羹
点心、甜点	鸡丝春卷、叉烧酥、蔬菜包、芝麻炸软枣、枣泥拉糕、扬州炒饭、糯米糖藕、桂花糖芋苗、豆沙包、黄金大饼、拿破仑酥饼、维也纳苹果卷、香芒布丁、酸乳酪蛋糕、黑森林蛋糕、鲜果蛋糕、小圆包、丹麦包
水果	西瓜、哈密瓜、葡萄、香蕉、橘子、提子

六、制定自助菜单

自助餐不管客人食用了多少种菜点，都按每位客人规定的价格收取费用（少数根据客人食用量计价收费）。在制定自助餐菜单时，要预计目标顾客所喜欢的菜点类别和品种，预计客人的数量，提供适当分量、多种类型的菜点，供客人自由选择。

(一) 制定自助餐菜单的程序

制定自助餐菜单的程序如表 11-12 所示。

表 11-12 制定自助餐菜单的程序

步　骤	内　　容
1	根据自助餐的主题和客人组成确定自助餐菜单结构与比例。通常自助餐包括冷菜及开胃菜、热菜、点心及甜品、水果、饮料等几大类食品
2	根据自助餐消费标准，结合原料库存情况，分别开列各类菜点名称
3	开列每道菜点所用原料，核算成本，进行调整平衡
4	确定菜点盛器，规定装盘及盘饰要求
5	菜单印发至有关厨房，并通知餐务部门准备相应餐具、盛器
6	准备原料，按菜单进行加工生产

(二) 自助餐菜单结构

自助餐菜单结构如表 11-13 所示。

表 11-13 自助餐菜单结构

餐别＼品种＼类别	冷菜、开胃菜、沙拉		热菜		汤		点心、甜品		水果	明档	备注
	中厨	西厨	中厨	西厨	中厨	西厨	中厨	西厨			
早餐											
午餐											
晚餐											

(三) 自助餐常选用的原料

1. 冷菜

肉类、蔬菜、调味小菜等。

2. 沙拉与水果

各式水果及沙拉。

3. 热菜

热汤及各种炖、炸、炒的鱼、肉、禽蛋、蔬菜等。

4. 甜品

各式蛋糕、面点、饼类及其他甜品。

(四) 制定自助餐菜单的注意事项

自助餐一般都大批量集中加工生产，而且开餐时间相对较长。因此，制定自助餐菜单时应注意以下几点：

(1) 选择能大批量生产，且质量随时间下降幅度较小的菜点。热菜尽量选择能加热保温的品种。

(2) 自助餐菜单要创造出特色，具有一定的主题风味，如海鲜自助餐、野味自助餐、水产风味自助餐、中西合璧自助餐等。

(3) 选择较大众化、大多顾客喜欢的食品，避免选择口味过分辛辣刺激或原料特别怪异的菜式。

(4) 尽量选用能重复使用的品种。

(五) 山东某酒店淮扬风味与山东风味组合式自助餐菜单

山东某酒店淮扬风味与山东风味组合式自助餐菜单如表 11-14 所示。

表 11-14 山东某酒店淮扬风味与山东风味组合式自助餐菜单

冷菜	葱辣鸡腿、皮蛋肉卷、酱香肘花、酸辣里脊、盐水嫩鸭、蒜泥牛肚、五香熏鱼、蓑衣黄瓜、八宝菠菜、什锦掐菜、葱油萝卜丝、三鲜豆腐、水果泡菜、香菜拌香干
热菜	酱汁鸭方、东坡酥肉、双冬葱鸡球、托煎黄鱼块、清炸里脊、香烤鸡腿、火腿筒千张结、肉丝烂糊白菜、烧三鲜角瓜、生炒菠菜、回卤干煮豆芽

续表

热汤	酸辣汤、雪菜肉丝豆腐汤
面点	鲁味大包、春卷、蒸饺、艾窝窝、黄桥烧饼、豌豆黄、四喜汤圆、赤豆糕、红豆粥
甜品	烩什锦水果、酒酿银耳

七、制定客房送餐菜单

客房送餐菜单是专门为一些因为种种原因不能或不愿到餐厅就餐，而希望在客房内用餐的客人准备的。客房送餐菜单的性质属于点菜菜单，菜单的供应品种一般经过精心选择，虽然数量不多，但每种菜肴都选料讲究、精工细作。客房送餐菜单又分为早餐菜单和午餐、晚餐菜单两种。早餐菜单多为"门把菜单"，一般挂在房间门把上，客人根据菜单内容选择菜点品种和服务时间，然后挂在房间门外的把手上，由专职客房送餐服务员收取后，再在规定时间内为客人提供送餐服务。午餐、晚餐菜单一般放在服务夹内，客人通过电话预约订餐。有些饭店还提供夜宵送餐服务，专门设计有夜宵菜单，以便客人选择。制定客房送餐菜单的程序如表11-15所示。

表11-15 制定客房送餐菜单的程序

步骤	内容
1	根据送餐规模（结合客房数、客源结构计算）、档次确定客房送餐菜单的规格、结构
2	根据厨房人数、班次、技术结构划分客房送餐菜单的时间段落
3	选择、落实菜肴、点心品种
4	计算成本、售价
5	试做，定型，拍照，制作标准食谱（发现时间过长或质量易变品种，即时调整）
6	将菜点品种分类、按经营时段填入菜单
7	核算、标明服务费
8	培训厨房员工与客房送餐服务员
9	交给相关部门排版印刷

认知四 菜点定价

任务介绍

再好的产品最终都要面对市场，一旦推向市场，就需要确定产品的价值。菜点定价除了能反映产品价值，还能反映市场供求关系。因此，菜点定价要遵循一定的市场规律。本任务主要介绍菜点价格构成、菜点定价原则、菜点定价程序、菜点定价方法。

任务目标

1. 掌握菜点的价格构成。
2. 掌握菜点定价的各项原则。
3. 熟悉菜点定价程序。
4. 掌握菜点定价方法。

相关知识

一、案例：山东名酒店俱乐部采购委员会赴大连采购海参

2009年5月10日，在山东名酒店俱乐部采购委员会主任的带领下，由各会员酒店组成的一行9人的"海参采购考察团"抵达大连，对大连市大型海参养殖企业进行了实地考察，详细了解了各企业的加工车间、仓储设施，还对活海参加工成干品、冻干品的生产环节进行了深入了解，并就2009年的海参采购达成了初步意向。此次考察采购活动的成功进行，充分体现了采购委员会为各会员酒店服务的精神，保证了各会员酒店的利益，同时把质优价廉的产品奉献给顾客，真正做到了"让客人省钱才会赢"。

分析：

随着原材料、人工成本、房租及其他费用的不断上涨，餐饮企业逐渐进入微利时代。餐饮企业为了确保在微利时代有利可图，自然开始注重低成本运作。美国的杰克·D·奈米尔（Jack D. Ninemeier）博士说过："采购直接影响成本底线。有效采购节省下来的每元钱都意味着为企业增加1元的利润！"定价既是一门科学，又是一门艺术。菜点的售价建立在原料进价的基础之上。因此，整合采购资源、寻找采购捷径的确是一个既保护消费者利益，又为餐饮企业开源节流的好方法。

二、菜点的价格构成

所有产品的价格都是以价值为基础的，菜点的价格也不例外。菜点的价值一般由三部分构成：一是生产资料转移的价值，它以食品原料、设备设施、家具用具、餐具布件和水电油气消耗价值为主；二是劳动力价值，即劳动报酬，包括劳动者的工资和工资附加费、劳保福利和奖金等；三是积累，即以税金和利润为主要形式的公共积累和企业再生产资金积累。

菜点价格构成与其价值是相适应的，在价值向价格转化的过程中，食品原材料价值转化为产品成本，生产加工和销售服务过程中的设备设施、家具用具、餐具布件、水电油气消耗、工资及其附加费等转化为流通费用。产品成本和流通费用构成餐饮企业的经营成本。企业积累以税金的形式上交国家，剩余部分为利润。由此可见，菜点的价格是由产品成本、流通费用、税金和利润四个部分构成的。其公式为：

$$菜点价格 = 产品成本 + 流通费用 + 税金 + 利润$$

在餐饮经营过程中，人们习惯将流通费用、税金、利润三者之和称为毛利，这样一来，菜点的价格又可简化为：

$$菜点价格 = 产品成本 + 毛利$$

三、菜点定价原则与程序

(一) 菜点定价原则

菜点定价是餐饮经营的重要工作内容,是一项严肃认真的事情,在给具体菜点定价时,应遵循以下五项原则:

(1) 按质论价,分清优劣。
(2) 适应市场,反映供求关系。
(3) 既相对稳定,又灵活可变。
(4) 自我调节,以利竞争。
(5) 执行国家政策,接受物价部门的督导。

(二) 菜点定价程序

1. 确定市场需求

菜点定价必须以市场需求为前提。只有在做好市场调查,判定某种风味、某类产品的市场需求量及需求程度,预测消费者对产品价格的反应之后,才能合理地制定菜点的价格。

2. 确定定价目标

(1) 市场导向目标,即以增加市场份额为中心,采用市场渗透策略定价,逐步扩大市场占有率,吸引回头客,以形成稳定的客源市场。

(2) 利润导向目标,即以经营利润为定价目标,一般采用声望定价策略定价。经营者根据利润目标,预测经营期内将涉及的经营成本和费用,计算出完成利润目标必须完成的收入指标。计算方法为:

$$营业收入指标 = 目标利润 + 原料成本 + 经营费用 + 营业税$$

根据目标利润计算出的客人平均消费额指标,应与客源市场的需求和客人愿意支付的价格水平相协调。在确定目标客人平均消费额指标后,就可以根据各类菜点所占营业收入的比例来确定其大概的价格。

(3) 成本导向目标,即以降低、准确控制成本为核心,采用薄利多销的策略定价。

(4) 竞争导向目标,即以积极态势参与市场竞争、增强企业产品竞争力为中心确定菜点价格。一般根据竞争导向目标定价有两种情况:一是新开张或地理位置较偏僻,餐饮企业的知名度不高,为了吸引客人或为了扩大知名度,菜点价格制定得相对较低;二是在激烈的竞争中,为了保持或扩大市场占有率,通过较低的价格来争取客源。以竞争导向目标定价,可能会导致餐饮经营表面繁荣,而实际获利较少,甚至不能产生利润。

(5) 享受导向目标,即以满足客人物质和精神享受为重点,采用高价促销策略定价。采用这种策略定价的餐饮企业一般档次较高,并且有固定的消费水平较高的客源。餐厅装潢、菜点出品以及服务等都追求完美,给人以豪华典雅、舒适愉悦之感。甚至一些餐厅还增加一些娱乐节目为就餐的客人助兴,使客人得到物质和精神等多方面的享受。

3. 计算菜点成本

菜点的价格受其成本的影响很大,成本是影响菜点价格的重要因素。菜点价格主要以单位产品成本为基础来制定。因此,在确定菜点价格之前,必须先核算菜点成本,分析菜点成本、费用水平,掌握餐饮经营盈利点,以便为制定菜点价格提供客观依据。

菜点成本通常以生产菜点的净主料的价格为基础,加上辅料和调料共同构成。定价时,应综合考虑餐饮企业总体利润水平要求和各项费用指标，再确定菜点的价格。

4. 比较分析竞争对手的价格

在餐饮经营过程中，比较分析同行竞争对手的同类产品的价格，对提高本企业产品的竞争力有十分重要的作用。分析过程中一般以选择规模、档次与本饭店（餐厅）相仿的竞争对手为主，分析和比较同类产品的规格、质量水平和价格尺度，然后根据分析比较的结果选择相应的定价策略。

根据分析结果，可采用几种不同的定价策略。一是随行就市，即不考虑与对手竞争的因素，而是根据市场行情来定价。这样既可以保证企业应有的经济效益，也不会因为价格过高或过低而影响本企业的客源。二是按高于竞争对手的价格定价，即在确保产品质量和服务质量等优于竞争对手的前提下，采用高于竞争对手的价格定价。一方面可以表明自己的经营信心，另一方面可以向客人传递一个优质的信息，吸引一批有消费能力、追求高档次享受的顾客。但采用这种定价策略也可能会丧失一部分消费能力不高的客源。三是采用低价竞争策略，即按低于竞争对手的价格定价，通过低廉的价格与竞争对手争夺客源市场，迅速占领市场。但采用这种定价策略时，可能会损失一部分企业利益。采用这种策略时要注意：虽然低价，但不能低质，否则很快就会失去应有的市场份额。具体采用哪种定价策略，还需要根据餐饮企业自身的经营思想和实际情况来确定。

5. 制定合理的毛利率标准

菜点的价格还要根据菜点的成本和毛利率来制定。毛利率直接影响菜点的价格。因此，菜点正式定价前还必须制定合理的毛利率标准，菜点的毛利率标准有分类毛利率和综合毛利率两种。

（1）分类毛利率，即某一类产品的毛利率占该类产品销售额或原材料成本的比率。其表现形式有销售毛利率（又称内扣毛利率）和成本毛利率（又称外加毛利率）两种。销售毛利率是以销售额为基础制定的毛利率，成本毛利率是以原材料成本为基础制定的毛利率。它们是制定菜点价格的主要依据。其计算公式为：

$$销售毛利率 = \frac{销售额 - 原材料成本}{销售额} \times 100\%$$

$$成本毛利率 = \frac{销售额 - 原材料成本}{原材料成本} \times 100\%$$

（2）综合毛利率，即餐饮企业产品的平均毛利率，它是餐饮产品毛利总额占其销售总额或原材料成本总额的比率（有销售毛利率、成本毛利率两种形式）。它的作用是控制餐饮企业产品的总体价格水平。其表现形式也有两种，计算公式与分类毛利率相同，但其数值是以餐饮企业全部餐饮产品销售额和成本额为基础的。

分类毛利率和综合毛利率的关系是相辅相成的。分类毛利率是综合毛利率的基础，综合毛利率则对分类毛利率起总体监控作用。综合毛利率是在各种分类毛利率和各类餐饮产品经营比重的基础上确定的。

6. 确定定价方法

确定定价方法是菜点定价工作的最终环节。由于定价目标不同，市场竞争形势不同，餐饮企业的定价方法也不完全一样。所有餐饮企业都应该结合企业的实际情况和定价目标选择最佳的定价方法。

四、菜点定价方法

餐饮企业应根据自身的特色和经营思路选择适当的定价方法，也可以将几种方法相结合，灵活运用。常见的菜点定价方法有以下几种：

（一）随行就市定价法

随行就市定价法是一种比较简单、容易操作的定价方法。定价时一般以同类同档次餐饮企业的同类菜点价格为依据。这种定价策略在实际经营中经常被一些企业采用，但使用该方法定价时必须注意：要以成功的菜单为依据，避免将不成功的范例作为本企业的餐饮经营参照。

随行就市定价法还适用于季节性菜点定价。餐饮企业一般会根据菜点原料的自然生长规律，在不同的季节使用不同的原料，制定不同的菜点价格。如清明前长江中下游的刀鱼、金秋十月江南的大闸蟹等，由于原料稀少、质量上乘，价格自然会比其他时段高出很多。此外，餐饮企业为了刺激消费、吸引客人，还会在不同的经营时间制定不同的价格，如周末特价、节假日酬宾价等。

（二）毛利率定价法

由于毛利率有内扣毛利率（销售毛利率）和外加毛利率（成本毛利率）之分，因此采用毛利率定价法定价时有两种不同的方法。

1. 内扣毛利率法

内扣毛利率法又称销售毛利率法，它在核定单位产品成本的基础上，参照分类毛利率标准来确定菜点的价格。该方法主要适用于零点菜点的定价，计算方法是：

$$菜点价格 = \frac{原料成本}{1 - 内扣毛利率}$$

例1：一份清蒸鲈鱼，用新鲜鲈鱼净料500 g，购买价20元，各种配料成本2元，调料2.5元，内扣毛利率为50%。计算其售价：

$$清蒸鲈鱼的价格 = \frac{20 + 2 + 2.5}{1 - 50\%} = 49（元）$$

2. 外加毛利率法

外加毛利率法又称成本毛利率法，它是以产品的成本为基数，按规定的外加毛利率计算菜点价格的方法。其计算方法是：

$$菜点价格 = 原料成本 \times (1 + 外加毛利率)$$

例2：以例1的清蒸鲈鱼为例，原料成本不变，外加毛利率为100%。计算其价格：

$$清蒸鲈鱼的价格 = (20 + 2 + 2.5) \times (1 + 100\%) = 49（元）$$

由于两种毛利率参照和比较的基础不同，因此如果某种菜点的销售价格和成本相同，那么外加毛利率大于内扣毛利率。

两种毛利率定价法各有利弊，目前国内大多数餐饮企业基本上采用内扣毛利率法给菜点定价。因为财务核算中许多计算内容都是以销售价格为基础的，如费用率、利润率等，与内扣毛利率的计算方法相一致，这有利于财务核算和分析。

（三）系数定价法

菜点的成本除食品原料成本外，还包括菜点生产所需的人工成本。不同的菜点由于其制作方法和生产时间不同，因此其人工成本也不相同，一般的定价方法在定价时往往对这一类成本考虑较少，而系数定价法有这方面的优势。采用系数定价法定价时不但考虑菜点原材料成本，而且兼顾人工成本、费用等诸多因素。

采用系数定价法时，首先必须将所有菜点按照加工制作的难易程度进行分类，因为不同加工难度的菜点所耗费的人工成本不同。一般来说，根据制作的难易程度，菜点可分为三大类：第一类为深度制作类菜点，即生产时间长、环节多、制作工艺比较复杂的菜点，如叫花鸡、生炒甲鱼、烤鸭等，菜单中的大部分菜点都属于这一类；第二类为中度制作类菜点，即生产工艺相对比较简单、容易加工烹制的菜点，如凉拌、清炒、白灼类菜点，这类菜点在菜单中所占比例较小；第三类为轻度制作类菜点，即极少需要再加工制作的菜点，如水果盘、蘸酱黄瓜等，这类菜点在菜单中所占比例极小，酒水饮料、水果、干果都属于此类。

系数定价法示例如表 11-16 所示。

表 11-16 系数定价法示例　　　　　　　　　　　　　单位：元

项　目	第一类	第二类	第三类	合　计	占营业收入比例
食品原料成本	168 000	48 000	24 000	240 000	40%
烹调制作人工成本	34 560	8 640	—	43 200	7.2%
食品原料加工、服务人员人工成本	45 360	12 960	6 480	64 800	10.8%
其他营业费用	126 000	36 000	18 000	180 000	30%
经营利润	50 400	14 400	7 200	72 000	12%
营业收入	424 320	120 000	55 680	600 000	100%
定价系数	2.53	2.50	2.32		

如表 11-16 所示，该餐厅预算食品原料成本总额为 240 000 元，占营业收入的 40%。其中第一类菜点占 70%，为 168 000 元；第二类菜点占 20%，为 48 000 元；第三类菜点占 10%，为 24 000 元。

餐厅人工成本（烹调制作人工成本＋加工、服务人工成本）总额为 108 000 元，占营业收入的 18%，同样可以按照一定比例分摊到三类菜肴中。根据经营实际，一般人工成本中的 40% 属于烹调制作人工成本，包括炉灶厨师、冷菜厨师、面点厨师等人工成本，合计 43 200 元，其中第一类菜点占 80%，为 34 560 元；第二类菜点占 20%，为 8 640 元；第三类菜点一般不分摊此类成本。人工成本的 60% 为食品原料加工成本（包括初加工、精加工、宰杀、洗涤等）和服务人员的人工成本，合计 64 800 元。因为三类菜点的食品原料都需要洗涤加工，因此这类人工成本应根据各类食品原料成本的多少按比例分配，即：第一类占 70%，为 45 360 元；第二类占 20%，为 12 960 元；第三类占 10%，为 6 480 元。其他营业费用和经营利润分别占营业收入的 30% 和 12%，因此，其他营业费用和利润分别为 180 000 元和 72 000 元，同样按照食品原料成本的比例分摊。

从上述数字分析可以看出，尽管三类菜点在食品原料成本、其他营业费用和经营利润等三方面按照 70%、20% 和 10% 的相同比例分摊核算，但由于三类菜点所占用的人工成本不同，因此其销售收入的比例无法与前者相同。第一类菜肴在生产制作时由于占用的人工成本最多,故销售收入的比例最高,第二类次之,第三类最小。

计算各类菜点的定价系数时,只需将各类菜点的营业收入除以该类食品原料成本即可,公式如下:

$$定价系数 = \frac{营业收入}{食品原料成本}$$

由此可以计算出表11-16中各类菜点的定价系数:

第一类 = 424 320 ÷ 168 000 = 2.53
第二类 = 120 000 ÷ 48 000 = 2.50
第三类 = 55 680 ÷ 24 000 = 2.32

利用系数定价法给各类菜点定价时,只需将其标准食品成本乘以该类菜点的定价系数便可计算出菜点的价格。

例3:某餐厅一份芹菜烧鸭的成本为16.50元,蒜泥黄瓜的成本为2.20元,水果拼盘的成本为5.50元。按上述系数分别计算出三道菜点的价格:

芹菜烧鸭的价格 = 16.50 × 2.53 = 41.75(元)
蒜泥黄瓜的价格 = 2.20 × 2.50 = 5.50(元)
水果拼盘的价格 = 5.50 × 2.32 = 12.76(元)

采用系数定价法虽然会导致部分菜点的成本率高于标准成本率,但一份菜单的总成本可以达到预算目标。同时,由于采用了不同的定价系数,因此菜点价格之间会出现明显的差异,这样既可以满足不同层次客人的需求,又有利于参与市场竞争,占领更大的市场份额。

(四)主要成本率定价法

主要成本率定价法是一种以成本为中心的定价方法,定价时把食品原材料成本和直接人工成本作为依据,结合利润率等其他因素,综合计算菜点价格。计算方法为:

$$菜点价格 = \frac{食品原材料成本 + 直接人工成本}{1 - 非原材料和直接人工成本率 - 利润率}$$

例4:一份杭椒炒牛柳的原材料成本为8.85元,直接人工成本1.60元,从财务损益表中查得非原材料和直接人工成本率与利润率之和为45%。按主要成本率法计算其价格:

$$杭椒炒牛柳的价格 = \frac{8.85 + 1.60}{1 - 45\%} = 19.00(元)$$

采用主要成本率定价法定价时,与系数定价法一样,应充分考虑餐厅较高的人工成本率这一因素,将人工成本直接列入定价范畴进行全面核算。因此,这又从另一个侧面反映了降低劳动力成本的重要性。人工成本越低,顾客得到的实惠越多,餐饮经营的竞争力也就越强。

(五)本、量、利综合分析加价定价法

本、量、利综合分析加价定价法是餐饮企业经营期间根据已有菜单(菜点组合),结合菜点的成本、销售量和盈利能力等因素综合分析后,采用的一种分类加价的定价方法,或者说是调整菜点售价的定价方法。其基本出发点是:各类菜点的盈利能力不仅应根据其成本来确定,而且必须根据其销售量来确定。具体方法是:首先,根据成本和销售量将准备调整售价的各类菜点进行分类;其次,确定每类菜点的加价率;最后,计算各类菜点的价格。

菜点的分类方法多种多样,但若根据销售量和成本进行分类,所有菜点都可归入以下四

种类型（此种菜点分类方法参见本项目认知五的菜点组合评估模块）：

第一类：高销售量，高成本

第二类：高销售量，低成本

第三类：低销售量，高成本

第四类：低销售量，低成本

上述四类菜点中，最能使餐厅得益的是第二类菜点，即高销售量、低成本的菜点。当然，在实际经营中，这四类菜点都有。因此，必须根据市场需求情况和经营经验来决定加价率。一般高成本的菜点加价率较低，销售量大的菜点也要适当降低其加价率，而成本较低的菜点可以适当提高其加价率。各类菜点的加价率水平如表 11-17 所示。

表 11-17 各类菜点的加价率水平

菜点类别	加价水平	假设加价率范围
高销售量，高成本	适中	25%~35%
高销售量，低成本	较低	15%~25%
低销售量，高成本	较高	35%~45%
低销售量，低成本	适中	25%~35%

在本、量、利综合分析加价定价法中，由于不同类型的菜点使用不同的加价率，因而各类菜点的利润率有所不同。

采用本、量、利综合分析加价定价法时，应综合考虑客人的需求（即销售量）和餐厅成本、利润之间的关系，并根据成本越高、毛利应该越多，销售量越高、毛利可能越少这一原理定价。菜点价格确定后，还必须与市场供应情况进行比较，价格过高或过低都不利于经营。因此，采用该法定价时必须进行充分的市场调查分析，综合各方面的因素，确定切实可行的加价率，使菜点定价相对合理。当然，这种加价率并不是一成不变的，在经营过程中可以根据市场情况随机进行适当调整。

在给菜点定价时，应先确定适当的加价率，然后确定用于计算其价格的食品成本率，计算公式为：

$$菜点食品成本率 = 1 - (营业费用率 + 菜点加价率)$$

$$菜点价格 = \frac{食品成本}{食品成本率}$$

其中，营业费用率是指预算期内营业费用总额占营业收入总额的比率。这里的营业费用为其他营业费用和人工成本的总和，包括能源费、设备费、餐具用品费、洗涤费、维修费、税金、保险费和员工工资、福利、奖金等。

例 5：某餐厅在预算期内的营业费用率为 50%，餐厅销售的过桥金丝鱼片的标准成本为 6.48 元，加价率为 20%。计算其售价：

（1）过桥金丝鱼片的食品成本率为：

$$1 - (50\% + 20\%) = 30\%$$

（2）过桥金丝鱼片的价格为：

$$过桥金丝鱼片的价格 = \frac{6.48}{30\%} = 21.60（元）$$

本、量、利综合分析加价定价法看似复杂、有一定难度，但其定价结果建立在充分的市场调查的基础上，定价更为合理。此外，采用此法定价，每道菜的盈利能力可以一目了然，又因为各类菜点的加价率考虑了不同菜点的销售量，因而所定价格基本适应了市场的需求。

认知五　菜点组合评估

任务介绍

一个餐厅投入生产经营后，如何衡量或评价现有的餐饮产品、公众需求以及市场竞争，如何推出或放弃某些菜点品种，以适应市场的需求和满足顾客的口味呢？这就需要餐厅经营者对餐饮产品进行分析，并对市场与社会环境进行分析，以确定餐饮产品的竞争力，不断改进，突出特色。本任务主要介绍零点菜点组合评估、宴会菜点组合评估。

任务目标

1. 熟悉零点菜点组合评估。
2. 熟悉宴点菜点组合评估。

相关知识

一、案例：寓意非凡的工作餐

2001年10月21日中午，亚太经济合作组织（APEC）第九次领导人非正式会议在上海举行，在这次会议中，有一顿高规格的工作餐。

工作餐是三菜、一汤、一甜点，加水果。所用原料是很平常的鸡、鸭、鳕鱼、蟹、虾仁等，是地地道道中国产的绿色食品。原料经厨师精心烹饪，变成了蕴含中国烹饪文化精髓的佳肴。从菜单的内容来看，它将菜名巧妙地融入诗中，且诗的每行首字连在一起是"相互依存，共同繁荣"，这正是 APEC 倡导的宗旨和目标。

相辅天地盘龙腾——冷盘：迎宾龙虾；互助互惠相得欢——汤：翡翠鸡蓉羹；依山傍水蟹匡盈——菜一：炒虾仁蟹黄斗；存抚伙伴年丰余——菜二：炸银鳕鱼松茸；共襄盛举春江暖——菜三：锦江烤鸭；同气同怀庆联袂——点心：上海风味细点；繁荣经济万里红——水果：天鹅鲜果冰盅。

当经济体领导人步入宴会厅时，顿时被桌上的冷盘吸引住了，那是"双龙拱寿"图案的雕刻作品。许多领导人纷纷惊喜地询问："那是什么？"美国总统布什大声说道："Pumpkin（南瓜），Pumpkin。"那道"相辅天地盘龙腾"的冷盘盖确实是用南瓜刻的，构思灵感来自安徽万粹楼的"双龙拱寿"图案。它的直径有12寸，上面是栩栩如生的双龙，下方是铜钱造型，寓意这是一次代表百姓利益、商谈全球经济的盛会。吃完冷盘，这个南瓜雕刻盖就被放在一旁的青花瓷盘子上，供客人慢慢欣赏。布什总统在饭间餐后，多次饶有兴趣地把玩着南瓜盖上的龙头。

用作冷盘盖的20个南瓜盖，所雕刻的双龙造型均不相同。所用南瓜是雕刻师们拿着尺、刀，从两卡车南瓜中精选出来的，光是试菜雕刻，就改了不下10次。首先，直径要刚好12寸，因为冷盆盘子是13寸；其次，削下一点看内在的色泽，要求是亮丽、富贵的黄色。为了刻这20个南瓜盖，来自锦江饭店、银河宾馆、虹桥宾馆和上海宾馆的4位雕刻师傅，花了三天四夜才完成了比工艺品还精美的南瓜雕刻。需要雕刻的还有"繁荣经济万里红"，是冰雕作盛器的天鹅鲜果冰盅。天鹅造型的手工冰雕，里面还亮起了蓝色的灯光，被戏称为午餐的"灯光工程"（用纽扣电池作电源）。冰雕所用纯净水由专业的制冰厂抽氧制冰而成，以确保晶莹剔透。

享用"共襄盛举春江暖"时，为锦江烤鸭片皮的厨师进行了现场表演，他们的动作统一经过魔术师设计和培训。厨师进入宴会厅时，面对客人微笑、行礼，以优美的姿势戴上手套，再行礼，然后开始片鸭。他们娴熟的技艺得到了领导人的高度赞赏。不仅薄饼用蒸笼保温，就连盘子也预先加温了。或许是众人吃得津津有味的神情太吸引人，或许是厨师的现场表演很打动人，宴会前要求将烤鸭改为风沙鸡的菲律宾总统阿罗约，在吃完荷叶夹风沙鸡后，又要求加一道锦江烤鸭，阿罗约总统的午餐就成了超规格的"四菜一汤"。

在制作"互助互惠相得欢"时，为了达到翡翠鸡蓉羹的最好勾芡效果，厨师试了30多个品牌的淀粉，最后选出两种理想的淀粉。在敲定"存抚伙伴年丰余"这道菜时，外交部有关人员要求炸银鳕鱼"去油"。只做过"走油肉"的大厨们想尽办法为鱼走油，油炸含油，烤又太干，反复尝试不同的烹饪方法，终于找到了用西餐专用的面火炉，下衬餐巾纸吸油的办法，完成了"走油鱼"。

分析：

菜单设计既是菜点选择组合的产物，又是餐饮文化的形成与升华，有些意义特别和规格特高的宴会，其菜单更是情感交流的载体、事业发展的催化剂。当然，在选择菜点、组合菜点、进行语言艺术推敲包装的同时，还必须考虑菜点的制作与出品，以确保菜点出场时既展现其内涵，又彰显其色、香、味、养俱全的特点。

菜点组合评估，即对零点、宴会及其他生产和销售方式选择组合菜点的加工制作难易程度、结构均衡性、营养合理性、成本执行情况、销售业绩等运作效果进行总结分析，为调整、完善菜点组合，扩大企业经营，修订、印刷菜单提供科学依据。科学合理的菜点组合形成了菜单的内核。菜点组合评估可以结合菜单评估（不仅是一份菜单中列明销售的菜点和点心品种，同时还包括菜单本身的设计装帧效果）进行。根据生产与销售特点，评估工作可分两类开展：一类以零点为代表，包括客房送餐等；另一类以宴会为代表，包括套餐、自助餐、会议餐等。

二、零点菜点组合评估

无论菜单的内容设计和艺术设计如何精美，菜点组合评估都应该按阶段进行。

为了对菜点组合进行评估，管理部门首先应该制定评估目标，即菜点组合的评估期望。例如，晚餐评估目标可以是：每位晚餐客人除主菜外应点一份开胃食品、一份汤或者一杯红酒、一份沙拉或一份甜点。如果这个目标达不到，管理部门就必须确定是什么原因带来了这些问题。菜点是否达到餐馆的质量标准？服务人员是否尽到销售额外菜点的责任？如果找出这样或那样的问题，管理人员就必须严肃审视菜单了。

许多生产与销售的标准可以帮助管理人员评估菜点组合，生产记录和销售的历史记录可用于确定菜单中菜点的销售情况。菜单是多种多样的，每一个餐饮企业都必须建立自己的评估方案。当对一份菜单进行评估时，餐饮管理人员应该考虑的问题如下：

- 客人对菜单有意见吗？
- 客人对菜单提出过赞扬吗？
- 与竞争对手相比自家的菜单如何？
- 顾客账单数额是稳定不动还是有所增加？
- 菜点组合内容能满足客人的要求吗？
- 菜点定价正确吗？
- 高利润与低利润混合在一起的菜点销路如何？
- 菜单有吸引力吗？
- 色调及其他设计内容与餐厅的主题和装潢和谐吗？
- 菜单中菜肴和点心的布局能引起注意吗？合理吗？
- 描述性内容是太多，还是太少？容易理解吗？
- 对于经理人员的首选销售项目，用什么方法才能吸引客人的注意力？是位置、色调、说明、字体，还是其他？
- 菜单字体容易认读吗？纸张与餐厅的主题及装潢和谐吗？
- 菜单能长久使用吗？是否总能让人看到一份干净的菜单？

餐饮企业可以编制自己的菜单及菜点组合评估表，在表中列出各种问题，并将问题按组分类，如"设计""布局""文字说明""促销信息"等。当确定评估因素和制定评估表时，餐饮管理人员应该记住，只有根据收集到的诸多信息对菜单进行修改，对菜单及菜点组合的评估才是有价值的。对菜单进行评估分析可以找到调整菜点成本构成的突破口，以便采取相应的营销策略，积极推动菜点销售。这样的评估分析与调整促销分两步进行。

1. 对菜点进行分类

首先，要清楚什么叫菜点平均边际利润贡献和菜点平均应该被接受的销售率。

$$菜点平均边际利润贡献 = \frac{全部菜品边际利润贡献总和}{菜点总销售量}$$

$$菜点平均应该被接受的销售率 = \frac{1}{菜点类型数} \times 70\%$$

其次，要知道明星、金牛、问题和瘦狗四类菜点的各自特点。

（1）明星类。菜点的边际利润贡献高于菜点的平均边际利润贡献。同时，菜点销售量占全部菜点销售量的比率也高于菜点平均应该被接受的销售率。

（2）金牛类。菜点的边际利润贡献低于菜点的平均边际利润贡献。同时，菜点销售量占全部菜点销售量的比率高于菜点平均应该被接受的销售率。

（3）问题类。菜点的边际利润高于菜点的平均边际利润贡献。同时，菜点销售量占全部菜点销售量的比率低于菜点平均应该被接受的销售率。

（4）瘦狗类。菜点的边际利润低于菜点的平均边际利润贡献。同时，菜点销售量占全部菜点销售量的比率低于菜点平均应该被接受的销售率。

根据上述菜点分类的标准和表11-18所示的菜点品种分类来说明应该如何做好这方面的工作。

表11-18的数据说明：

第一，每道菜的边际利润＝每道菜的销售价格－每道菜的原料成本。

第二，每类菜原料成本总计＝每类菜的销售量×每类菜的原料成本。

第三，每类菜的总边际利润＝每类菜的总收入－每类菜的原料成本总额。

第四，每类菜的边际利润状态是用该类每客菜的边际利润与每类菜平均边际利润比较得出的，前者低于后者为低，前者高于后者为高。

第五，每类菜占总销售量的比率状态是用该类菜占总销量的比率与每类菜平均应该被接受的销售率比较得出的，前者低于后者为低，前者高于后者为高。

表 11－18 菜点品种分类

菜 名	销售量/份	占总销售量的比率/%	每道菜原料成本/元	销售价格/元	每道菜边际利润/元	每类菜原料成本总计/元	每类菜总收入/元	每道菜边际利润状态	每类菜占总销售量比率状态	菜肴分类
手撕包菜	420	42	2.21	4.95	2.74	928.20	2 079.00	低	高	金牛
剁椒鱼脸	360	36	4.50	8.50	4.00	1 620.20	3 060.00	高	高	明星
黄花牛丸	150	15	4.95	9.50	4.55	742.50	1 425.00	高	低	问题
玉兰豆腐	70	7	4.00	6.45	2.45	280.00	451.50	低	低	瘦狗
总计	1 000					3 570.70	7 015.50			

第六，每客菜平均边际利润 = $\dfrac{各类菜的边际利润总额}{各类菜的销售总量}$。

第七，每类菜平均应该被接受的销售率为：$\dfrac{1}{4} \times 70\% = 17.50\%$。

2. 不同类型菜点的经营策略

仍以上述四类菜点为例：

（1）明星菜点的经营策略有：① 通过遵循严格的作业规程来保证菜点的质量；② 将这类菜点的名字放在菜单的显著位置；③ 测试销售价格弹性，如果弹性小于1，则可以提价，如果弹性大于1，则可以降价；④ 利用建设性的推销技巧。

（2）金牛类菜点的经营策略有：① 提高销售价格；② 将这类菜点的名字放在菜单不显著的位置；③ 将更多的需求量转移到边际利润贡献高的菜点上去，如转移到问题类菜点上去；④ 降低菜点成本；⑤ 减少每客菜的分量。

（3）问题类菜点的经营策略有：① 把对其他菜点的需求转移到这类菜点上来；② 降低价格，以增加销售量，从而增加销售额；③ 增加新的价值到这类菜点上，以增加吸引力。

（4）瘦狗类菜点的经营策略有：① 从菜单上删掉这类菜点；② 提价，这样做至少能保证具有较高的边际利润；③ 降低成本。

三、宴会菜点组合评估

宴会的菜点组合与菜单评估同样可以结合进行。无论是日常经营使用的宴会标准菜单，还是专为某一活动设计的特别宴会菜单，都有必要根据售卖标准和市场情况，逐项进行全程评估分析，增添时尚元素，增加销售亮点，适时调整完善，以赢得市场主动权（表 11－19）。

表 11-19 宴会菜单及菜点组合评估分析

宴会名称				销售季节						销售标准			
品名	主料	口味	质地	色泽	盛器	营养	造型与盘饰	烹制方法	烹制时间	每客分量	服务方式	新意	成本
冷菜													
热菜													
汤													
点心													
甜品													
水果													
分类评价													
总体建议													

参加分析人员：   时间：

认知六 菜点创新的精神与策略

任务介绍

在市场竞争日趋激烈的今天，餐饮业的压力与日俱增，只有通过精细化的管理和优质高效的产品去吸引客人，才能与时俱进。因此，必须通过差异化来开拓市场，特别是在菜点设计与创新上，要赋予其独具的特色和文化。本任务主要介绍菜点创新的精神、菜点创新的策略、创新菜点认定等内容。

任务目标

1. 理解菜点创新精神。
2. 熟悉菜点创新策略。

3. 掌握创新菜点的认定方法。

相关知识

一、案例：全员参与，创新很简单

2003年，净雅集团营运中心谷经理在员工大会上提出："菜点创新有重奖，无论是听客人讲的，还是家里人做的家常菜，都可以参加新菜评审。"

为了掀起全员创新菜点的高潮，净雅集团出台了奖励政策：非厨师开发的新菜通过评审的，员工按照8∶2的原则分配奖金。即员工提供思路，由厨师制作并通过评审的菜点，员工可以拿到菜点奖励的80%。

在这一政策的感召下，全体员工都行动起来了。

泰安净雅酒店的姜主管在与客人交流时，听客人介绍有一种小馒头很新奇。于是，她找到面案大姐进行研究，最后这道菜点不仅通过了酒店的内部评审，而且以全票通过了集团评审，姜主管获得了奖金数千元。

一名普通的制作凉菜的厨师杨某，2007年一年共研发了7道菜点，获得了3 300元奖金。

泰安净雅酒店厨房部面案王大姐做的煎饼香脆适口、深受欢迎，在菜点评审大赛上以其独具特色的味道征服了所有评审，王大姐最终获得了3 000元的奖金。这个小小的煎饼在各个酒店推广后大受欢迎，已经成为客人必点的品种。

对于创新，净雅集团向来不遗余力，每年拿出50万元用于菜点创新奖励。净雅集团就是这样发动全体员工，让人人都成为"发明家"的。

分析：

创新是要花费成本的。这不仅包括试做新菜要使用的原料、调料、燃料，还包括看不见的构思和设计。除此之外，企业的激励创新还应有一系列的政策引导、扶持和鼓励。切实可行、公平合理的政策能激励员工积极探讨、勇于创新，是菜点创新的重要动力之一。政策到位，示范效应突出，全员创新便可进入良性发展的轨道，收获有时也是出人意料的。

开发创新，即在已有生产经营品种的基础上，研究、生产出富有一定新意的菜点。美国著名的管理学家彼得·德鲁克说过："在变革的年代，经营的秘诀就是没有创新就意味着死亡！"顾客对新菜点的追求是永无止境的。只有不断创新菜点，餐饮产品才有吸引力，餐饮企业才有生命力。不仅如此，菜点开发创新的意义还在于以下几点：

(1) 通过不断推出的新菜吸引顾客，扩大市场占有率，在竞争中占据优势，为餐饮企业创造更高的经济效益。

(2) 厨房不时研究、开发并推出新菜，使厨师既有发挥聪明才智的途径，也有互相学习，不断充实、提高自己能力的机会。厨房的凝聚力因此不断增强，员工的工作士气也会更加高涨。

(3) 菜点创新还为烹饪文化的繁荣发展做出切实贡献。正因为菜点创新有许多积极意义，所以开发创新已成为众多餐饮企业厨房工作的重要组成部分。创新是餐饮企业在激烈的市场竞争中领先、制胜的重要法宝，创新的原动力对企业来说至关重要。培养、造就创新精神是激发、塑造创新原动力的基石。创新策略则是在创新精神的鼓舞下，寻找、发现创新的突破口，进而实现新品迭出、创新领先的实际方法。

二、创新精神

美国哈佛商学院教授特丽莎·艾美比尔认为创新要有精神支柱，那就是"热爱自己的工作，掌握必要的知识，拥有创造性的思维技巧"。其实，可以将这些创新精神理解为创新的三个基本要素，也就是作为餐饮企业创新主体的员工和技术骨干必须具备的知识、素质条件。

1. 热爱自己的工作

餐饮企业的技术骨干、厨房生产人员等应热爱本职工作，以不断改进、做好本职工作为己任，这样才有可能关注工作岗位，留心身边发生的事，思考可能提高菜点质量和工作效率的方法和技巧。应为自己的进步而欣慰，为自己的成长而兴奋，为自己能帮助同人及企业进步、发展而倍感鼓舞。这是创新最活跃、最可贵的生产力！

2. 掌握必要的知识

知识需要通过学习获得，知识不仅可以活跃思维、开阔思路，而且能使人发现、获得更多资源，避免走弯路。丰富的、新的知识有赖于收集和积累。知识储备到一定程度的时候，运用就变得水到渠成、轻而易举。深厚的知识积淀一旦遇到有助于工作、做菜的智慧火花，就会产生创新的动机、创新的做法。

3. 拥有创造性的思维技巧

热爱自己的工作是员工职业操守、劳动态度的表现，掌握必要的知识是员工做好本职工作、拥有广泛信息资源的体现。两者有机结合后，要获得新的启发，产生新的理念，诞生新的产品，还有赖于创造性的思维技巧。思维僵化，落入俗套，形成定式，故步自封，很难有新品出现；思维活跃、思路敏捷，敢于进取，挑战陈规，勇于否定，乐于尝试，新品定会不断产生。

三、创新策略

菜点的开发创新首先应该明确正确的方向和目的，再探寻科学实际的策略技巧，只有遵循正确的思路步骤，创新才会卓有成效。菜点创新的目的应该很明确：在符合社会公德、丰富消费者生活、提高人们健康水平的前提下，进行可持续发展的积极有益的尝试。

菜点的创新既满足顾客需求，同时又引导、激发顾客的需求。随着社会文明的进步和发展，大多餐饮顾客的需求也在发生变化。如早期的需求为菜点油水足、造型美，现已向健康饮食方向发展，对菜点原料的先天质量尤为关注，注重菜点的营养价值。当然也有一些消费群体对菜点的品质追求还停留在量大、油足、味浓的阶段，这更需要餐饮界的宣传和引导。

海尔集团的创新经验值得借鉴。海尔集团提出："客户的难题就是创新的课题。任何一个企业，其创新开发的出发点与归宿都是满足社会消费需要。而形形色色的困扰客户的难题，恰恰就是社会消费需求的一种最现实的表现，也是一种最直观的市场供求信号。这无疑应当成为企业创新、致力的方向，同时也肯定是最有前途、最有价值的攻关课题。"近年出现的野山菌系列菜点走红，以白灵菇为原料的菜点销量火爆，堂灼蔬菜、果蔬沙拉颇受欢迎，这些正是菜点满足餐饮消费者低脂肪、低热量、低盐、低糖、适量蛋白需求的力证。餐饮企业应把握消费者的需求方向，开发绿色、有机食品。

餐饮企业在充分分析自身规模、实力，以及可投入的人力、成本等因素的前提下，可以区别选择以下菜点开发创新策略：

（一）精英创新

精英是指一个企业、一个单位里出类拔萃的人物。菜点精英创新就是依靠本餐饮企业的技术骨干、业务尖子进行菜点研发创新。这种策略走的是权威、专家路线，优点在于以下几方面：

（1）研发的新菜具有较高水准，能把握菜点发展方向，在企业内（尤其是集团、连锁餐饮）具有广泛的代表性，能覆盖全局。

（2）新菜的成功率较高，即菜点的广泛受欢迎程度高，需要调整完善的空间不大。

（3）开发新菜的组织过程比较容易，新菜开发、定型、推广成本相对较低。

精英创新适合集团、连锁餐饮企业，具体运作有两种方法：一是利用企业大厨众多、高手云集的先天优势，约定时间，集中研发新品；二是集团公司组织技术骨干专门成立菜点研发中心，专职从事菜点开发创新工作。这种策略的缺点在于：创新的责任和压力集中在部分岗位人员身上，有时精英们也会江郎才尽、一筹莫展，而一部分思维活跃、富有新颖思路的员工因缺少创新机会而难以施展才华。

（二）全员创新

全员创新是指一个餐饮企业厨房里的所有员工（主要指厨师，一些刚进店、刚入岗的助手、杂工不在其列）全部投入菜点的开发创新工作。也就是说，不管员工在厨房里是管理人员，还是普通的生产厨师，是技术骨干，还是一般岗位的操作员工，都有责任、义务和机会参与菜点的创新工作。这种策略目前被众多单位餐饮企业使用。全员创新策略的优点有以下两个：

（1）员工在相关政策的激励和要求下，利用各种机会学习，寻找灵感，吸收新知识，创新意识普遍增强，敬业自觉性明显提高，厨房风气在某种程度上会得到优化。

（2）创新重担大家挑，成功概率一样高。创新思路活跃，渠道广泛，有时会有一些意想不到、层次不一的菜点出现。在单体餐饮企业厨房高精尖技术、管理人员有限的环境里，这种策略既体现了理解人、尊重人的优势，又减轻了厨房少数重要岗位和员工的压力。全员创新的缺点是：每次创新活动举办期间，组织工作量较大，有时甚至妨碍一定时间段的开餐、经营活动；创新菜点水平参差不齐，有些创新菜点可能只是雏形或半成品，完善菜点质量的工作量较大。

总之，全员创新是一种比较经济、便捷的创新策略。实施全员创新策略，应建立一套相对长期、稳定的餐饮企业制度，分别从鼓励、要求的角度让员工参与创新。通过建立激励机制，奖励创新，将销售业绩与新菜创作者的收入挂钩，勉励厨房员工积累智慧，踊跃创新。制定创新制度，明确厨房员工创新责任，要求厨师每月至少推出代表自己水平的2~3道菜点，一些重要技术岗位可适当多几道。持之以恒的创新策略有利于激发员工的学习热情，为创新积累后劲。

全员创新实际是发动广大厨师全员参与的群众活动，首期举办时组织工作比较烦琐，形成制度和规律以后，各项计划组织工作会在不断总结经验、修正、提高中得到完善。数次活动之后，厨房管理人员和员工便会自觉融入创新机制，活动的开展也会有条不紊起来。

（三）借脑创新

借脑创新实际是利用社会资源为餐饮企业的开发创新提供帮助。餐饮企业可能因为生产长期繁忙，创新精力、能力有限，也可能为了更加广泛地打开思路，防止内部思维定式对创新的阻碍，积极征集、主动借助社会各方力量，以创造更有内涵、更有价值的新菜点。

1. 借脑创新策略的优点

（1）创新范围广，思路开阔，容易创制出有别于本餐饮企业传统风格、有新意的菜点。

（2）通过向社会征集新菜点，培养一批关注本企业，甚至宣传本企业的热心消费者，为培养乃至锁定广泛的消费群体提供纽带。

2. 借脑创新策略的缺点

（1）发动社会力量了解企业、参与创新的前期组织工作比较费事。有些餐饮企业为了举办美食节或配合当地时事活动，需要寻找以特定原料为专题的创新人才或菜点研发创新机构，比较困难。

（2）社会创新菜点的制作者无论提供的是制作配方、标准食谱，还是抵店现场制作，都需要试做、探讨，以认定创新菜点的受欢迎程度和市场前景。

（3）制定合适的费用标准，支付一定费用，这是借脑创新所必须考虑和实施的。而所付费用与创新菜点所产生的直接回报和相关贡献的平衡是餐饮企业要认真权衡的。

（四）引进创新

引进创新类似于借脑创新，都是借助餐饮企业自身以外的力量协助创新菜点。这里的引进创新实际上指的是聘请本企业以外的技术力量来店制作或推出本店未曾生产、经营的菜点。这种引进方式有两种：一是雇用或聘请职业厨师来本餐饮企业厨房工作，以期带进一批新菜，甚至一种风味；另一种是通过举办美食节的方式，邀请一批厨师（或互派一批厨师）来本店厨房生产制作菜点，出品也是富有新意的。

1. 引进创新策略的优点

（1）借助外界成熟的力量推出新菜，本店只要安排部分厨师协助即可，大部分厨师比较轻松，可以正常开展有序的日常生产工作。

（2）餐饮企业厨房基础管理（主要指卫生、安全、劳动纪律、成本控制、信息、质量等管理）基本到位以后，留有一定岗位的空缺，轮番引进厨师来店推出不同风味的新菜，或有计划、有步骤地推出不同主题风味的美食节，可以在消费者心目中留下印象，激发消费者经常来本餐饮企业消费的欲望。

（3）引进创新策略的实施，能较多地给本企业厨师学习和交流技艺的机会，为充实和提高本企业厨师的技术素质提供了便利。

2. 引进创新策略的缺点

（1）本餐饮企业厨师可能形成对引进创新的依赖，缺乏创新的动力和思维习惯。因此，有必要在引进创新的同时，要求本餐饮企业的厨师学会、掌握引进菜点的主要代表品种，在合适的时候，利用自身力量，进行引进菜点回顾汇展。也可以将引进创新与自我创新、全员创新交替进行，既给企业所有厨师压力，也给其发挥、表现的机会。

（2）若以引进为主，会大大增加餐饮企业的人工成本。因此，对引进人员及其技术、岗位都必须谨慎核查。

菜点创新策略不具有排异性。餐饮企业在充分分析、研究、把握自身经营特点、目标市场,以及本企业厨房技术力量、管理水平、设备布局条件的基础上,既可以以一种策略为主,长期、稳定、有计划地实施,以给员工进取、表现的机会,又可以将几种策略交替或结合使用,以尽可能少的投入,争取赢得更佳的资源组合,获取更为理想、可观的影响和回报。

四、创新菜点认定

新是相对于旧而言的。餐饮企业的创新菜点实际上是本地区、本企业对传统或已经营风味、品种的扬弃。"新"是相对的概念,在人们熟知的地域范围,在人们熟记的时间段,具有新的特征的菜点为人们所认可,这就可谓是新了。创新菜点,"新"是基础。然而,只具有新意的菜点,未必就是餐饮企业需要开发、经营的品种。因为企业创新的更重要的目的是在满足消费者需求的同时,为企业创造应有的经济利益和社会效益。因此,对创新菜点的认定应包括以下几个方面:

1. 新意认定

创新菜点至少要保证在本餐饮企业内部是没有列入菜单正式经营或用于宴会服务客人的品种。基于某种特殊需求,偶尔出现过的与创新菜点相似的做法(即使创新菜点是受这些偶尔行为启发,进而研究、开发的菜点),不应妨碍创新菜点的认定。在邻近餐饮企业公开生产和经营的品种和已知当地在做或曾经制作经营的品种不可作为创新菜点。

2. 生产价值

生产价值,即某菜点有无生产制作的必要。有些菜点可能过于简单、特别省事,甚至不需要厨艺就可完成,有些菜点只是原料的组成或原料的名称有点新意,这些创新菜点在餐饮企业就没什么生产价值。比如,在酱油里面放块豆腐用筷子捣烂即可食用、把油炸花生米泡在醋里食用、把雪菜梗炒饭换成梅干菜碎炒饭之类的"新"菜。

3. 推广价值

推广价值,即创新菜点适宜不适宜或有无可能较大规模地推广生产。有些创新菜点的制作过于精细、烦琐,有些创新菜点仅具有观赏价值,有些创新菜点需要相当复杂、特殊的环境和设备才能做成。这些创新菜点几乎没有推广价值。

4. 经济价值

当代管理大师彼得·德鲁克(Peter Drucker)指出:"创新是否成功不在于它是否新颖、巧妙或具有科学内涵,而在于它是否能够赢得市场。企业创新的目的就是创造顾客!"经济价值认定主要是考察创新菜点推出后可能获得的盈利空间。如果一些创新菜点的原料成本较高(可能是获取原料的费用居高不下,包括运输费用高或原料成活率低等),制作成菜点以后,虽然在当地具有一定新意,但可升值空间不大(可能当地人对该菜或该原料并不十分欣赏),这些创新菜点的经济价值就不大。

5. 社会价值

创新菜点若制作特别烦琐,浪费原料惊人,吃法奢靡费事,即使有利可图,也未必能做。创新菜点如果有利于资源再生利用,明显适应顾客身心健康的消费需求,对改变乃至摒弃传统不良饮食习惯具有显著效果,就具备一定的社会价值。此类创新菜点即使经济价值有限,也应尽量推广。

认知七　菜点创新的原则、方法和程序

任务介绍

要正确认识菜点创新，就得讲究原则、学会方法、懂得程序，即菜点创新要科学。本任务主要介绍菜点创新的原则、菜点创新的方法、菜点创新的程序。

任务目标

1. 掌握菜点创新的原则。
2. 熟悉菜点创新的方法。
3. 熟悉菜点创新的程序。

相关知识

一、菜点创新的原则

（一）案例：一根牙签令餐馆倒闭

查尔斯太太70多岁了，一天中午，她到一家当地有点名气的中国餐馆就餐。老太太喜欢这家餐馆的萝卜炖羊肉，烂烂的，容易入口，而且价格便宜，只要5美元。

查尔斯太太品尝完羊肉，舒心地往周边看看，发现有人在剔牙。于是，她也从桌上拿起一根牙签，颤巍巍地学着剔。突然，她感到了疼痛，用手一摸，手上沾满了血。

这可是件大事，她果断地打电话给律师。律师迅速赶到了餐馆，他很认真地询问了过程，并做了记录，还请餐馆老板签字认可。经过一番折腾，老板有点紧张了，主动免掉了查尔斯太太的餐费。老太太表示感谢，随后就上了律师的车走了。

餐馆的老板摇摇头，他为老太太借此逃了餐费感到不可思议。而真正不可思议的事是在第二天，一张法院的传票送到了他的手上：查尔斯太太已经起诉餐馆"过失伤害"。

接下来更让餐馆老板大跌眼镜的是，法庭判他有罪，赔偿查尔斯太太50万美元！法官的逻辑让他无言以对：牙签能够伤人，作为经营者就该写个使用说明，告知手抖者不能使用。无视相关的消费者保护条例，就要付出高昂的代价。中国餐馆大都是小本经营，一笔区区5美元（还没收到）的生意，最后却导致餐馆倒闭！

分析：

创新是一种积极进取的尝试，有些有成熟的经验做借鉴，有些有类似的做法做参考，也有些完全要靠自己设计、摸索。

创新应该以人为本。菜点要从人的需求出发设计，成品要方便人食用，关爱人的安全健康。

创新更应该系统完整，尽可能不留瑕疵。不管是食用器具，还是食用方法，都应力求周到、得体。这些对老人、孩童更应体现得充分和明白。

既不要神化创新，把创新理解为重大发明，使厨师们望而生畏，不敢或不愿参与创新，

也不可不负责任地随意乱做。有些烹饪基本原理是职业厨师应该理解和遵守的，否则创新产品将被消费者嗤之以鼻。

（二）创新并不意味着重大发明

大部分菜点创新是原料、调味品和烹调方法等的重新组合；或在既有生产制作方法的基础上触类旁通，生成新的手法，进而做出新的菜点。菜点创新是在继承传统的基础上进行扬弃、引进、借鉴、组合的实践，这既需要有理论的指导，又需要有实践的积累。菜点创新很难有像瓦特发明蒸汽机这种具有划时代意义的奇迹出现。发现新大陆的哥伦布告诫说："不破不立，也是一种客观存在，但就是有人发现不了！"其实，菜点创新也是这个道理，只有积极探索、勇于尝试，加上已有的经验、知识的积累，才可能创造出广受欢迎的品种！因此，不可将菜点创新神化、玄化、复杂化，当然，也不能马虎、随意、草草了事。

（三）创新不必日新月异

菜点创新没必要、实际上也不可能做到日新月异。每天都有变化，每天都有新菜，每天都在吐故纳新，创新的主体（无论是哪种策略的创新，无论是哪类人员承担如此责任）不是力不从心，就是因成本昂贵而难以维持经营。同样，创新的目的是满足消费者的需要，高节奏、高频率的新菜点推出，大面积、高速度的产品创新，对客人了解、把握餐饮企业的经营风格和特点，发现并记忆与同类餐馆的区别与特征，也并无益处。菜点创新应区别餐饮企业的性质、类别和市场特征，把握节奏和频率，以取得更加理想的效果。

1. 适时创新

餐饮企业应该根据季节、原料供应情况，在客人对原有菜点基本尝遍的情况下，适时推出原料组合方式和菜点色泽、口味及质地等不同的、能引导客人消费的新品，以适时给客人以新鲜感和舒适感。

2. 相对稳定

一份菜单应有相对稳定的经营周期，这样可以方便厨房内部的生产管理。例如，制定和使用标准食谱；制定原料规格并进行原料商的征集和招标采购；培训生产人员，按厨房要求进行生产和质量检查。这不仅方便销售人员认识和宣传销售产品，更重要的是便于消费者认知产品，接受产品，培养对产品的忠诚度和美誉度。显而易见，创新菜点的推出同样需要一个稳定的面市经营周期。

3. 积累信息，指导创新

创新菜点推出以后，应在相对稳定的经营期间征集、积累消费者意见，包括对创新菜点的总体评价以及对定价、售卖方式等的评价。在此基础上，餐饮企业（尤其是厨房）再进行分析、整理，切实将有价值的反馈信息用于指导以后的菜点开发创新工作。

（四）创新不可轻易否定传统

传统菜是一个地方、一种风味流派，是经过许多厨师、很长时间的完善、传承、光大的风格明显、风味独特、经久不衰的菜。传统菜甚至已成为代表当地菜系、风味的经典菜。这些菜大多有出处、有典故、有内涵，这些菜不仅具有历史性，大多还有地方性和文化性。例如，江苏的镇江肴蹄、金陵盐水鸭，山西的过油肉，四川的麻婆豆腐，浙江的西湖醋鱼，山东的九转大肠，等等。传统菜大多选料精细、制作考究、注重火功、强调质感。做好这些菜不仅要正确掌握其制作程序，而且要注意每个环节的操作要领，甚至要了解其产生的背景以及历史演进过程。因此，做好这些菜确实是一个餐饮企业、一支厨师队伍、一个厨师功夫的展示。无论什么时候，把传统菜做到位——味道纯正、质感好，都会给各地、各界的消费者以原汁原味的享受。菜点创新是餐饮发展的必然规律。创新菜点能给消费者以新鲜的感受，同样能赢得广大消费者的喜爱，但传统菜的存在使创新菜点的"新意"为人所识，有比较才有鉴别。何况，传统菜及风味纯正的地方经典菜对阔别故里、重返家乡的游子或从远方而来的游客而言，其魅力远胜于创新菜点或流行时菜。

（五）创新必须适应消费者需求变化

餐饮企业必须研究消费者的价值取向、消费观念的变化趋势，设计、创造引导消费者，受客人欢迎的产品。当代客人不再喜欢精雕细刻的所谓功夫菜、花色菜，而追求返璞归真、健康强身的菜点。因此，菜点创新应朝着消费者感兴趣的方向研究开发。

关注近年国家机构认证的、市场陆续出现的烹饪原料及食品，对开发适应消费者需要的菜点是很有帮助的。

1. 无公害蔬菜

将国家与地方相关标准作为衡量的尺度，蔬菜中所含的农药、重金属、硝酸盐、有害生物（包括微生物、寄生虫卵）等多种对人体有害的物质的残留量在规定范围以内的蔬菜，可统称为无公害蔬菜。认证机构由各省设立。

2. 绿色食品

绿色食品是指无污染的安全、优质、营养食品。主张原料或产品在生产过程中不用或少用化学肥料、化学农药和其他化学物质。认证机构是农业部中国绿色食品发展中心，由各省的绿色食品办公室负责初审。其标准分为 A 级和 AA 级。AA 级高于 A 级，但 AA 级绿色食品不等于有机食品。

3. 有机食品

有机食品也叫生态食品或生物食品，是指来自有机农业生产体系的，根据国际有机农业生产的要求和相应的标准生产加工的，并通过独立的有机食品认证机构认证的一切农副产品，包括粮食、蔬菜、水果、奶制品、禽畜产品、水产品等。有机食品是一种真正源于自然、高营养、高品质的环保型安全食品，认证机构为国家环保总局有机食品发展中心。

有机食品与绿色食品的显著差别是：前者在其生产和加工中绝对禁止使用农药、化肥、激素等人工合成物质和转基因种苗，后者则允许有限制地使用这些物质和种苗。因此，有机食品的生产要比绿色食品难得多，需要建立全新的生产体系，采用相应的替代技术。

上述食品多为烹饪原料。针对不同层次消费者，结合使用当地可获取的原料资源，设计、开发不同性质的产品，前途无疑是广阔的。

（六）创新不可机械、离奇、违法违规

创新可以借鉴、模仿，但不应该不加改进地生搬硬套异地产品、其他餐饮企业菜点。仅仅改个名字，甚至只改名字中的"店名"的创新，实在没有必要。同样，菜点创新不应在原料选用、加工、烹制手法以及菜点的命名上故意标新立异，做出离奇之举。例如，冒险使用未经检疫认可的原料；为片面追求菜点的某种效果，用极不安全的烹饪方法烹制菜点；菜点的名称不着边际、俗不可耐。

创新切不可违法违规。国家明令禁止使用的动物、植物原料不能用；国家规定的原料检疫程序不能省；违规使用原料涨发剂、食品性质改良剂（着色、增香、使质地松软等）的行为不足取。创新要以保护消费者利益、维护消费者身心健康为前提，以诚信、守法、着眼企业长效发展为己任，合理开发利用资源，创造人与自然和谐发展的新篇章。

（七）创新不违反烹饪原理

烹饪是厨师技术与艺术和谐统一的生产劳动。菜点创新是烹饪技艺的推陈出新，是烹饪与原料的新的互动结果。"凡物，各有先天"，烹饪理当顺其自然、因势利导，或据其机理、推陈出新。因此，菜点创新应该力求做到以下几个方面：

1. 自身的营养、鲜味使其出

有些原料自身鲜味浓郁，营养成分也不少。用这些原料开发新菜时，应尽量让其营养和鲜味外溢，以利于消费者品尝和消化吸收，如口蘑、冬虫夏草等。

2. 原有的美好质感使其扬

原料自身的美好质感，如竹笋的爽脆、竹荪的淡爽、乌鱼蛋的细软绵嫩等，应在创新过程中得到保护、彰显，人为改变、破坏、损失原本美好质感的创新菜点应进行慎重认定。

3. 特有的风味、个性使其彰

有些原料具有特殊风味，如浙江桐乡的臭豆腐、绍兴的霉苋菜梗、湖南山区的腊肉、安徽黄山的臭鳜鱼等，特有的风味是这些原料及用其制作的菜点名声远扬的关键。用上述原料制作菜点时，更应妥善找准结合点，使创新菜点独具风味，造型和口味更加诱人。

4. 明显的不足、缺憾使其改

有些原料本身鲜味不足、口感欠佳，在创新的实践中，应该对其进行调整、改善。比如用营养结构很符合现代消费者需要的山珍菌类制作新菜时，就要进行适当处理，这样才会使口味、质感更为消费者所接受。

5. 特制的气氛、效果使其显

菜点技法独特的创新能在丰富、美化其口味的同时，创造一些特别的气氛和效果，可以给就餐者以浓厚的情趣和愉快的体验。类似做法应该加以提炼，使之更加和谐自然，给消费者留下深刻印象。

二、菜点创新的方法

菜点创新可以在原料、技法、口味、组合等不同方面进行尝试和探索。在创新实践过程中，不仅可以就某一方面进行创新，还可以将几个方面结合起来进行创新，使菜点的新意更加明显、突出。

（一）原料创新

新烹饪原料的出现，可以带出一批新的菜点。原料创新，即通过安全可靠的渠道获取、开发新的原料，并将其制作成具有新意的菜点。新原料的发掘和使用可以从下面几个方面考虑：

1. 新料即用

发现新面市的原料后抓紧研发新菜，如近年出现的芦荟等。

2. 他料引用

将西餐原料、本地没有的原料引用到本店开发制作菜点，例如，用荷兰豆、三文鱼、培根等制作中式菜点，非成渝地区的餐饮企业用鱼腥草做菜，等等。

3. "畜料"人用

传统意义上供猪、牛、羊食用的饲料在经过检测、确定安全可靠的基础上，被精细制作成供人食用的菜点，如生煸南瓜藤、马齿苋做馅包饺子等。

4. 细分特用

将被掩盖在整体、大件原料中的局部原料进行细分、优选、开发，利用其做菜，如鸡掌、鸭拐、鱼云等。

（二）技法创新

应在丰富多彩的传统烹饪技法的基础上，打破中、西烹饪技法泾渭分明的固定格局，积极改良组合，或模仿，或借鉴，或综合，或逆创，以推出采用新烹饪方法制作的菜点。例如，将油酥面配合某些原料制成酥盒虾仁、酥皮海鲜，生炒传统靠炖、焖、红烧的甲鱼、鱼头，等等。

分子厨艺的出现，为菜点开发提供了新的技术途径。

分子厨艺又称分子烹饪术，就是改变原料的物理形态，仍保留其化学成分，用新颖的款式让顾客获得前所未有的味觉、嗅觉、视觉享受。分子厨艺有三大诀窍：要善于将具有相同挥发性分子的不同原料配在一起，加强对鼻腔内的同类感觉细胞的刺激；用液氮或其他方法改变食物形态，形成特殊口感和造型；用文火烹饪，保持原料的原始口味。一份早餐煎蛋却没有鸡蛋的味道，因为蛋白是用椰奶和豆蔻做的，蛋黄是用胡萝卜汁加葡萄糖做的；一个个鹌鹑蛋放进嘴里，顿时化为泡沫，很快就消失了，只留下一股柠檬的芳香，原来是用伯爵茶做的……分子厨艺不仅给人带来口福，更给食客制造惊喜。

同样，正在流行的低温烹调风潮也会帮助创造一批更加营养美味的菜点。低温烹调一般是指烹调温度保持在100℃左右。低温烹调的好处是能防止肉质过老或过硬。欧美国家认为低温烹调是将温度保持在55℃左右。低温烹调要求尽可能选用各种天然新鲜的原料，以呈现食物原有的美味，保留其中的营养。

低温烹调要注意以下要点：① 应以生拌、水煮、炖、清蒸为主，加热时温度尽量不超过100℃，以保留食物中的营养；② 选用结构稳定且富含营养的橄榄油；③ 油脂不要在烹调过程中加入，而应在烹调之后拌入。

（三）口味创新

单一味型的菜点相当少见，组合味型的菜点大可开发。通常可以采取以下几种方法进行口味创新。

1. 西味中烹

将西餐烹饪的调味品、调味汁或调味方法用于烹制中菜，如沙律海鲜卷、千岛石榴虾等。

2. 果味菜烹

将水果、果汁用于菜点调味，如椰汁鸡、菠萝饭、橙味瓜条等。

3. 旧味新烹

将已经流行过、近年被人们淡忘的调味品或味型重新用于烹制菜点，如辣酱油烹鸡翅、豆酱炒河虾、麻虾炖蛋等。

4. 力创新味

积极尝试，稳妥推进，用已有调料组合创新，推出新颖风味，如创新XO酱烹制系列菜点等。

（四）组合创新

装盘方法、器皿与菜点进行不同的组合调整，同样可以做出新视觉、新质感的菜点。具体技巧有以下几种：

1. 器皿多变

如用竹、木、漆器和用铁板、龙舟、明炉等盛装的菜点出现在同一餐桌上，会给顾客以丰富多彩、耳目一新的感觉。

2. 盘饰多变

既可用花卉、可生食原料点缀菜点，也可用刀切花、食材雕刻品衬托菜点，还可以用巧克力、果酱等艺术画盘盛装菜点。

3. 组合多变

将冷菜、热菜的组合进行创新。有共食（一桌人共取一盘菜），有分餐（每人一份菜）；有成肴即食（用筷、勺取之即可食），有组合成肴（需要用餐客人或餐厅服务员将两种或两种以上食品取出组合方可食用）。

三、菜点创新的程序

（一）动员布置

越来越多的餐饮企业把菜点创新当成锻炼队伍、培训员工、鼓舞士气的契机和途径；越来越多的员工把菜点创新当成热爱企业、表现自我、回馈社会的交流窗口和平台。要实现菜点创新，就应该建立有计划、有规律的运作机制，把每次、每阶段的菜点创新当成一次积极向上的企业文化建设活动，按系统完整的菜点创新程序操作。

每届菜点创新活动应有一定的要求、条件、目的和行动纲领。有些创新活动可能是针对特殊活动、特定季节或特别种类组织的，如迎接乡村旅游年农家菜创新选拔，或夏季菜点创新、果蔬菜点创新、冷菜创新。有些创新活动的奖励标准有所改进、调整。因此，在创新活动前进行有针对性的动员布置是创新活动的第一个步骤。

（二）报名初审

菜点创新是员工智慧积累的产物，是理论指导实践的有目的的积极尝试。为了有的放矢、增加创新菜点被选中的可能性，此阶段的内容变得具体和明确，作为创新参与者，应该审慎核定表11-20所示的要素。

表11-20 创新菜点参赛前核定要素

优选品种	在数个预备品种里挑选最合时宜的拿手品种
核定用料	准确选定最能展现菜点风格的主料、配料及调料
细化规格	仔细审定原料的刀工处理，既要显得庄重大方，又要表现刀工实力
推敲盛器	为菜点精心选配器皿，以使菜点质地、温度最佳，美感升华
构思装盘	设计装盘次序与造型，设计盘饰式样与用料
包装命名	为菜点构思确定一个新颖别致、富有内涵、贴切形象的名字

在经过周密的计划构思之后，创新菜点便以表格的形式公开申报，以便候选（表11-21）。

表 11-21 创新菜点参赛品种申报表

编号：

参赛品名		类　别		参赛项目	中餐/西餐			
					冷菜	热菜	点心	其他
用料名称	数量	制　作　程　序						
装盘说明				成品特点				
备注								

所有报名的创新菜点应经评委初步审核认定，确有新意且操作性强的品种安排试做。

（三）烹制展示

初审决定试做的菜点应在规定的时间、场地进行全过程操作，生产过程及成品经评委按百分制测评（表11-22），并原样集中展示。

表 11-22 创新菜操作考核评分表

编号：　　　　　　　　菜名：　　　　　　　　总分：

项　　目	标准得分	实际得分
原料合理使用	10	
加工规格	10	
配份规格	10	
装盘	5	
制作时间	10	
色、香、味、形	40	
新意	15	
合计	100	

（四）筛选讲评

参赛、试做的创新菜点经评委筛选，确定入围作品。入围作品是试做菜点中新意含量、市场价值、生产条件等诸多方面基本具备生产、销售许可条件的菜点，或叫"准新菜"。

要把菜点创新当成一次练兵、全员培训和再提高的过程。因此，请权威人士对当次创新菜点总体水平进行评析，指出菜点创新活动中存在的共性问题，知名菜点创新的趋势、方向，对以后的创新会有很大的指导意义。

(五) 提炼定型

通过大家广泛参与做出的创新菜点在色、香、味、型、质等方面的指标未必都尽善尽美。因此，应借助评委、厨房管理人员和厨房技术骨干的力量，对确有新意、市场潜力大的创新菜点加以提炼完善。这样包含集体智慧的创新菜点会有很大的改进。

在提高、升华品质之后，再制作出的便是将要列入菜单、真正接受消费者检验的菜点。此时的菜点无论是在用料、制法，还是口味、盛器、造型、营养，甚至命名上，都必须有相关标准，整个菜点应有统一规范。

同批次创新菜点经复做定性的品种，在适当的时机，便以成熟、完整的形象，合理的价格和艺术性的菜单编排全新面世。

(六) 总结奖优

即使全员参与菜点创新活动，也不意味着所有的创新成果都能被录用。优选、升华的品种虽有厨房管理人员、技术骨干后期的指点、完善，但成绩、功劳仍应归属于该菜点的原创人。海尔集团首席执行官张瑞敏说过："干部与员工的要求不同，员工是成就自己，干部是成就别人。"厨房管理人员、技术骨干应用一种积极、大度的心态，支持、成就员工，这样员工创新的热情会更加高涨。这些最初推出富有新意的菜点（哪怕是雏形）的厨师，成为最终的获奖者，对其本人和厨房的其他员工而言都无疑是菜点创新活动的再一次动员和勉励。

认知八 创新菜点的后续管理

任务介绍

针对创新菜点采取切实有效的方法措施，以维持、巩固、提高创新菜点的质量水平、经营效果和市场影响。这是餐饮工作者非常重要的工作内容。本任务主要介绍创新菜点后续管理的意义、创新菜点质量管理、创新菜点销售管理等内容。

任务目标

1. 理解创新菜点后续管理的意义。
2. 掌握创新菜点质量管理的方法。
3. 掌握创新菜点销售管理的方法。

相关知识

一、创新菜点后续管理的意义

创新菜点的后续管理，即针对餐饮企业创新推出的菜点，采取切实有效的方法与措施，以维持、巩固，乃至提高创新菜点的质量水平、经营效果和市场影响。创新菜点面市后，随着时间的推移，总归要变成旧菜点、常规菜点，这个过程越快，对企业越不利。道理很明显，新菜点领先、新颖的优势，还没有在很大程度上转换成企业效益就被市场淡忘、抛弃了，对研制、开发新菜的企业而言自然很不利。强化创新菜点的后续管理就是让创新菜点通过餐饮企业的有效管理延长生命、大放光彩。

创新菜点的后续管理无论是对餐饮企业的经济效益，还是对塑造企业的口碑；无论是对企业近期经营，还是对企业经营长期潜在客源，都具有十分重要的实际意义。

1. 加强创新菜点的后续管理是维持创新人员积极性的需要

不论企业采取何种策略和方式创新菜点，也不论研发新菜点的人员是企业技术骨干，还是普通员工，投入精力参与创新的人员都希望自己的辛勤汗水不要白流，创新菜点不要很快被遗忘。创新菜点长期为消费者所认可、推崇是对创新人员的鼓舞，创新菜点经久不衰、广为流传更是对创新人员的褒奖。

2. 积极维护创新成果是节约企业创新成本的切实措施

餐饮企业研究、开发、制作、推广创新菜点免不了要投入大量成本，创新菜点销售的时间越长、销售的市场越广，为企业创造的价值就越多，企业获得的回报就越大，创新菜点所承担的开发费用就越小。因此，维护创新成果、强化创新菜点的后续管理是保证企业获得可观的回报的基础。

3. 加强创新菜点的后续管理是赢得消费者认可、创造餐饮企业持续经济效益和良好口碑的必要工作

创新菜点只有获得消费者认可、具有市场影响力以后，才可能为餐饮企业创造良好的经济效益和社会效益。如果创新菜点还没有为一定量的消费者所认识、认可，就走了样儿、变了味儿，客人对餐饮企业竭力宣传的创新菜点就会不理不睬，甚至嗤之以鼻。餐饮企业今后类似的创新推广活动同样会受到顾客的怀疑。

二、创新菜点质量管理

创新菜点由于本身具有新意，往往在列入菜单或作为特选经营时，多有客人提及。然而，当创新菜点用于餐饮企业内部招待或经营数日后，其口感、造型常常会出现变化，甚至让食用者倍感上当、大失所望。创新菜点质量急剧下滑会导致消费者扫兴，承受名誉和经营最大损失的还是餐饮企业。而产生这种现象的原因是：创新菜点刚推出时，餐饮企业各方都十分重视，制作人员盛誉难却、态度认真；各岗位人员出于对新品的好奇和新鲜感，工作中都予以支持，因此能保证质量。经过几天的生产经营，制作人员及各岗位人员新鲜感减退，尤其是创新菜点列入菜单常规生产、销售之后，各方面工作繁杂，相关人员无力精心呵护创新菜点，导致质量迅速下滑。针对上述原因，创新菜点质量的长效管理可以采取以下几种方法：

（1）坚持开发以食用为主、适宜高效率制作的创新菜点。

（2）分析创新菜点所用原料、生产工艺状况，适当调整工艺，有选择地组织原料或半成品，以创造方便生产、持续经营供应的条件。

（3）将研制认定的创新菜点制作成菜谱，纳入菜单，按厨房生产流程和正常工作岗位分工，使厨房员工分工协作完成创新菜点的生产，淡化"新意"，融入日常程序化运作。

三、创新菜点销售管理

创新菜点刚刚步入市场，销售火爆或销售冷淡都不足以说明创新菜点的成功与否。创新菜点刚入市时的销售情况也应加以跟踪管理。

1. 观察、统计创新菜点的销售状况，以便积累数据、掌握第一手资料

——对同批创新菜点的销售情况进行统计，以考察菜点创新的总体效果。

——分别进行创新菜点单个品种销售统计，汇总不同创新菜点客人点食的次数，即点击率统计，以总结不同创新菜点的受欢迎程度。

——食用率，即在消费者点了具体的创新菜点之后，观察其食用情况。进行食用率统计，以总结客人对创新菜点的真正喜欢和接受程度。

——回点率，即消费者当餐或下餐重复点食某创新菜点的比率。进行回点率统计，以总结客人对创新菜点价格和欣赏价值（功用）的取向。

$$创新菜点受欢迎程度 = \frac{该菜点销售份数}{就餐客人数} \times 100\%$$

$$创新菜点受欢迎程度 = \frac{该菜点日均销售份数}{所有菜点日均销售份数} \times 100\%$$

2. 统计销售态势，分析其中原因，以扩大经营

（1）销售量高，即创新菜点销售形势较好，经营管理人员要冷静进行下列分析：

——是否菜名哗众取宠，客人因名点菜。

——是否服务员"强卖"，客人在服务员的强大攻势下"就范"。

——是否菜单内菜点品种少、选择范围小，客人无奈点了创新菜点。

（2）销售量低，即点食创新菜点的消费者不多，创新菜点销售形势不好，经营管理人员要进行下列分析：

——是否创新菜点在菜单里不显眼，难以被消费者发觉。

——是否餐厅服务员没有主动向客人推荐（是否服务人员不熟悉创新菜点的特色等）。

——是否创新菜点价格太贵、名称俗气（客人难以接受）。

3. 融入菜单分析，度过正常生命周期

经过统计分析，如果创新菜点确实受到大多数消费者的欢迎，则创新菜点是成功的，应尽快将其进行常规化生产运作管理，纳入菜单，与其他菜点一样，按照生命周期规律，参与销售分析。

认知九　厨房与相关部门的沟通联系

任务介绍

任何事物都不可能是单独存在的，厨房工作也一样。厨房与相关部门的沟通联系也不是孤立的，而是相互同时进行的。厨房为了连续不断地生产，及时向宾客提供各种优质产品，保证满足客人的一切需求，必须得到相关方面的支持与配合。本任务主要介绍厨房与餐厅、宴会、采购、管事等部门的沟通联系。

任务目标

1. 熟悉与厨房密切相关的部门。
2. 了解需要与各部门沟通的内容。

相关知识

一、与餐厅部门的沟通联系

厨房的责任是及时为宾客提供优质菜点,而菜点质量的权威评判者是就餐客人。客人的意见和建议要靠餐厅部门转达给厨房,以改进产品质量,使产品更加适销对路。厨房要及时通报缺售或已售完的菜式,使点菜服务员能主动向客人做好解释工作。餐厅要协助厨房检查出菜速度、温度和次序等问题,帮助推销特色、新创或准备过剩的菜点。厨房要主动征求、虚心听取餐厅部门的意见,不断改进工作,以积极、诚恳的态度与餐厅进行沟通与联系。

二、与宴会部门的沟通联系

厨房必须密切关注由宴会部门发出的各种客情信息,包括宴会规格、宴会菜单、特殊要求、用餐日期及时间等。大部分宴会的菜单是由宴会部门发出的。

(1) 厨房每天要主动提供货源情况,尤其是鲜活待销的货源,以便列入菜单及时销售。
(2) 要经常向宴会部门提供时令创新品种,介绍其特点和做法,以不断满足客人需求。
(3) 要经常向宴会部门提供产成率、涨发率等技术资料,以使宴会部门掌握情况,控制成本。

另外,还要积极配合宴会部门,做好出品及控制工作,主动征询宴会部门的意见,不断提高宴会菜点质量。

三、与采购部门的沟通联系

厨房生产的原料是由采购部门提供的。因此,厨房必须和采购部门保持密切联系,共同商定食品原料采购规格和库存量;每日定时向采购部门提交采购申请单,并对采购原料的质量、时间等提出建议。厨房还应重视采购部门关于货物库存方面的信息,协助加快库存原料的周转、推销、处理积压原料。

四、与管事部门的沟通联系

遇有大型餐饮活动,厨房应事先充分计划餐具用量,并及时与管事部门沟通,保证开餐所需餐具规格、数量、卫生等均符合要求。厨房还应积极配合管事部门,做好厨房垃圾处理及卫生打扫工作。

思考题

1. 考察研究餐饮市场,分析近年创新菜点成功的原因和技巧。
2. 思考违背创新原则开发创新的菜点其危害和负面影响。
3. 思考灵活运用菜点创新程序培训教育员工的具体举措。
4. 进行市场考察,分析创新菜点大多生命力不强的具体原因。

参 考 文 献

［1］戴桂宝. 烹饪学［M］. 杭州：浙江大学出版社，2011.
［2］丁建军. 西式烹调工艺与实训［M］. 北京：高等教育出版社，2015.
［3］马开良. 现代厨政管理［M］. 北京：高等教育出版社，2010.
［4］季鸿昆. 烹调工艺学［M］. 北京：高等教育出版社，2003.
［5］邵万宽. 菜点开发创新［M］. 沈阳：辽宁科技出版社，1999.
［6］阎喜霜. 烹饪科学与加工技术［M］. 哈尔滨：黑龙江科技出版社，1991.
［7］中国烹饪百科全书编委会编. 中国烹饪百科全书［M］. 北京：中国大百科全书出版社，1992.
［8］俞浪复. 麦当劳店铺管理手法［M］. 沈阳：辽宁科学技术出版社，2002.
［9］［美］马文·哈里斯. 好吃：食物与文化之谜［M］. 叶舒宪，户晓辉，译. 济南：山东画报出版社，2001.
［10］［美］Jack D. Ninemeier. 餐饮经营管理［M］. 张俐俐，季俊超，等，译. 北京：中国旅游出版社，2002.
［11］冯玉珠. 菜点创新［M］. 上海：上海交通大学出版社，2011.